"十二五"职业教育国家规划教材

经全国职业教育教材审定委员会审定

水环境监测项目训练

刘艳霖　主　编

U0251623

中国环境出版社·北京

图书在版编目（CIP）数据

水环境监测项目训练/刘艳霖主编. —北京：中国环境出版社，2015.8

"十二五"职业教育国家规划教材

ISBN 978-7-5111-2068-7

Ⅰ. ①水…　Ⅱ. ①刘…　Ⅲ. ①水环境—环境监测—高等职业教育—教材　Ⅳ. ①X832

中国版本图书馆 CIP 数据核字（2014）第 209670 号

出 版 人　王新程
责任编辑　黄晓燕　　侯华华
文字编辑　安子莹
责任校对　尹　芳
封面设计　宋　瑞

出版发行　中国环境出版社
　　　　　（100062　北京市东城区广渠门内大街 16 号）
　　　　　网　　址：http://www.cesp.com.cn
　　　　　电子邮箱：bjgl@cesp.com.cn
　　　　　联系电话：010-67112765（编辑管理部）
　　　　　　　　　　010-67112735（环评与监察图书分社）
　　　　　发行热线：010-67125803，010-67113405（传真）
印　　刷　北京中科印刷有限公司印刷
经　　销　各地新华书店
版　　次　2015 年 8 月第 1 版
印　　次　2015 年 8 月第 1 次印刷
开　　本　787×1092　1/16
印　　张　23.5
字　　数　570 千字
定　　价　35.00 元

编写人员

主　编　刘艳霖（深圳信息职业技术学院）

副主编　王国胜（深圳信息职业技术学院）

　　　　刘艳雯（新疆乌鲁木齐市天山区疾病预防控制中心）

成　员　蔡秀萍（江苏食品药品职业技术学院）

　　　　黄锐雄（广东环保工程职业学院）

　　　　朱　睿（深圳信息职业技术学院）

　　　　陈　辉（广东环保职业技术学校）

　　　　徐家颖（广东增城市环境保护局）

　　　　李谢玲（重庆工程职业技术学院）

　　　　王桂霞（深圳高迪科技有限公司）

前 言

保护环境是我国的基本国策，《国家环境保护"十二五"规划》中指出切实解决突出的环境问题首当其冲的是改善水环境质量。而水环境监测是水环境保护工作的重要基础。

为切实做好水环境监测人才队伍的培养，基于多年教学实践经验，我们编写了本书。书中内容几乎涉及水环境监测的各种方法，从样品采集到现代分析仪器使用，从常规环境监测到复杂环境样品中微量污染物的分析。力求实用性、简便性和先进性。

本书基于高职高专学生的特点，将水环境监测分为7个项目45个子项目，依据环境保护部的最新标准和方法，详细介绍了每一种监测因子的分析方法，并将实验步骤以流程图的形式直观表示，符合学生学习需求。每一个实验都附有详细的操作规范，力求学生操作技能的全面提高，毕业后能够迅速从事水环境监测一线工作。

本书由刘艳霖担任主编，负责本书的统稿定稿，王国胜、刘艳雯担任副主编，负责统稿校对。其中，认识水、子项目1、9、13、19、35、36、37、44、45由刘艳霖编写，子项目35、36、37由刘艳雯编写，子项目7、11、12、17、18、24、38、附录由王国胜编写，子项目8、14、15、16、33、34由蔡秀萍编写，子项目20、21、22、23、25、26、27、28由黄锐雄编写，子项目31、41、

42、43 由陈辉编写，子项目 2、3、4、5、6 由徐家颖和刘艳雯编写，子项目 10、39、40 由朱睿编写，子项目 29、30、32 由李谢玲和刘艳雯编写。在本书的编写过程中，身居环境监测一线人员徐家颖、刘艳雯和王桂霞给出了良好的建议和帮助，在此表示衷心的感谢。

　　由于本书的涉及面广，编者的水平有限，书中的错误和疏漏在所难免，敬请各位专家和读者指正，便于我们后期不断地修订完善。

编　者

2014 年 2 月 1 日

目　录

认 识 水

一、水资源

水是人类及其他生物繁衍生存的基本条件，是人们生活不可替代的重要资源，是生态环境中最活跃、影响最广泛的因素，具有许多其他资源所没有的、独特的性能和多重的使用功能，是工农业生产重要资源。

图 1　世界水资源现状

全球有水 139 万亿 m^3，其中 97.3%是咸水。2.7%的淡水中又有 69%以冰雪形式存在或作为冰帽集中在南北极的高山上难以开发利用。地球上只有不到 1%的淡水或约 0.007%的水可为人类直接利用。水的数量虽在一定时期内是保持平衡的，但在一定的时间、一定的空间范围内又是非常有限的。目前，世界上早已有出现了水危机的国家。联合国已发出警告："水将成为一种严重的社会危机。"水资源已成了一个国家、一个地区持续发展的非常稀缺的资源。现在世界上约 2/3 的国家都反映出不同程度的水的危机。

联合国教科文组织 2012 年 3 月 12 日在法国南部城市马赛举行的第六届世界水资源论坛上发布了第四期《世界水资源发展报告》，对全球水资源情况进行了综合分析。分析中称对淡水资源构成压力的主要方面之一是灌溉和粮食生产对水资源的需求。目前农业用水在全球淡水使用中约占 70%，预计到 2050 年农业用水量可能在此基础上再增加约 19%。

人类对水资源的需求主要来自于城市对饮用水、卫生和排水的需要。全球目前有 8.84 亿人口仍在使用未经净化改善的饮用水水源，26 亿人口未能使用得到改善的卫生设施，约有 30 亿～40 亿人家中没有安全可靠的自来水。每年约有 350 万人的死因与供水不足和卫生状况不佳有关，这主要发生在发展中国家。全球有超过 80% 的废水未得到收集或处理，城市居住区是点源污染的主要来源。

地下水是人类用水的一个主要来源，全球接近一半的饮用水来自地下水。但地下水是不可再生的，在一些地区，地下水源已达到临界极限。目前与水有关的灾害占所有自然灾害的 90%，而且这些灾害的发生频率和强度在普遍上升，对人类经济发展造成严重影响。

我国是一个水资源十分短缺的国家，人均水资源量仅占世界平均水平的 1/4。尽管我国水资源总量为 28 000 亿 m^3 左右，但水资源地区分布很不平衡，长江流域及其以南地区，国土面积只占全国的 36.5%，其水资源量占全国的 81%；而以北地区，国土面积占全国的 63.5%，水资源量仅占全国的 19%。水土资源不相匹配，生态环境相对脆弱。我国地域广阔，南北跨度极大，远距离调水的难度可想而知。因此，总的水资源可利用量并不很大。我国人均水资源占有量为 2 300 m^3，到 2030 年人口高峰将达到 16 亿，人均水资源占有量为 1 700 m^3，将接近或达到世界公认的用水警戒线。缺水将越来越成为我国经济社会发展的严重制约因素。中国平均每年因旱受灾的耕地面积约 4 亿亩。正常年份全国灌区每年缺水 300 亿 m^3，城市缺水 60 亿 m^3。全国年排放废污水总量近 600 亿 t，其中 80% 未经处理直接排入水域。在全国调查评价的 700 多条重要河流中，有近 50% 的河段、90% 以上的城市沿河水域遭到污染。

二、水环境

（1）水环境。围绕人群空间及可直接或间接影响人类生活和发展的水体及其正常功能的各种自然因素和有关的社会因素的总体。

水环境主要由地表水环境和地下水环境两部分组成。水环境是构成环境的基本要素之一，是人类社会赖以生存和发展的最重要的场所，也是受人类影响和破坏最严重的地域。

（2）水环境质量。水环境对人群的生存和繁衍以及社会经济发展的适宜程度，通常指水环境遭受污染的程度。

（3）水环境保护标准。在一定时期和地区，根据一定水环境质量保护目标，由政府制定的对水环境管理的规定，包括水环境质量标准、污水排放标准、水环境保护基础标准和水环境保护方法标准等。

（4）水环境质量标准。为保护人群健康和社会物质财富、维持生态平衡，由政府制定的限定水体中有害物质或因素的标准，包括生活饮用水卫生标准、工业用水水质标准、农田灌溉水质标准、渔业水质标准、地表水环境质量标准等。

（5）水环境监测。按照水的循环规律（降水、地表水和地下水）对水的质和量以及水体中影响生态与环境质量的各种人为和天然因素所进行的统一的定时或随时检测。

（6）水污染。由于人为或天然因素，污染物进入水体，引起水质下降，使水的使用价值降低或正常功能丧失的现象。

（7）水环境容量。在人类生产、生存和自然生态不致受害的前提下，水体所能容纳污染物的最大负荷量。

（8）水体的自净作用。当污染物进入水体后，随水稀释的同时发生挥发、絮凝、水解、配合、氧化化原及微生物降解等物理、化学变化和生物转化过程，使污染物的浓度降低或至无害化的过程称为水体的自净作用。自净能力决定着水体的环境容量。

实 训 篇

项目 1
水样的采集和保存

子项目 1 地表水样品的采集——以氨氮水样为例

项　　目	水样的采集和保存
子项目	地表水样品的采集——以氨氮水样为例

学习目标

能力（技能）目标

　　①掌握水质样品的采样方法。

　　②掌握妥善运输和保存样品的方法。

　　③掌握正确填写采样记录表和采样标签。

认知（知识）目标

　　①掌握布设监测点的原则。

　　②掌握依检测项目而不同的样品保存方法。

　　③掌握采样过程中的注意事项。

其他（素质）目标

　　①良好的团队协作精神。

　　②良好的计划组织能力。

　　③良好的职业道德、工作态度和责任感。

　　④遵守环境保护规定。

能力训练任务

　　①采样前的准备工作。

　　②样品的采集。

　　③记录表和标签的填写。

　　④样品的运输。

　　⑤样品的保存。

教学资源

　　①教材。

　　②项目训练教材。

③多媒体教学设备。

④环境监测实验室。

⑤2 500 mL 有机玻璃采水器。

⑥50 mL 试剂瓶。

⑦pH 广泛试纸。

⑧其他防护用品。

1.1 预备知识

为了能够真实地反映水体的质量，水样的采集和保存是至关重要的。首先，采集的样品要代表水体的质量；其次，采样后易发生变化的成分应在现场测定，带回实验室的样品在测试前要进行妥善保存，确保在保存期间不发生变化。

采样的地点、时间和采样频率，应根据监测目的，所采用的分析方法，水质的均一性等因素综合考虑。断面垂线与采样点一般按表 1-1 中规定设置。

表 1-1 河流采样点位置设置规定

水面宽/m	垂线数	水深/m	采样点数
≤50	1 条（中泓）	≤5	1 点（水面下 0.5 m 处）
50～100	2 条（左右近岸 1/3 河宽处）	5～10	2 点（水面下 0.5 m 与水底上 0.5 m）
>100	3 条（左中右）	>10	3 点（水面下 0.5 m，1/2 水深处及水底上 0.5 m 处）

1.2 实训准备

序 号	名 称	方 法
1	采水器	洗涤剂洗 1 次，自来水洗 3 次，蒸馏水一次
2	盛样容器	1. 根据检测项目选择装样瓶材质； 2. 洗涤剂洗 1 次，自来水洗 3 次，蒸馏水 1 次； 3. 装样容器进行试漏
3	保护剂	1∶1 硫酸
4	滴管	用于往水样里滴加保护剂
5	玻璃棒	蘸取水样测 pH
6	广泛 pH 试纸	
7	标签	项目完整，应包括实验室名称，样品编号，监测项目，以及样品状态（待检、在检、已检）
8	签字笔	
9	绳子	应带有刻度，或事先做好记号
10	空白试样	
11	废液桶	废液不能随意倾倒在采样点处
12	样品防护的材料	带泡沫塑料隔板可以避免容器间相互碰撞的防护材料

1.3　分析步骤

小组共 3 人，同学 A、同学 B、同学 C

3 人到达采样点，

同学 A 观察并选取方便采样的地点；

同学 B 将绳子系在采水器上；

同学 C 在原始数据记录表上进行现场描述（水的颜色、气味以及天气环境等）。

①同学 B 根据采样深度采水样，先进行采样器的润洗；

②同学 A 同时记录采样开始的时间；

③同学 C 将准备好的盛样容器用水样润洗。所有润洗的废液都倒入废水桶中。

①润洗完采样器后，同学 B 按采样深度开始采水样；

②同学 A 第二次记录时间，本次时间是测定水温的时间；

③同学 B 将采水器放在水里需要停留 5 min；

④同学 A 和同学 C 在这 5 min 内，填写采样标签，进行空白样的 pH 测定然后加保护剂调到 pH≤2。贴好空白样的标签放在安全的箱子里；

⑤5 min 到时，同学 A 告诉同学 B；

⑥同学 B 将采样器提起，读采样器中温度计的读数；

⑦同学 A 记录水温，然后同学 C 将水样装入盛样容器，贴上标签；

⑧同学 A 和同学 C 先测水样的 pH，然后加保护剂调到 pH≤2，这时记录采样结束时间，

与此同时，同学 B 继续采平行样。

同学 A 配合盛样容器的润洗，然后进行平行样的采集，

同学 A 也要记录时间，等 5 min 到后，同学 B 将采样器提起，读采样器中温度计的读数，

同学 A 记录水温，然后同学 C 将水样装入盛样容器，贴上标签，

之后同学 A 和同学 C 先测水样的 pH 值，然后加保护剂调到 pH≤2。这时记录采样结束时间。

完成记录表中的空白项。

同学 B 整理采水器和绳子，同学 A 和同学 C 将水样容器采取防护措施，清点东西，收拾现场，然后离开采样点回到实验室。

1.4　采样污染的避免

在采样期间必须避免样品受到污染。应该考虑到所有可能的污染来源，必须采取适当的控制措施以免污染。

（1）污染的来源。潜在的污染来源包括以下几方面：

①在采样容器和采样设备中残留的前一次样品的污染；

②来自采样点位的污染；

③采样绳（或链）上残留水的污染；

④保存样品的容器的污染；

⑤灰尘和水对采样瓶瓶盖及瓶口的污染；

⑥手、手套和采样操作的污染；

⑦采样设备内部燃烧排放的废气的污染；

⑧固定剂中杂质的污染。

（2）污染的控制。控制采样污染常用的措施有以下几种：

①尽可能使样品容器远离污染，以确保高质量的分析数据；

②避免采样点水体的搅动；

③彻底清洗采样容器及设备；

④安全存放采样容器，避免瓶盖和瓶塞的污染；

⑤采样后擦拭并晾干采样绳（或链），然后存放起来；

⑥避免用手和手套接触样品，这一点对微生物采样尤为重要，微生物采样过程中不允许手和手套接触到采样容器及瓶盖的内部和边缘；

⑦确保从采样点到采样设备的方向是顺风向，防止采样设备内部燃烧排放的废气污染采样点水体；

⑧采样后应检查每个样品中是否存在巨大的颗粒物如叶子、碎石块等，如果存在，应弃掉该样品，重新采集。

1.5 操作规范评分表

序号	考核点	配分	评分标准	扣分	得分
一	采样前的准备	16			
1	采水器的洗涤	2	洗涤剂洗，自来水洗至少2遍，不合格扣2分		
2	装样容器的准备	6	1. 洗涤剂洗，自来水洗至少3遍，不合格扣2分； 2. 3个装样瓶的选择，错误扣2分； 3. 装样容器没有试漏的，扣2分		
3	保护剂的准备	2	保护剂的选择，不正确的，扣2分		
4	广泛pH试纸的准备	2	没有准备的，扣2分。		
5	空白试样的准备	2	没有准备的，扣2分。		
6	标签的准备	2	没有准备或带少的，扣2分		
二	采样	30			
1	采水器的润洗	4	1. 未用水样润洗采样器2~3遍，扣4分； 2. 用水面下0.5 m水样润洗，不符合的扣1分； 3. 润洗后的废液未倒回废液桶中，扣1分		
2	装样容器的润洗	4	1. 未用水样润洗装样容器2~3遍，扣4分； 2. 润洗后废液未倒入废液桶，扣1分		
3	采样深度	4	1. 未在采水器上做采样深度标记，扣3分； 2. 采样时没有达到采样深度，扣1分		
4	装样容器装样要求	4	1. 装样量不符合要求，扣2分； 2. 采样或装样过程中样品洒落，扣2分		
5	未加保护剂前pH的测定	6	1. 没有测定pH，扣6分； 2. 测定过程动作不规范，扣3分		

序号	考核点	配分	评分标准	扣分	得分
6	加保护剂，测定 pH	4	1. 没有加保护剂，扣 4 分； 2. pH 大于 2，扣 2 分； 3. 保护剂应用滴瓶滴加，直接倒入试剂，扣 1 分		
7	对样品的防护	4	1. 采样前、后，采样瓶在运输过程中没有采取防护措施，分别扣 2 分； 2. 采样前、后，防护措施不符合要求，分别扣 1 分		
三	现场质控	12			
1	平行样的采集和空白样的采集	6	1. 没有采集空白样或错误，扣 3 分； 2. 没有采集平行样或采集错误，扣 3 分		
2	避免样品污染	6	环境对采样器进水口的污染；采样者手对水样的污染；瓶盖对水样的污染。每出现一项不合格，扣 2 分		
四	采样记录	32			
1	现场描述	6	水颜色，水气味（需有相关动作），天气环境，水面漂浮物、油膜描述，每出现一次扣 1.5 分，或语句不通顺每项扣 1 分		
2	签字笔填写	2	使用其他笔，扣 2 分		
3	水温测定	4	1. 水面下 0.5 m 处，水温测定没有停留 5 分钟，扣 2 分； 2. 停留时间不够 5 分钟，扣 1 分； 3. 温度计的分度保留有效数字或读数错误，扣 2 分		
4	采样依据	2	1. 没有，扣 2 分； 2. 缺 1 个依据，扣 1 分		
5	采样时间	2	不完整，扣 2 分		
6	采样地点	2	不完整，扣 2 分		
7	测定项目	2	没有，扣 2 分		
8	保护剂	2	保护剂名称不对，扣 2 分		
9	采样人、记录、校核	3	每缺少一项，扣 1 分		
10	记录单有空格	1	记录单空格或不准确，扣 1 分		
11	标签填写，粘贴标签及时	4	1. 记录不及时、不准确每项扣 2 分，涂改 1 项扣 1 分，涂改错误扣 2 分； 2. 样品编号，缺少或涂改 1 项扣 1 分，监测项目，样品状态（指待检、在检等）没有填写或缺少 1 项扣 2 分； 3. 标签粘贴不及时，每次扣 1 分，可累加		
12	标签干燥，信息清楚	2	打湿、模糊不清，一次性扣 2 分		
五	文明采样	10			
1	过程条理清晰，现场整洁	5	1. 不及时清理台面，采样现场留垃圾，扣 2.5 分； 2. 在采样点未倾倒废液桶废液，扣 2.5 分		
2	所用器皿完好无损	3	打碎一样玻璃器皿，扣 3 分		
3	合作精神	2	合作发生不愉快，扣 2 分		
	最终合计	100			

1.6 氨氮水样采集

地表水采样原始记录表

任务名称：   方法依据：

小组编号：

采样人员： _____   现场描述：

_____

_____

采样地点：

序号	样品编号	采样日期	采样时间		pH 值	温度/℃	测定项目	保护剂
			采样开始	采样结束				
备 注								

采样：   记录：   校核：

项目2
物理性质的监测

子项目2　色度的测定——铂钴比色法

项　　目	物理性质的监测
子项目	色度的测定——铂钴比色法（GB 11903—1989）

学习目标

能力（技能）目标

①掌握铂钴比色法测定色度的步骤。

②掌握色度测定结果的表示方法。

认知（知识）目标

①掌握色度基础知识。

②掌握铂钴比色法测定色度的实验原理。

其他（素质）目标

①良好的职业道德、工作态度和责任感。

②良好的计划组织能力。

③良好的团队协作精神。

④实验室安全操作。

⑤遵守环境保护规定。

能力训练任务

①样品的采集和保存。

②标准系列的配制。

③样品的测定。

④数据的计算与处理。

教学资源

①教材。

②项目训练教材。

③多媒体教学设备。

④环境监测实验室。

⑤50 mL 具塞比色管。

⑥250 mL 容量瓶。

2.1 预备知识

纯水为无色透明。清洁水在水层浅时应为无色，深层为浅蓝绿色。天然水中存在腐殖质、泥土、浮游生物、铁和锰等金属离子，均可使水体着色。

纺织、印染、造纸、食品、有机合成工业的废水中，常含有大量的染料、生物和有色悬浮微粒等，因此常常是使环境水体着色的主要污染源。有色废水常给人以不愉快感，排入环境后又使天然水着色，减弱水体的透光性，影响水生生物的生长。

水的颜色定义为"改变透射可见光光谱组成的光学性质"，可区分为"表观颜色"和"真实颜色"。

"真实颜色"是指去除浊度后水的颜色。测定真色时，如水样浑浊，应放置澄清后，取上清液或用孔径为 0.45 μm 滤膜过滤，也可经离心后再测定。没有去除悬浮物的水所具有的颜色，包括了溶解性物质及不溶解的悬浮物所产生的颜色，称为"表观颜色"，测定未经过滤或离心的原始水样的颜色即为"表观颜色"。对于清洁的或浊度很低的水，这两种颜色相近。对着色很深的工业废水，其颜色主要由于胶体和悬浮物所造成，故可根据需要测定"真实颜色"或"表观颜色"。

色度的标准单位为度，是指在每升溶液中含有 2 mg 六水合氯化钴（Ⅱ）和 1 mg 铂[以六氯铂（Ⅳ）酸的形式]时产生的颜色为 1 度。

用氯铂酸钾和氯化钴配制颜色标准溶液，与被测样品进行目视比较，以测定样品的颜色强度，即色度。样品的色度以与之相当的色度标准溶液的度值表示。本方法适用于测定较清洁的、带有黄色色调的天然水和饮用水的色度。

2.2 实训准备

准备事宜	名称	方法
样品的采集和保存	所取水样应为无树叶、枯枝等漂浮杂物	将样品采集在容积至少为 1 L 的玻璃瓶内，在采样后要尽早进行测定。如果必须贮存，则将样品贮于暗处。在有些情况下还要避免样品与空气接触。同时要避免温度的变化
实训试剂	光学纯水	将 0.2 μm 滤膜（细菌学研究中所采用的）在 100 mL 蒸馏水或去离子水中浸泡 1 h，用它过滤 250 mL 蒸馏水或去离子水，弃去最初的 250 mL，以后用这种水配制全部标准溶液并作为稀释水
	色度标准储备液 500 度	将 1.245±0.001 g 六氯铂（Ⅳ）酸钾（K_2PtCl_6）及 1.000±0.001 g 六水氯化钴（Ⅱ）（$CoCl_2 \cdot 6H_2O$）溶于约 500 mL 水中，加 100±1 mL 盐酸（ρ=1.18 g/mL）并在 1 000 mL 的容量瓶内用水稀释至标线
	色度标准溶液系列	在一组 250 mL 的容量瓶中，用移液管分别加入 2.50 mL，5.00 mL，7.50 mL，10.00 mL，12.50 mL，15.00 mL，17.50 mL，20.00 mL，30.00 mL 及 35.00 mL 储备液，并用水稀释至标线。溶液色度分别为：5 度，10 度，15 度，20 度，25 度，30 度，35 度，40 度，50 度，60 度和 70 度
水样的预处理	去除悬浮物	如水样浑浊，则放置澄清，也可用离心法或用孔径为 0.45 μm 滤膜过滤以去除悬浮物。但不能用滤纸过滤，因滤纸可吸附部分溶解于水的颜色

2 3 分析步骤

将样品倒入 250 mL（或更大）量筒中，静置 15 min，倾取上层液体作为试料进行测定。

将一组 50 mL 具塞比色管用色度标准溶液充至标线。将另一组 50 mL 具塞比色管用试料充至标线。

将具塞比色管放在白色表面上，比色管与该表面应呈合适的角度，使光线被反射自具塞比色管底部向上通过液柱。

垂直向下观察液柱，找出与试料色度最接近的标准溶液。如色度≥70 度，用光学纯水将试料适当稀释后，使色度落入标准溶液范围之中再行测定。另取试料测定 pH。

稀释过的样品色度（A_0），以度计，用下式计算：

$$A_0 = \frac{V_1}{V_0} A_1$$

式中：V_1——样品稀释后的体积，mL；

V_0——样品稀释前的体积，mL；

A_1——稀释样品色度的观察值，度。

2.4 质量控制和保证

（1）除另有说明外，测定中仅使用光学纯水及分析纯试剂。

（2）色度标准储备液应放在密封的玻璃瓶中，存放在暗处，温度不能超过 30℃。本溶液至少能稳定 6 个月。

（3）色度标准溶液应放在密封好的玻璃瓶中，存放于暗处。温度不能超过 30℃。此溶液至少可稳定 1 个月。

（4）所用与样品接触的玻璃器皿都要用盐酸或表面活性剂溶液加以清洗，最后用蒸馏水或去离子水洗净、沥干。

（5）以色度的标准单位报告与试料最接近的标准溶液的值，在 0～40 度（不包括 40 度）的范围内，准确到 5 度。40～70 度范围内，准确到 10 度。

（6）如果样品中有泥土或其他分散很细的悬浮物，虽经预处理而得不到透明水样时，则只测"表观颜色"。

2.5 操作规范评分表

序号	考核点	配分	评分标准	扣分	得分
一	仪器准备	5			
1	玻璃仪器洗涤	5	1. 未用蒸馏水清洗两遍以上，扣2分； 2. 玻璃仪器出现挂水珠现象，扣2分		
二	标准溶液的配制	40			
1	溶液配制过程中有关的实验操作	15	1. 未进行容量瓶试漏检查，扣0.5分； 2. 容量瓶、比色管加蒸馏水时未沿器壁流下或产生大量气泡，扣0.5分； 3. 蒸馏水瓶管尖接触容器，扣0.5分； 4. 加水至容量瓶约3/4体积时没有平摇，扣0.5分； 5. 容量瓶、比色管加水至近标线没有等待1 min，扣0.5分； 6. 容量瓶、比色管逐滴加入蒸馏水至标线操作不当或定容不准确，扣0.5分； 7. 持瓶方式不正确，扣0.5分； 8. 容量瓶、比色管未充分混匀或中间未开塞，扣0.5分； 9. 对溶液使用前没有盖塞充分摇匀的，扣0.5分； 10. 润洗方法不正确，扣0.5分； 11. 将移液管中过多的贮备液放回贮备液瓶中，扣0.5分； 12. 移液管管尖触底，扣0.5分； 13. 移液出现吸空现象，扣1分； 14. 移液管移取标准储备液、标准工作液、水样原液及水样稀释液前未处理管尖溶液，扣0.5分； 15. 移取标准贮备液、标准工作液及水样原液时未另用一烧杯调节液面，扣0.5分； 16. 移液管移取标准储备液、标准工作液、水样原液及水样稀释液时，调节液面前未处理管尖部，扣0.5分； 17. 移液管未能一次调节到刻度扣1分； 18. 移液管放液不规范，扣1分； 19. 取完试剂后未及时盖上试剂瓶盖扣0.5分； 20. 重新配标准溶液，一次性扣5分； 21. 重新配标准系列或水样稀释液，每出现一次扣2分，最多扣10分		
2	标准系列的配制	20	1. 直接在贮备液进行相关操作，扣5分； 2. 标准工作液未贴标签或标签内容不全（包括名称、浓度、日期、配制者），扣5分； 3. 每个点移取的标准溶液应从零分度开始，出现不正确项1次扣0.5分，但不超过该项总分10分（工作液可放回剩余溶液的烧杯中再取液）		

序号	考核点	配分	评分标准	扣分	得分
3	水样稀释液的配制	5	直接在水样原液中进行相关操作，扣 5 分（水样稀释液在移液管吸干后可在容量瓶中进行相关操作）		
三	实验数据处理	12			
1	原始记录	12	数据未直接填在报告单上、数据不全、有效数字位数不对、有空项，原始记录中，缺少计量单位，数据更改，每项扣 2 分		
四	文明操作	18			
1	实验室整洁	4	实验过程台面、地面脏乱，废液处置不当，一次性扣 4 分		
2	清洗仪器、试剂等物品归位	4	实验结束未先清洗仪器或试剂物品未归位就完成报告，一次性扣 4 分		
3	仪器损坏	6	仪器损坏，一次性扣 6 分		
4	试剂用量	4	每名实验员均准备有两倍用量的试剂，若还需添加，则一次性扣 4 分		
五	测定结果	25	测定结果不正确，扣 25 分		
	最终合计	100			

2.6 色度分析

原始数据记录表

	比色管号	1	2	3	4	5	6	7	8	9	10
标准系列	标液体积/mL										
	色度/度										

	样品编号	取样量/mL	相当于标准管的色度	样品稀释倍数	样品色度/度	平行双样测定结果		
						平均值/度	相对偏差/%	是否合格
样品测定								

分析人：　　　　　　　　　校对人：　　　　　　　　　审核人：

子项目 3　水样色度的测定——稀释倍数法

项　目	物理性质的监测
子项目	色度的测定——稀释倍数法（GB 11903—1989）

学习目标

能力（技能）目标

　　①掌握稀释倍数法测定色度的步骤。

　　②掌握色度测定结果的表示方法。

认知（知识）目标

　　掌握稀释倍数法测定色度的实验原理。

其他（素质）目标

　　①良好的职业道德、工作态度和责任感。

　　②良好的计划组织能力。

　　③良好的团队协作精神。

　　④实验室安全操作。

　　⑤遵守环境保护规定。

能力训练任务

　　①样品的采集和保存。

　　②样品的预处理。

　　③样品的测定。

　　④数据的计算与处理。

教学资源

　　①教材。

　　②项目训练教材。

　　③多媒体教学设备。

　　④环境监测实验室。

　　⑤50 mL 具塞比色管。

3.1　预备知识

　　为说明工业废水的颜色种类，如深蓝色、棕黄色、暗黑色等，可用文字描述。

　　为定量说明工业废水色度的大小，采用稀释倍数法表示色度。即将样品用光学纯水稀释至用目视比较与光学纯水相比刚好看不见颜色时的稀释倍数作为表达颜色的强度，单位为倍。

3.2　**实训准备**

准备事宜	名　　称	方　　法
样品的采集和保存	所取水样应为无树叶、枯枝等漂浮杂物	将样品采集在容积至少为 1 L 的玻璃瓶内，在采样后要尽早进行测定。如果必须贮存，则将样品贮于暗处。在有些情况下还要避免样品与空气接触。同时要避免温度的变化
实训试剂	光学纯水	将 0.2 µm 滤膜（细菌学研究中所采用的）在 100 mL 蒸馏水或去离子水中浸泡 1 h，用它过滤 250 mL 蒸馏水或去离子水，弃去最初的 250 mL，以后用这种水配制全部标准溶液并作为稀释水
水样的预处理	去除悬浮物	如测定水样的"真实颜色"，应放置澄清取上清液，或用离心法去除悬浮物后测定；如测定水样的"表观颜色"，待水样中的大颗粒悬浮物沉降后，取上清液测定
	样品稀释	试料的色度在 50 倍以上时，用移液管计量吸取试料于容量瓶中，用光学纯水稀至标线，每次取大的稀释比，使稀释后色度在 50 倍之内。试料的色度在 50 倍以下时，在具塞比色管中取试料 25 mL，用光学纯水稀释至标线，每次稀释倍数为 2

3.3　**分析步骤**

将样品倒入 250 mL（或更大）量筒中，静置 15 min，倾取上层液体作为试料进行测定。

分别取试料和光学纯水于具塞比色管中，充至标线，将具塞比色管放在白色表面上，具塞比色管与该表面应呈合适的角度，使光线被反射自具塞比色管底部向上通过液柱。垂直向下观察液柱，比较样品和光学纯水，描述样品呈现的色度和色调，如果可能包括透明度。

将试料用光学纯水逐级稀释成不同倍数，分别置于具塞比色管并充至标线。将具塞比色管放在白色表面上，与光学纯水进行比较。将试料稀释至刚好与光学纯水无法区别为止，记下此时的稀释倍数值。

试料经稀释至色度很低时，应自具塞比色管倒至量筒适量试料并计量，然后用光学纯水稀释至标线，每次稀释倍数小于 2。记下各次稀释倍数值。

另取试料测定 pH 值。将逐级稀释的各次倍数相乘，所得之积取整数值，以此表达样品的色度。在报告样品色度的同时，报告 pH 值。同时用文字描述样品的颜色深浅、色调，如果可能，包括透明度。

3.4　色度分析原始数据记录

样品编号	pH	取样量/mL	定容体积/mL	稀释倍数	水样色度/倍	颜色描述

分析人：　　　　　　　　校对人：　　　　　　　　审核人：

3.5　操作规范评分表

序号	考核点	配分	评分标准	扣分	得分
一	仪器准备	5			
1	玻璃仪器洗涤	5	1. 未用蒸馏水清洗两遍以上，扣 2 分； 2. 玻璃仪器出现挂水珠现象，扣 2 分		
二		40			
1	光学纯水的制备	20	1. 使用滤膜不正确，扣 5 分； 2. 滤膜未浸泡 1 h，扣 5 分； 3. 过滤时未弃去前 250 mL，扣 10 分		
2	水样的稀释	20	1. 未采用光学纯水稀释水样的，扣 10 分； 2. 试料或试料经稀释至色度很低时，应自具塞比色管倒至量筒适量试料并计量，否则扣 10 分		
三	实验数据处理	12			
1	原始记录	12	数据未直接填在报告单上、数据不全、有效数字位数不对、有空项，原始记录中，缺少计量单位，数据更改每项扣 2 分		
四	文明操作	18			
1	实验室整洁	4	实验过程台面、地面脏乱，废液处置不当，一次性扣 4 分		
2	清洗仪器、试剂等物品归位	4	实验结束未先清洗仪器或试剂物品未归位就完成报告，一次性扣 4 分		
3	仪器损坏	10	仪器损坏，一次性扣 10 分		
五	测定结果	25	测定结果不正确，扣 25 分		
	最终合计	100			

子项目 4 水样浊度的测定——分光光度法

项　目	物理性质的监测
子项目	水样浊度的测定——分光光度法（GB 13200—1991）

学习目标

能力（技能）目标

　①掌握分光光度计的使用方法。

　②掌握分光光度法测定浊度的步骤。

　③掌握标准曲线定量方法。

认知（知识）目标

　①掌握分光光度法测定浊度的实验原理。

　②能够计算标准曲线方程及 γ 值。

其他（素质）目标

　①良好的职业道德、工作态度和责任感。

　②良好的计划组织能力。

　③良好的团队协作精神。

　④实验室安全操作。

　⑤遵守环境保护规定。

能力训练任务

　①样品的采集和保存。

　②标准系列的测试与绘制。

　③样品的测定。

　④数据的计算与处理。

教学资源

　①教材。

　②项目训练教材。

　③多媒体教学设备。

　④环境监测实验室。

　⑤分光光度计。

　⑥50 mL 具塞比色管。

4.1　预备知识

　　浊度是指水中悬浮物对光线透过时所发生的阻碍程度。水中的悬浮物一般是泥土、砂粒、微细的有机物和无机物、浮游生物、微生物和胶体物质等。水的浊度不仅与水中悬浮物质的含量有关，而且与它们的大小、形状及折射系数等有关。

方法原理：在适当温度下，硫酸肼与六次甲基四胺聚合，形成白色高分子聚合物，以此作为浊度标准液，在一定条件下与水样浊度相比较。本方法适用于饮用水、天然水及高浊度水，最低检测浊度为 3 度。

4.2 实训准备

准备事宜	名称	方法
样品的采集和保存		样品应收集到具塞玻璃瓶中，取样后尽快测定。如需保存，可保存在冷暗处且不超过 24 h。测试前激烈振摇并恢复到室温
实训试剂	无浊度水	将蒸馏水通过 0.2 μm 滤膜过滤，收集于用滤过水荡洗两次的烧瓶中
	硫酸肼溶液 ρ=1 g/100 mL	称取 1.000 g 硫酸肼[$(N_2H_4)H_2SO_4$]溶于水，定容至 100 mL
	六次甲基四胺溶液 ρ=10 g/100 mL	取 10.00 g 六次甲基四胺[$(CH_2)_6N_4$]溶于水，定容至 100 mL
	浊度标准贮备液 浊度为 400 度	吸取 5.00 mL 硫酸肼溶液（1 g/100 mL）与 5.00 mL 六次甲基四胺溶液（10 g/100 mL）于 100 mL 容量瓶中，混匀。于（25±3）℃下静置反应 24 h。冷后用水稀释至标线，混匀。此溶液浊度为 400 度。可保存 1 个月

4.3 分析步骤

在 7 个 50 mL 比色管中，分别加入 0.00 mL、0.50 mL、1.25 mL、2.50 mL、5.00 mL、10.00 mL 及 12.50 mL 浊度标准溶液，然后加水至标线。摇匀后，即得浊度为 0 度、4 度、10 度、20 度、40 度、80 度及 100 度的标准系列。

在波长 680 nm 下，用 30 mm 比色皿，以水作参比，测量吸光度，绘制校准曲线。

水样的测定：吸取 50.0 mL 摇匀水样（无气泡，如浊度超过 100 度可酌情减少取样量，用无浊度水稀释至 50.0 mL），于 50 mL 比色管中，按绘制校准曲线步骤测定吸光度，由校准曲线上查得水样浊度。

结果计算：

$$浊度（度）A = (B + C)/C$$

式中：A——稀释后水样的浊度，度；

B——稀释水体积，mL；

C——原水样体积，mL。

4.4 质量控制和保证

（1）所有与样品接触的玻璃器皿必须清洁，可用盐酸或表面活性剂清洗。

（2）水中应无碎屑和易沉颗粒，如所用器皿不清洁、水中溶解的气泡和有色物质会干扰测定。

（3）不同浊度范围测试结果的精度要求如表 4-1 所示：

表 4-1 测定浊度的精度要求

浊度范围/度	精度/度
1～10	1
10～100	5
100～400	10
400～1 000	50
大于 1 000	100

4.5 操作规范评分表

序号	考核点	配分	评分标准	扣分	得分
一	仪器准备	5			
1	玻璃仪器洗涤	2	1. 未用无浊度水清洗两遍以上，扣 1 分； 2. 玻璃仪器出现挂水珠现象，扣 1 分		
2	分光光度计预热 20 分钟	3	1. 仪器未进行预热或预热时间不够，扣 2 分； 2. 未切断光路预热，扣 1 分		
二	标准溶液的配制	15			
1	溶液配制过程中有关的实验操作	10	1. 未进行容量瓶试漏检查，扣 0.5 分； 2. 容量瓶、比色管加蒸馏水时未沿器壁流下或产生大量气泡，扣 0.5 分； 3. 蒸馏水瓶管尖接触容器，扣 0.5 分； 4. 加水至容量瓶约 3/4 体积时没有平摇，扣 0.5 分； 5. 容量瓶、比色管加水至近标线等待 1 min，没有等待，扣 0.5 分； 6. 容量瓶、比色管逐滴加入蒸馏水至标线操作不当或定容不准确，扣 0.5 分； 7. 持瓶方式不正确，扣 0.5 分； 8. 容量瓶、比色管未充分混匀或中间未开塞，扣 0.5 分； 9. 对溶液使用前没有盖塞充分摇匀的，扣 0.5 分； 10. 润洗方法不正确，扣 0.5 分； 11. 将移液管中过多的贮备液放回贮备液瓶中，扣 0.5 分； 12. 移液管管尖触底，扣 0.5 分； 13. 移液出现吸空现象，扣 1 分； 14. 移液管移取标准储备液、标准工作液、水样原液及水样稀释液前未处理管尖溶液，扣 0.5 分； 15. 移取标准贮备液、标准工作液及水样原液时未另用一烧杯调节液面，扣 0.5 分； 16. 移液管移取标准储备液、标准工作液、水样原液及水样稀释液时，调节液面前未处理管尖部，扣 0.5 分； 17. 移液管未能一次调节到刻度，扣 1 分； 18. 移液管放液不规范，扣 1 分； 19. 取完试剂后未及时盖上试剂瓶盖，扣 0.5 分		

序号	考核点	配分	评分标准	扣分	得分
2	标准系列的配制	3	1. 直接在贮备液进行相关操作，扣 1 分； 2. 标准工作液未贴标签或标签内容不全（包括名称、浓度、日期、配制者），扣 1 分； 3. 每个点移取的标准溶液应从零分度开始，出现不正确项 1 次扣 0.5 分，但不超过该项总分 3 分（工作液可放回剩余溶液的烧杯中再取液）		
3	水样稀释液的配制	2	直接在水样原液中进行相关操作，扣 2 分（水样稀释液在移液管吸干后可在容量瓶中进行相关操作）		
三	分光光度计使用	15			
1	测定前的准备	2	1. 没有进行比色皿配套性选择，或选择不当，扣 1 分； 2. 不能正确在 T 挡调 "100%" 和 "0"，扣 1 分		
2	测定操作	7	1. 手触及比色皿透光面，扣 0.5 分； 2. 比色皿润洗方法不正确（须含蒸馏水洗涤、待装液润洗），扣 0.5 分； 3. 比色皿润洗操作不正确，扣 0.5 分； 4. 加入溶液高度不正确，扣 1 分； 5. 比色皿外壁溶液处理不正确，扣 1 分； 6. 比色皿盒拉杆操作不当，扣 0.5 分； 7. 重新取液测定，每出现一次扣 1 分，但不超过 4 分； 8. 不正确使用参比溶液，扣 1 分		
3	测定过程中仪器被溶液污染	2	1. 比色皿放在仪器表面，扣 1 分； 2. 比色室被洒落溶液污染，扣 0.5 分； 3. 比色室未及时清理干净，扣 0.5 分		
4	测定后的处理	4	1. 台面不清洁，扣 0.5 分； 2. 未取出比色皿及未洗涤，扣 1 分； 3. 没有倒净控干比色皿，扣 0.5 分； 4. 测定结束，未作使用记录登记，扣 1 分； 5. 未关闭仪器电源，扣 1 分		
四	实验数据处理	12			
1	标准曲线取点		标准曲线取点不得少于 7 点（包含试剂空白点），否则标准曲线无效		
2	正确绘制标准曲线	5	1. 标准曲线坐标选取错误或比例不合理（含曲线斜率不当），扣 1 分； 2. 测量数据及回归方程计算结果未标在曲线中，扣 1 分； 3. 缺少曲线名称、坐标、箭头、符号、单位量、回归方程及数据有效位数不对，每 1 项扣 0.5 分，但不超过 3 分		
3	试液吸光度处于要求范围内	2	水样取用量不合理致使吸光度超出要求范围或在 0 号与 1 号管测点范围内，扣 2 分		
4	原始记录	3	数据未直接填在报告单上、数据不全、有效数字位数不对、有空项，原始记录中，缺少计量单位，数据更改每项扣 0.5 分，可累计扣分，但不超过该项总分 3 分		

序号	考核点	配分	评分标准	扣分	得分
5	有效数字运算	2	1. 回归方程未保留小数点后四位数字，扣 0.5 分； 2. γ 未保留小数点后四位，扣 0.5 分； 3. 测量结果未保留到小数点后两位，扣 1 分		
五	文明操作	18			
1	文明操作	4	实验过程台面、地面脏乱，废液处置不当，一次性扣 4 分		
2	清洗仪器、试剂等物品归位	4	实验结束未先清洗仪器或试剂物品未归位就完成报告，一次性扣 4 分		
3	仪器损坏	6	仪器损坏，一次性扣 6 分		
4	试剂用量	4	每组均准备有两倍用量的试剂，若还需添加，则一次性扣 4 分		
六	测定结果	35			
1	回归方程的计算	5	没有算出或计算错误回归方程的，扣 5 分		
2	空白吸光度	1	空白吸光度大于 0.030，扣 1 分		
	回归方程	3	截距超出±0.008，扣 1 分 斜率超出 0.007 2～0.008 0，扣 2 分		
	标准曲线线性	6	$\gamma \geqslant 0.999\ 9$，不扣分； $\gamma = 0.999\ 7 \sim 0.999\ 0$，扣 1～5 分不等； $\gamma < 0.999$，扣 6 分		
3	测定结果精密度	10	$|R_d| \leqslant 0.5\%$，不扣分； $0.5\% \sim 1.4\% \leqslant |R_d|$，扣 1～9 分不等； $|R_d| > 1.4\%$，扣 10 分。 精密度计算错误或未计算扣 10 分。 水样原液未作平行样 3 份，一次性扣 10 分		
4	测定结果准确度	10	测定值在 保证值±0.5%内，不扣分； 保证值±0.6%～1.8%，扣 1～9 分不等； 不在保证值±1.8%内扣 10 分		
	最终合计	100			

4.6 浊度分析

（1）吸收池配套性检查

比色皿的校正值：A_1 <u>0.000</u> ；A_2 ＿＿＿＿ ；A_3 ＿＿＿＿ ；A_4 ＿＿＿＿ 。

所选比色皿为：

（2）标准曲线的绘制

测量波长：＿＿＿＿＿＿＿＿＿；标准溶液原始浊度：＿＿＿＿＿＿＿。

溶液号	吸取标液体积/mL	浊度/度	A	$A_{校正}$
1				
2				
3				
4				
5				
6				
7				

回归方程：

相关系数：

（3）水质样品的测定

平行测定次数	1	2	3
吸光度，A			
空白值，A_0			
校正吸光度，$A_{校正}$			
回归方程计算所得浊度/度			
原始试液浊度/度			
样品浊度的测定结果/度			
R_d/%			

分析人：　　　　　　　　　　校对人：　　　　　　　　　　审核人：

标准曲线绘制图：

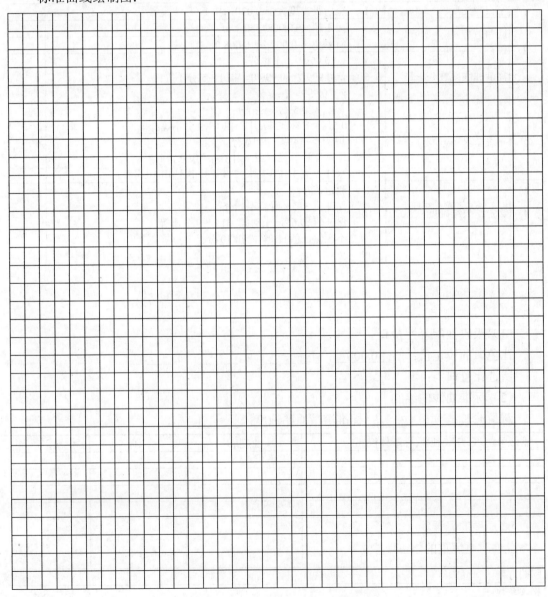

子项目 5　水中悬浮物的测定——重量法

项　　目	物理性质的监测
子项目	水中悬浮物的测定——重量法（GB 11901—1989）

学习目标

能力（技能）目标

　　①掌握天平的使用方法。

　　②掌握重量法测定悬浮物的步骤。

　　③掌握称量操作技术。

认知（知识）目标

　　①掌握重量法测定悬浮物的原理。

　　②能够进行数据的处理和计算。

其他（素质）目标

　　①良好的职业道德、工作态度和责任感。

　　②良好的计划组织能力。

　　③良好的团队协作精神。

　　④实验室安全操作。

　　⑤遵守环境保护规定。

能力训练任务

　　①样品的采集和保存。

　　②滤膜的准备。

　　③样品的测定。

教学资源

　　①教材。

　　②项目训练教材。

　　③多媒体教学设备。

　　④环境监测实验室。

　　⑤全玻璃微孔滤膜过滤器。

　　⑥吸滤瓶。

5.1　预备知识

　　水质中的悬浮物（SS）是指水样通过孔径为 0.45 μm 的滤膜，截留在滤膜上并于 103～105℃烘干至恒重的固体物质。

　　水中的悬浮物，使水体浑浊，透明度降低，影响水生生物呼吸与代谢活动，使江河湖库淤积，加重洪水灾害，破坏环境。因此为必测的水环境指标。造纸、皮革、冲渣、选矿、湿法粉碎和喷淋除尘等工业中产生大量含无机、有机的悬浮物废水。

5.2 实训准备

准备事宜	方法
样品的采集和保存	所用聚乙烯或硬质玻璃容器要先用洗涤剂清洗，再依次用自来水和蒸馏水冲洗干净。在采样之前，再用即将采集的水样冲洗 3 次，然后，采集具有代表性的水样 500～1 000 mL。盖严瓶塞。采集的水样应尽快分析测定。如需放置，应贮存在 4 ℃冰箱中，但最长不得超过 7 天。 样品不得加入任何保护剂，以防止破坏物质在固、液间的分配平衡
滤膜的准备	用扁嘴无齿镊子夹取滤膜放于事先称重的称量瓶里。移入烘箱中在 103～105 ℃烘干 0.5 h 后取出置干燥器内冷却至室温，称其质量。反复烘干、冷却、称量，直至两次称量的质量差≤0.2 mg

5.3 分析步骤

将恒重的滤膜正确地放在滤膜过滤器的滤膜托盘上，加盖配套的漏斗，并用夹子固定好。以蒸馏水润湿滤膜。并不断吸滤。

量取充分混合均匀的试样 100 mL 于漏斗内，启动真空泵进行抽吸过滤。当水分全部通过滤膜后，再用每次约 10 mL 蒸馏水连续冲洗量器 3 次，继续吸滤以除去痕量水分。

停止吸滤后，仔细取出载有悬浮物的滤膜放在原恒重的称量瓶里，打开瓶盖，移入烘箱中在 103～105 ℃烘干 2 h 后移入干燥器中，使其冷却至室温，称量。反复烘干、冷却、称量，直至恒重为止（两次称重的质量差≤0.4 mg）。

结果计算：

悬浮物含量 C（mg/L）按下式计算：

$$C = \frac{(A-B) \times 10^6}{V}$$

式中：C——水中悬浮物浓度，mg/L；

A——悬浮物+滤膜与称量瓶重量，g；

B——滤膜与称量瓶重量，g；

V——试样体积，mL。

5.4 质量控制和保证

（1）漂浮于水面或浸没于水体底部的不均匀固体物质不属于悬浮物质，应在样品采集时加以避免。实验室测定阶段，处理样品时应以清洁水样为先。在定量取样时，应选择好合适的量器，水样均匀混合后应尽快量出。快速倾入漏斗过滤后，用每次约 10 mL 蒸馏水冲洗量器 3 次，倾入漏斗过滤时，应将量器底部的较大颗粒物质去除。

（2）贮存水样时不能加任何保护试剂，以防止破坏物质在固相、液相间的分配平衡。

（3）滤膜上截留过多的悬浮物，除了造成过滤困难，还会延长过滤、干燥时间。遇此情况，可酌情少取试样，浑浊水样采集 20～100 mL，比较清洁水样应采集 100～200 mL 为宜，特别清洁的水样可增大试样体积至 200～300 mL，否则会增大称量误差，影响测定精度。

（4）滤膜前处理阶段，以约 100 mL 蒸馏水抽滤至近干状态（以 50～60 s 为宜）。实际操作中，在同一批样品测定中最好固定一个蒸馏水用量和抽滤时间，以减少因蒸馏水量和抽滤时间的不同而带来的误差。无论采用何种滤膜，都必须对其进行前处理或进行相关试验。

（5）滤膜（处理后）和样品抽滤后，移入称量瓶加盖时，应保留适当缝隙，不要盖严，以保证滤膜和样品中水分、湿气能够充分逸出。

（6）经过 103～105℃的烘箱中烘干的滤膜或样品在置于干燥器内冷却阶段，应在天平室进行。应避免空调器出风给称量带来的影响。天平室的温度会影响冷却的时间，一般 5～20℃时，可冷却 45 min；21～26℃时，可冷却 60 min；27～32℃时，可冷却 150 min 以上。滤膜上载附的悬浮物较多时，应增加冷却时间。

另外，干燥器内的称量瓶不宜过多，避免碰撞；所有的称量过程应按照顺序号码依次进行。对清洁水样的滤膜与浑浊水样的滤膜分开冷却。称量瓶在使用前应仔细检查盖子本身的密闭性，淘汰进水的盖子。

（7）实验室的洁净度必须符合要求，防止因空气中粉尘、颗粒物的因素造成样品抽滤中增加的重量。

（8）分析操作人员在整个操作过程中，必须仔细、认真，勤洗手，避免因个人的原因造成称重上的误差。

5.5　操作规范评分表

序号	考核点	配分	评分标准	扣分	得分
一	称量	18			
1	分析天平称量前准备	4	1. 天平不水平，扣 2 分； 2. 秤盘不清洁，扣 2 分		
2	分析天平称量操作	9	1. 干燥器盖子放置不正确，扣 1 分； 2. 手直接触及被称物容器或被称物容器放在台面上，扣 2 分； 3. 称量瓶放置不当，扣 1 分； 4. 开关天平门操作不当，扣 1 分； 5. 读数及记录不正确，扣 1 分		
3	称量后处理	5	1. 不关天平门，扣 1 分； 2. 天平内外不清洁，扣 1 分； 3. 未检查零点，扣 1 分； 4. 凳子未归位，扣 1 分； 5. 未做使用记录，扣 1 分		

序号	考核点	配分	评分标准	扣分	得分
二	烘干操作	12	1. 103～105℃下烘干，不正确扣4分； 2. 放在干燥器里冷却至室温，不正确扣4分； 3. 称量恒重，两次称量的质量差≤0.2 mg，不恒重，扣4分		
三	水样测定	20	1. 水样要搅拌均匀，不正确扣5分； 2. 用量筒量取水样，不正确扣5分； 3. 水样的取用量不合适，扣10分		
四	过滤操作	16	1. 使用0.45 μm的滤膜，不正确扣2分； 2. 过滤装置安装不合理，扣4分； 3. 倾倒溶液时要用玻璃棒引流，不正确扣2分； 4. 玻璃棒应低于滤纸边缘并倾斜，不正确扣2分； 5. 烧杯应洗涤3～4次，不正确扣2分		
五	原始记录	10	数据未直接填在报告单上、数据不全、有效数字位数不对、有空项，原始记录中，缺少计量单位每项扣2分，数据更改每项扣5分		
六	文明操作	6			
	实验室整洁	2	实验过程台面、地面脏乱，废液处置不当，一次性扣2分		
	清洗仪器、试剂等物品归位	2	实验结束未先清洗仪器或试剂物品未归位就完成报告，一次性扣2分		
	仪器损坏	2	仪器损坏，一次性扣2分		
七	测定结果准确度	18	测定值在 保证值±1s内，不扣分； 保证值±2s～±10s，扣1～9分不等		
	合计	100			

5.6 悬浮物分析

原始数据记录表

分析编号	样品编号	取样体积/mL	悬浮物+滤膜与称量瓶恒重 A/g				滤膜与称量瓶恒重 B/g				样品重/g	样品浓度/(mg/L)	平行双样测定结果		
			称量日期	1	2	平均	称量日期	1	2	平均			平均值/(mg/L)	相对偏差/%	是否合格

分析人： 校对人： 审核人：

子项目 6　电导率的测定——实验室电导率仪法

项　　目	物理性质的监测
子项目	电导率的测定——实验室电导率仪法

学习目标

能力（技能）目标

①掌握水样保存的方法。

②掌握便携式电导率仪测定水样电导率的步骤。

认知（知识）目标

掌握电导率基础知识。

其他（素质）目标

①良好的职业道德、工作态度和责任感。

②良好的计划组织能力。

③良好的团队协作精神。

④实验室安全操作。

⑤遵守环境保护规定。

能力训练任务

①样品的采集和保存。

②样品的预处理。

③样品的测定。

④数据的计算。

教学资源

①教材。

②项目训练教材。

③多媒体教学设备。

④环境监测实验室。

⑤电导率仪。

⑥恒温水浴埚。

6.1　预备知识

电导率是以数字表示溶液传导电流的能力。纯水电导率很小，当水中含有无机酸、碱或盐时，使电导率增加。电导率常用于间接推测水中离子成分的总浓度，水溶液的电导率取决于离子的性质和浓度、溶液的温度和黏度等。

不同类型的水有不同的电导率。新鲜蒸馏水的电导率为 $0.5 \sim 2\ \mu S/cm$，但放置一段时间后，因吸收了二氧化碳，增加到 $2 \sim 4\ \mu S/cm$，超纯水的电导率小于 $0.1\ \mu S/cm$。天然水的电导率多在 50～500 μS/cm，含酸、碱、盐的工业废水电导率往往超过 10 000 μS/cm。

电导率随温度的变化而变化，温度每升高 1℃，电导率增加约 2%，通常规定 25℃为测定电导率的标准温度。如果不是 25℃，必须进行温度校正。

6.2 实训准备

准备事宜	名称	方法
样品的采集和保存		水样采集后应尽快分析，如果不能在采样后及时进行分析，样品应贮存于聚乙烯瓶中，并满瓶封存，于 4℃冷暗处保存，在 24 h 之内完成测定，测定前应加温至 25℃。不得加保存剂
实训试剂	纯水	将蒸馏水通过离子换柱制得，电导率小于 1 μS/cm
	氯化钾溶液 ρ=0.010 0 mol/L	称取 0.745 6 g 优级纯氯化钾于 105℃干燥 2 h 后，冷却至室温，溶解于纯水中，于 25℃下定容至 1 000 mL。此溶液在 25℃时电导率为 1 413 μS/cm
水样的预处理	干扰及消除	样品中含有粗大悬浮物质、油和脂干扰测定。可先测水样，再测校准溶液，以了解干扰情况。若有干扰，应经过滤或萃取除去

6.3 分析步骤

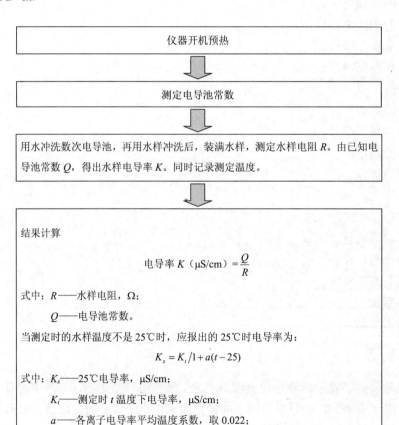

仪器开机预热

⬇

测定电导池常数

⬇

用水冲洗数次电导池，再用水样冲洗后，装满水样，测定水样电阻 R。由已知电导池常数 Q，得出水样电导率 K。同时记录测定温度。

⬇

结果计算

$$电导率\ K\ (\mu S/cm) = \frac{Q}{R}$$

式中：R——水样电阻，Ω；

　　　Q——电导池常数。

当测定时的水样温度不是 25℃时，应报出的 25℃时电导率为：

$$K_s = K_t/1 + a(t - 25)$$

式中：K_s——25℃电导率，μS/cm；

　　　K_t——测定时 t 温度下电导率，μS/cm；

　　　a——各离子电导率平均温度系数，取 0.022；

　　　t——测定时温度，℃。

6.4　质量控制和保证

（1）最好使用和水样电导率相近似的氯化钾标准溶液测定电导池常数。

（2）如使用已知电导池常数的电导池，不需要测定电导池常数，可调节好仪器直接测定，但要经常用标准氯化钾溶液校准仪器。

（3）必要时，可将标准溶液用纯水加以稀释，各种浓度氯化钾溶液的电导率（25℃），见表 6-1。

表 6-1　不同浓度氯化钾的电导率

浓度/（mol/L）	电导率/（μS/cm）	浓度/（mol/L）	电导率/（μS/cm）
0.000 1	14.94	0.001	147.0
0.000 5	73.90	0.005	717.8
0.01	1 413	0.1	12 900

6.5　电导率分析

（1）标准溶液校准记录

使用标准溶液（25℃）/（μS/cm）	校准时温度/℃	校准前显示值/（μS/cm）	校准后显示值/（μS/cm）

（2）水质样品的测定

分析编号	样品编号	水样温度/℃	25℃电导率/（μS/cm）	平行双样测定结果		
				平均值/（μS/cm）	相对偏差/%	是否合格

分析人：　　　　　　　　　　　校对人：　　　　　　　　　　　审核人：

项目 3
非金属无机物的监测

子项目 7　水样 pH 值的测定——玻璃电极法

项　　目	非金属无机物的监测
子项目	水样 pH 值的测定——玻璃电极法（GB/T 6920—86）

学习目标

能力（技能）目标

　　①掌握酸度计的使用方法。

　　②掌握玻璃电极法测定 pH 值的步骤。

认知（知识）目标

　　①掌握 pH 值基础知识。

　　②掌握 pH 计的测定方法和原理。

其他（素质）目标

　　①良好的职业道德、工作态度和责任感。

　　②良好的计划组织能力。

　　③良好的团队协作精神。

　　④实验室安全操作。

　　⑤遵守环境保护规定。

能力训练任务

　　①样品的采集和保存。

　　②pH 计的校准。

　　③样品的测定。

教学资源

　　①教材。

　　②项目训练教材。

　　③多媒体教学设备。

　　④环境监测实验室。

　　⑤酸度计或离子浓度计。

⑥玻璃电极与甘汞电极。

7.1　预备知识

pH 值是水溶液最重要的理化参数之一。pH 值有时也称氢离子指数，由于氢离子活度的数值往往很小，在应用上很不方便，所以就用 pH 值。水的 pH 值是以水中氢离子浓度的负对数值这一概念来作为水溶液酸性、碱性的判断指标。而且，氢离子浓度的负对数值能够表示出酸性、碱性的变化幅度的数量级的大小，这样应用起来就十分方便，并由此得到（在 25℃下）：

（1）中性水溶液，pH=7。

（2）酸性水溶液，pH＜7，pH 值越小，表示酸性越强。

（3）碱性水溶液，pH＞7，pH 值越大，表示碱性越强。

有很多方法来测量溶液的 pH 值：

（1）使用 pH 指示剂。在待测溶液中加入 pH 指示剂，不同的指示剂根据不同的 pH 值会变化颜色，根据指示剂的研究结果就可以确定 pH 值的范围。滴定时，可以作精确的 pH 标准。

（2）使用 pH 试纸。pH 试纸有广泛试纸和精密试纸，用玻璃棒蘸一点待测溶液到试纸上，然后根据试纸的颜色变化并对照比色卡也可以得到溶液的 pH 值。但 pH 试纸不能够显示出油分的 pH 值，由于 pH 试纸以氢离子制成和以氢离子来量度待测溶液的 pH 值，但油中不含有氢离子，因此 pH 试纸不能够显示出油分的 pH 值。

（3）使用 pH 计。pH 计是一种测量溶液 pH 值的仪器，它通过 pH 选择电极（如玻璃电极）来测量出溶液的 pH 值。

酸度计是专为应用玻璃电极测定 pH 值而设计的一种电子电位计，基于由溶液与电极组成的电池电动势与 pH 值的关系，即在 25℃时，电池电动势每变化 0.059 V 相当于 pH 值变化 1 个单位。酸度计主要由 pH 测量电池（由一对电极与溶液组成）和 pH 指示器（电位计）两部分组成。玻璃电极的电位随溶液中的氢离子浓度变化而发生变化，称为指示电极；甘汞电极为参比电极，具有稳定的已知电位，作为测定时的标准。

玻璃电极是一支厚玻璃管下端接一个特殊材料玻璃球膜，其下端薄膜的厚度约为 0.2 mm，球中装有已知 pH 值的缓冲液，并有一个电极电位已知的参比电极（常用氯化银）作为内参比，电极的导线绝缘电阻必须大于玻璃膜电阻 10^3 以上，否则易引起漏电，使读数不稳。甘汞电极是由汞、甘汞糊和氯化钾溶液组成。电极电位随氯化钾浓度不同可分为三种，即饱和甘汞电极，1 mol/L 甘汞电极与 0.1 mol/L 甘汞电极。它们的电极电位各不相同，而且受温度影响，特别是饱和甘汞电极受影响最大，但由于制备简单，目前仍是最实用的参比电极。

最早酸度计的测定计部分是用补偿式电位差计，现已淘汰不用。其后曾采用电子管电压表直接测定。现多数使用晶体管电路，不仅体积小，精度也有很大提高，有的智能化程度已很高，如除用高阻抗转换电路以外，还使用测温电路、数模转换电路以及单板微机。测定功能多、精度高，能自动补偿、显示斜率与被测溶液的温度等。有的还能自动进行数据处理和打印数据。

7.2 实训准备

准备事宜	名称		方法
样品的采集和保存			最好现场测定。否则，应在采样后把样品保持在 0～4℃，并在采样后 6 h 之内进行测定
实训试剂	1	蒸馏水	煮沸并冷却、电导率小于 $2×10^{-6}$ S/cm 的蒸馏水，其 pH 以 6.7～7.3 为宜
	2	pH 标准溶液甲（pH 4.008，25℃）	称取先在 110～130℃ 干燥 2～3 h 的邻苯二甲酸氢钾（$KHC_8H_4O_4$）10.12 g，溶于水并在容量瓶中稀释至 1 L
	3	pH 标准溶液乙（pH 6.865，25℃）	分别称取先在 110～130℃ 干燥 2～3 h 的磷酸二氢钾（KH_2PO_4）3.388 g 和磷酸氢二钠（Na_2HPO_4）3.533 g，溶于水并在容量瓶中稀释至 1 L
	4	pH 标准溶液丙（pH 9.180，25℃）	为了使晶体具有一定的组成，应称取与饱和溴化钠（或氯化钠加蔗糖）溶液（室温）共同放置于干燥器中平衡两昼夜的硼砂（$Na_2B_4O_7 \cdot 10H_2O$）3.80 g，溶于水并在容量瓶中稀释 1 L
	5	其他标准溶液	当被测样品 pH 值过高或过低时，应参考表 7-1 配制与其 pH 值相近似的标准溶液校正仪器
标准溶液的保存			标准溶液要在聚乙烯瓶中密闭保存。 在室温条件下标准溶液一般以保存 1～2 个月为宜，当发现有浑浊、发霉或沉淀现象时，不能继续使用。 在 4℃冰箱内存放，且用过的标准溶液不允许再倒回去，这样可延长使用期限。 标准溶液的 pH 值随温度变化而稍有差异。一些常用标准溶液的 pH（S）值见表 7-2

表 7-1　pH 标准溶液的制备

标准溶液中溶质的质量摩尔浓度/（mol/kg）	25℃的 pH	每 1 000 mL 25℃水溶液所需药品重量
基本标准 酒石酸氢钾（25℃饱和）	3.557	6.4 g $KHC_4H_4O_8$①
0.05 m 柠檬酸二氢钾	3.776	11.4 g $KH_2C_6H_5O_7$
0.05 m 邻苯二甲酸氢钾	4.008	10.12 g $KHC_8H_4O_4$
0.025 m 磷酸二氢钾+ 0.025 m 磷酸氢二钠	6.865	3.388 g KH_2PO_4+ 3.533 g $Na_2HPO_4$②③
0.008 695 m 磷酸二氢钾+ 0.030 43 m 磷酸氢二钠	7.413	1.179 g KH_2PO_4+ 4.302 g $Na_2HPO_4$②③
0.01 m 硼砂	9.180	3.80 g $Na_2B_4O_7 \cdot 10H_2O$③
0.025 m 碳酸氢钠+ 0.025 m 碳酸钠	10.012	2.092 g $NaHCO_3$+ 2.640 g Na_2CO_3
辅助标准 0.05 m 四草酸钾	1.679	12.61 g $KH_2C_4O_8 \cdot 2H_2O$④
氢氧化钙（25℃饱和）	12.454	1.5 g$Ca(OH)_2$①

注：①大约溶解度；
　　②在 110～130℃ 烘 2～3 h；
　　③必须用新煮沸并冷却的蒸馏水（不含 CO_2）配制；
　　④别名草酸三氢钾，使用前在 54±3℃ 干燥 4～5 h。

表 7-2 五种标准溶液的 pH（S）值

T/℃	A	B	C	D	E
0		4.003	6.984	7.534	9.464
5		3.999	6.951	7.500	9.395
10		3.998	6.923	7.472	9.332
15		3.999	6.900	7.448	9.276
20	3.557	4.002	6.881	7.429	9.225
25	3.552	4.008	6.865	7.413	9.180
30	3.548	4.015	6.853	7.400	9.139
35	3.548	4.024	6.844	7.389	9.102
38	3.547	4.030	6.840	7.384	9.081
40	3.547	4.035	6.838	7.380	9.068
45	3.542	4.047	6.834	7.373	9.038
50	3.554	4.060	6.833	7.367	9.011
55	3.560	4.075	6.834		8.985
60	3.580	4.091	6.836		8.962
70	3.609	4.126	6.845		8.921
80	3.650	4.164	6.859		8.885
90	3.674	4.205	6.877		8.850
95		4.227	6.886		8.833

注：这些标准溶液的组成是：

A：酒石酸氢钾（25℃饱和）；

B：邻苯二甲酸氢钾，$m=0.05$ mol/kg；

C：磷酸二氢钾，$m=0.025$ mol/kg；磷酸氢二钠，$m=0.025$ mol/kg；

D：磷酸二氢钾，$m=0.008\ 695$ mol/kg；磷酸氢二钠，$m=0.030\ 43$ mol/kg；

E：硼砂，$m=0.01$ mol/kg。

这里 m 表示溶质的质量摩尔浓度，溶剂是水。

7.3 分析步骤

仪器校准：操作程序按仪器使用说明书进行。先将水样与标准溶液调到同一温度，记录测定温度，并将仪器温度补偿旋钮调至该温度上。

用标准溶液校正仪器，该标准溶液与水样 pH 相差不超过 2 个 pH 单位。从标准溶液中取出电极，彻底冲洗并用滤纸吸干。再将电极浸入第二个标准溶液中，其 pH 大约与第一个标准溶液相差 3 个 pH 单位，如果仪器响应的示值与第二个标准溶液的 pH（S）值之差大于 0.1 pH 单位，就要检查仪器、电极或标准溶液是否存在问题。当三者均正常时，方可用于测定样品。

样品测定：测定样品时，先用蒸馏水认真冲洗电极，再用水样冲洗，然后将电极浸入样品中，小心摇动或进行搅拌使其均匀，静置，待读数稳定时记下 pH 值。

7.4 质量控制和保证

（1）玻璃电极在使用前先放入蒸馏水中浸泡 24 h 以上。

（2）测定 pH 时，玻璃电极的球泡应全部浸入溶液中，并使其稍高于甘汞电极的陶瓷芯端，以免搅拌时碰杯。

（3）必须注意玻璃电极的内电极与球泡之间、甘汞电极的内电极和陶瓷芯之间不得有气泡，以防断路。

（4）甘汞电极中的饱和氯化钾溶液的液面必须高出汞体，在室温下应有少许氯化钾晶体存在，以保证氯化钾溶液的饱和，但须注意氯化钾晶体不可过多，以防止堵塞与被测溶液的通路。

（5）测定 pH 时，为减少空气和水样中二氧化碳的溶入或挥发，在测水样之前，不应提前打开水样瓶。

（6）玻璃电极表面受到污染时，需进行处理。如果系附着无机盐结垢，可用温稀盐酸溶解；对钙镁等难溶性结垢，可用 EDTA 二钠溶液溶解，沾有油污时，可用丙酮清洗。电极按上述方法处理后，应在蒸馏水中浸泡一昼夜再使用。注意忌用无水乙醇、脱水性洗涤剂处理电极。

7.5 操作规范评分表

序号	考核点	配分	评分标准	扣分	得分
一	仪器准备	10			
1	玻璃仪器洗涤	5	1. 未用蒸馏水清洗两遍以上，扣 3 分； 2. 玻璃仪器出现挂水珠现象，扣 2 分		
2	玻璃电极的准备	5	玻璃电极在使用前未放入蒸馏水中浸泡 24 h 以上，扣 5 分		
二	标准溶液的配制	30			
1	标准溶液的配制	10	1. 称量不准确，扣 5 分； 2. 标准工作液未贴标签或标签内容不全（包括名称、浓度、日期、配制者），扣 5 分		
2	溶液配制过程中有关的实验操作	20	1. 未进行容量瓶试漏检查，扣 2 分； 2. 容量瓶加蒸馏水时未沿器壁流下或产生大量气泡，扣 2 分； 3. 蒸馏水瓶管尖接触容器，扣 2 分； 4. 加水至容量瓶约 3/4 体积时没有平摇，扣 2 分； 5. 容量瓶、比色管加水至近标线等待 1 min，没有等待，扣 2 分； 6. 容量瓶逐滴加入蒸馏水至标线操作不当或定容不准确，扣 2 分； 7. 持瓶方式不正确，扣 2 分； 8. 容量瓶未充分混匀或中间未开塞，扣 2 分； 9. 对溶液使用前没有盖塞充分摇匀的，扣 2 分； 10. 取完试剂后未及时盖上试剂瓶盖，扣 2 分； 11. 重新配标准溶液，一次性扣 5 分		

序号	考核点	配分	评分标准	扣分	得分
三	酸度计使用	35			
1	电极准备	15	1. 电极头未先用蒸馏水冲洗，扣 5 分； 2. 用蒸馏水冲洗后，未再用标准缓冲液冲洗电极头，扣 5 分； 3. 最后未用滤纸将水吸干，扣 5 分		
2	电极校准	5	未用标准溶液校准电极，扣 5 分		
3	样品测定	10	1. 测定 pH 时，玻璃电极的球泡应全部浸入溶液中，并使其稍高于甘汞电极的陶瓷芯端，未按要求扣 5 分； 2. 测定 pH 时，为减少空气和水样中二氧化碳的溶入或挥发，在测水样之前，不应提前打开水样瓶。提前打开水样扣 5 分		
4	测定后的处理	5	1. 台面不清洁，扣 1 分； 2. 玻璃电极未洗涤，扣 2 分； 3. 测定结束，未作使用记录登记，扣 1 分； 4. 未关闭仪器电源，扣 1 分		
四	实验数据处理	5			
1	原始记录	5	数据未直接填在报告单上、数据不全、有效数字位数不对、有空项，原始记录中缺少计量单位，数据更改每项扣 0.5 分，可累计扣分，但不超过该项总分 5 分		
五	文明操作	20			
1	实验室整洁	5	实验过程台面、地面脏乱，废液处置不当，一次性扣 5 分		
2	清洗仪器、试剂等物品归位	5	实验结束未先清洗仪器或试剂物品未归位就完成报告，一次性扣 5 分		
3	仪器损坏	10	仪器损坏，一次性扣 10 分		
	合　计	100			

7.6 pH 值的测定

原始数据记录表

检验地点：　　　　　　日期：　　　　　　环境温度/相对湿度：　　　℃/　　　%

检验方法依据：

仪器名称及型号		仪器编号	
样品温度及温度补偿	℃		
以标准缓冲溶液校正	（1）pH=		（2）pH=

样　品　编　号	pH 值	平均值

(左侧竖排：样品检验)

备注：

分析人：　　　　　　　校对人：　　　　　　　审核人：

子项目 8　溶解氧的测定——碘量法

项　目	非金属无机物的监测
子项目	溶解氧的测定——碘量法（GB 7489—87）

学习目标

能力（技能）目标

①掌握滴定管的使用方法。

②掌握硫代硫酸钠溶液的标定方法。

③掌握碘量法测定溶解氧的步骤。

认知（知识）目标

①掌握溶解氧基础知识。

②掌握碘量法测定溶解氧的实验原理。

③能够计算溶解氧浓度。

其他（素质）目标

①良好的职业道德、工作态度和责任感。

②良好的计划组织能力。

③良好的团队协作精神。

④实验室安全操作。

⑤遵守环境保护规定。

能力训练任务

①样品的采集和保存。

②样品的前处理。

③硫代硫酸钠溶液的标定。

④样品的测定。

⑤数据的计算与处理。

教学资源

①教材。

②项目训练教材。

③多媒体教学设备。

④环境监测实验室。

⑤碱式滴定管。

⑥250～300 mL 细口玻璃瓶。

8.1　预备知识

溶解于水中的分子态氧称为溶解氧。水中溶解氧的含量与大气压力、水温及含盐量等因素有关。大气压力下降、水温升高、含盐量增加，都会导致溶解氧含量降低。

清洁地表水溶解氧接近饱和。当有大量藻类繁殖时，溶解氧可能过饱和；当水体受到有机物质、无机还原物质污染时，会使溶解氧含量降低，甚至趋于零，此时厌氧细菌繁殖活跃，水质恶化。水中溶解氧低于 3～4 mg/L 时，许多鱼类呼吸困难；继续减少，则会窒息死亡。一般规定水体中的溶解氧至少在 4 mg/L 以上。

水中的溶解氧虽然不是污染物质，但通过溶解氧的测定，可以大体估计水中以有机物为主的还原性物质的含量，是衡量水质优劣的重要指标。在废水生化处理过程中，溶解氧也是一项重要控制指标。

测定水中溶解氧的方法有碘量法及其修正法和氧电极法。清洁水可用碘量法；受污染的地面水和工业废水必须用修正的碘量法或氧电极法。

碘量法实验原理为水样中加入硫酸锰和碱性碘化钾，水中溶解氧将低价锰氧化成高价锰，生成四价锰的氢氧化物棕色沉淀。加酸后，氢氧化物沉淀溶解并与碘离子反应释放出游离碘。以淀粉为指示剂，用硫代硫酸钠滴定释放出的碘，计算溶解氧的含量。

8.2　实训准备

准备事宜	序号	名　称	方　法
样品的采集和保存			水样应采集在细口瓶中，测定就在瓶内进行，水样充满全部细口瓶。 取地表水时应充满细口瓶至溢流，避免溶解氧浓度的改变。在消除附着在玻璃瓶上的气泡之后，立即固定溶解氧。 从配水系统管路中取水样时，需将一惰性材料管的入口与管道连接，将管子出口插入细口瓶的底部，用溢流冲洗的方式冲入大约 10 倍细口瓶体积的水，最后注满瓶子，在消除附着在玻璃瓶上的空气泡之后，立即固定溶解氧。 若不同深度取水样，则用一种特别的取样器，内盛细口瓶，瓶上装有橡胶入口管并插入到细口瓶的底部。当溶液充满细口瓶时将瓶中空气排出，避免溢流

准备事宜	序号	名 称	方 法
实训试剂	1	1+1 硫酸溶液	小心将 500 mL 浓硫酸（ρ=1.84 g/mL）在不停搅动下加入到 500 mL 水中
	2	硫酸溶液	$c(\frac{1}{2}H_2SO_4)=2$ mol/L
	3	碱性碘化物-叠氮化钠试剂	将 35 g 氢氧化钠（NaOH）[或 50 g 氢氧化钾（KOH）]和 30 g 碘化钾（KI）[或 27 g 碘化钠（NaI）]（10）[1]溶解在大约 50 mL 水中。 单独将 1 g 叠氮化钠（NaN₃）溶于几毫升水中。 将上述两种溶液混合并稀释至 100 mL。贮于棕色瓶中，用橡皮塞塞紧，避光保存。此溶液酸化后，遇淀粉应不呈蓝色
	4	无水二价硫酸锰溶液	ρ=340 g/L。或用一水硫酸锰溶液（ρ=380 g/L）；可用四水二价氯化锰溶液代替（ρ=450 g/L）。过滤不澄清的溶液
	5	碘酸钾标准溶液 c(1/6KIO₃)=10 mmol/L	在 180℃ 干燥数克碘酸钾（KIO₃），称取 3.567±0.003 g 溶解在水中并稀释至 1 000 mL。将上述溶液吸取 100 mL 移入 1 000 mL 容量瓶中，用水稀释至标线
	6	硫代硫酸钠标准滴定溶液 c(Na₂S₂O₃)≈10 mmol/L	将 2.5 g 五水硫代硫酸钠溶解于新煮沸并冷却的水中，再加 0.4 g 氢氧化钠，并稀释至 1 000 mL。溶液贮存于深色玻璃瓶中。 硫代硫酸钠溶液的标定： 在锥形瓶中用 100～150 mL 的水溶解约 0.5 g 的碘化钾或碘化钠（10），加入 5 mL 硫酸溶液（2），混合均匀，加 20.00 mL 标准碘酸钾溶液（5），稀释至约 200 mL，立即用硫代硫酸钠溶液（6）滴定释放出的碘，当接近滴定终点时，溶液呈浅黄色，加淀粉指示剂（7），再滴定至完全无色。硫代硫酸钠溶液浓度： $$c(\text{mmol/L})=\frac{6\times20\times1.66}{V}$$ V——硫代硫酸钠溶液滴定量，mL。 每日标定 1 次溶液
	7	淀粉指示剂	新配置 10 g/L 溶液
	8	酚酞	1 g/L 乙醇溶液
	9	碘溶液 c≈0.005 mol/L	溶解 4～5 g 的碘化钾或碘化钠（10）于少量水中，加约 130 mg 的碘，待碘溶解后稀释至 100 mL
	10	碘化钾或碘化钠	分析纯
	11	次氯酸钠溶液	约含游离氯 4 g/L，用稀释浓次氯酸钠溶液的办法制备，用碘量法测定溶液的浓度
水样的预处理		检验氧化物或还原物质是否存在	取 50 mL 待测水，加 2 滴酚酞溶液后，中和水样。加 0.5 mL 硫酸溶液（c=2 mol/L）、几粒碘化钾或碘化钠（10）（质量约 0.5 g）和几滴淀粉指示剂溶液。如果溶液呈蓝色，则有氧化物质存在。如果溶液保持无色，加 0.2 mL 碘溶液，震荡，放置 30 s。如果没有呈蓝色，则存在还原物质

---

① 表示实训试剂中的编号，此后相同，不再标注。

8.3 分析步骤

采水样充满至 3 个细口瓶，注入水样应溢流出瓶容积的 1/3～1/2。

最好在采样现场加入 1 mL 二价硫酸锰溶液（4）和 2 mL 碱性试剂（3）。使用细尖头的移液管，将试剂加到液面以下，小心盖上盖子，避免把空气泡带入。

将细口瓶上下颠倒转动几次，充分混合，静置沉淀 5 分钟以上，再颠倒混合，均匀。运送样品至实验室。

慢速加入 1.5 mL 硫酸溶液（1），盖上瓶盖，摇匀，完全溶解沉淀物。

将细口瓶中的部分溶液（V_1）转移至锥形瓶中，用硫代硫酸钠（6）滴定，在接近终点时，加淀粉指示剂（7）。

溶解氧含量 c_1（mg/L）的计算：

$$c_1 = \frac{M_r V_2 C f_1}{4V_1}$$

M_r——氧的分子量，M_r=32；

V_1——滴定时样品的体积，mL，一般取 V_1=100 mL；

V_2——滴定样品时所耗去硫代硫酸钠溶液的体积，mL；

C——硫代硫酸钠溶液的实际浓度，mol/L。

$$f_1 = \frac{V_0}{V_0 - V'}$$

V_0——细口瓶的体积，mL；

V'——二价硫酸锰溶液（1 mL）和碱性试剂（2 mL）体积的总和。结果取一位小数。

8.4 质量控制和保证

（1）试样样品中存在氧化性物质时通过滴定第二个试验样品来测定除溶解氧以外的氧化性物质的含量以修正监测结果。

方法：采样时取两个试验样品。第一个样品按照常规方法测定。第二个样品定量转移至大小适宜的锥形瓶内，加 1.5 mL 硫酸溶液（2），然后再加 2 mL 碱性碘化物-叠氮化钠试剂（3）和 1 mL 二价硫酸锰溶液（4），放置 5 min。用硫代硫酸钠（6）滴定，在滴定快到终点时，加淀粉指示剂（7）。溶解氧含量

$$c_2 = \frac{M_r V_2 C f_1}{4V_1} - \frac{M_r V_4 C}{4V_3}$$

V_3——盛第二个试样的细口瓶体积，mL；

V_4——滴定第二个试样用去的硫代硫酸钠的溶液体积，mL。

（2）试样样品中存在还原性物质时加入过量次氯酸钠溶液（11），氧化第一个和第二个试样中的还原性物质。测定一个试样中的溶解氧含量。测定另一个试样中过剩的次氯酸钠量。

方法：取两个试样。向两个试样中各加入 1.00 mL 次氯酸钠溶液（11），盖好细口瓶盖，混合均匀。

第一个样品按照常规方法测定。第二个样品定量转移至大小适宜的锥形瓶内，加 1.5 mL 硫酸溶液（2），然后再加 2 mL 碱性碘化物-叠氮化钠试剂（3）和 1 mL 二价硫酸溶液（4），放置 5 min。用硫代硫酸钠（6）滴定，在滴定快到终点时，加淀粉指示剂（7）。溶解氧含量

$$c_3 = \frac{M_r V_2 C f_2}{4 V_1} - \frac{M_r V_4 C}{4(V_3 - V_5)}$$

V_3——盛第二个试样的细口瓶体积，mL；

V_4——滴定第二个试样用去的硫代硫酸钠的溶液体积，mL；

V_5——加入到试样中次氯酸钠溶液的体积，mL（通常 V_5=1.00 mL）；

$$f_2 = \frac{V_0}{V_0 - V_5 - V'}$$

V'——二价硫酸锰溶液（1 mL）和碱性试剂（2 mL）体积的总和。

V_0——盛第一个试样样品的细口瓶的体积，mL。

（3）试样样品中含有固定或消耗碘的悬浮物时用明矾将悬浮物絮凝，然后分离并排除这种干扰。

将待测水充入容积约 1 000 mL 的具玻璃塞细口瓶中，直至溢出。用移液管在液面下加 20 mL 硫酸钾铝溶液（10%溶液）和 4 mL 氨溶液（ρ=0.918 g/mL），盖上细口瓶盖，将瓶子颠倒摇动几次使充分混合。待沉淀物沉降。将顶部清液虹吸至两个细口瓶内。检验氧化还原性物质是否存在，再按照上面的相应步骤进行测定。

含有固定或消耗碘的悬浮物时，溶解氧含量 c_1 的矫正因子计算公式：

$$F = \frac{V_6}{V_6 - V''}$$

V_6——用来采样的细口瓶体积，mL；

V''——硫酸钾铝溶液（20 mL）和氨溶液（4 mL）的总体积。

8.5 操作规范评分表

序号	考核点	配分	评分标准	扣分	得分
一	仪器准备	2	1. 未用蒸馏水清洗两遍以上，扣 1 分； 2. 玻璃仪器出现挂水珠现象，扣 1 分		
二	溶液的配制	12	1. 未进行容量瓶试漏检查，扣 0.5 分； 2. 容量瓶、比色管加蒸馏水时未沿器壁流下或产生大量气泡，扣 0.5 分； 3. 蒸馏水瓶管尖接触容器，扣 0.5 分； 4. 加水至容量瓶约 3/4 体积时没有平摇，扣 0.5 分；		

序号	考核点	配分	评分标准	扣分	得分
二	溶液的配制		5. 容量瓶、比色管加水至近标线等待 1 min，没有等待，扣 0.5 分； 6. 容量瓶、比色管逐滴加入蒸馏水至标线操作不当或定容不准确，扣 0.5 分； 7. 持瓶方式不正确，扣 0.5 分； 8. 容量瓶未充分混匀或中间未开塞，扣 0.5 分； 9. 对溶液使用前没有盖塞充分摇匀的，扣 0.5 分； 10. 润洗方法不正确，扣 0.5 分； 11. 将移液管中过多的贮备液放回贮备液瓶中，扣 0.5 分； 12. 移液管管尖触底，扣 0.5 分； 13. 移液出现吸空现象，扣 1 分； 14. 移液管移取标准储备液、标准工作液、水样原液及水样稀释液前未处理管尖溶液，扣 0.5 分； 15. 移取标准贮备液、标准工作液及水样原液时未另用一烧杯调节液面，扣 0.5 分； 16. 移液管移取标准储备液、标准工作液、水样原液及水样稀释液时，调节液面前未处理管尖部，扣 0.5 分； 17. 移液管未能一次调节到刻度，扣 1 分； 18. 移液管放液不规范，扣 1 分； 19. 取完试剂后未及时盖上试剂瓶盖，扣 0.5 分； 20. 重新配标准工作溶液，一次性扣 5 分		
三	采样方法	4	1. 取样前未润洗取样瓶，扣 1 分； 2. 取样时未插管到瓶底，扣 1 分； 3. 水样满后未保持溢流，扣 1 分； 4. 取样后未消除空气泡，扣 1 分		
四	试验样品中加固定剂	4	1. 加溶液时移液管管尖未伸入液面下，扣 2 分； 2. 移液管内有气泡，扣 1 分； 3. 加溶液后未充分颠倒混合均匀，扣 1 分		
五	游离试验样品中碘	4	1. 未待沉淀到 1/3 以下时就加硫酸溶液，扣 1 分； 2. 加硫酸溶液时未慢速加入，扣 1 分； 3. 加溶液后未摇动瓶子至沉淀物完全溶解，扣 2 分		
六	硫代硫酸钠标准溶液的标定及水样标定	17			
1	碘的称量	4	1. 取固体碘的工具方法不正确，扣 1 分； 2. 取样时固体颗粒撒落在量具外，扣 1 分； 3. 天平使用过程中未归零，扣 1 分； 4. 天平使用完后未打扫，扣 0.5 分； 5. 天平使用完后未关电源，扣 0.5 分		
2	测定前的准备	2	1. 滴定管选择不当，扣 1 分； 2. 不能正确校正滴定管，扣 1 分		

序号	考核点	配分	评分标准	扣分	得分
3	滴定操作	7	1. 滴定管回零不正确，扣 0.5 分； 2. 未能去除滴定管溶液中的气泡，扣 1 分； 3. 滴定管液面读数不正确，扣 1 分； 4. 锥形瓶摇晃不正确，扣 1 分； 5. 锥形瓶内壁上溶液处理不正确，扣 1 分； 6. 淀粉指示剂滴加不正确，扣 0.5 分； 7. 滴定过量，扣 1 分； 8. 重新取液滴定，每出现一次扣 1 分，但不超过 4 分		
4	测定后的处理	4	1. 台面不清洁，扣 0.5 分； 2. 未取出比色皿及未洗涤，扣 1 分； 3. 没有倒尽或控干比色皿，扣 0.5 分 4. 测定结束，未作使用记录登记，扣 1 分； 5. 未关闭仪器电源，扣 1 分		
七	实验数据处理	12			
1	原始记录	10	数据未直接填在报告单上、数据不全、有效数字位数不对、有空项，原始记录中，缺少计量单位，数据更改每项扣 1 分，可累计扣分，但不超过该项总分 10 分		
2	有效数字运算	2	有效数字运算不规范，扣 2 分		
八	文明操作	20			
1	实验室整洁	5	实验过程台面、地面脏乱，废液处置不当，一次性扣 5 分		
2	清洗仪器、试剂等物品归位	5	实验结束未先清洗仪器或试剂物品未归位就完成报告，一次性扣 5 分		
3	仪器损坏	6	仪器损坏，一次性扣 6 分		
4	试剂用量	4	每组均准备有两倍用量的试剂，若还需添加，则一次性扣 4 分		
九	测定结果	25			
1	硫代硫酸钠标定浓度	5	计算结果明显偏离理论计算值，扣 4 分 计算结果有效数字不对，扣 1 分		
2	测定结果精密度	10	$\|R_d\| \leqslant 0.5\%$，不扣分； $0.5\% \sim 1.4\% \leqslant \|R_d\| \leqslant 0.6\%$，扣 1～9 分不等； $\|R_d\| > 1.4\%$，扣 10 分。 精密度计算错误或未计算先扣 5 分，再按相关标准扣分，但不超过 10 分。 水样原液未作平行样 3 份，一次性扣 10 分		
3	测定结果准确度	10	保证值±1S 内，不扣分； 保证值±2S 内，扣 3 分； 保证值±3S 内，扣 7 分； 保证值±3S 外，不得分		
	合 计	100			

8.6 溶解氧分析

（1）硫代硫酸钠溶液的标定

平行测定次数	1	2	3
平行样硫代硫酸钠溶液滴定量 V/mL			
空白滴定所耗硫代硫酸钠体积 V_0/mL			
校准体积（$V - V_0$）/mL			
硫代硫酸钠溶液的浓度 c/（mol/L）			
硫代硫酸钠溶液的平均浓度 $\bar{c}$/（mol/L）			

（2）水质样品的测定

平行测定次数	1	2	3
V_1：滴定时试验样品的体积/mL			
A_2：滴定样品所耗硫代硫酸钠溶液的体积/mL			
C：硫代硫酸钠溶液的实际浓度/（mol/L）			
V_0：细口瓶的体积/mL			
V'：二价硫酸锰溶液和碱性试剂体积的总和/mL			
样品溶解氧的测定结果/（mg/L）			
平均溶解氧含量/（mg/L）			
R_d/%			

分析人：　　　　　　　　　校对人：　　　　　　　　　审核人：

子项目9　氨氮的测定——纳氏试剂分光光度法

项　　目	非金属无机物的监测
子项目	氨氮的测定——纳氏试剂分光光度法（HJ 535—2009）

学习目标

能力（技能）目标

①掌握分光光度计的使用方法。

②掌握纳氏试剂分光光度法测定氨氮的步骤。

③掌握标准曲线定量方法。

认知（知识）目标

①掌握氨氮基础知识。

②掌握纳氏试剂分光光度法测定氨氮的实验原理。

③能够计算标准曲线方程及 γ 值。

其他（素质）目标

　　①良好的职业道德、工作态度和责任感。

　　②良好的计划组织能力。

　　③良好的团队协作精神。

　　④实验室安全操作。

　　⑤遵守环境保护规定。

能力训练任务

　　①样品的采集和保存。

　　②样品的前处理。

　　③标准系列的测试与绘制。

　　④样品的测定。

　　⑤数据的计算与处理。

教学资源

　　①教材。

　　②项目训练教材。

　　③多媒体教学设备。

　　④环境监测实验室。

　　⑤分光光度计。

　　⑥50 mL 具塞比色管。

　　⑦氨氮蒸馏装置。

9.1 预备知识

　　氮是蛋白质、核酸、某些维生素等有机物中的重要组分。水体中含氮物质的主要来源是生活污水和某些工业废水。当含氮有机物进入水体后，由于微生物和氧的作用，可以逐步分解或氧化为无机氨（NH_3）、铵（NH_4^+）、亚硝酸盐（NO_2^-）和最终产物硝酸盐（NO_3^-）。

　　水中有机氮、氨氮、亚硝酸盐氮和硝酸盐氮等几项指标的相对含量在一定程度上反映了含氮有机物进入水体时间的长短，分别代表有机氮转化为无机氮的各个不同阶段。

　　氨氮（NH_3-N）以游离氨（NH_3）和铵盐（NH_4^+）的形式存在于水体中。氨氮是水体中的营养素，可导致水富营养化现象产生，是水体中的主要耗氧污染物，对鱼类及某些水生生物有毒害。氨氮对水生物起危害作用的主要是游离氨，其毒性比铵盐大几十倍，并随碱性的增强而增大。氨氮毒性与池水的 pH 值及水温有密切关系，一般情况下，pH 值及水温越高，毒性越强。氨氮对水生物的危害有急性和慢性之分。慢性氨氮中毒危害为：摄食降低，生长减慢，组织损伤，降低氧在组织间的输送。鱼类对水中氨氮比较敏感，当氨氮含量高时会导致鱼类死亡。急性氨氮中毒危害为：水生物表现亢奋、在水中丧失平衡、抽搐，严重者甚至死亡。

　　以游离态的氨或铵离子等形式存在的氨氮与纳氏试剂反应生成淡红棕色络合物，该络合物的吸光度与氨氮含量成正比，于波长 420 nm 处测量吸光度。

9.2 实训准备

准备事宜	序号	名 称	方 法
样品的采集和保存			水样采集在聚乙烯瓶或玻璃瓶内，要尽快分析。如需保存，应加硫酸使水样酸化至 pH<2，2～5℃下可保存 7 d
实训试剂	1	无氨水	离子交换法：蒸馏水通过强酸性阳离子交换树脂（氢型）柱，将流出液收集在带有磨口玻璃塞的玻璃瓶内。每升流出液加 10 g 同样的树脂，以利于保存
			蒸馏法：在 1 000 mL 的蒸馏水中，加 0.1 mL 硫酸（ρ=1.84 g/mL），在全玻璃蒸馏器中重蒸馏，弃去前 50 mL 馏出液，然后将约 800 mL 馏出液收集在带有磨口玻璃塞的玻璃瓶内。每升馏出液加 10 g 强酸性阳离子交换树脂（氢型）
			纯水器法：用市售纯水器临用前制备
	2	轻质氧化镁（MgO）	不含碳酸盐，在 500℃下加热氧化镁，以除去碳酸盐
	3	盐酸	ρ（HCl）=1.18 g/mL
	4	纳氏试剂	①二氯化汞-碘化钾-氢氧化钾（$HgCl_2$-KI-KOH）溶液 称取 15.0 g 氢氧化钾（KOH），溶于 50 mL 水中，冷却至室温。称取 5.0 g 碘化钾（KI），溶于 10 mL 水中，在搅拌下，将 2.50 g 二氯化汞（$HgCl_2$）粉末分多次加入碘化钾溶液中，直到溶液呈深黄色或出现淡红色沉淀溶解缓慢时，充分搅拌混合，并改为滴加二氯化汞饱和溶液，当出现少量朱红色沉淀不再溶解时，停止滴加。 在搅拌下，将冷却的氢氧化钾溶液缓慢地加入到上述二氯化汞和碘化钾的混合液中，并稀释至 100 mL，于暗处静置 24 h，倾出上清液，贮于聚乙烯瓶内，用橡皮塞或聚乙烯盖子盖紧，存放暗处，可稳定 1 个月
			②碘化汞-碘化钾-氢氧化钠（HgI_2-KI-NaOH）溶液 称取 16.0 g 氢氧化钠（NaOH），溶于 50 mL 水中，冷却至室温。称取 7.0 g 碘化钾（KI）和 10.0 g 碘化汞（HgI_2），溶于水中，然后将此溶液在搅拌下，缓慢加入到上述 50 mL 氢氧化钠溶液中，用水稀释至 100 mL。贮于聚乙烯瓶内，用橡皮塞或聚乙烯盖子盖紧，于暗处存放，有效期 1 年
	5	酒石酸钾钠溶液 ρ=500 g/L	称取 50.0 g 酒石酸钾钠（$KNaC_4H_6O_6 \cdot 4H_2O$）溶于 100 mL 水中，加热煮沸以驱除氨，充分冷却后稀释至 100 mL
	6	硫代硫酸钠溶液 ρ=3.5 g/L	称取 3.5 g 硫代硫酸钠（$Na_2S_2O_3$）溶于水中，稀释至 1 000 mL
	7	硫酸锌溶液 ρ=100 g/L	称取 10.0 g 硫酸锌（$ZnSO_4 \cdot 7H_2O$）溶于水中，稀释至 100 mL
	8	氢氧化钠溶液 ρ=250 g/L	称取 25 g 氢氧化钠溶于水中，稀释至 100 mL
	9	氢氧化钠溶液 c(NaOH)=1 mol/L	称取 4 g 氢氧化钠溶于水中，稀释至 100 mL
	10	盐酸溶液 c(HCl)=1 mol/L	量取 8.5 mL 盐酸（3）于适量水中用水稀释至 100 mL
	11	硼酸（H_3BO_3）溶液 ρ=20 g/L	称取 20 g 硼酸溶于水，稀释至 1 L
	12	溴百里酚蓝指示剂 ρ=0.5 g/L	称取 0.05 g 溴百里酚蓝溶于 50 mL 水中，加入 10 mL 无水乙醇，用水稀释至 100 mL
	13	淀粉-碘化钾试纸	称取 1.5 g 可溶性淀粉于烧杯中，用少量水调成糊状，加入 200 mL 沸水，搅拌混匀放冷。加 0.50 g 碘化钾（KI）和 0.50 g 碳酸钠（Na_2CO_3），用水稀释至 250 mL。将滤纸条浸渍后，取出晾干，于棕色瓶中密封保存

准备事宜	序号	名 称	方 法
实训试剂	14	氨氮标准贮备溶液 $\rho_N=1\,000\ \mu g/mL$	称取 3.819 0 g 氯化铵（NH_4Cl，优级纯，在 100～105℃干燥 2 h），溶于水中，移入 1 000 mL 容量瓶中，稀释至标线，可在 2～5℃保存 1 个月
	15	氨氮标准工作溶液 $\rho_N=10\ \mu g/mL$	吸取 5.00 mL 氨氮标准贮备溶液（15）于 500 mL 容量瓶中，稀释至刻度，临用前配制
水样的预处理		去除余氯	若样品中存在余氯，可加入适量的硫代硫酸钠溶液去除。每加 0.5 mL 可去除 0.25 mg 余氯。用淀粉-碘化钾试纸检验余氯是否除尽
		絮凝沉淀	100 mL 样品中加入 1 mL 硫酸锌溶液和 0.1～0.2 mL 氢氧化钠溶液（ρ=250 g/L），调节 pH 约为 10.5，混匀，放置使之沉淀，倾向上清液分析。必要时，用经水冲洗过的中速滤纸过滤，弃去初滤液 20 mL。也可对絮凝后样品离心处理
		预蒸馏	将 50 mL 硼酸溶液移入接收瓶内，确保冷凝管出口在硼酸溶液液面之下。分取 250 mL 样品，移入烧瓶中，加几滴溴百里酚蓝指示剂，必要时，用氢氧化钠溶液 $c(NaOH)=1$ mol/L）或盐酸溶液[$c(HCl)=1$ mol/L]调整 pH 至 6.0（指示剂呈黄色）～7.4（指示剂呈蓝色），加入 0.25 g 轻质氧化镁及数粒玻璃珠，立即连接氮球和冷凝管。加热蒸馏，使馏出液速率约为 10 mL/min，待馏出液达 200 mL 时，停止蒸馏，加水定容至 250 mL

9.3 分析步骤

在 8 个 50 mL 比色管中，分别加入 0.00 mL、0.50 mL、1.00 mL、2.00 mL、4.00 mL、6.00 mL、8.00 mL 和 10.00 mL 氨氮标准工作溶液，用无氨水稀释至标线。

空白试验水代替水样取 50 mL。

经预处理的水样 50 mL（若水样中氨氮质量浓度超过 2 mg/L，可适当少取水样体积），如经蒸馏或在酸性条件下煮沸方法预处理的水样，须加一定量氢氧化钠溶液（1 mol/L），调节水样至中性，用水稀释至 50 mL。

加入 1.0 mL 酒石酸钾钠溶液（5）摇匀。

加入纳氏试剂①1.5 mL 或②1.0 mL 摇匀。

放置 10 min 后，在波长 420 nm 下，用 20 mm 比色皿，以水作参比，测量吸光度。

计算绘制标准曲线，计算水样氨氮的浓度

$$\rho_N = \frac{A_s - A_b - a}{b \times V}$$

式中：ρ_N——水样中氨氮的质量浓度（以 N 计），mg/L；

A_s——水样的吸光度；

A_b——空白试验的吸光度；

a——校准曲线的截距；

b——校准曲线的斜率；

V——试料体积，mL。

9.4　质量控制和保证

（1）试剂空白的吸光度应不超过 0.030（10 mm 比色皿）。

（2）纳氏试剂的配制。

为了保证纳氏试剂有良好的显色能力，配制时务必控制 $HgCl_2$ 的加入量，至微量 HgI_2 红色沉淀不再溶解时为止。配制 100 mL 纳氏试剂所需 $HgCl_2$ 与 KI 的用量之比约为 2.3∶5。在配制时为了加快反应速度、节省配制时间，可低温加热进行，防止 HgI_2 红色沉淀的提前出现。

（3）酒石酸钾钠的配制。

酒石酸钾钠试剂中铵盐含量较高时，仅加热煮沸或加纳氏试剂沉淀不能完全除去氨。此时采用加入少量氢氧化钠溶液，煮沸蒸发掉溶液体积的 20%～30%，冷却后用无氨水稀释至原体积。

（4）絮凝沉淀。

滤纸中含有一定量的可溶性铵盐，定量滤纸中含量高于定性滤纸，建议采用定性滤纸过滤，过滤前用无氨水少量多次淋洗（一般为 100 mL）。这样可减少或避免滤纸引入的测量误差。

（5）水样的预蒸馏。

蒸馏过程中，某些有机物很可能与氨同时馏出，对测定有干扰，其中有些物质（如甲醛）可以在酸性条件（pH<1）下煮沸除去。在蒸馏刚开始时，氨气蒸出速度较快，加热不能过快，否则造成水样暴沸，馏出液温度升高，氨吸收不完全。馏出液速率应保持在 10 mL/min 左右。

蒸馏过程中，某些有机物很可能与氨同时馏出，对测定仍有干扰，其中有些物质（如甲醛）可以在酸性条件（pH<1）下煮沸除去。部分工业废水，可加入石蜡碎片等做防沫剂。

（6）蒸馏器清洗。

向蒸馏烧瓶中加入 350 mL 水，加数粒玻璃珠，装好仪器，蒸馏到至少收集了 100 mL 水，将馏出液及瓶内残留液弃去。

9.5　操作规范评分表

序号	考核点	配分	评分标准	扣分	得分
一	仪器准备	4			
1	玻璃仪器洗涤	2	1. 未用蒸馏水清洗两遍以上，扣 1 分； 2. 玻璃仪器出现挂水珠现象，扣 1 分		
2	分光光度计预热 20 min	2	1. 仪器未进行预热或预热时间不够，扣 1 分； 2. 未切换光路预热，扣 1 分		
二	标准溶液的配制	16			
1	标准系列的配制	4	1. 贮备液未稀释，扣 1 分； 2. 直接在贮备液或工作液中进行相关操作，扣 1 分； 3. 标准工作液未贴标签或标签内容不全（包括名称、浓度、日期、配制者），扣 1 分； 4. 每个点移取的标准溶液应从零分度开始，出现不正确项 1 次扣 0.5 分，但不超过该项总分 4 分（工作液可放回剩余溶液的烧杯中再取液，辅助试剂可在移液管吸干后在原试剂中进行相关操作）		

序号	考核点	配分	评分标准	扣分	得分
2	水样稀释液的配制	1	直接在水样原液中进行相关操作,扣1分(水样稀释液在移液管吸干后可在容量瓶中进行相关操作)		
3	溶液配制过程中有关的实验操作	11	1. 未进行容量瓶试漏检查,扣0.5分; 2. 容量瓶、比色管加蒸馏水时未沿器壁流下或产生大量气泡,扣0.5分; 3. 蒸馏水瓶管尖接触容器,扣0.5分; 4. 加水至容量瓶约3/4体积时没有平摇,扣0.5分; 5. 容量瓶、比色管加水至近标线等待1 min,没有等待,扣0.5分; 6. 容量瓶、比色管逐滴加入蒸馏水至标线操作不当或定容不准确,扣0.5分; 7. 持瓶方式不正确,扣0.5分; 8. 容量瓶、比色管未充分混匀或中间未开塞,扣0.5分; 9. 对溶液使用前没有盖塞充分摇匀的,扣0.5分; 10. 润洗方法不正确,扣0.5分; 11. 将移液管中过多的贮备液放回贮备液瓶中,扣0.5分; 12. 移液管管尖触底,扣0.5分; 13. 移液出现吸空现象,扣1分; 14. 移液管移取标准储备液、标准工作液、水样原液及水样稀释液前未处理管尖溶液,扣0.5分; 15. 移取标准贮备液、标准工作液及水样原液时未另用一烧杯调节液面,扣0.5分; 16. 移液管移取标准储备液、标准工作液、水样原液及水样稀释液时,调节液面前未处理管尖部,扣0.5分; 17. 移液管未能一次调节到刻度,扣1分; 18. 移液管放液不规范,扣1分; 19. 取完试剂后未及时盖上试剂瓶盖,扣0.5分; 20. 重新配标准工作溶液,一次性扣5分; 21. 重新配标准系列或水样稀释液,每出现一次扣2分,最多扣10分		
三	分光光度计使用	15			
1	测定前的准备	2	1. 没有进行比色皿配套性选择,或选择不当,扣1分; 2. 不能正确在T挡调"100%"和"0",扣1分		
2	测定操作	7	1. 手触及比色皿透光面,扣0.5分; 2. 比色皿润洗方法不正确(须含蒸馏水洗涤、待装液润洗),扣0.5分; 3. 比色皿润洗操作不正确,扣0.5分; 4. 加入溶液高度不正确,扣1分; 5. 比色皿外壁溶液处理不正确,扣1分; 6. 比色皿盒拉杆操作不当,扣0.5分; 7. 重新取液测定,每出现一次扣1分,但不超过4分; 8. 不正确使用参比溶液,扣1分		

序号	考核点	配分	评分标准	扣分	得分
3	测定过程中仪器被溶液污染	2	1. 比色皿放在仪器表面，扣1分； 2. 比色室被洒落溶液污染，扣0.5分； 3. 比色室未及时清理干净，扣0.5分		
4	测定后的处理	4	1. 台面不清洁，扣0.5分； 2. 未取出比色皿及未洗涤，扣1分； 3. 没有倒尽或控干比色皿，扣0.5分； 4. 测定结束，未作使用记录登记，扣1分； 5. 未关闭仪器电源，扣1分		
四	实验数据处理	12			
1	标准曲线取点		标准曲线取点不得少于7点（包含试剂空白点），否则标准曲线无效扣12分		
2	正确绘制标准曲线	5	1. 标准曲线坐标选取错误或比例不合理（含曲线斜率不当），扣1分； 2. 测量数据及回归方程计算结果未标在曲线中，扣1分； 3. 缺少曲线名称、坐标、箭头、符号、单位量、回归方程及数据有效位数不对，每1项扣0.5分，但不超过3分		
3	试液吸光度处于要求范围内	2	水样取用量不合理致使吸光度超出要求范围或在0号与1号管测点范围内，扣2分		
4	原始记录	3	数据未直接填在报告单上、数据不全、有效数字位数不对、有空项，原始记录中，缺少计量单位，数据更改每项扣0.5分，可累计扣分，但不超过该项总分3分		
5	有效数字运算	2	1. 回归方程未保留小数点后四位数字，扣0.5分； 2. γ 未保留小数点后四位，扣0.5分； 3. 测量结果未保留到小数点后两位，扣1分		
五	文明操作	18			
1	实验室整洁	4	实验过程台面、地面脏乱，废液处置不当，一次性扣4分		
2	清洗仪器、试剂等物品归位	4	实验结束未先清洗仪器或试剂物品未归位就完成报告，一次性扣4分		
3	仪器损坏	6	仪器损坏，一次性扣6分		
4	试剂用量	4	每组均准备有两倍用量的试剂，若还需添加，则一次性扣4分		
六	测定结果	35			
1	回归方程的计算	5	没有算出或计算错误回归方程的，扣5分		
2	空白吸光度	1	空白吸光度大于0.030，扣1分		
	回归方程	3	截距超出±0.008，扣1分		
			斜率超出0.0072~0.0080，扣2分		
	标准曲线线性	6	$\gamma \geqslant 0.9999$，不扣分； $\gamma = 0.9997$~0.9990，扣1~5分不等； $\gamma < 0.999$，扣6分； γ 计算错误或未计算先扣3分，再按相关标准扣分，但不超过6分		

序号	考核点	配分	评分标准	扣分	得分
3	测定结果精密度	10	$\|R_d\| \leq 0.5\%$，不扣分； $0.5\% \sim 1.4\% \leq \|R_d\| \leq 0.6\%$，扣 1～9 分不等； $\|R_d\| > 1.4\%$，扣 10 分。 精密度计算错误或未计算先扣 5 分，再按相关标准扣分，但不超过 10 分。 水样原液未作平行样三份，一次性扣 10 分		
4	测定结果准确度	10	测定结果：测定值在 保证值±0.5%内，不扣分； 保证值±0.6%～1.8%，扣 1～9 分不等； 不在保证值±1.8%或测定结果少于 3 个，扣 10 分		
	最终合计	100			

9.6 氨氮分析

（1）吸收池配套性检查

比色皿的校正值：A_1 __0.000__ ；A_2_____ ；A_3_____ ；A_4_____ 。

所选比色皿为：

（2）标准曲线的绘制：

测量波长：_____ ；标准溶液原始浓度：_____ 。

溶液号	吸取标液体积/mL	浓度或质量（　）	A	$A_{校正}$
0				
1				
2				
3				
4				
5				
6				
7				

回归方程：

相关系数：

（3）水质样品的测定

平行测定次数	1	2	3
吸光度，A			
空白值，A_0			
校正吸光度，$A_{校正}$			
回归方程计算所得浓度（　）			
原始试液浓度/（μg/mL）			
样品磷的测定结果/（mg/L）			
$R_d/\%$			

分析人：　　　　　　　　　校对人：　　　　　　　　　审核人：

标准曲线绘制图：

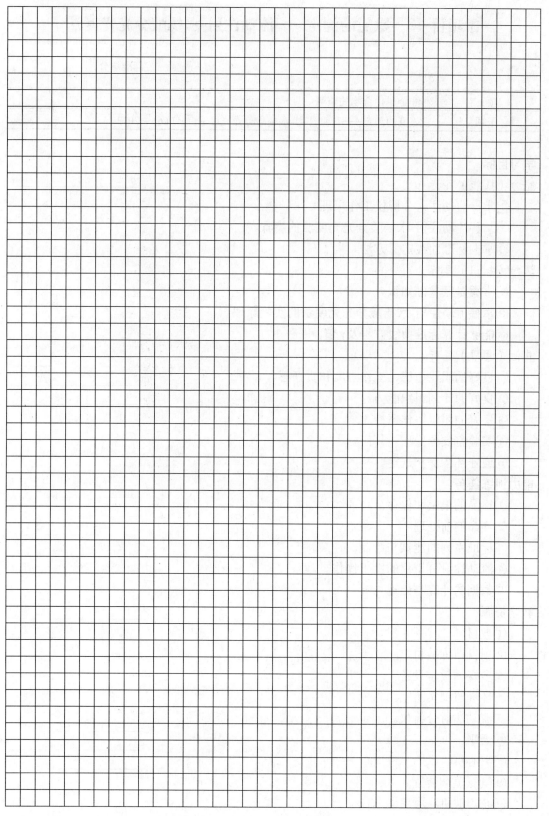

子项目 10 氨氮的测定——流动注射-水杨酸分光光度法

项　目	非金属化合物的监测
子项目	氨氮的测定——流动注射-水杨酸分光光度法（HJ 666—2013）

学习目标

能力（技能）目标

①掌握流动注射分析仪工作原理。

②掌握流动注射-水杨酸分光光度法的步骤。

③掌握标准曲线定量方法。

认知（知识）目标

①掌握氨氮基础知识。

②掌握流动注射-水杨酸分光光度法的实验原理。

③能够计算标准曲线方程及 γ 值。

其他（素质）目标

①良好的职业道德、工作态度和责任感。

②良好的计划组织能力。

③良好的团队协作精神。

④实验室安全操作。

⑤遵守环境保护规定。

能力训练任务

①样品的采集和保存。

②样品的前处理。

③标准系列的测试与绘制。

④流动注射分析仪的上机操作。

⑤数据的计算与处理。

教学资源

①教材。

②项目训练教材。

③多媒体教学设备。

④环境监测实验室。

⑤流动注射分析仪。

⑥天平。

⑦离心机。

⑧氨氮蒸馏装置。

⑨超声波机：频率 40 kHz。

10.1 预备知识

流动注射分析法（FIA）是基于把一定体积的液体试样注射到一个运动着的、无空气间隔的由适当液体组成的连续载流中，被注入的试样形成了一个带，然后被载带到检测池中连续地记录其吸光度、电极电位或者其他物理参数。在亚硝基铁氰化钠存在下，铵与水杨酸盐和次氯酸离子反应生成蓝绿色化合物，在波长 660 nm 具最大吸收。利用流动注射技术与水杨酸分光光度法进行联用，可快速、准确测定水中的氨氮含量。

10.2 实训准备

准备事宜	序号	名 称	方 法
		样品的采集和保存	水样采集在聚乙烯瓶或玻璃瓶内，要尽快分析。如需保存，应加硫酸使水样酸化至 pH<2,2～5℃下可保存 7 d
实训试剂	1	硫酸	$\rho(H_2SO_4)=1.84$ g/mL
	2	氯化铵	优级纯。在 105±5℃ 下干燥恒重后，保存在干燥器中
	3	氢氧化钠（NaOH）	分析纯
	4	乙二胺四乙酸二钠盐（$C_{10}H_{14}N_2Na_2O_8 \cdot 2H_2O$）	分析纯
	5	磷酸氢二钠（$Na_2HPO_4 \cdot 7H_2O$）	分析纯
	6	水杨酸钠（$NaC_7H_5O_3$）	分析纯
	7	二水亚硝基铁氰化钠（$Na_2[Fe(CN)_5NO] \cdot 2H_2O$）	分析纯
	8	硫代硫酸钠（$Na_2S_2O_3$）	分析纯
	9	次氯酸钠（NaClO）	市售溶液。有效氯含量不低于 5.25%
	10	缓冲溶液	称取 30 g 氢氧化钠（3）、25 g 乙二胺四乙酸二钠盐（4）和 67 g 磷酸氢二钠（5），溶于 800 mL 水中，溶解后用水稀释至 1 000 mL，摇匀。该溶液可稳定 1 个月
	11	水杨酸钠溶液（显色剂）	称取 144 g 水杨酸钠（6）和 3.5 g 二水亚硝基铁氰化钠（7）溶于 800 mL 水中，溶解后用水稀释至 1 000 mL，摇匀。盛于棕色瓶中，该溶液在 4℃ 下保存，可稳定 1 个月
	12	次氯酸钠使用溶液	量取 60 mL 次氯酸钠溶液（9），用水稀释至 1 000 mL，摇匀
	13	氨氮标准贮备液：$\rho(N)=1\,000$ mg/L	称取 3.819 g 氯化铵（2）溶于水中，溶解后移入 1 000 mL 容量瓶中，用水定容并混匀。该溶液在 4℃ 下保存，可稳定 6 个月。或直接购买市售有证标准物质
	14	氨氮标准使用液：$\rho(N)=50.0$ mg/L	量取 5.00 mL 氨氮标准贮备液（13），转移至 100 mL 容量瓶中，用水定容并混匀。该溶液在 4℃ 下保存，可稳定 1 个月
	15	硫代硫酸钠溶液：$\rho=3\,500$ mg/L	称取 3.5 g 硫代硫酸钠（8）溶于水中，用水稀释至 1 000 mL
	16	水性滤膜	孔径为 0.45 μm
	17	氦气	纯度≥99.99%

准备事宜	序号	名　称	方　法
试样的制备		去除余氯	若样品中存在余氯，可加入适量的硫代硫酸钠溶液去除。每加 0.5 mL 可去除 0.25 mg 余氯。用淀粉-碘化钾试纸检验余氯是否除尽
		离心过滤	当样品含有固体或悬浮物时，上机前应对样品采用离心方式加以澄清或用滤膜过滤
		预蒸馏	若试样经加标回收检验不合格或当样品浑浊、带有颜色、含有大量金属离子或有机物时，须进行预蒸馏：将 50 mL 硫酸溶液移入接收瓶内，确保冷凝管出口在硫酸溶液液面之下。分取 250 mL 样品，移入烧瓶中，加几滴溴百里酚蓝指示剂，必要时，用氢氧化钠溶液或硫酸溶液调整 pH 6.0（指示剂呈黄色）～7.4（指示剂呈蓝色），加入 0.25 g 轻质氧化镁及数粒玻璃珠，立即连接氮球和冷凝管。加热蒸馏，使馏出液速率约为 10 mL/min，待馏出液达 200 mL 时，停止蒸馏，加水定容至 250 mL

10.3 分析步骤

仪器的调试：仪器说明书安装分析系统、设定工作参数、操作仪器。开机后，先用水代替试剂，检查整个分析流路的密闭性及液体流动的顺畅性。待基线走稳后（约 15 min），系统开始进试剂，待基线再次走稳后，进行校准和测定。

标准系列的制备：移取适量的氨氮标准使用液（14），用水稀释定容至 100 mL，制备 6 个浓度点的标准系列。氨氮浓度分别为：0.00 mg/L、0.05 mg/L、0.25 mg/L、0.50 mg/L、2.50 mg/L 和 5.00 mg/L。

校准曲线的绘制：量取适量标准系列，置于样品杯中，由进样器按程序依次从低浓度到高浓度取样、测定。以测定信号值（峰面积）为纵坐标，对应的氨氮浓度（以 N 计，mg/L）为横坐标，绘制校准曲线。

空白试验：用实验用水代替试样，与绘制校准曲线相同的条件，进行空白试验。

样品测定：按照与绘制校准曲线相同的条件，进行试样的测定。

试样中氨氮的质量浓度（以 N 计，mg/L），按照以下公式进行计算。

$$\rho = \frac{y-a}{b} \times f$$

式中：ρ——样品中氨氮的质量浓度，mg/L；

y——测定信号值（峰面积）；

a——校准曲线方程的截距；

b——校准曲线方程的斜率；

f——稀释倍数。

10.4 质量控制和保证

（1）空白试验

每批样品需至少测定 2 个空白样品，测定空白值不得超过方法检出限。否则应查明原因，重新分析直至合格之后才能测定样品。

（2）校准有效性检查。

每批样品分析均须绘制校准曲线，校准曲线的相关系数 $\gamma \geqslant 0.995$。

每分析 10 个样品需用一个校准曲线的中间浓度溶液进行校准核查，其测定结果的相对偏差应≤5%，否则应重新绘制校准曲线。

（3）精密度控制。

每批样品应至少测定 10%的平行双样，样品数量少于 10 个时，应至少测定一个平行双样。当样品的氨氮浓度为≤0.10 mg/L 时，平行样的允许相对偏差≤20%；当氨氮浓度为 0.10～1.0 mg/L 时，平行样的允许相对偏差≤15%；当氨氮浓度>1.0 mg/L 时，平行样的允许相对偏差≤10%。

（4）准确度控制。

每批样品应至少测定 10%的加标样品，样品数量少于 10 个时，应至少测定一个加标样品，加标回收率应在 80%～120%。必要时，每批样品至少带一个已知浓度的质控样品，测试结果应在其给出的不确定度范围内。

10.5 操作规范评分表

序号	考核点	配分	评分标准	扣分	得分
一	仪器准备	4			
1	玻璃仪器洗涤	2	1. 未用蒸馏水清洗两遍以上，扣 1 分； 2. 玻璃仪器出现挂水珠现象，扣 1 分		
2	流动注射分析仪预热	2	仪器未进行预热或预热时间不够，扣 2 分		
二	标准溶液的配制	16			
1	溶液配制过程中有关的实验操作	10	1. 未进行容量瓶试漏检查，扣 0.5 分； 2. 容量瓶、比色管加蒸馏水时未沿器壁流下或产生大量气泡，扣 0.5 分； 3. 蒸馏水瓶管尖接触容器，扣 0.5 分； 4. 加水至容量瓶约 3/4 体积时没有平摇，扣 0.5 分； 5. 容量瓶、比色管加水至近标线等待 1 min，没有等待，扣 0.5 分； 6. 容量瓶、比色管逐滴加入蒸馏水至标线操作不当或定容不准确，扣 0.5 分； 7. 持瓶方式不正确，扣 0.5 分； 8. 容量瓶、比色管未充分混匀或中间未开塞，扣 0.5 分； 9. 对溶液使用前没有盖塞充分摇匀的，扣 0.5 分； 10. 润洗方法不正确，扣 0.5 分； 11. 将移液管中过多的贮备液放回贮备液瓶中，扣 0.5 分；		

序号	考核点	配分	评分标准	扣分	得分
1	溶液配制过程中有关的实验操作		12. 移液管管尖触底，扣 0.5 分； 13. 移液出现吸空现象，扣 1 分； 14. 移液管移取标准储备液、标准工作液、水样原液及水样稀释液前未处理管尖溶液，扣 0.5 分； 15. 移取标准贮备液、标准工作液及水样原液时未另用一烧杯调节液面，扣 0.5 分； 16. 移液管移取标准储备液、标准工作液、水样原液及水样稀释液时，调节液面前未处理管尖部，扣 0.5 分； 17. 移液管未能一次调节到刻度，扣 1 分； 18. 移液管放液不规范，扣 1 分； 19. 取完试剂后未及时盖上试剂瓶盖，扣 0.5 分		
2	标准系列的配制	3	1. 直接在贮备液进行相关操作，扣 1 分； 2. 标准工作液未贴标签或标签内容不全（包括名称、浓度、日期、配制者），扣 1 分； 3. 每个点移取的标准溶液应从零分度开始，出现不正确项 1 次扣 0.5 分，但不超过该项总分 3 分（工作液可放回剩余溶液的烧杯中再取液）		
3	水样稀释液的配制	3	直接在水样原液中进行相关操作，扣 3 分（水样稀释液在移液管吸干后可在容量瓶中进行相关操作）		
三	流动注射仪使用	16			
1	开机	2	开启自动进样器、自动稀释器、蠕动泵、电脑等设备顺序错误，扣 2 分		
2	软件启动	2	未启动软件，扣 2 分		
3	管路连接	4	1. 未检测管路的气密性及流动平滑性，扣 2 分。 2. 未到加热均衡进行操作的，扣 2 分		
4	检测过程中仪器操作	2	未进行标准样品、样品的设定，扣 2 分		
5		2	未待确认系统管路内无气泡后开始测样的，扣 2 分		
6	关机操作	4	1. 检测完毕后，未将所有试剂管线及采样探头放入去离子水中泵足 15 min，扣 2 分； 2. 试剂管泵空气不足 30 min 的，扣 1 分； 3. 未关闭仪器的，扣 1 分		
四	实验数据处理	12			
1	标准曲线取点		标准曲线取点不得少于 7 点（包含试剂空白点），否则标准曲线无效		
2	正确绘制标准曲线	5	1. 标准曲线坐标选取错误或比例不合理（含曲线斜率不当），扣 1 分； 2. 测量数据及回归方程计算结果未标在曲线中，扣 1 分； 3. 缺少曲线名称、坐标、箭头、符号、单位量、回归方程及数据有效位数不对，每 1 项扣 0.5 分，但不超过 3 分		
3	试液峰面积处于要求范围内	2	水样取用量不合理致使峰面积超出要求范围或在 0 号与 1 号管测点范围内，扣 2 分		
4	原始记录	3	数据未直接填在报告单上、数据不全、有效数字位数不对、有空项，原始记录中缺少计量单位、数据更改每项扣 0.5 分，可累计扣分，但不超过该项总分 3 分		

序号	考核点	配分	评分标准	扣分	得分
5	有效数字运算	2	1. 回归方程未保留小数点后四位数字，扣 0.5 分； 2. γ 未保留小数点后四位，扣 0.5 分； 3. 测量结果未保留到小数点后两位，扣 1 分		
五	文明操作	18			
1	文明操作	4	实验过程台面、地面脏乱，废液处置不当，一次性扣 4 分		
2	清洗仪器、试剂等物品归位	4	实验结束未先清洗仪器或试剂物品未归位就完成报告，一次性扣 4 分		
3	仪器损坏	6	仪器损坏，一次性扣 6 分		
4	试剂用量	4	每组均准备有两倍用量的试剂，若还需添加，则一次性扣 4 分		
六	测定结果	34			
1	回归方程的计算	5	没有算出或计算错误回归方程的，扣 5 分 用带有计算回归方程功能的计算器计算回归方程，一次性扣 10 分（*可为负分）		
	回归方程	3	截距超出±0.008，扣 1 分 斜率超出 0.007 2～0.008 0，扣 2 分		
	标准曲线线性	6	$\gamma \geqslant 0.999\ 9$，不扣分； $\gamma = 0.999\ 7 \sim 0.999\ 0$，扣 1～5 分不等； $\gamma < 0.999\ 0$，扣 6 分； γ 计算错误或未计算先扣 3 分，再按相关标准扣分，但不超过 6 分		
2	测定结果精密度	10	$|R_d| \leqslant 0.5\%$，不扣分； $0.5\% \sim 1.4\% \leqslant |R_d|$，扣 1～9 分不等； $|R_d| > 1.4\%$，扣 10 分。 精密度计算错误或未计算扣 10 分。 水样原液未作平行样 3 份，一次性扣 10 分		
3	测定结果准确度	10	测定结果：测定值在 保证值±0.5%内，不扣分； 保证值±0.6%～1.8%，扣 1～9 分不等； 不在保证值±1.8%内扣 10 分		
	结果部分合计	34			
	最终合计	100			

10.6 氨氮分析

（1）标准曲线绘制

组分	浓度/（mg/L）	保留时间	峰高或峰面积	标准曲线
氨氮	0.00			
	0.05			
	0.25			
	0.50			
	2.50			
	5.00			

（2）样品的测定

组分	样品	峰面积	从标准曲线查得组分质量浓度/（mg/L）	样品中组分的质量浓度/（mg/L）
氨氮	空白样			
	样品1			
	平行样			

分析人：   校对人：   审核人：

标准曲线绘制图：

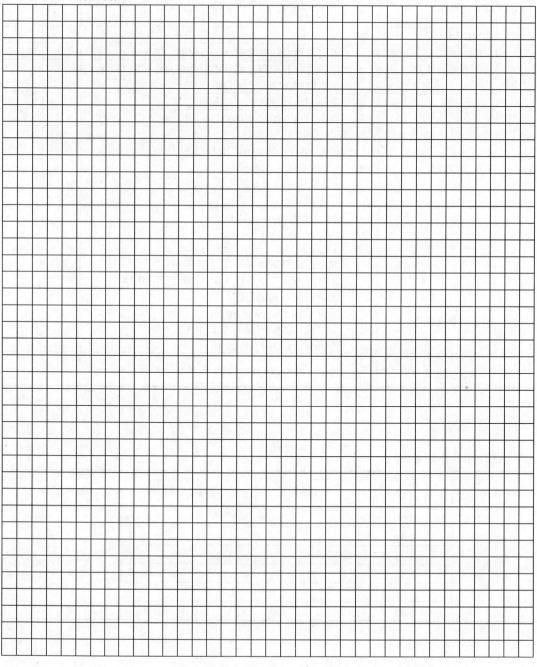

子项目 11　亚硝酸盐氮的测定——分光光度法

项　目	非金属无机物的监测
子项目	亚硝酸盐氮的测定——分光光度法（GB 7493—87）

学习目标

能力（技能）目标

　　①掌握分光光度计的使用方法。

　　②掌握分光光度法测定亚硝酸盐氮的步骤。

　　③掌握标准曲线定量方法。

认知（知识）目标

　　①掌握亚硝酸盐氮基础知识。

　　②掌握分光光度法测定亚硝酸盐氮的实验原理。

　　③能够计算标准曲线方程及 γ 值。

其他（素质）目标

　　①良好的职业道德、工作态度和责任感。

　　②良好的计划组织能力。

　　③良好的团队协作精神。

　　④实验室安全操作。

　　⑤遵守环境保护规定。

能力训练任务

　　①样品的采集和保存。

　　②样品的前处理。

　　③标准系列的测试与绘制。

　　④样品的测定。

　　⑤数据的计算与处理。

教学资源

　　①教材。

　　②项目训练教材。

　　③多媒体教学设备。

　　④环境监测实验室。

　　⑤分光光度计。

11.1　预备知识

　　亚硝酸盐氮（NO_2^--N）是氮循环的中间产物，不稳定。根据水环境条件，可被氧化成硝酸盐，也可被还原成氨。

亚硝酸盐氮可与仲胺类反应生成具致癌性的亚硝胺类物质，在 pH 值较低的酸性条件下，有利于亚硝胺类的形成。

在磷酸介质中，pH 值为 1.8 时，试份中的亚硝酸根离子与 4-氨基苯磺酰胺（4-aminobenzene sulfonamide）反应生成重氮盐，它再与 N-（1-萘基）-乙二胺二盐酸盐[N-（1-naphthyl-1,2-diaminoethane dihydrochlo-ride）]耦联生成红色染料，在 540 nm 波长处测定吸光度。如果使用光程长为 10 mm 的比色皿，亚硝酸盐氮的浓度在 0.2 mg/L 以内其呈色符合比尔定律。

11.2 实训准备

准备事宜	序号	名 称	方 法
样品的采集和保存			实验室样品应用玻璃瓶或聚乙烯瓶采集，并在采集后尽快分析，不要超过 24 h。若需短期保存（1～2 d），可以在每升实验室样品中加入 40 mg 氯化汞，并保存于 2～5℃
实训试剂	1	无亚硝酸盐的二次蒸馏水	加入高锰酸钾结晶少许于 1 L 蒸馏水中，使成红色，加氢氧化钡（或氢氧化钙）结晶至溶液呈碱性，使用硬质玻璃蒸馏器进行蒸馏，弃去最初的 50 mL 馏出液，收集约 700 mL 不含锰盐的馏出液，待用
			于 1 L 蒸馏水中加入硫酸（3）1 mL、硫酸锰溶液[每 100 mL 水中含有 36.4 g 硫酸锰（$MnSO_4 \cdot H_2O$）] 0.2 mL，滴加 0.04%（V/V）高锰酸钾溶液呈红色（约 1～3 mL），使用硬质玻璃蒸馏器进行蒸馏，弃去最初的 50 mL 馏出液，收集约 700 mL 不含锰盐的馏出液，待用
	2	磷酸	15 mol/L，ρ=1.70 g/mL
	3	硫酸	18 mol/L，ρ=1.84 g/mL
	4	磷酸	1+9 溶液（1.5 mol/L） 溶液至少可稳定 6 个月
	5	显色剂	500 mL 烧杯内置入 250 mL 水和 50 mL 磷酸（2），加入 20.0 g 4-氨基苯磺酰胺（$NH_2C_6H_4SO_2NH_2$）。再将 1.00 g N-（1-萘基）-乙二胺二盐酸盐（$C_{10}H_7NHCH_2C_4H_4NH_2 \cdot 2HCl$）溶于上述溶液中，转称至 500 mL 容量瓶中，用水稀至标线，摇匀。 此溶液贮存于棕色试剂瓶中，保存在 2～5℃，至少可稳定 1 个月。 注：本试剂有毒性，避免与皮肤接触或吸入体内
	6	亚硝酸盐氮标准贮备溶液 C_N=250 mg/L	1. 贮备溶液的配制： 称取 1.232 g 亚硝酸钠（$NaNO_2$），溶于 150 mL 水中，定量转移至 1 000 mL 容量瓶中，用水稀释至标线，摇匀。 本溶液贮存于棕色试剂瓶中，加入 1 mL 氯仿，保存在 2～5℃，至少稳定 1 个月。 2. 贮备溶液的标定 在 300 mL 具塞锥形瓶中，移入高锰酸钾标准溶液（10）50.00 mL、硫酸（3）5 mL，用 50 mL 无分度吸管，使下端插入高锰酸钾溶液液面下，加入亚硝酸盐氮标准贮备溶液 50.00 mL，轻轻摇匀，置于水浴上加热至 70～80℃，按每次 10.00 mL 的量加入足够的草酸钠标准溶液（11），使高锰酸钾标准溶液褪色并使过量，记录草酸钠标准溶液用量 V_2，然后用高锰酸钾标准溶液（10）滴定过量草酸钠至溶液呈微红色，记录高锰酸钾标准溶液总用量 V_1。再以 50 mL 实验用水代替亚硝酸盐氮标准贮备溶液，如上操作，用草酸钠标准溶液标定高锰酸钾溶液的浓度 c_1。

准备事宜	序号	名　称	方　法
实训试剂			按式（11-1）计算高锰酸钾标准溶液浓度 c_1（1/5KMnO₄ mol/L）：$$c_1 = 0.050\,0 \times V_4 / V_3 \qquad (11\text{-}1)$$式中：V_3——滴定实验用水时加入高锰酸钾标准溶液总量，mL；　　　V_4——滴定实验用水时加入草酸钠标准溶液总量，mL；　　　0.050 0——草酸钠标准溶液浓度（1/2NaC₂O₄），mol/L。按式（11-2）计算亚硝酸盐氮标准贮备溶液的浓度 C_N（mg/L）：$$C_N = (V_1 \times c_1 - 0.050\,0V_2) \times 7.00 \times 1\,000 / 50.00 = 140V_1 \times c_1 - 7.00V_2 \qquad (11\text{-}2)$$式中：V_1——滴定亚硝酸盐氮标准贮备溶液时加入高锰酸钾标准溶液总量，mL；　　　V_2——滴定亚硝酸盐氮标准贮备溶液时加入草酸钠标准溶液总量，mL；　　　c_1——经标定的高锰酸钾标准溶液的浓度，mol/L；　　　7.00——亚硝酸盐氮（1/2N）的摩尔质量；　　　50.00——亚硝酸盐氮标准贮备溶液取样量，mL；　　　0.050 0——草酸钠标准溶液浓度 c(1/2Na₂C₂O₄)，mol/L
	7	亚硝酸盐氮中间标准液	C_N=50.0 mg/L。取亚硝酸盐氮标准贮备溶液（6）50.00 mL 置 250 mL 容量瓶中，用水稀释至标线，摇匀。此溶液贮于棕色瓶内，保存在 2~5℃，可稳定 1 个星期
	8	亚硝酸盐氮标准工作液	C_N=1.00 mg/L。取亚硝酸盐氮中间标准液（7）10.00 mL 于 500 mL 容量瓶中，水稀释至标线，摇匀。此溶液使用时，当天配制。注：亚硝酸盐氮中间标准液和标准工作液的浓度值，应采用贮备溶液标定后的准确浓度的计算值
	9	氢氧化铝悬浮液	溶解 125 g 硫酸铝钾[KAl(SO₄)₂·12H₂O]或硫酸铝铵[NH₄Al(SO₄)₂·12H₂O]于 1 L 一次蒸馏水中，加热至 60℃，在不断搅拌下，徐徐加入 55 mL 浓氢氧化铵，放置约 1 h 后，移入 1 L 量筒内，用一次蒸馏水反复洗涤沉淀，最后实验用水洗涤沉淀，直至洗涤液中不含亚硝酸盐为止。澄清后，把上清尽量全部倾出，只留稠的悬浮物，最后加入 100 mL 水。使用前应振荡均匀
	10	高锰酸钾标准溶液	c(1/5KMnO₄)=0.050 mol/L。溶解 1.6 g 高锰酸钾（KMnO₄）于 1.2 L 水中（一次蒸馏水），煮沸 0.5~1 h，使体积减少到 1 L 左右，放置过夜，用 G-3 号玻璃砂芯滤器过滤后，滤液贮存于棕色试剂瓶中避光保存。高锰酸钾标准溶液浓度按 11.2（6）所述方法进行标定和计算
	11	草酸钠标准溶液	c(1/2Na₂C₂O₄)=0.050 0 mol/L。溶解经 105℃烘干 2 h 的优级纯无水草酸钠（Na₂C₂O₄）3.350 0±0.000 4 g 于 750 mL 水中，定量转移至 1 000 mL 容量瓶中，用水稀释至标线，摇匀
	12	酚酞指示剂	c=10 g/L。0.5 g 酚酞溶于 95%（V/V）乙醇 50 mL 中
水样的预处理			当试样 pH≥11 时，可能遇到某些干扰，遇此情况，可向试份中加入酚酞溶液（12）1 滴，边搅拌边逐滴加入磷酸溶液（4），至红色刚消失。经此处理，则在加入显色剂后，体系 pH 值为 1.8±0.3，而不影响测定。试样如有颜色和悬浮物，可向每 100 mL 试样中加入 2 mL 氢氧化铝悬浮液（9），搅拌，静置，过滤，弃去 25 mL 初滤液后，再取试份测定

11.3 分析步骤

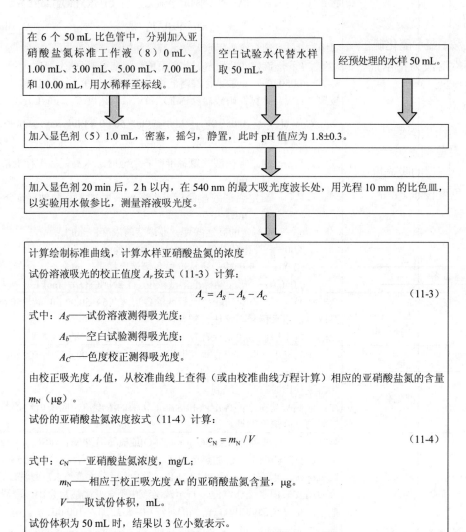

在 6 个 50 mL 比色管中，分别加入亚硝酸盐氮标准工作液（8）0 mL、1.00 mL、3.00 mL、5.00 mL、7.00 mL 和 10.00 mL，用水稀释至标线。

空白试验水代替水样取 50 mL。

经预处理的水样 50 mL。

加入显色剂（5）1.0 mL，密塞，摇匀，静置，此时 pH 值应为 1.8±0.3。

加入显色剂 20 min 后，2 h 以内，在 540 nm 的最大吸光度波长处，用光程 10 mm 的比色皿，以实验用水做参比，测量溶液吸光度。

计算绘制标准曲线，计算水样亚硝酸盐氮的浓度

试份溶液吸光的校正值 A_r 按式（11-3）计算：

$$A_r = A_S - A_b - A_C \tag{11-3}$$

式中：A_S——试份溶液测得吸光度；

　　　A_b——空白试验测得吸光度；

　　　A_C——色度校正测得吸光度。

由校正吸光度 A_r 值，从校准曲线上查得（或由校准曲线方程计算）相应的亚硝酸盐氮的含量 m_N（μg）。

试份的亚硝酸盐氮浓度按式（11-4）计算：

$$c_N = m_N / V \tag{11-4}$$

式中：c_N——亚硝酸盐氮浓度，mg/L；

　　　m_N——相应于校正吸光度 Ar 的亚硝酸盐氮含量，μg。

　　　V——取试份体积，mL。

试份体积为 50 mL 时，结果以 3 位小数表示。

11.4 质量控制和保证

（1）试剂空白的吸光度应不超过 0.030（10 mm 比色皿）。

（2）所有玻璃器皿都应用 2 mol/L 盐酸仔细洗净，然后用水彻底冲洗。

（3）最初使用本方法时，应校正最大吸光度的波长，以后的测定均应用此波长。

（4）试份最大体积为 50.0 mL，可测定亚硝酸盐氮浓度高至 0.20 mg/L。浓度更高时，可相应用较少量的样品或将样品进行稀释后，再取样。

（5）亚硝酸钠标准贮备液的稳定性。

标准溶液如免遭微生物和二氧化碳的作用。每升溶液中加入 1 mL 三氯甲烷，则能防止细菌生长，且不干扰生色反应。每升溶液中加入 0.1 g 或更少一些的氢氧化钠，使溶液 pH 8～11.5 则可防止因空气中二氧化碳的作用使生成硝酸而损失。在 4～18℃条件下，浓度为 100 μg/mL 亚硝酸盐氮的标准贮备液，存放在棕色玻璃瓶中，可稳定 45 d；在 14～

18℃条件下，浓度为 1.0 μg/mL 的标准使用液，存放在标色瓶中，可基本稳定 37 d；浓度为 0.5 μg/mL 时，可基本稳定 29 d。

（6）干扰及消除。

氯胺、氯、硫化硫酸盐、聚磷酸钠和高铁离子有明显干扰。水样呈碱性（pH＞11）时，可加酚酞溶液为指示剂，滴加磷酸溶液至红色消失。水样有颜色或悬浮物，可加氢氧化铝悬浮液过滤。

（7）注意事项。

如水样经预处理后，还有颜色时，则分取两份本积相同的经预处理的水样，一份加 1.0 mL 显色剂，另一份加 1.0 mL（1+9）磷酸溶液。由加显色剂的水样测得的吸光度，减去空白验测得的吸光度，再减去改加磷酸溶液的水样所测得的吸光度后，获得校正吸光度，以进行色度校正。

11.5　操作规范评分表

序号	考核点	配分	评分标准	扣分	得分
一	仪器准备	4			
1	玻璃仪器洗涤	2	1. 未用蒸馏水清洗两遍以上，扣 1 分； 2. 玻璃仪器出现挂水珠现象，扣 1 分		
2	分光光度计预热 20 min	2	1. 仪器未进行预热或预热时间不够，扣 1 分； 2. 未切断光路预热，扣 1 分		
二	标准溶液的配制	16			
1	溶液配制过程中有关的实验操作	10	1. 未进行容量瓶试漏检查，扣 0.5 分； 2. 容量瓶、比色管加蒸馏水时未沿器壁流下或产生大量气泡，扣 0.5 分； 3. 蒸馏水瓶管尖接触容器，扣 0.5 分； 4. 加水至容量瓶约 3/4 体积时没有平摇，扣 0.5 分； 5. 容量瓶、比色管加水至近标线等待 1 min，没有等待，扣 0.5 分； 6. 容量瓶、比色管逐滴加入蒸馏水至标线操作不当或定容不准确，扣 0.5 分； 7. 持瓶方式不正确，扣 0.5 分； 8. 容量瓶、比色管未充分混匀或中间未开塞，扣 0.5 分； 9. 对溶液使用前没有盖塞充分摇匀的，扣 0.5 分； 10. 润洗方法不正确，扣 0.5 分； 11. 将移液管中过多的贮备液放回贮备液瓶中，扣 0.5 分； 12. 移液管管尖触底，扣 0.5 分； 13. 移液出现吸空现象，扣 1 分； 14. 移液管移取标准储备液、标准工作液、水样原液及水样稀释液前未处理管尖溶液，扣 0.5 分； 15. 移取标准贮备液、标准工作液及水样原液时未另用一烧杯调节液面，扣 0.5 分； 16. 移液管移取标准储备液、标准工作液、水样原液及水样稀释液时，调节液面前未处理管尖部，扣 0.5 分； 17. 移液管未能一次调节到刻度，扣 0.5 分； 18. 移液管放液不规范，扣 0.5 分； 19. 取完试剂后未及时盖上试剂瓶盖，扣 0.5 分		

序号	考核点	配分	评分标准	扣分	得分
2	标准系列的配制	3	1. 直接在贮备液进行相关操作，扣1分； 2. 标准工作液未贴标签或标签内容不全（包括名称、浓度、日期、配制者），扣1分； 3. 每个点移取的标准溶液应从零分度开始，出现不正确项1次扣0.5分，但不超过该项总分3分（工作液可放回剩余溶液的烧杯中再取液）		
3	水样稀释液的配制	3	直接在水样原液中进行相关操作，扣3分（水样稀释液在移液管吸干后可在容量瓶中进行相关操作）		
三	分光光度计使用	15			
1	测定前的准备	2	1. 没有进行比色皿配套性选择，或选择不当，扣1分； 2. 不能正确在T挡调"100%"和"0"，扣1分		
2	测定操作	7	1. 手触及比色皿透光面，扣0.5分； 2. 比色皿润洗方法不正确（须含蒸馏水洗涤、待装液润洗），扣0.5分； 3. 比色皿润洗操作不正确，扣0.5分； 4. 加入溶液高度不正确，扣1分； 5. 比色皿外壁溶液处理不正确，扣1分； 6. 比色皿盒拉杆操作不当，扣0.5分； 7. 重新取液测定，每出现一次扣1分，但不超过4分； 8. 不正确使用参比溶液，扣1分		
3	测定过程中仪器被溶液污染	2	1. 比色皿放在仪器表面，扣1分； 2. 比色室被洒落溶液污染，扣0.5分； 3. 比色室未及时清理干净，扣0.5分		
4	测定后的处理	4	1. 台面不清洁，扣0.5分； 2. 未取出比色皿及未洗涤，扣1分； 3. 没有倒尽控干比色皿，扣0.5分； 4. 测定结束，未作使用记录登记，扣1分； 5. 未关闭仪器电源，扣1分		
四	实验数据处理	12			
1	标准曲线取点		标准曲线取点不得少于6点（包含试剂空白点），否则标准曲线无效，扣12分		
2	正确绘制标准曲线	5	1. 标准曲线坐标选取错误或比例不合理（含曲线斜率不当），扣1分； 2. 测量数据及回归方程计算结果未标在曲线中，扣1分； 3. 缺少曲线名称、坐标、箭头、符号、单位量、回归方程及数据有效位数不对，每1项扣0.5分，但不超过3分		
3	试液吸光度处于要求范围内	2	水样取用量不合理致使吸光度超出要求范围或在0号与1号管测点范围内，扣2分		
4	原始记录	3	数据未直接填在报告单上、数据不全、有效数字位数不对、有空项，原始记录中缺少计量单位、数据更改每项扣0.5分，可累计扣分，但不超过该项总分3分		
5	有效数字运算	2	1. 回归方程未保留小数点后四位数字，扣0.5分； 2. γ未保留小数点后四位，扣0.5分； 3. 测量结果未保留到小数点后两位，扣1分		

序号	考核点	配分	评分标准	扣分	得分
五	文明操作	18			
1	文明操作	4	实验过程台面、地面脏乱,废液处置不当,一次性扣 4 分		
2	清洗仪器、试剂等物品归位	4	实验结束未先清洗仪器或试剂物品未归位就完成报告,一次性扣 4 分		
3	仪器损坏	6	仪器损坏,一次性扣 6 分		
4	试剂用量	4	每名实验员均准备有两倍用量的试剂,若还需添加,则一次性扣 4 分		
六	测定结果	35			
1	回归方程的计算	5	没有算出或计算错误回归方程的,扣 5 分		
2	标准曲线线性	10	$\gamma \geqslant 0.9999$,不扣分; $\gamma = 0.9997 \sim 0.9990$,扣 1~9 分不等; $\gamma < 0.999$,扣 10 分; γ 计算错误或未计算先扣 3 分,再按相关标准扣分,但不超过 6 分		
3	测定结果精密度	10	$\|R_d\| \leqslant 0.5\%$,不扣分; $0.5\% \sim 1.4\% \leqslant \|R_d\|$,扣 1~9 分不等; $\|R_d\| > 1.4\%$,扣 10 分。 精密度计算错误或未计算扣 10 分。 水样原液未作平行样 3 份,一次性扣 10 分		
4	测定结果准确度	10	测定值在 保证值±0.5%内,不扣分; 保证值±0.6%~1.8%,扣 1~9 分不等; 不在保证值±1.8%内扣 10 分		
	最终合计	100			

11.6 亚硝酸盐氮分析

(1)吸收池配套性检查

比色皿的校正值:A_1 __0.000__ ;A_2____;A_3____;A_4____。

所选比色皿为:

(2)标准曲线的绘制:

测量波长:_____;标准溶液原始浓度:_____。

溶液号	吸取标液体积/mL	浓度或质量( )	A	$A_{校正}$
0				
1				
2				
3				
4				
5				

回归方程:

相关系数:

（3）水质样品的测定

平行测定次数	1	2	3
吸光度，A			
空白值，A_0			
校正吸光度，$A_{校正}$			
回归方程计算所得浓度（　）			
原始试液浓度/（μg/mL）			
样品的测定结果/（mg/L）			
R_d/%			

分析人：　　　　　　　　　校对人：　　　　　　　　　审核人：

标准曲线绘制图：

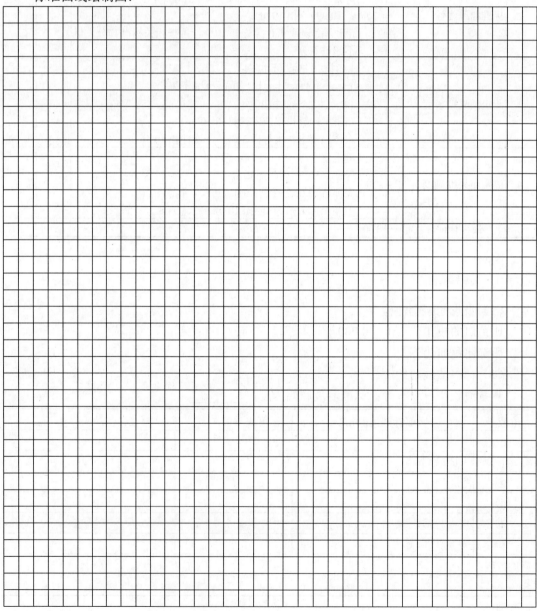

子项目 12　硝酸盐氮的测定——紫外分光光度法

项　　目	非金属无机物的监测
子项目	硝酸盐氮的测定——紫外分光光度法（试行）（HJ/T 346—2007）

学习目标

能力（技能）目标

①掌握紫外分光光度计的使用方法。

②掌握紫外分光光度法测定硝酸盐氮的步骤。

③掌握标准曲线定量方法。

认知（知识）目标

①掌握硝酸盐氮的基础知识。

②掌握紫外分光光度法测定硝酸盐氮的实验原理。

③能够计算标准曲线方程及 γ 值。

其他（素质）目标

①良好的职业道德、工作态度和责任感。

②良好的计划组织能力。

③良好的团队协作精神。

④实验室安全操作。

⑤遵守环境保护规定。

能力训练任务

①样品的采集和保存。

②吸附柱的制备。

③标准系列的测试与绘制。

④样品的测定。

⑤数据的计算与处理。

教学资源

①教材。

②项目训练教材。

③多媒体教学设备。

④环境监测实验室。

⑤紫外分光光度计。

⑥离子交换柱（Φ1.4 cm，装树脂高 5～8 cm）。

12.1　预备知识

硝酸盐是在有氧环境下，各种形态的含氮化合物中最稳定的氮化合物，也是含氮有机物经无机作用最终阶段的分解产物。亚硝酸盐可经氧化而生成硝酸盐，硝酸盐在无氧环境中，也可受微生物的作用而还原为亚硝酸盐。

水体中硝酸盐氮和亚硝酸盐氮含量超标，不仅使水环境质量恶化，还对人类以及动、植物有严重危害作用。饮用水的水源中 NO_3^- 和 NO_2^- 的含量过高，能引起变性血色素症，变性血色素会破坏红血球的载氧能力，引起人体严重缺氧而导致死亡。同时，饮用 NO_3^- 和 NO_2^- 含量过高的水，可使肝癌、食管癌、胃癌的发病率增高，主要是因为 NO_3^-、NO_2^- 在自然条件下有可能转化为亚硝胺，这是一种强致癌、致变和致畸物质，对人体有潜在的威胁。饮用 NO_3^- 和 NO_2^- 含量高的水对人体心血管系统也有害，还会干扰机体对维生素 A 的利用，导致维生素 A 缺乏症。当人体摄取过量硝酸盐后，在微生物作用下可被还原成亚硝酸盐，引起高铁血红蛋白症，易使消化器官致癌及婴儿青紫症等。

利用硝酸根离子在 220 nm 波长处的吸收而定量测定硝酸盐氮。溶解的有机物在 220 mm 处也会有吸收，而硝酸根离子在 275 nm 处没有吸收。因此，在 275 nm 处作另一次测量，以校正硝酸盐氮值。

12.2 实训准备

准备事宜	序号	名　称	方　法
样品的采集和保存			水样采集在聚乙烯瓶或玻璃瓶内，要尽快分析。如需保存，应加硫酸使水样酸化至 pH<2，2~5℃下可保存 7 d
实训试剂	1	氢氧化铝悬浮液	溶解 125 g 硫酸铝钾 $KAl(SO_4)_2 \cdot 12H_2O$ 或硫酸铝铵 $NH_4Al(SO_4)_2 \cdot 12H_2O$ 于 1 000 mL 水中，加热至 60℃，在不断搅拌中，徐徐加入 55 mL 浓氨水，放置约 1 h 后，移入 1 000 mL 量筒内，用水反复洗涤沉淀，最后至洗涤液中不含硝酸盐氮为止。澄清后，把上清液尽量全部倾出，只留稠的悬浮液，最后加入 100 mL 水，使用前应振荡均匀
	2	硫酸锌溶液	10%
	3	氢氧化钠溶液	5 mol/L
	4	大孔径中性树脂	CAD-40 或 XAD-2 型及类似性能的树脂
	5	甲醇	分析纯
	6	盐酸	1 mol/L
	7	硝酸盐标准贮备液	称取 0.722 g 经 105~110℃干燥 2 h 的优级纯硝酸钾（KNO_3）溶于水，移入 1 000 mL 容量瓶中，稀释至标线，加 2 mL 三氯甲烷作保存剂，混匀，至少可稳定 6 个月。该标准贮备液每毫升含 0.100 mg 硝酸盐氮
	8	0.8%氨基磺酸溶液	避光保存于冰箱中
吸附柱的制备			新的树脂（4）先用 200 mL 水分两次洗涤，用甲醇（5）浸泡过夜，弃去甲醇，再用 40 mL 甲醇（5）分两次洗涤，然后用新鲜去离子水洗到柱中流出液滴落于烧杯中无乳白色为止。树脂装入柱中时，树脂间绝不允许存在气泡

12.3　分析步骤

于 5 个 200 mL 容量瓶中分别加入 0.50 mL、1.00 mL、2.00 mL、3.00 mL、4.00 mL 硝酸盐氮标准贮备液（7），用新鲜去离子水稀释至标线，其浓度分别为 0.25 mg/L、0.50 mg/L、1.00 mg/L、1.50 mg/L、2.00 mg/L 硝酸盐氮。

量取 200 mL 水样置于锥形瓶或烧杯中。

加入 2 mL 硫酸锌溶液（2），在搅拌下滴加氢氧化钠溶液（3），调至 pH 为 7。或将 200 mL 水样调至 pH 为 7 后，加 4 mL 氢氧化铝悬浮液（1）。

待絮凝胶团下沉后，或经离心分离，吸取 100 mL 上清液分两次洗涤吸附树脂柱，以每秒 1～2 滴的流速流出，各个样品间流速保持一致，弃去。

再继续使水样上清液通过柱子，收集 50 mL 于比色管中，备测定用。
树脂用 150 mL 水分三次洗涤，备用。

加 1.0 mL 盐酸溶液（6），0.1 mL 氨基磺酸溶液（8）于比色管中，当亚硝酸盐氮低于 0.1 mg/L 可不加氨基磺酸溶液（8）。

用光程长 10 mm 石英比色皿，在 220 nm 和 275 nm 波长处，以经过树脂吸附的新鲜去离子水 50 mL 加 1 mL 盐酸溶液（6）为参比，测量吸光度。

计算绘制标准曲线，计算水样硝酸盐氮的浓度

$$A_{校} = A_{220} - 2A_{275}$$

式中：A_{220}——220 nm 波长测得吸光度；

　　　A_{275}——275 nm 波长测得吸光度。

求得吸光度的校正值（A 校）以后，从校准曲线中查得相应的硝酸盐氮量，既为水样测定结果（mg/L）。水样若经稀释后测定，则结果应乘以稀释倍数。

12.4　质量控制和保证

（1）树脂吸附容量较大，可处理 50～100 个地表水水样，应视有机物含量而异。使用多次后，可用未接触过橡胶制品的新鲜去离子水作参比，在 220 nm 和 275 nm 波长处检验，测得吸光度应接近零。超过仪器允许误差时，需以甲醇（5）再生。

（2）为了解水受污染程度和变化情况，需对水样进行紫外吸收光谱分布曲线的扫描，如无扫描装置时，可用手动在 220～280 nm、每隔 2～5 nm 测量吸光度，绘制波长-吸光度曲线。水样与近似浓度的标准溶液分布曲线应类似，且在 220 nm 与 275 nm 附近不应有肩状或折线出现。

参考吸光度比值（A275/A220）×100%因小于 20%，越小越好。超过时因予以鉴别。

　　水样经上述方法适用情况检验后，符合要求时，可不经预处理，直接取 50 mL 水样于比色管中，加盐酸和氨基磺酸溶液后，进行吸光度测量。如经絮凝后水样亦达到上述要求，则也可只进行絮凝预处理，省略树脂吸附操作。

　　（3）含有有机物的水样而且硝酸盐含量较高时，必须先进行预处理后再稀释。

　　（4）大孔中性吸附树脂对环状、空间结构大的有机物吸附能力强；对低碳链、有较强极性合亲水性的有机物吸附能力差。

　　（5）当水样存在六价铬时，絮凝剂因采用氢氧化铝，并放置 0.5 h 以上再取上清液供测定用。

12.5　操作规范评分表

序号	考核点	配分	评分标准	扣分	得分
一	仪器准备	4			
1	玻璃仪器洗涤	2	1. 未用蒸馏水清洗两遍以上，扣 1 分； 2. 玻璃仪器出现挂水珠现象，扣 1 分		
2	分光光度计预热 20 min	2	1. 仪器未进行预热或预热时间不够，扣 1 分； 2. 未切断光路预热，扣 1 分		
二	标准溶液的配制	16			
1	溶液配制过程中有关的实验操作	10	1. 未进行容量瓶试漏检查，扣 0.5 分； 2. 容量瓶、比色管加蒸馏水时未沿器壁流下或产生大量气泡，扣 0.5 分； 3. 蒸馏水瓶管尖接触容器，扣 0.5 分； 4. 加水至容量瓶约 3/4 体积时没有平摇，扣 0.5 分； 5. 容量瓶、比色管加水至近标线等待 1 min，没有等待，扣 0.5 分； 6. 容量瓶、比色管逐滴加入蒸馏水至标线操作不当或定容不准确，扣 0.5 分； 7. 持瓶方式不正确，扣 0.5 分； 8. 容量瓶、比色管未充分混匀或中间未开塞，扣 0.5 分； 9. 对溶液使用前没有盖塞充分摇匀的，扣 0.5 分； 10. 润洗方法不正确，扣 0.5 分； 11. 将移液管中过多的贮备液放回贮备液瓶中，扣 0.5 分； 12. 移液管管尖触底，扣 0.5 分； 13. 移液出现吸空现象，扣 1 分； 14. 移液管移取标准储备液、标准工作液、水样原液及水样稀释液前未处理管尖溶液，扣 0.5 分； 15. 移取标准贮备液、标准工作液及水样原液时未另用一烧杯调节液面，扣 0.5 分； 16. 移液管移取标准储备液、标准工作液、水样原液及水样稀释液时，调节液面前未处理管尖部，扣 0.5 分； 17. 移液管未能一次调节到刻度，扣 1 分； 18. 移液管放液不规范，扣 1 分； 19. 取完试剂后未及时盖上试剂瓶盖，扣 0.5 分		

序号	考核点	配分	评分标准	扣分	得分
2	标准系列的配制	3	1. 直接在贮备液进行相关操作，扣 1 分； 2. 标准工作液未贴标签或标签内容不全（包括名称、浓度、日期、配制者），扣 1 分； 3. 每个点移取的标准溶液应从零分度开始，出现不正确项 1 次扣 0.5 分，但不超过该项总分 3 分（工作液可放回剩余溶液的烧杯中再取液）		
3	水样稀释液的配制	3	直接在水样原液中进行相关操作，扣 3 分（水样稀释液在移液管吸干后可在容量瓶中进行相关操作）		
三	分光光度计使用	15			
1	测定前的准备	2	1. 没有进行比色皿配套性选择，或选择不当，扣 1 分； 2. 不能正确在 T 挡调 "100%" 和 "0"，扣 1 分。		
2	测定操作	7	1. 手触及比色皿透光面，扣 0.5 分； 2. 比色皿润洗方法不正确（须含蒸馏水洗涤、待装液润洗），扣 0.5 分； 3. 比色皿润洗操作不正确，扣 0.5 分； 4. 加入溶液高度不正确，扣 1 分； 5. 比色皿外壁溶液处理不正确，扣 1 分； 6. 比色皿盒拉杆操作不当，扣 0.5 分； 7. 重新取液测定，每出现一次扣 1 分，但不超过 4 分； 8. 不正确使用参比溶液，扣 1 分		
3	测定过程中仪器被溶液污染	2	1. 比色皿放在仪器表面，扣 1 分； 2. 比色室被洒落溶液污染，扣 0.5 分； 3. 比色室未及时清理干净，扣 0.5 分		
4	测定后的处理	4	1. 台面不清洁，扣 0.5 分； 2. 未取出比色皿及未洗涤，扣 1 分； 3. 没有倒尽控干比色皿，扣 0.5 分； 4. 测定结束，未作使用记录登记，扣 1 分； 5. 未关闭仪器电源，扣 1 分		
四	实验数据处理	12			
1	标准曲线取点		标准曲线取点不得少于 6 点（包含试剂空白点），否则标准曲线无效，扣 12 分		
2	正确绘制标准曲线	5	1. 标准曲线坐标选取错误或比例不合理（含曲线斜率不当），扣 1 分； 2. 测量数据及回归方程计算结果未标在曲线中，扣 1 分； 3. 缺少曲线名称、坐标、箭头、符号、单位量、回归方程及数据有效位数不对，每 1 项扣 0.5 分，但不超过 3 分		
3	试液吸光度处于要求范围内	2	水样取用量不合理致使吸光度超出要求范围或在 0 号与 1 号管测点范围内，扣 2 分		
4	原始记录	3	数据未直接填在报告单上、数据不全、有效数字位数不对、有空项，原始记录中，缺少计量单位，数据更改每项扣 0.5 分，可累计扣分，但不超过该项总分 3 分		

序号	考核点	配分	评分标准	扣分	得分
5	有效数字运算	2	1. 回归方程未保留小数点后四位数字，扣 0.5 分； 2. γ 未保留小数点后四位，扣 0.5 分； 3. 测量结果未保留到小数点后两位，扣 1 分		
五	文明操作	18			
1	文明操作	4	实验过程台面、地面脏乱，废液处置不当，一次性扣 4 分		
2	清洗仪器、试剂等物品归位	4	实验结束未先清洗仪器或试剂物品未归位就完成报告，一次性扣 4 分		
3	仪器损坏	6	仪器损坏，一次性扣 6 分		
4	试剂用量	4	每组均准备有两倍用量的试剂，若还需添加，则一次性扣 4 分		
六	测定结果	35			
1	回归方程的计算	5	没有算出或计算错误回归方程的，扣 5 分		
2	标准曲线线性	10	$\gamma \geq 0.999\,9$，不扣分； $\gamma = 0.999\,7 \sim 0.999\,0$，扣 1～9 分不等； $\gamma < 0.999$，扣 10 分； γ 计算错误或未计算先扣 3 分，再按相关标准扣分，但不超过 6 分		
3	测定结果精密度	10	$\lvert R_d \rvert \leq 0.5\%$，不扣分； $0.5\% \sim 1.4\% \leq \lvert R_d \rvert$，扣 1～9 分不等； $\lvert R_d \rvert > 1.4\%$，扣 10 分。 精密度计算错误或未计算扣 10 分。 水样原液未作平行样 3 份，一次性扣 10 分		
4	测定结果准确度	10	测定值在 保证值±0.5%内，不扣分； 保证值±0.6%～1.8%，扣 1～9 分不等； 不在保证值±1.8%内扣 10 分		
最终合计		100			

12.6　硝酸盐氮分析

（1）吸收池配套性检查。

比色皿的校正值：A_1　__0.000__　；A_2　_____　；A_3　_____　；A_4　_____　。

所选比色皿为：

（2）标准曲线的绘制。

溶液号	吸取标液体积/mL	浓度或质量（　）	A_{220}	A_{275}	$A_{220}-2A_{275}$
0					
1					
2					
3					
4					
5					
6					
7					
回归方程：					
相关系数：					

（3）水质样品的测定。

平行测定次数	1	2	3
A_{220}			
A_{275}			
校正吸光度，$A_{校正}$			
回归方程计算所得浓度（　　）			
原始试液浓度/（μg/mL）			
样品的测定结果/（mg/L）			
R_d/%			

分析人：　　　　　　　　　　校对人：　　　　　　　　　　审核人：

标准曲线绘制图：

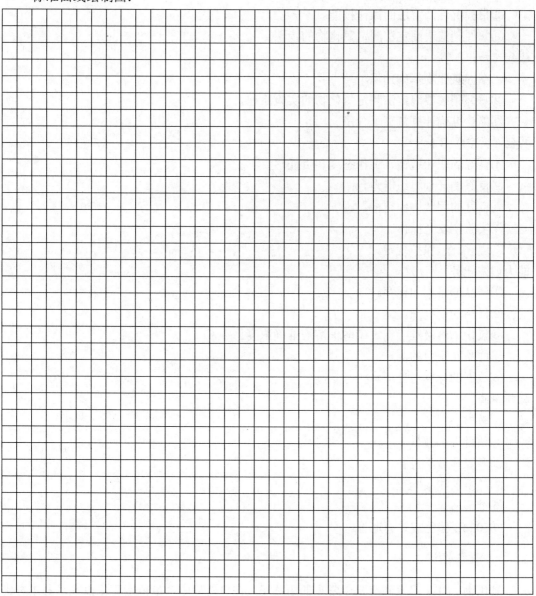

子项目 13 氯化物的测定——硝酸银滴定法

项　目	非金属无机物的监测
子项目	氯化物的测定——硝酸银滴定法（GB 11896—89）

学习目标

能力（技能）目标

　①掌握标准溶液的配制方法。

　②掌握沉淀滴定法的操作技能。

　③掌握硝酸银滴定法测定氯化物的步骤。

认知（知识）目标

　①掌握氯化物基础知识。

　②掌握硝酸银滴定法测定氯化物的实验原理。

　③能够准确计算氯离子含量。

其他（素质）目标

　①良好的职业道德、工作态度和责任感。

　②良好的计划组织能力。

　③良好的团队协作精神。

　④实验室安全操作。

　⑤遵守环境保护规定。

能力训练任务

　①样品的采集和保存。

　②样品的前处理。

　③氯化钠溶液准确标定硝酸银溶液准确浓度。

　④样品及空白的测定。

　⑤数据的计算与处理。

教学资源

　①教材。

　②项目训练教材。

　③多媒体教学设备。

　④环境监测实验室。

　⑤锥形瓶。

　⑥50 mL 棕色酸式滴定管。

13.1 预备知识

　　氯化物（Cl^-）是水和废水中常见的阴离子，在自然界中含量范围变化很大。人体内缺少氯会导致腹泻、缺水等症状。婴儿如果由于遗传的因素而缺氯，会导致生长障碍。有专家认为，过多的氯化钠摄取量会导致高血压。氯化物具有重要的生理作用及工业用途。因此在生活污水和工业废水中均含有一定数量的氯离子。

在中性至弱碱性范围内（pH 6.5～10.5），以铬酸钾为指示剂，用硝酸银滴定氯化物时，由于氯化银的溶解度小于铬酸银的溶解度，氯离子首先被完全沉淀出来后，然后铬酸盐以铬酸银的形式被沉淀，产生砖红色沉淀，指示滴定终点达到。该滴定的反应如下：

$$Ag^+ + Cl^- \longrightarrow AgCl\downarrow$$

$$2Ag^+ + CrO_4^{2-} \longrightarrow Ag_2CrO_4\downarrow \quad （砖红色）$$

13.2 实训准备

准备事宜	序号	名　称	方　法
样品的采集和保存			水样采集在聚乙烯瓶或玻璃瓶内，在1～5℃和避光条件下可保存30 d
实训试剂	1	高锰酸钾溶液	$C(1/5KMnO_4)=0.01$ mol/L
	2	过氧化氢（H_2O_2）	30%
	3	乙醇	95%
	4	硫酸溶液	$c(1/2H_2SO_4)=0.05$ mol/L
	5	氢氧化钠溶液 $c(NaOH)=0.05$ mol/L	称取0.2 g氢氧化钠溶于水中，稀释至100 mL
	6	氢氧化铝悬浮液	溶解125 g硫酸铝钾 $KAl(SO4)_2\cdot12H_2O$ 于1 L蒸馏水中，加热到60℃，边搅拌边缓缓加入55 mL浓氨水，放置1 h后，移至大瓶中，用倾泻法反复洗涤沉淀物，直到洗涤液不含氯离子为止。用水稀释至300 mL
	7	氯化钠标准溶液 $c(NaCl)=0.014\,1$ mol/L	相当于500 mg/L氯化物含量。将氯化钠置于坩埚中，在500～600℃下灼烧40～50 min。在干燥器中冷却后称取8.240 0 g，溶于蒸馏水中在容量瓶中稀释至1 000 mL。吸取10.0 mL，在容量瓶中准确稀释至100 mL。此标准溶液1.00 mL含有0.50 mg氯化物
	8	硝酸银标准溶液 $c(AgNO_3)=0.014\,1$ mol/L	称取2.395 0 g于105℃烘30 min的硝酸银（$AgNO_3$），溶于蒸馏水中，在容量瓶中准确稀释至1 000 mL，贮于棕色瓶中
	9	铬酸钾溶液 $\rho=50$ g/L	称取5 g铬酸钾（K_2CrO_4）溶于少量蒸馏水中，滴加硝酸银溶液至有红色沉淀生成，摇匀，静置12 h，然后过滤并用蒸馏水将滤液稀释至100 mL
	10	酚酞指示剂溶液	称取0.5 g酚酞溶于50 mL 95%乙醇中，加入50 mL蒸馏水，再滴加0.05 mol/L NaOH溶液使呈微红色
水样的预处理		去颜色、去浑浊	若水样浑浊及带有颜色，则取水样150 mL或取水样适量稀释至150 mL，加2 mL氢氧化铝悬浮液，振荡过滤，弃去最初滤下的20 mL，用干的干净锥形瓶接下滤液备用

准备事宜	序号	名　称	方　法
水样的预处理		马弗炉灰法	若水样有机物含量高或色度高，可用马弗炉灰法，取适量水样于蒸发皿中，调节 pH 至 8～9，置水浴上蒸干，然后放入马弗炉中 600℃灼烧 1 h，取出冷却后，加 10 mL 蒸馏水，移入锥形瓶中，再用蒸馏水洗 3 次，一并移入锥形瓶中，调节 pH 到 7 左右，稀释至 50 mL
		去色	由有机质产生的较轻色度，可以加入 0.05 mol/L 高锰酸钾溶液，煮沸，再滴加乙醇（95%）以除去多余的高锰酸钾至水样褪色，过滤，滤液贮于锥形瓶中备用
			如果水样中含有硫化物、亚硫酸盐或硫代硫酸盐，则加 NaOH 溶液（0.05 mol/L）将水样调至中性或弱碱性，加入 1 mL 过氧化氢（30%），摇匀，1 min 后，加热至 70～80℃，以除去过量的过氧化氢

13.3　分析步骤

（1）硝酸银溶液标定

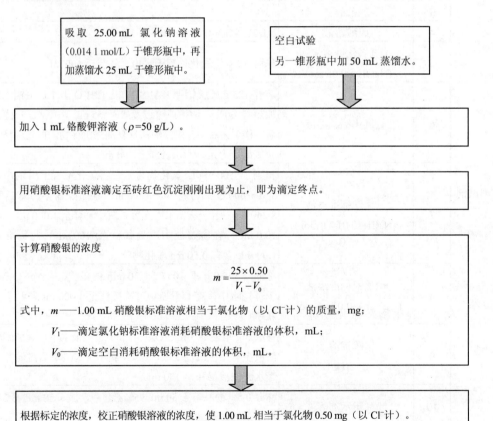

（2）水样的测定

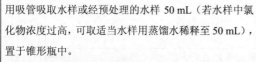

用吸管吸取水样或经预处理的水样 50 mL（若水样中氯化物浓度过高，可取适当水样用蒸馏水稀释至 50 mL），置于锥形瓶中。

空白试验

另一锥形瓶中加 50 mL 蒸馏水。

若水样 pH 超过 6.5～10.5 时，用酚酞作指示剂，用稀硫酸（0.05 mol/L）或 NaOH 溶液（0.05 mol/L）调节至红色刚刚褪去。

加入 1 mL 铬酸钾溶液（ρ=50 g/L）。

用硝酸银标准溶液滴定至砖红色沉淀刚刚出现为止，即为滴定终点。

计算水样氯化物（以 Cl⁻计）的质量浓度

$$\rho(\mathrm{Cl}^-) = \frac{(V_1 - V_0) \times M \times 35.45 \times 1\,000}{V}$$

式中：$\rho(\mathrm{Cl}^-)$——水样中氯化物（以 Cl⁻计）的质量浓度，mg/L；

V_1——水样消耗硝酸银标准溶液的体积，mL；

V_0——空白试验消耗硝酸银标准溶液的体积，mL；

M——硝酸银标准溶液的浓度，mol/L；

V——水样的体积，mL。

13.4 质量控制和保证

（1）本方法适用于天然水中氯化物的测定，也适用于经过适当稀释的高矿化水（如咸水、海水等），以及经过预处理除去干扰物的生活污水或工业废水。

此方法适用于浓度范围 10～500 mg/L 氯化物，高于此范围的水样，经稀释后可以扩大其测定范围。低于 10 mg/L 的样品，建立采用离子色谱法。

溴化物、碘化物及氰化物能与氯化物一起被滴定。正磷酸盐与聚磷酸盐分别超过 250 mg/L 及 25 mg/L 时有干扰，铁含量超过 10 mg/L 终点不明显。

（2）铬酸钾在水样中的浓度会影响终点到达的迟早。在 50～100 mL 滴定液中加入 1 mL、5%铬酸钾溶液，使 $\mathrm{CrO_4^{2-}}$ 为 2.6×10^{-3}～5.2×10^{-3} mol/L。在滴定终点时，硝酸银加入量略过终点，可用空白测定值消除。

（3）硝酸银滴定法测定氯离子时必须在中性和弱碱性（pH=6.5～10.5）溶液中进行，不能在酸性和强碱性溶液中进行。在酸性介质中，铬酸银（$\mathrm{Ag_2CrO_4}$）沉淀易发生溶解，致使滴定终点推迟，导致滴定分析结果不准确。在强碱性介质中，会产生黑色 $\mathrm{Ag_2O}$ 沉淀，使滴定操作无法进行。

13.5 操作规范评分表

序号	考核点	配分	评分标准	扣分	得分
一	称量	15			
1	称量前准备	1	1. 未检查调整天平水平扣 0.5 分； 2. 托盘未清扫，扣 0.5 分		
2	天平称量操作	12	1. 干燥器盖子放置不正确，扣 0.5 分； 2. 称样时，若手直接接触被称物容器或被称物容器直接放在台面上，每次扣 0.5 分； 3. 称量瓶未放置在天平盘中央，扣 0.5 分； 4. 超出规定量±5%，扣 0.5 分/份；超出规定量±10%，扣 1 分/份，最多扣 4 分； 5. 试样洒落，扣 2 分； 6. 开关天平门、放置称量物要轻巧，否则一次性扣 0.5 分		
3	称量后处理	2	1. 不关天平门，扣 0.5 分； 2. 天平内外不清洁，扣 0.5 分； 3. 未检查零点，扣 0.5 分； 4. 凳子未归位，扣 0.5 分； 5. 未做使用记录登记，扣 0.5 分		
二	标准滴定溶液的配制和标定	24			
1	玻璃仪器的洗涤	0.5	玻璃仪器洗涤干净后内壁应不挂水珠，否则一次性扣 0.5 分		
2	转移溶液	3	1. 容量瓶未试漏检查，一次性扣 0.5 分； 2. 烧杯没沿玻璃棒向上提起，一次性扣 0.5 分； 3. 玻璃棒若靠在烧杯嘴处，一次性扣 0.5 分； 4. 吹洗转移重复 4 次以上，否则扣 0.5 分； 5. 溶液有洒落，扣 2 分		
3	移液管润洗	2	1. 润洗溶液若超过总体积的 1/3，一次性扣 0.5 分； 2. 润洗后废液应从下口排放，否则一次性扣 0.5 分； 3. 润洗少于 3 次，一次性扣 1 分		
4	移取溶液、放出溶液	5.5	1. 移液管插入标准溶液前或调节标准溶液液面前未用滤纸擦拭管外壁，出现一次扣 0.5 分，最多扣 2 分； 2. 移液时，移液管插入液面下 1~2 cm，插入过深扣一次性 0.5 分； 3. 吸空或将溶液吸入吸耳球内，一次性扣 1 分； 4. 调节好液面后放液前管尖有气泡，一次性扣 1 分； 5. 移液时，移液管不竖直，每次扣 0.5 分；锥形瓶未倾斜 30~45°，每次扣 0.5 分；管尖未靠壁，每次扣 0.5 分，此项累计不超过 2 分； 6. 溶液流完后未停靠 15 s，每次扣 0.5 分，此项累计不超过 1 分		
5	定容操作	4	1. 加水至容量瓶约 3/4 体积时没有平摇，一次性扣 0.5 分； 2. 加水至近标线等待 1 min，没有等待，一次性扣 0.5 分； 3. 定容超过刻度，一次性扣 2 分； 4. 未充分摇匀、中间未开塞，一次性扣 0.5 分； 5. 定容或摇匀时持瓶方式不正确，一次性扣 0.5 分		

序号	考核点	配分	评分标准	扣分	得分
6	滴定操作	9	1. 滴定管未进行试漏或时间不足 2 min（总时间），扣 0.5 分； 2. 未双手配合或控制旋塞不正确，扣 1 分； 3. 未排净气泡，每次扣 0.5 分；调零时，应捏住滴定管上部无刻度处，否则一次性扣 0.5 分； 4. 滴定前管尖残液未除去，每出现一次扣 0.5 分，最多扣 1 分； 5. 滴定速度得当，若直线放液，一次性扣 1 分； 6. 操作不当造成漏液或滴出锥形瓶外，一次性扣 2 分； 7. 终点控制不准（非半滴到达、颜色过深），每出现一次扣 0.5 分，最多扣 2 分； 8. 终点后滴定管尖悬挂液滴或有气泡，一次性扣 1 分		
三	水样的测定	5			
1	取水样	1	1. 量器皿选择不正确，扣 1 分； 2. 样品没有调节 pH 在 6.5～10.5，扣 1 分		
2	测定过程	4	1. 指示剂加入量 1 mL，不正确扣 1 分； 2. 滴定管未进行试漏或时间不足 2 min（总时间），扣 0.5 分； 3. 未双手配合或控制旋塞不正确，扣 1 分； 4. 未排净气泡，每次扣 0.5 分；调零时，应捏住滴定管上部无刻度处，否则一次性扣 0.5 分； 5. 滴定前管尖残液未除去，每出现一次扣 0.5 分，最多扣 1 分； 6. 滴定速度得当，若直线放液，一次性扣 1 分； 7. 操作不当造成漏液或滴出锥形瓶外，一次性扣 2 分； 8. 终点控制不准（非半滴到达、颜色过深），每出现一次扣 0.5 分，最多扣 2 分； 9. 终点后滴定管尖悬挂液滴或有气泡，一次性扣 1 分		
四	数据的记录和结果计算	11			
1	正确读数	4	读数不正确，每出现一次扣 0.5 分（滴定管的读数应读准至 ±0.01 mL）		
2	原始记录	4	1. 数据未直接填在报告单上，每出现一次扣 1 分；数据记录不正确（有效数字、单位），出现一次扣 1 分； 2. 数据不全、有空格、字迹不工整每出现一次扣 0.5 分，可累加扣分，但不出现给负分的情况		
3	有效数字运算	3	有效数字运算不规范，每出现一次扣 1 分，最多扣 2 分		
五	文明操作	5			
1	实验室整洁	1	实验过程台面、地面脏乱，一次性扣 1 分		
2	实验结束清洗仪器、试剂物品归位	2	实验结束未先清洗仪器或试剂物品未归位就完成报告，一次性扣 2 分		
3	仪器损坏	2	损坏仪器，每出现一次扣 1 分		
六	测定结果	40			
1	标定结果精密度	10	1. （极差/平均值）≤0.15%，不扣分，0.15%＜（极差/平均值）≤0.25%，扣 2.5 分； 2. 0.25%＜（极差/平均值）≤0.35%，扣 5 分； 3. 0.35%＜（极差/平均值）≤0.45%，扣 7.5 分； 4. （极差/平均值）＞0.45%，或参赛选手标定结果少于 4 份，精密度不给分		

序号	考核点	配分	评分标准	扣分	得分
2	标定结果准确度	10	1.（极差/平均值）>0.45%，或标定结果少于 3 份，准确度不给分。 2. 保证值±1 s 内，不扣分， 3. 保证值±2 s 内，扣 3 分 4. 保证值±3 s 内，扣 6 分 5. 保证值±4 s 外，扣 10 分		
3	测定结果精密度	10	1.（极差/平均值）≤3%，不扣分， 2. 3%<（极差/平均值）≤5%，扣 3 分； 3. 5%<（极差/平均值）≤7.5%，扣 7 分； 4. 7.5%<（极差/平均值），扣 10 分		
4	测定结果准确度	10	1.（极差/平均值）>10%，或测定结果少于 3 次，准确度不给分； 2. 保证值±1s 内，不扣分； 3. 保证值±2 s 内，扣 3 分； 4. 保证值±3 s 内，扣 7 分； 5. 保证值±3 s 外，不得分		
	最终合计	100			

13.6　氯化物分析

（1）硝酸银溶液的标定。

	滴定空白时	滴定氯化钠标准溶液时		
		1	2	3
硝酸银溶液消耗的体积/mL				
硝酸银溶液的浓度/mg	—			
标定结果的精密度（极差/平均值）				
硝酸银溶液的平均浓度/mg				

校正硝酸银溶液的浓度，使 1.00 mL 相当于氯化物 0.50 mg（以 Cl⁻计）。

（2）样品的测定。

原始数据记录表

样品编号	取样量/mL	稀释倍数	硝酸银溶液消耗体积/mL	样品中氯化物浓度/（mg/L）
空白				
1				
2				
3				
标定结果的精密度（极差/平均值）				
样品中氯化物的平均浓度/（mg/L）				

分析人：　　　　　　　　　　校对人：　　　　　　　　　　审核人：

子项目 14　硫化物的测定——碘量法

项　目	非金属无机物的监测
子项目	硫化物的测定——碘量法（HJ/T 60—2000）

学习目标

能力（技能）目标

①掌握滴定管的使用方法。

②掌握硫代硫酸钠溶液的标定方法。

③掌握碘量法测定硫化物的步骤。

认知（知识）目标

①掌握硫化物基础知识。

②掌握碘量法测定硫化物的实验原理。

③能够计算硫化物浓度。

其他（素质）目标

①良好的职业道德、工作态度和责任感。

②良好的计划组织能力。

③良好的团队协作精神。

④实验室安全操作。

⑤遵守环境保护规定。

能力训练任务

①样品的采集和保存。

②样品的前处理。

③硫代硫酸钠溶液的标定。

④样品的测定。

⑤数据的计算与处理。

教学资源

①教材。

②项目训练教材。

③多媒体教学设备。

④环境监测实验室。

⑤酸化-吹气-吸收装置设备。

⑥恒温水浴，0～100℃。

⑦150 mL 或 250 mL 碘量瓶。

⑧25 mL 或 50 mL 棕色滴定管。

14.1 预备知识

地下水（特别是温泉水）及生活污水常含有硫化物，其中一部分是在厌氧条件下，由于微生物的作用，使硫酸盐还原或含硫有机物分解而产生的。焦化、造气、造纸、印染、制革等工业废水中也含有硫化物。

水中硫化物包括溶解性的硫化氢，酸溶性的金属硫化物，以及不溶性的硫化物和有机硫化物。通常所测定的硫化物是指溶解性的和酸溶性的硫化物。硫化氢有强烈的臭鸡蛋味，水中只要含有零点零几毫克每升的硫化氢，就会引起嗅觉损伤；硫化氢的毒性也很大，可危害细胞色素、氧化酶，造成细胞组织缺氧，甚至危及生命；另外，硫化氢在细菌作用下会氧化生成硫酸，从而腐蚀金属设备和管道，因此，硫化物是水体污染的重要指标。

在酸性条件下，硫化物与过量的碘作用，剩余的碘用硫代硫酸钠滴定。由硫代硫酸钠溶液所消耗的量，间接求出硫化物的含量。

14.2 实训准备

准备事宜	序号	名　称	方　法
样品的采集和保存			采样时，先在采样瓶中加入一定量的乙酸锌溶液，再加水样，然后滴加适量的氢氧化钠溶液，使呈碱性并生成硫化锌沉淀。通常情况下，每 100 mL 水样加 0.3 mL 1 mol/L 的乙酸锌溶液和 0.6 mL 的氢氧化钠溶液（c=1 mol/L），使水样的 pH 在 10~12。遇碱性水样时，应先小心滴加乙酸溶液调至中性，再如上操作。硫化物含量高时，可酌情多加固定剂，直至沉淀完全。水样充满后立即密塞保存，注意不留气泡，然后倒转，充分混匀，固定硫化物。样品采集后应立即分析，否则应在 4℃闭光保存，尽快分析
实训试剂	1	盐酸（HCl）	ρ=1.19 g/mL
	2	磷酸（H_3PO_4）	ρ=1.69 g/mL
	3	乙酸（CH_3COOH）	ρ=1.05 g/mL
	4	载气：高纯氮	纯度不低于 99.99%
	5	盐酸溶液	1:1
	6	磷酸溶液	1:1
	7	乙酸溶液	1:1
	8	酚酞	1 g/L 乙醇溶液
	9	氢氧化钠溶液 $c(NaOH)$=1 mol/L	将 40 g 氢氧化钠（NaOH）溶于 500 mL 水中，冷却至室温，稀释至 1 000 mL
	10	乙酸锌溶液 $c[Zn(CH_3COO)_2]$=1 mol/L	称取 220 g 乙酸锌[$Zn(CH_3COO)_2$]，溶于水并稀释至 1 000 mL
	11	重铬酸钾标准溶液 $c(1/6K_2Cr_2O_7)$=0.100 0 mol/L	称取 105℃烘干 2 h 的基准或优级纯重铬酸钾 4.903 0 g 溶于水中，稀释至 1 000 mL
	12	淀粉指示液：1%	称取 1 g 可溶性淀粉用少量水调成糊状，再用刚煮沸水冲稀至 100 mL
	13	碘化钾	
	14	硫代硫酸钠标准溶液 $c(Na_2S_2O_3)$=0.1 mol/L 配制	称取 24.5 g 五水合硫代硫酸钠（$Na_2S_2O_3 \cdot 5H_2O$）和 0.2 g 无水碳酸钠（Na_2CO_3）溶于水中，转移到 1 000 mL 棕色容量瓶中，稀释至标线，摇匀

准备事宜	序号	名 称	方 法
实训试剂	14	硫代硫酸钠标准溶液 $c(Na_2S_2O_3)$=0.1 mol/L 标定	于 250 mL 碘量瓶内，加入 1 g 碘化钾及 50 mL 水，加入重铬酸钾标准溶液（11）15.00 mL，加入盐酸溶液（5）5 mL，密塞混匀，置暗处静置 5 min，用待标定的硫代硫酸钠溶液（14）滴定至溶液呈淡黄色时，加入 1 mL 淀粉指示液（12），继续滴定至蓝色刚好消失，记录标准溶液用量，同时作空白滴定。 硫代硫酸钠浓度 c（mol/L）由下式求出： $$c = \frac{15.00}{(V_1 - V_2)} \times 0.100\,0$$ 式中：V_1——滴定重铬酸钾标准溶液时硫代硫酸钠标准溶液用量，mL； V_2——滴定空白溶液时硫代硫酸钠标准溶液用量，mL； 0.100 0——重铬酸钾标准溶液的浓度，mol/L
	15	硫代硫酸钠标准滴定液 $c(Na_2S_2O_3)$=0.01 mol/L	移取 100 mL 刚标定过的硫代硫酸钠标准溶液（14）于 1 000 mL 棕色容量瓶中，用水稀释至标线，摇匀，使用时配制
	16	碘标准溶液 $c(1/2\ I_2)$=0.1 mol/L	移取 12.70 g 碘于 500 mL 烧杯中，加入 40 g 碘化钾，加适量水溶解后，转移至 1 000 mL 棕色容量瓶中，稀释至标线，摇匀
	17	碘标准溶液 $c(1/2\ I_2)$=0.01 mol/L	移取 10.00 mL 碘标准溶液（16）于 100 mL 棕色容量瓶中，用水稀释至标线，摇匀，使用前配制
试样的 预处理		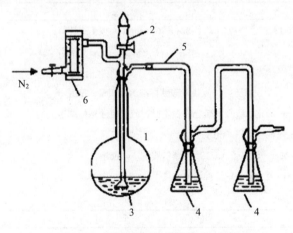 图 14-1 碘量法测定硫化物的吹气装置 1—500 mL 圆底反应瓶；2—加酸漏斗；3—多孔砂芯片；4—150 mL 锥形吸收瓶，也用作碘量瓶； 5—玻璃连接管，各接口均为标准玻璃磨口；6—流量计 按图连接好酸化-吹气-吸收装置，通载气检查各部位气密性。 1. 分取 2.5 mL 乙酸锌溶液（10）于两个吸收瓶中，用水稀释至 50 mL。 2. 取 200 mL 现场已固定并混匀的水样于反应瓶中，放入恒温水浴内，装好导气管、加酸漏斗和吸收瓶。开启气源，以 400 mL/min 的流速连续吹氮气 5 min 驱除装置内空气，关闭气源。	

准备事宜	序号	名　称	方　法
试样的预处理			3. 向加酸漏斗加入 1∶1 磷酸（6）20 mL，待磷酸接近全部流入反应瓶后，迅速关闭活塞。 4. 开启气源，水浴温度控制在 60～70℃时，以 75～100 mL/min 的流速吹气 20 min，以 300 mL/min 流速吹气 10 min，再以 400 mL/min 流速吹气 5 min，赶尽最后残留在装置中的硫化氢气体。关闭气源，按下述碘量法操作步骤分别测定两个吸收瓶中硫化物含量。 注：①上述吹气速度仅供参考，必要时可通过硫化物标准溶液的回收率测定，以确定合适的载气速度。 ②若水样 SO_3^{2-} 浓度较高，需将现场采集且已固定的水样用中速定量滤纸过滤，并将硫化物沉淀连同滤纸转入反应瓶中，用玻璃棒捣碎，加水 200 mL，其余操作同预处理步骤

14.3 分析步骤

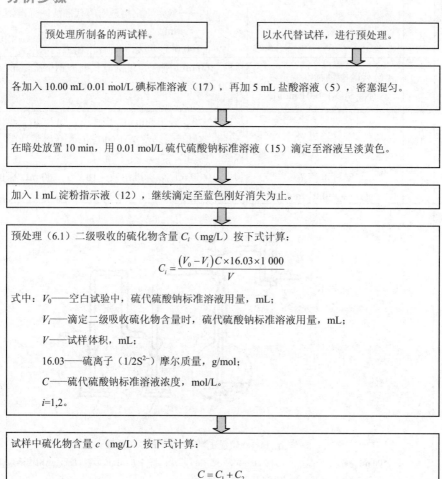

预处理所制备的两试样。

以水代替试样，进行预处理。

各加入 10.00 mL 0.01 mol/L 碘标准溶液（17），再加 5 mL 盐酸溶液（5），密塞混匀。

在暗处放置 10 min，用 0.01 mol/L 硫代硫酸钠标准溶液（15）滴定至溶液呈淡黄色。

加入 1 mL 淀粉指示液（12），继续滴定至蓝色刚好消失为止。

预处理（6.1）二级吸收的硫化物含量 C_i（mg/L）按下式计算：

$$C_i = \frac{\left(V_0 - V_i\right)C \times 16.03 \times 1\,000}{V}$$

式中：V_0——空白试验中，硫代硫酸钠标准溶液用量，mL；

　　　V_i——滴定二级吸收硫化物含量时，硫代硫酸钠标准溶液用量，mL；

　　　V——试样体积，mL；

　　　16.03——硫离子（$1/2S^{2-}$）摩尔质量，g/mol；

　　　C——硫代硫酸钠标准溶液浓度，mol/L。

　　　$i=1,2$。

试样中硫化物含量 c（mg/L）按下式计算：

$$C = C_1 + C_2$$

式中：C_1——一级吸收硫化物含量，mg/L；

　　　C_2——二级吸收硫化物含量，mg/L。

14.4 质量控制与质量保证

（1）试样体积 200 mL，用 0.01 mol/L 硫代硫酸钠溶液（15）滴定时，本方法适用于含硫化物在 0.40 mg/L 以上的水和废水测定。

（2）共存物的干扰与消除：试样中含有硫代硫酸盐、亚硫酸盐等能与碘反应的还原性物质产生正干扰，悬浮物、色度、法度及部分重金属离子也干扰测定，硫化物含量为 2.00 mg/L 时，样品中干扰物的最高允许含量分别为 $S_2O_3^{2-}$ 30 mg/L、NO_2^- 2 mg/L、SCN^- 80 mg/L、Cu^{2+} 2 mg/L、Pb^{2+} 1 mg/L 和 Hg^{2+} 1 mg/L；经酸化-吹气-吸收预处理后，悬浮物、色度、浊度不干扰测定，但 SO_3^{2-} 分离不完全，会产生干扰。采用硫化锌沉淀过滤分离 SO_3^{2-}，可有效消除 30 mg/L SO_3^{2-} 的干扰。

（3）四个实验室分析含硫（S^{2-}）12.5 mg/L 的统一样品，其重复性相对标准偏差为 3.20%，再现性相对标准偏差为 3.92%，加标回收率为 92.4%~96.6%。

14.5　操作规范评分表

序号	考核点	配分	评分标准	扣分	得分
一	仪器准备	2	1. 未用蒸馏水清洗两遍以上，扣 1 分； 2. 玻璃仪器出现挂水珠现象，扣 1 分		
二	溶液的配制	11	1. 未进行容量瓶试漏检查，扣 0.5 分； 2. 容量瓶、比色管加蒸馏水时未沿器壁流下或产生大量气泡，扣 0.5 分； 3. 蒸馏水瓶管尖接触容器，扣 0.5 分； 4. 加水至容量瓶约 3/4 体积时没有平摇，扣 0.5 分； 5. 容量瓶、比色管加水至近标线等待 1 min，没有等待，扣 0.5 分； 6. 容量瓶、比色管逐滴加入蒸馏水至标线操作不当或定容不准确，扣 0.5 分； 7. 持瓶方式不正确，扣 0.5 分； 8. 容量瓶未充分混匀或中间未开塞，扣 0.5 分； 9. 对溶液使用前没有盖塞充分摇匀的，扣 0.5 分； 10. 润洗方法不正确，扣 0.5 分； 11. 将移液管中过多的贮备液放回贮备液瓶中，扣 0.5 分； 12. 移液管管尖触底，扣 0.5 分； 13. 移液出现吸空现象，扣 1 分； 14. 移液管移取标准储备液、标准工作液、水样原液及水样稀释液前未处理管尖溶液，扣 0.5 分； 15. 移取标准贮备液、标准工作液及水样原液时未另用一烧杯调节液面，扣 0.5 分； 16. 移液管移取标准储备液、标准工作液、水样原液及水样稀释液时，调节液面前未处理管尖部，扣 0.5 分； 17. 移液管未能一次调节到刻度，扣 1 分； 18. 移液管放液不规范，扣 1 分； 19. 取完试剂后未及时盖上试剂瓶盖，扣 0.5 分。 20. 重新配标准工作溶液，一次性扣 5 分		

序号	考核点	配分	评分标准	扣分	得分
三	试样的预处理	8			
1	蒸馏装置连接	4	1. 装置连接不正确，每处扣 0.5 分，可累计扣分，但不超过 3 分； 2. 未检查气密性，扣 1 分		
2	蒸馏过程操作	4	1. 加乙酸锌溶液后未用水稀释至 50 mL，扣 1 分； 2. 未驱除装置内空气，扣 1 分； 3. 磷酸流入反应瓶后未迅速关闭活塞，扣 1 分； 4. 水温控制不正确，扣 0.5 分； 5. 吹气流速不正确，扣 0.5 分		
四	硫代硫酸钠标准溶液的标定及水样标定	17			
1	碘的称量	4	1. 取固体碘的工具方法不正确，扣 1 分； 2. 取样时固体颗粒散落在量具外，扣 1 分； 3. 天平使用方法过程中未归零，扣 1 分； 4. 天平使用完后未打扫，扣 0.5 分； 5. 天平使用完后未关电源，扣 0.5 分		
2	测定前的准备	2	1. 滴定管选择不当，扣 1 分； 2. 不能正确校正滴定管，扣 1 分		
3	滴定操作	7	1. 滴定管回零不正确，扣 0.5 分； 2. 未能去除滴定管溶液中的气泡，扣 1 分； 3. 滴定管液面读数不正确，扣 1 分； 4. 锥形瓶摇晃不正确，扣 1 分； 5. 锥形瓶内壁上溶液处理不正确，扣 1 分； 6. 淀粉指示剂滴加不正确，扣 0.5 分； 7. 滴定过量，扣 1 分； 8. 重新取液滴定，每出现一次扣 1 分，但不超过 4 分		
4	测定后的处理	4	1. 台面不清洁，扣 0.5 分； 2. 未取出比色皿及未洗涤，扣 1 分； 3. 没有倒尽控干比色皿，扣 0.5 分 4. 测定结束，未作使用记录登记，扣 1 分； 5. 未关闭仪器电源，扣 1 分		
五	实验数据处理	12			
1	原始记录	10	数据未直接填在报告单上、数据不全、有效数字位数不对、有空项，原始记录中缺少计量单位、数据更改每项扣 1 分，可累计扣分，但不超过该项总分 10 分（请在扣分项上打 √）		
2	有效数字运算	2	测量结果未保留到小数点后一位，扣 2 分		
六	文明操作	20			
1	实验室整洁	5	实验过程台面、地面脏乱，废液处置不当，一次性扣 5 分		
2	清洗仪器、试剂等物品归位	5	实验结束未先清洗仪器或试剂物品未归位就完成报告，一次性扣 5 分		
3	仪器损坏	6	仪器损坏，一次性扣 6 分		

序号	考核点	配分	评分标准	扣分	得分
4	试剂用量	4	每名选手均准备有两倍用量的试剂，若还需添加，则一次性扣 4 分		
七	测定结果	30			
1	硫代硫酸钠标定浓度	10	计算结果明显偏离理论计算值，扣 5 分；计算结果小数位不对，扣 5 分		
2	测定结果精密度	10	$\|R_d\|\leqslant 0.5\%$，不扣分；$0.5\%\sim 1.4\%\leqslant\|R_d\|$，扣 1～9 分不等；$\|R_d\|>1.4\%$，扣 10 分。精密度计算错误或未计算扣 10 分。水样原液未作平行样 3 份，一次性扣 10 分		
3	测定结果准确度	10	测定值在保证值±0.5%内，不扣分；保证值±0.6%～1.8%，扣 1～9 分不等；不在保证值±1.8%内扣 10 分		
	最终合计	100			

14.6　硫化物分析

（1）硫代硫酸钠溶液的标定

原始数据记录表

平行测定次数	1	2	3
平行样硫代硫酸钠溶液滴定量 V_n/mL			
空白滴定所耗硫代硫酸钠体积 V_0/mL			
校准体积（V_n-V_0）/mL			
硫代硫酸钠溶液的浓度 c_n/（mol/L）			
硫代硫酸钠溶液的平均浓度 c/（mol/L）			

（2）水质样品的测定

原始数据记录表

平行测定次数	1	2	3
V：试验体积/mL			
V_1：滴定一级吸收硫化物含量时，硫代硫酸钠标准溶液用量/mL			
V_2：滴定二级吸收硫化物含量时，硫代硫酸钠标准溶液用量/mL			
C：硫代硫酸钠溶液的实际浓度/（mol/L）			
V_0：空白试验中，硫代硫酸钠标准溶液用量/mL			
C_1：一级吸收的硫化物含量/（mg/L）			
C_2：二级吸收的硫化物含量/（mg/L）			
$C=C_1+C_2$，试样中硫化物含量/（mg/L）			
平均硫化物含量/（mg/L）			
R_d/%			

分析人：　　　　　　　　　　校对人：　　　　　　　　　　审核人：

子项目 15　氰化物的测定——异烟酸-巴比妥酸分光光度法

项　目	非金属无机物的监测
子项目	氰化物的测定——异烟酸-巴比妥酸分光光度法（HJ 484—2009）

学习目标

能力（技能）目标

①掌握分光光度计的使用方法。

②掌握异烟酸-巴比妥酸分光光度法测定氨氮的步骤。

③掌握标准曲线定量方法。

认知（知识）目标

①掌握氰化物基础知识。

②掌握异烟酸-巴比妥酸分光光度法测定氰化物的实验原理。

③能够计算标准曲线方程及 γ 值。

其他（素质）目标

①良好的职业道德、工作态度和责任感。

②良好的计划组织能力。

③良好的团队协作精神。

④实验室安全操作。

⑤遵守环境保护规定。

能力训练任务

①样品的采集和保存。

②样品的前处理。

③标准系列的测试与绘制。

④样品的测定。

⑤数据的计算与处理。

教学资源

①教材。

②项目训练教材。

③多媒体教学设备。

④环境监测实验室。

⑤恒温水浴装置，控温精度±1℃。

⑥500 mL 全玻璃蒸馏器。

⑦分光光度计。

⑧25 mL 具塞比色管。

⑨600 W 或 800 W 可调电炉。

⑩250 mL 量筒。

⑪250 mL 锥形瓶。

15.1 预备知识

氰化物属于剧毒物质，对人体的毒性主要是与高铁细胞色素氧化酶结合，生成氰化高铁细胞色素氧化酶而失去传递氧的作用，引起组织缺氧窒息。

水中氰化物分为简单氰化物和络合氰化物两种。简单氰化物包括碱金属（钠、钾、铵）的盐类（碱金属氰化物）和其他金属的盐类（金属氰化物）。在碱金属氰化物的水溶液中，氰基以 CN^- 和 HCN 分子的形式存在，二者之比取决于 pH。大多数天然水体中，HCN 占优势。在简单的金属氰化物的溶液中，氰基也可能以稳定度不等的各种金属氰化物的络合阴离子的形式存在。

络合氰化物有多种分子式，但碱金属—金属氰化物通常用 $A_yM(CN)_x$ 来表示。式中 A 代表碱金属，M 代表重金属（低价和高价铁离子、镉、铜、镍、锌、银、钴或其他），y 代表金属原子的数目，x 代表氰基的数目，每个溶解的碱金属—金属络合氰化物，最初离解都产生一个络合阴离子，即 $M(CN)_x$ 根。其离解程度，要由几个因素而定，同时释放出 CN^- 离子，最后形成 HCN。

HCN 分子对水生生物有很大的毒性。锌氰、镉氰络合物在非常稀的溶液中几乎全部离解，这种溶液在天然水体正常的 pH 下，对鱼类有剧毒。虽然络合离子比 HCN 的毒性要小很多，然而含有铜和银氰络合阴离子的稀释液，对鱼类的剧毒性，主要是由未离解离子的毒性造成的。铁氰络合离子非常稳定，没有明显的毒性。但是在稀溶液中，经阳光直接照射，容易发生迅速的光解作用，产生有毒的 HCN。

在使用碱性氯化法处理含氰化物的工业废水中时，可产生氯化氰（CNCl），它是一种溶解有限、但毒性很大的气体，其毒性超过同等浓厚的氰化物。在碱性时，CNCl 水解为氰酸盐离子（CNO⁻），其毒性不大，但经酸化，CNO⁻ 分解为氨，分子氨和金属-氨络合物的毒性都很大。

硫化氰酸盐（CNS⁻）本身对水生生物没有多大毒性。但经氯化会产生有毒的 CNCl，因而需要先预测定（CNS⁻）。

氰化物的主要污染源是小金矿的开采、冶炼、电镀、有机化工、选矿、炼焦、造气、化肥等工业排放的废水。氰化物可能以 HCN、CN⁻ 和络合氰离子的形式存在于水中，由于小金矿的不规范化管理，我国时有发生 NaCN 泄漏污染事故。

在弱酸性条件下，水样中氰化物与氯胺 T 作用生成氯化氰，然后与异烟酸反应，经水解而成戊烯二醛，最后再与巴比妥酸作用生成一紫蓝色化合物，在波长 600 nm 处测定吸光度。

15.2 实训准备

准备事宜	序号	名 称	方 法
样品的采集和保存			采集的水样需贮存于用无氰水清洗并干燥后的聚乙烯塑料瓶或硬质玻璃瓶中。现场采样时需用所采水样淋洗 3 次后采集水样 500 mL，供实验室分析所用。样品采集后必须立即加氢氧化钠固定，一般每升水样加 0.5 g 固体氢氧化钠。当水样酸度高时，应多加固体氢氧化钠，使样品的 pH＞12。

准备事宜	序号	名　称	方　法
样品的采集和保存			采集的样品应及时进行测定。如果不能及时测定样品，必须将样品在 4℃以下冷藏，并在采样后 24 h 内分析样品。当样品中含有大量硫化物时，应先加碳酸镉或碳酸铅固体粉末，除去硫化物后，再加氢氧化钠固定。否则，在碱性条件下，氰离子和硫离子作用形成硫氰酸离子而干扰测定。 检验硫化物方法，可取 1 滴水样或样品，放在乙酸铅试纸上，若变黑色（硫化铅），说明有硫化物存在
实训试剂	1	不含氰化物和活性氯的水	离子交换法　蒸馏水通过强酸性阳离子交换树脂（氢型）柱，将流出液收集在带有磨口玻璃塞的玻璃瓶内。每升流出液加 10 g 同样的树脂，以利于保存
			蒸馏法　在 1 000 mL 的蒸馏水中，加 0.1 mL 硫酸（ρ=1.84 g/mL），在全玻璃蒸馏器中重蒸馏，弃去前 50 mL 馏出液，然后将约 800 mL 馏出液收集在带有磨口玻璃塞的玻璃瓶内。每升馏出液加 10 g 强酸性阳离子交换树脂（氢型）
			纯水器法　用市售纯水器临用前制备
	2	氨基磺酸（NH_2SO_2OH）	分析纯
	3	磷酸	$\rho(H_3PO_4)$=1.69 g/mL
	4	氢氧化钠溶液	$\rho(NaOH)$=10 g/L 称取 10 g 氢氧化钠溶于水中，稀释至 1 000 mL，摇匀，贮于聚乙烯塑料容器中
	5	氢氧化钠溶液	$\rho(NaOH)$=40 g/L 称取 40 g 氢氧化钠溶于水中，稀释至 1 000 mL，摇匀，贮于聚乙烯塑料容器中
	6	乙二胺四乙酸二钠盐溶液	$\rho(C_{10}H_{14}N_2O_8Na_2 \cdot 2H_2O)$=100 g/L 称取 10.0 g 乙二胺四乙酸二钠盐（EDTA-2Na）溶于水中，稀释定容至 100 mL，摇匀
	7	酒石酸溶液	$\rho(C_4H_6O_6)$=150 g/L 称取 15.0 g 酒石酸（$C_4H_6O_6$）溶于水中，稀释定容至 100 mL，摇匀
	8	硝酸锌溶液	$\rho[Zn(NO_3)_2 \cdot 6H_2O]$=100 g/L 称取 10.0 g 硝酸锌溶于水中，稀释定容至 100 mL，摇匀
	9	亚硫酸钠溶液	$\rho(Na_2SO_3)$=12.6 g/L 称取 1.26 g 亚硫酸钠溶于水中，稀释定容至 100 mL，摇匀
	10	硝酸银溶液	$c(AgNO_3)$=0.02 mol/L 称取 3.4 g 硝酸银溶于水中，稀释定容至 1 000 mL，摇匀，贮于棕色试剂瓶中
	11	硫酸（H_2SO_4）	(1+5) 溶液
	12	乙酸铅试纸	称取 5 g 乙酸铅[$Pb(C_2H_3O_2)_2 \cdot 3H_2O$]溶于水中，并稀释至 100 mL。将滤纸条浸入上述溶液中，1 h 后，取出晾干，贮于广口瓶中，密塞保存
	13	甲基橙指示剂	$\rho(C_{14}H_{14}N_2NaO_3S)$=0.5 g/L 称取 0.05 g 甲基橙指示剂溶于水中，稀释至 100 mL，摇匀。变色范围为 3.2～4.4
	14	氢氧化钠溶液	$\rho(NaOH)$=1 g/L 称取 1 g 氢氧化钠溶于水中，稀释至 1 000 mL，摇匀，贮于聚乙烯塑料容器中

准备事宜	序号	名　称	方　法
实训试剂	15	氢氧化钠溶液	$\rho(NaOH)=15$ g/L 称取 15 g 氢氧化钠溶于水中，稀释至 1 000 mL，摇匀，贮于聚乙烯塑料容器中
	16	氯胺 T 溶液	$\rho(C_7H_7ClNNaO_2S \cdot 3H_2O)=10$ g/L 称取 1.0 g 氯胺 T 溶于水，稀释定容至 100 mL，摇匀，贮于棕色瓶中，用时现配。 注：氯胺 T 发生结块不易溶解，可致显色无法进行，必要时需用碘量法测定有效氯浓度。氯胺 T 固体试剂应注意保管条件以免迅速分解失效，勿受潮，最好冷藏
	17	磷酸二氢钾缓冲溶液 （pH=4.0）	称取 136.1 g 无水磷酸二氢钾（KH_2PO_4）溶于水，稀释定容至 1 000 mL，加入 2.00 mL 冰乙酸（$C_2H_4O_2$）摇匀
	18	异烟酸-巴比妥酸显色剂	称取 2.50 g 异烟酸（$C_6H_6NO_2$）和 1.25 g 巴比妥酸（$C_4H_4N_2O_3$）溶于氢氧化钠溶液（15），稀释定容至 100 mL，用时现配
	19	氰化钾（KCN）贮备溶液	配制：称取 0.25 g 氰化钾（KCN，注意剧毒！避免尘土的吸入或与固体或溶液的接触）于 100 mL 棕色容量瓶中，溶于氢氧化钠（14）并稀释至标线，摇匀，避光贮存于棕色瓶中，4℃以下冷藏至少可稳定 2 个月。本溶液氰离子质量浓度约为 1 g/L，临用前用硝酸银标准溶液（10）标定其准确浓度 氰化钾贮备溶液的标定：吸取 10.00 mL 氰化钾贮备溶液（19）于锥形瓶中，加入 50 mL 水和 1 mL 氢氧化钠（5），加入 0.2 mL 试银灵指示剂（22），用硝酸银标准溶液（10）滴定至溶液由黄色刚变为橙红色为止，记录硝酸银标准溶液用量（V_1）。 另取 10.00 mL 实验用水做空白试验，记录硝酸银标准溶液用量（V_0）。 氰化物贮备溶液质量浓度以氰离子（CN⁻）计，计算公式： $$\rho_2 = \frac{c \times (V_1 - V_0) \times 52.04}{10.00}$$ 式中：ρ_2——氰化物贮备溶液质量浓度，g/L； 　　　c——硝酸银标准溶液浓度，mol/L； 　　　V_1——滴定氰化钾贮备溶液时硝酸银标准溶液用量，mL； 　　　V_0——滴定空白试验时硝酸银标准溶液用量，mL； 　　　52.04——氰离子（2CN⁻）摩尔质量，g/mol； 　　　10.00——氰化钾贮备液体积，mL
	20	氰化钾标准中间溶液 $\rho(CN^-)=10.00$ mg/L	先按下面公式计算出配制 500 mL 氰化钾标准中间溶液时，应吸取氰化钾贮备溶液（19）的体积 V： $$V = \frac{10.00 \times 500}{\rho \times 1\,000}$$ 式中：V——吸取氰化钾贮备溶液体积，mL； 　　　ρ——氰化物贮备溶液质量浓度，g/L； 　　　10.00——氰化钾标准中间溶液质量浓度，mg/L； 　　　500——氰化钾标准中间溶液体积，mL。 准确吸取 V（mL）氰化钾贮备溶液（19）于 500 mL 棕色容量瓶中，用氢氧化钠溶液（4）稀释至标线，摇匀，避光，用时现配
	21	氰化钾标准使用溶液	$\rho(CN^-)=1.00$ mg/L。 吸取 10.00 mL 氰化钾标准中间溶液（20）于 100 mL 棕色容量瓶中，用氢氧化钠溶液（4）稀释至标线，摇匀，避光，用时现配
	22	试银灵指示剂	称取 0.02 g 试银灵（对二甲氨基亚苄基罗丹宁）溶于丙酮中，并稀释至 100 mL。贮存于棕色瓶中并放于暗处可稳定一个月

准备事宜	序号	名　称	方　法
样品的制备		水样中氰化物类型及制备原理	氰化物样品在蒸馏条件不同的情况下可作为总氰化物和易释放氰化物分别加以制备。 总氰化物：向水样中加入磷酸和 EDTA-2Na，在 pH<2 的条件下，加热蒸馏，利用金属离子与 EDTA 络合能力比与氰离子络合能力强的特点，使络合氰化物离解出氰离子，并以氰化氢形式被蒸馏出，用氢氧化钠溶液吸收。 易释放氰化物：向水样中加入酒石酸和硝酸锌，在 pH=4 的条件下，加热蒸馏，简单氰化物和部分络合氰化物（如锌氰络合物）以氰化氢形式被蒸馏出，用氢氧化钠溶液吸收
		氰化物蒸馏装置图	 图 15-1　氰化物蒸馏装置图 1—可调电炉；2—蒸馏瓶；3—冷凝水出口；4—接收瓶；5—馏出液导管图
		氰化氢的释放和吸收	1. 参照图 15-1，将蒸馏装置连接。用量筒量取 200 mL 样品，移入蒸馏瓶（图 15-1 中 2）中（若氰化物浓度高，可少取样品，加水稀释至 200 mL），加数粒玻璃珠。 2. 往接收瓶（图 15-1 中 4）内加入 10 mL 氢氧化钠溶液（4），作为吸收液。当样品中存在亚硫酸钠和碳酸钠时，可用氢氧化钠溶液（5）作为吸收液。 3. 馏出液导管（图 15-1 中 5）上端接冷凝管的出口，下端插入接收瓶（图 15-1 中 4）的吸收液中，检查连接部位，使其严密。蒸馏时，馏出液导管下端要插入吸收液液面下，使吸收完全。 如果在试样制备过程中，蒸馏或吸收装置发生漏气现象，氰化氢挥发，将使氰化物分析产生误差且污染实验室环境，对人体产生伤害，所以在蒸馏过程中一定要时刻检查蒸馏装置的严密性并使吸收完全
		总氰化物样品的制备步骤	将 10 mL EDTA-2Na 溶液（6）加入蒸馏瓶（图 15-1 中 2）内。再迅速加入 10 mL 磷酸（3），当样品碱度大时，可适当多加磷酸（3），使 pH<2，立即盖好瓶塞，打开冷凝水，打开可调电炉，由低挡逐渐升高，馏出液以 2~4 mL/min 速度进行加热蒸馏

准备事宜	序号	名　称	方　法
样品的制备		易释放氰化物样品的制备步骤	将 10 mL 硝酸锌溶液（8）加入蒸馏瓶（图 15-1 中 2）内，加入 7～8 滴甲基橙指示剂（13）。再迅速加入 5 mL 酒石酸溶液（7），立即盖好瓶塞，使瓶内溶液保持红色。打开冷凝水，打开可调电炉，由低挡逐渐升高，馏出液以 2～4 mL/min 速度进行加热蒸馏
		试样"A"	接收瓶（图 15-1 中 4）内试样体积接近 100 mL 时，停止蒸馏，用少量水冲洗馏出液导管（图 15-1 中 5），取出接收瓶（图 15-1 中 4），用水稀释至标线，此碱性试样"A"待测
空白试验			用实验用水代替样品，按步骤操作，得到空白试验试样"B"待测

15.3　分析步骤

在 8 支 25 mL 具塞比色管中，分别加入 0.00 mL、0.20 mL、0.50 mL、1.00 mL、2.00 mL、3.00 mL、4.00 mL 和 5.00 mL 氰化钾标准工作溶液（21），加入氢氧化钠溶液（14）至 10 mL。

取 10.00 mL 空白试验试样"B"于 25 m 具塞比色管。

吸取 10.00 mL 试样"A"于 25 m 具塞比色管中。

加入 5.0 mL 磷酸盐缓冲溶液（17），混匀，迅速加入 0.20 mL 氯胺 T 溶液（16），立即盖塞子，混匀，放置 3～5 min。

加入 5.0 mL 异烟酸-吡唑啉酮溶液（18），混匀。加水稀释至标线，摇匀。在 25～35℃的水浴装置中放置 40 min。

在 638 nm 波长处，用 10 mm 比色皿，以水作参比，测定吸光度。

以最小二乘法绘制校准曲线，计算水样氰化物质量浓度（以氰离子 CN⁻计）

$$\rho_3 = \frac{A - A_0 - a}{b \times V} \times \frac{V_1}{V_2 \times V}$$

式中：ρ_3——氰化物的质量浓度，mg/L；

　　　A——试样的吸光度；

　　　A_0——试剂空白的吸光度；

　　　a——校准曲线截距；

　　　b——校准曲线斜率；

　　　V——预蒸馏的取样体积，mL；

　　　V_1——馏出液（试样"A"）的总体积，mL；

　　　V_2——测定时所取试料（比色时，所取试样"A"）的体积，mL。

15.4　质量保证与质量控制

（1）样品的制备过程中一定要检查蒸馏设备的气密性，保证不漏气。

（2）若样品中存在活性氯等氧化剂，在蒸馏时，氰化物会被分解，使结果偏低。可量取两份体积相同的试样，向其中一份试样投加碘化钾-淀粉试纸 1～3 片，加硫酸酸化，用亚硫酸钠溶液滴至碘化钾-淀粉试纸由蓝色变为无色为止，记下用量。另一份样品，不加碘化钾-淀粉试纸，仅加上述用量的亚硫酸钠溶液，然后按步骤操作。

（3）若样品中含有大量亚硝酸离子将干扰测定，可加入适量的氨基磺酸分解亚硝酸离子，一般 1 mg 亚硝酸离子需要加 2.5 mg 氨基磺酸，然后按步骤操作。

（4）若样品中含有少量硫化物（S^{2-}<1 mg/L），可在蒸馏前加入 2 mL 0.02 mol/L 硝酸银溶液。若样品中有大量硫化物存在，将 200 mL 试样过滤，沉淀物用氢氧化钠（4）洗涤，合并滤液和洗涤液，然后按步骤操作。

（5）少量油类对测定无影响，中性油或酸性油大于 40 mg/L 时干扰测定，可加入水样体积的 20%量的正己烷，在中性条件下短时间萃取，分离出正己烷相后，水相用于蒸馏测定。

（6）精密度和准确度

8 个实验室测定 0.188 mg/L±0.015 mg/L 的氰化物标准样品，平均结果是 0.188 mg/L，实验室内相对标准偏差为 0.6%，实验室间相对标准偏差为 4.2%。实际水样加标回收率为 93.4%～102.6%。

15.5 操作规范评分表

序号	考核点	配分	评分标准	扣分	得分
一	仪器准备	4			
1	玻璃仪器洗涤	2	1. 未用蒸馏水清洗两遍以上，扣 1 分； 2. 玻璃仪器出现挂水珠现象，扣 1 分		
2	分光光度计预热 30 min	2	1. 仪器未进行预热或预热时间不够，扣 1 分； 2. 未切断光路预热，扣 1 分		
二	试样的制备	8			
1	蒸馏装置连接	3	1. 冷凝管连接不正确，扣 1 分； 2. 加热装置未选择 600 W 或 800 W 可调电炉，扣 1 分； 3. 连接不严密，扣 1 分		
2	蒸馏过程操作	5	1. 未加玻璃珠，扣 1 分； 2. 馏出液导管下端未插入吸收液中，扣 1 分； 3. 加磷酸或酒石酸溶液不迅速，扣 1 分； 4. 未打开冷凝水就打开电炉，扣 1 分； 5. 接收瓶内试样未接近 100 mL 就停止蒸馏，扣 1 分		
三	标准溶液的配制	15			
1	溶液配制过程中有关的实验操作	11	1. 未进行容量瓶试漏检查，扣 0.5 分； 2. 容量瓶、比色管加蒸馏水时未沿器壁流下或产生大量气泡，扣 0.5 分； 3. 蒸馏水瓶管尖接触容器，扣 0.5 分； 4. 加水至容量瓶约 3/4 体积时没有平摇，扣 0.5 分；		

序号	考核点	配分	评分标准	扣分	得分
1	溶液配制过程中有关的实验操作		5. 容量瓶、比色管加水至近标线等待 1 min，没有等待，扣 0.5 分； 6. 容量瓶、比色管逐滴加入蒸馏水至标线操作不当或定容不准确，扣 0.5 分； 7. 持瓶方式不正确，扣 0.5 分； 8. 容量瓶、比色管未充分混匀或中间未开塞，扣 0.5 分； 9. 对溶液使用前没有盖塞充分摇匀的，扣 0.5 分； 10. 润洗方法不正确，扣 0.5 分； 11. 将移液管中过多的贮备液放回贮备液瓶中，扣 0.5 分； 12. 移液管管尖触底，扣 0.5 分； 13. 移液出现吸空现象，扣 1 分； 14. 移液管移取标准储备液、标准工作液、水样原液及水样稀释液前未处理管尖溶液，扣 0.5 分； 15. 移取标准贮备液、标准工作液及水样原液时未另用一烧杯调节液面，扣 0.5 分； 16. 移液管移取标准储备液、标准工作液、水样原液及水样稀释液时，调节液面前未处理管尖部，扣 0.5 分； 17. 移液管未能一次调节到刻度，扣 1 分； 18. 移液管放液不规范，扣 1 分； 19. 取完试剂后未及时盖上试剂瓶盖，扣 0.5 分		
2	标准系列的配制	4	1. 贮备液未稀释，扣 1 分； 2. 直接在贮备液进行相关操作，扣 1 分； 3. 标准工作液未贴标签或标签内容不全（包括名称、浓度、日期、配制者），扣 1 分； 4. 每个点移取的标准溶液应从零分度开始，出现不正确项 1 次扣 0.5 分，但不超过该项总分 4 分（工作液可放回剩余溶液的烧杯中再取液）		
四	分光光度计使用	13			
1	测定前的准备	2	1. 没有进行比色皿配套性选择，或选择不当，扣 1 分； 2. 不能正确在 T 挡调 "100%" 和 "0"，扣 1 分		
2	测定操作	6	1. 手触及比色皿透光面，扣 0.5 分； 2. 比色皿润洗方法不正确（须含蒸馏水洗涤、待装液润洗），扣 0.5 分； 3. 比色皿润洗操作不正确，扣 0.5 分； 4. 加入溶液高度不正确，扣 1 分； 5. 比色皿外壁溶液处理不正确，扣 1 分； 6. 比色皿盒拉杆操作不当，扣 0.5 分； 7. 重新取液测定，每出现一次扣 1 分，但不超过 4 分； 8. 不正确使用参比溶液，扣 1 分		
3	测定过程中仪器被溶液污染	2	1. 比色皿放在仪器表面，扣 1 分； 2. 比色室被洒落溶液污染，扣 0.5 分； 3. 比色室未及时清理干净，扣 0.5 分		

序号	考核点	配分	评分标准	扣分	得分
4	测定后的处理	3	1. 台面不清洁，扣 0.5 分； 2. 未取出比色皿及未洗涤，扣 1 分； 3. 没有倒尽控干比色皿，扣 0.5 分； 4. 测定结束，未作使用记录登记，扣 0.5 分； 5. 未关闭仪器电源，扣 0.5 分		
五	实验数据处理	11			
1	标准曲线取点		标准曲线取点不得少于 7 点（包含试剂空白点），否则标准曲线无效		
2	正确绘制标准曲线	4	1. 标准曲线坐标选取错误或比例不合理（含曲线斜率不当），扣 0.5 分； 2. 测量数据及回归方程计算结果未标在曲线中，扣 0.5 分； 3. 缺少曲线名称、坐标、箭头、符号、单位量、回归方程及数据有效位数不对，每 1 项扣 0.5 分，但不超过 3 分（请在扣分项上打√）		
3	试液吸光度处于要求范围内	2	水样取用量不合理致使吸光度超出要求范围或在 0 号与 1 号管测点范围内，扣 2 分		
4	原始记录	3	数据未直接填在报告单上、数据不全、有效数字位数不对、有空项，原始记录中缺少计量单位、数据更改每项扣 0.5 分，可累计扣分，但不超过该项总分 3 分（请在扣分项上打√）		
5	有效数字运算	2	1. 回归方程未保留小数点后四位数字，扣 0.5 分； 2. γ 未保留小数点后四位，扣 0.5 分； 3. 测量结果未保留到小数点后两位，扣 1 分		
六	文明操作	13			
1	文明操作	3	实验过程台面、地面脏乱，废液处置不当，一次性扣 3 分		
2	清洗仪器、试剂等物品归位	3	实验结束未先清洗仪器或试剂物品未归位就完成报告，一次性扣 3 分		
3	仪器损坏	5	仪器损坏，一次性扣 5 分		
4	试剂用量	2	每组均准备有两倍用量的试剂，若还需添加，则一次性扣 2 分		
七	测定结果	35			
1	回归方程的计算	5	没有算出或计算错误回归方程的，扣 5 分		
2	标准曲线线性	6	$\gamma \geq 0.9999$，不扣分； $\gamma = 0.9997 \sim 0.9990$，扣 1~5 分不等； $\gamma < 0.999$，扣 6 分； γ 计算错误或未计算先扣 3 分，再按相关标准扣分，但不超过 6 分		
3	测定结果精密度	10	$|R_d| \leq 0.5\%$，不扣分； $0.5\% \sim 1.4\% \leq |R_d|$，扣 1~9 分不等； $|R_d| > 1.4\%$，扣 10 分。 精密度计算错误或未计算扣 10 分。 水样原液未作平行样 3 份，一次性扣 10 分		

序号	考核点	配分	评分标准	扣分	得分
4	测定结果准确度	10	测定值在 保证值±0.5%内,不扣分; 保证值±0.6%~1.8%,扣 1~9 分不等; 不在保证值±1.8%内扣 10 分		
	最终合计	100			

15.6 氰化物分析

(1) 吸收池配套性检查

比色皿的校正值:A_1_____;A_2_____;A_3_____;A_4_____。

所选比色皿为:

(2) 标准曲线的绘制

测量波长:_____;标准溶液原始浓度:_____。

溶液号	吸取标液体积/mL	浓度或质量( )	A	$A_{校正}$
0				
1				
2				
3				
4				
5				
6				
7				

回归方程:

相关系数:

(3) 水质样品的测定

平行测定次数	1	2	3
吸光度,A			
空白值,A_0			
校正吸光度,$A_{校正}$			
回归方程计算所得浓度( )			
原始试液浓度/($\mu g/mL$)			
样品氰化物的测定结果/(mg/L)			
R_d/%			

分析人: 校对人: 审核人:

标准曲线绘制图：

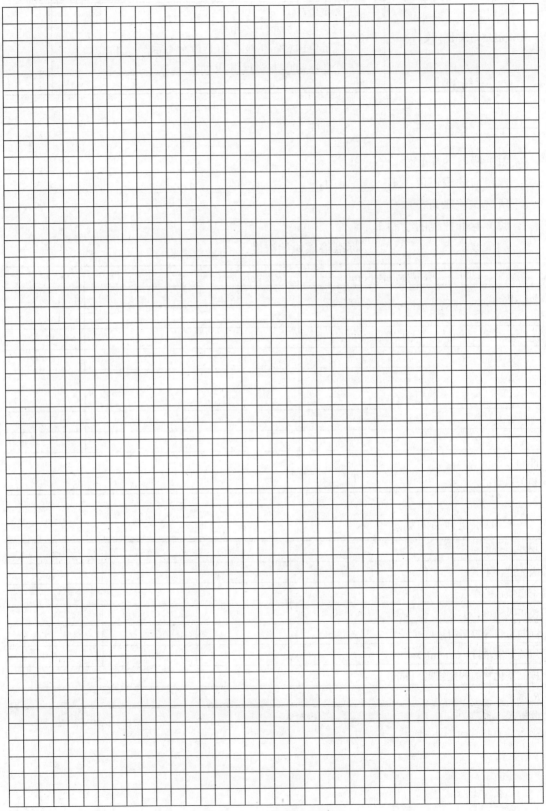

子项目 16 氟化物的测定——离子选择电极法

项 目	非金属无机物的监测
子项目	氟化物的测定——离子选择电极法（GB 7484—87）

学习目标

能力（技能）目标

①掌握氟离子选择电极的使用方法。

②掌握离子选择电极法测定氟化物的步骤。

③掌握校准曲线定量方法。

认知（知识）目标

①掌握氟化物基础知识。

②掌握离子选择电极法测定氟化物的实验原理。

③能够计算校准曲线方程及 γ 值。

其他（素质）目标

①良好的职业道德、工作态度和责任感。

②良好的计划组织能力。

③良好的团队协作精神。

④实验室安全操作。

⑤遵守环境保护规定。

能力训练任务

①样品的采集和保存。

②样品的预处理。

③标准系列的测试与绘制。

④样品的测定。

⑤数据的计算与处理。

教学资源

①教材。

②项目训练教材。

③多媒体教学设备。

④环境监测实验室。

⑤氟离子选择电极。

⑥饱和甘汞电极或氯化银电极。

⑦离子活度计、毫伏计或 pH 计：精确到 0.1 mV。

⑧磁力搅拌器：具备覆盖聚乙烯或者聚四氟乙烯等的搅拌棒。

⑨聚乙烯杯：100 mL；150 mL。

⑩氟化物的水蒸气蒸馏装置。

16.1 预备知识

氟化物是人体必需的微量元素之一，缺氟易患龋齿病，饮水中含氟的适宜浓度为 0.5～1.0 mg/L。当长期饮用含氟量高于 1～1.5 mg/L 的水时，则易患斑齿病，如水中含氟量高于 4 mg/L 时，则可导致氟骨病。

氟化物广泛存在于自然水体中。有色冶金、钢铁和铝加工、焦炭、玻璃、陶瓷、电子、电镀、化肥、农药厂的废水及含氟矿物的废水中常常都存在氟化物。水中氟化物的含量是衡量水质的重要指标之一。测定氟化物的方法有氟离子选择电极法、离子色谱法、比色法和容量滴定法，前两种方法应用普遍。本实验采用氟离子选择电极法测定游离态氟离子浓度。

当氟电极与含氟的试液接触时，电池的电动势（E）随溶液中氟离子活度的变化而改变（遵守能斯特方程）。当溶液中的总离子强度为定值且足够时服从下述关系式：

$$E = E_0 - \frac{2.303RT}{F} \log c_{F^-}$$

式中：E——在绝对温度 T 及某一浓度时的电极电势（V）；

E_0——标准电极电势（V）；

R——气体常数 8.314 3 J·K·mol；

T——绝对温度 K；

F——法拉第常数；

c_{F^-}——氟离子浓度。

E 与 $\log c_{F^-}$ 呈直线关系，$\frac{2.303RT}{F}$ 为该直线的斜率，也为电极的斜率。

工作电池可表示如下：

Ag | AgCl，Cl⁻（0.3 mol/L），F⁻（0.001 mol/L）| LaF₃ ‖试液‖外参比电极。

16.2 实训准备

准备事宜	序号	名　称	方　　法
样品的采集和保存			应使用聚乙烯瓶采集和贮存水样。如果水样中氟化物含量不高，pH 在 7 以上，也可以用硬质玻璃瓶贮存。采样时应先用水样冲洗取样瓶 3～4 次
实训试剂	1	无氟水	离子交换法　蒸馏水通过强酸性阳离子交换树脂（氢型）柱，将馏出液收集在带有磨口玻璃塞的玻璃瓶内。每升馏出液加 10 g 同样的树脂，以利于保存
			蒸馏法　在 1 000 mL 的蒸馏水中，加 0.1 mL 硫酸（ρ=1.84 g/mL），在全玻璃蒸馏器中重蒸馏，弃去前 50 mL 馏出液，然后将约 800 mL 馏出液收集在带有磨口玻璃塞的玻璃瓶内。每升馏出液加 10 g 强酸性阳离子交换树脂（氢型）
			纯水器法　用市售纯水器临用前制备
	2	盐酸溶液	2 mol/L 盐酸溶液
	3	硫酸溶液	ρ=1.84 g/mL

准备事宜	序号	名 称	方 法
实训试剂	4	总离子强度调节缓冲溶液（TISAB）	0.2 mol/L 柠檬酸钠-1 mol/L 硝酸钠（TISABI）：称取 58.8 g 二水合柠檬酸钠和 85 g 硝酸钠,加水溶解,用盐酸调节 pH 至 5～6，转入 1 000 mL 容量瓶中，稀释至标线，摇匀
	5		总离子强度调节缓冲溶液（TISABII）：量取约 500 mL 水置于 1 000 mL 烧杯内，加入 57 mL 冰乙酸，58 g 氯化钠和 4.0 g 环己二胺四乙酸，或者 1，2-环己撑二胺四乙酸，搅拌溶解，置烧杯于冷水浴中，慢慢地在不断搅拌下加入 6 mol/L 氢氧化钠溶液（约 125 mL），使 pH 达到 5.0～5.5，转入 1 000 mL 容量瓶中，稀释至标线，摇匀
	6		1 mol/L 六次甲基四胺-1 mol/L 硝酸钾-0.03 mol/L 钛铁试剂（TISABIII）：称取 142 g 六次甲基四胺和 85 g 硝酸钾（或硝酸钠），9.97 g 钛铁试剂加水溶解，调节 pH 至 5～6，转入 1 000 mL 容量瓶中，稀释至标线，摇匀
	7	氟化物标准贮备液	称取 0.221 0 g 基准氟化钠（NaF）（预先于 105～110℃干燥 2 h，或者于 500～650℃干燥约 40 min，冷却），用水溶解后转入 1 000 mL 容量瓶中，稀释至标线，摇匀。贮于聚乙烯瓶中。此溶液每毫升含氟离子 100 μg
	8	氟化物标准溶液	用无分度吸管吸取氟化钠标准贮备液（7）10.00 mL，注入 100 mL 容量瓶中，稀释至标线，摇匀。此溶液每毫升含氟离子 10 μg
	9	乙酸钠溶液	称取 15 g 乙酸钠（CH_3COONa）溶于水，并稀释至 100 mL
	10	高氯酸（$HClO_4$）	70%～72%

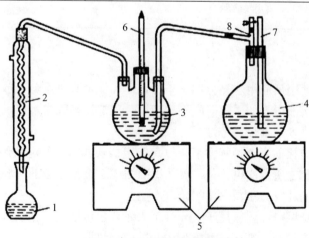

图 16-1　氟化物水蒸气蒸馏装置

1—接收瓶（200 mL 容量瓶）；2—蛇形冷凝管；3—250 mL 直口三角烧瓶；4—水蒸气发生瓶；

5—可调电炉；6—温度计；7—安全管；8—三通管（排气用）

试样的蒸馏	1. 取 50 mL 水样（氟浓度高于 2.5 mg/L 时，可分取少量样品，用水稀释至 50 mL）于蒸馏瓶中，加 10 mL 高氯酸（10），摇匀。连接好装置加热，待蒸馏瓶内溶液温度升到约 130℃时，开始通入蒸汽，并维持温度在 130～140℃，蒸馏速度为 5～6 mL/min。待接收瓶中馏出液体积约为 200 mL 时，停止蒸馏，并水稀释至 200 mL，供测定用。 2. 当样品中有机物含量高时，为避免与高氯酸作用而发生爆炸，可用硫酸（3）代替高氯酸（10）（酸与样品的体积 1+1）进行蒸馏。控制温度在 145±5℃
仪器的准备	按测量仪器及电极的使用说明书进行。在测定前应使试液达到室温，并使试液和标准溶液的温度相同（温差不得超过±1℃）

16.3　分析步骤

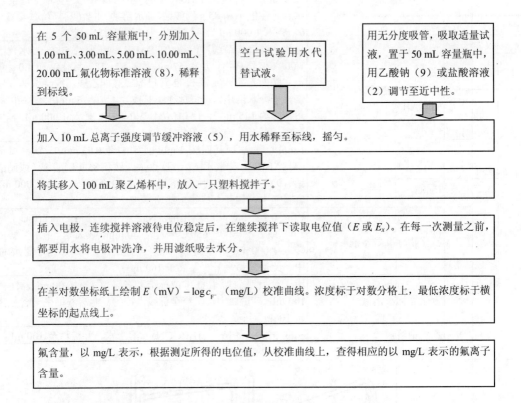

在 5 个 50 mL 容量瓶中，分别加入 1.00 mL、3.00 mL、5.00 mL、10.00 mL、20.00 mL 氟化物标准溶液（8），稀释到标线。

空白试验用水代替试液。

用无分度吸管，吸取适量试液，置于 50 mL 容量瓶中，用乙酸钠（9）或盐酸溶液（2）调节至近中性。

加入 10 mL 总离子强度调节缓冲溶液（5），用水稀释至标线，摇匀。

将其移入 100 mL 聚乙烯杯中，放入一只塑料搅拌子。

插入电极，连续搅拌溶液待电位稳定后，在继续搅拌下读取电位值（E 或 E_x）。在每一次测量之前，都要用水将电极冲洗净，并用滤纸吸去水分。

在半对数坐标纸上绘制 E（mV）$- \log c_{F^-}$（mg/L）校准曲线。浓度标于对数分格上，最低浓度标于横坐标的起点线上。

氟含量，以 mg/L 表示，根据测定所得的电位值，从校准曲线上，查得相应的以 mg/L 表示的氟离子含量。

16.4　质量保证与质量控制

（1）电极使用后应用水充分冲洗干净，并用滤纸吸去水分，放在空气中，或者放在稀的氟化物标准溶液中。如果短时间不再使用，应洗净，吸去水分，套上保护电极敏感部位的保护帽。电极使用前仍应洗净，并吸去水分。

（2）插入电极前不要搅拌溶液，以免在电极表面附着气泡，影响测定的准确度。

（3）根据测定所得的电位值，可从校准曲线上查得相应的（mg/L）氟离子浓度。也可用标准加入法的计算式求得。

（4）测定结果可以用氟离子（mg/L）表示，也可以用其他认为方便的方法表示。如果试液中氟化物含量低，则应从测定值中扣除空白试验值。

（5）当水样成分复杂，偏酸性（pH 为 2 左右）或者偏碱性（pH 为 12 左右）时，用 TISABIII 可不调节试液的 pH 值。

（6）不得用手指触摸电极的膜表面。如果电极的膜表面被有机物等沾污，必须先清洗干净后才能使用。

（7）一次标准加入法所加入标准溶液的浓度（c_s），应比试液浓度（c_x）高 10～100 倍，加入的体积为试液的 1/100～1/10，以使体系的 TISAB 浓度变化不大。

（8）根据氟化物的络合物稳定常数及干扰实验研究的结果，均已表明：Al^{3+} 的干扰最严重，Zr^{4+}、Sc^{3+}、Th^{4+}、Ce^{4+} 等次之，高浓度的 Fe^{3+}、Ti^{4+}、Ca^{2+}、Mg^{2+} 也干扰。加入适当的络合剂可以消除它们的干扰。

16.5 操作规范评分表

序号	考核点	配分	评分标准	扣分	得分
一	仪器准备	4			
1	玻璃仪器洗涤	2	1. 未用蒸馏水清洗两遍以上，扣 1 分； 2. 玻璃仪器出现挂水珠现象，扣 1 分		
2	氟电极的准备	2	1. 使用前未在含 $10\sim4$ mol/L 或更低浓度的氟溶液中浸泡（活化）约 30 min，扣 1 分； 2. 未用去离子水吹洗电极，在去离子水中洗至电极的空白电位 370 mV，扣 0.5 分； 3. 未预热 15 min，扣 0.5 分		
二	标准溶液的配制	16			
1	溶液配制过程中有关的实验操作	11	1. 未进行容量瓶试漏检查，扣 0.5 分； 2. 容量瓶、比色管加蒸馏水时未沿器壁流下或产生大量气泡，扣 0.5 分； 3. 蒸馏水瓶管尖接触容器，扣 0.5 分； 4. 加水至容量瓶约 3/4 体积时没有平摇，扣 0.5 分； 5. 容量瓶、比色管加水至近标线等待 1 min，没有等待，扣 0.5 分； 6. 容量瓶、比色管逐滴加入蒸馏水至标线操作不当或定容不准确，扣 0.5 分； 7. 持瓶方式不正确，扣 0.5 分； 8. 容量瓶、比色管未充分混匀或中间未开塞，扣 0.5 分； 9. 对溶液使用前没有盖塞充分摇匀的，扣 0.5 分； 10. 润洗方法不正确，扣 0.5 分； 11. 将移液管中过多的贮备液放回贮备液瓶中，扣 0.5 分； 12. 移液管管尖触底，扣 0.5 分； 13. 移液出现吸空现象，扣 1 分； 14. 移液管移取标准储备液、标准工作液、水样原液及水样稀释液前未处理管尖溶液，扣 0.5 分； 15. 移取标准贮备液、标准工作液及水样原液时未另用一烧杯调节液面，扣 0.5 分； 16. 移液管移取标准储备液、标准工作液、水样原液及水样稀释液时，调节液面前未处理管尖部，扣 0.5 分； 17. 移液管未能一次调节到刻度，扣 1 分； 18. 移液管放液不规范，扣 1 分； 19. 取完试剂后未及时盖上试剂瓶盖，扣 0.5 分		
2	标准系列的配制	4	1. 贮备液未稀释，扣 1 分； 2. 直接在贮备液或工作液中进行相关操作，扣 1 分； 3. 标准工作液未贴标签或标签内容不全（包括名称、浓度、日期、配制者），扣 1 分； 4. 每个点移取的标准溶液应从零分度开始，出现不正确项 1 次扣 0.5 分，但不超过该项总分 4 分（工作液可放回剩余溶液的烧杯中再取液，辅助试剂可在移液管吸干后在原试剂中进行相关操作）		

序号	考核点	配分	评分标准	扣分	得分
3	水样稀释液的配制	1	直接在水样原液中进行相关操作，扣 1 分（水样稀释液在移液管吸干后可在容量瓶中进行相关操作）		
三	试样的蒸馏	9			
1	蒸馏装置连接	5	1. 烧瓶没有向发生器方向倾斜 45°角，扣 1 分； 2. 瓶内液体超过其体积的 1/3，扣 1 分； 3. 蒸汽发生器至蒸馏瓶之间的蒸汽导管过长，扣 1 分； 4. 蒸汽导管的下端接触瓶底，扣 1 分； 5. 与冷凝管连接的导管未倾斜 30°角，扣 1 分		
2	蒸馏过程操作	4	1. 加高氯酸时没有摇动蒸馏瓶，扣 1 分； 2. 温度没有维持在 140±5℃，扣 0.5 分； 3. 为保持蒸馏速度 5～6 mL/min，扣 0.5 分； 4. 未待接收瓶中液体体积约 150 mL 时停止蒸馏，扣 1 分； 5. 接收液为稀释至 200 mL，扣 1 分		
四	氟电极的使用	7			
1	测定操作	4	1. 触碰电极膜，扣 0.5 分； 2. 测定时未用磁力搅拌器进行匀速搅拌，扣 0.5 分； 3. 测定样品与测定标准溶液的搅拌速度没有保持相同，扣 0.5 分； 4. 测定时试样和标准溶液的温度不相同，扣 0.5 分； 5. 测定时未按照由稀到浓的顺序，扣 1 分； 6. 氟标准溶液没有存放在聚乙烯塑料瓶中，扣 1 分		
2	测定后的处理	3	1. 台面不清洁，扣 0.5 分； 2. 使用过的容量瓶、移液管及其他玻璃器皿未及时洗涤，扣 1 分； 3. 氟电极未用去离子水清洗至空白电位至 370 mV，扣 0.5 分； 4. 氟电极未干放保存，扣 1 分		
五	实验数据处理	11			
1	校准曲线取点	2	标准曲线取点不得少于 5 点，否则标准曲线无效，扣 2 分		
2	正确绘制校准曲线	4	1. 校准曲线坐标选取错误或比例不合理，扣 1 分； 2. 缺少曲线名称、坐标、箭头、符号、单位量及数据有效位数不对，每 1 项扣 0.5 分，但不超过 3 分		
3	原始记录	3	数据未直接填在报告单上、数据不全、有效数字位数不对、有空项，原始记录中缺少计量单位、数据更改每项扣 0.5 分，可累计扣分，但不超过该项总分 3 分		
4	有效数字运算	2	1. 回归方程未保留小数点后四位数字，扣 0.5 分； 2. γ 未保留小数点后四位，扣 0.5 分； 3. 测量结果未保留到小数点后两位，扣 1 分		
六	文明操作	18			
1	实验室整洁	4	实验过程台面、地面脏乱，废液处置不当，一次性扣 4 分		

序号	考核点	配分	评分标准	扣分	得分
2	清洗仪器、试剂等物品归位	4	实验结束未先清洗仪器或试剂物品未归位就完成报告，一次性扣 4 分		
3	仪器损坏	6	仪器损坏，一次性扣 6 分		
4	试剂用量	4	每名选手均准备有两倍用量的试剂，若还需添加，则一次性扣 4 分		
七	测定结果	35			
1	回归方程的计算	5	没有算出或计算错误回归方程的，扣 5 分		
2	标准曲线线性	10	$\gamma \geqslant 0.999\,9$，不扣分； $\gamma = 0.999\,7 \sim 0.999\,0$，扣 1～9 分不等； $\gamma < 0.999$，扣 10 分； γ 计算错误或未计算先扣 3 分，再按相关标准扣分，但不超过 10 分		
3	测定结果精密度	10	$\lvert R_d \rvert \leqslant 0.5\%$，不扣分； $0.5\% \sim 1.4\% \leqslant \lvert R_d \rvert$，扣 1～9 分不等； $\lvert R_d \rvert > 1.4\%$，扣 10 分。 精密度计算错误或未计算扣 10 分。 水样原液未作平行样 3 份，一次性扣 10 分		
4	测定结果准确度	10	测定值在 保证值±0.5%内，不扣分； 保证值±0.6%～1.8%，扣 1～9 分不等； 不在保证值±1.8%内扣 10 分		
最终合计		100			

16.6　氟化物分析

（1）标准曲线的绘制

测量波长：＿＿＿＿＿＿；标准溶液原始浓度：＿＿＿＿＿＿。

溶液号	吸取标液体积/mL	浓度/（mg/L）	E/mV	$\log c_{F^-}$
0				
1				
2				
3				
4				
回归方程：				
相关系数：				

（2）水质样品的测定

平行测定次数	1	2	3
电位值/E			
空白值/E_0			
校正电位值/$E_{校正}$			
回归方程计算所得浓度（　）			
原始试液浓度/（mg/L）			
试样氟化物的测定结果/（mg/L）			
R_d/%			

分析人：　　　　　　　　　　校对人：　　　　　　　　　　审核人：

标准曲线绘制图：

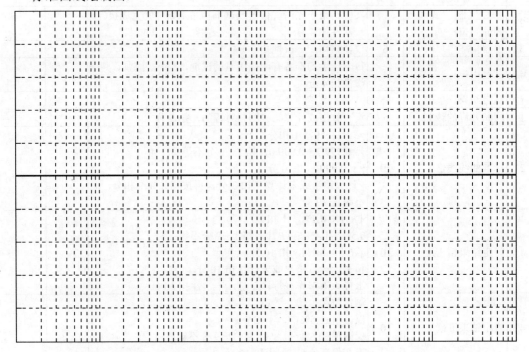

子项目 17　硒的测定——石墨炉原子吸收分光光度法

项　　目	非金属无机物的监测
子项目	硒的测定——石墨炉原子吸收分光光度法（GB/T 15505—1995）

学习目标

能力（技能）目标

①掌握石墨炉原子吸收分光光度计的使用方法。

②掌握测定硒的步骤。

③掌握标准曲线定量方法。

认知（知识）目标

①掌握硒基础知识。

②掌握石墨炉原子吸收分光光度法测定硒的实验原理。

③能够计算标准曲线方程及 γ 值。

其他（素质）目标

①良好的职业道德、工作态度和责任感。

②良好的计划组织能力。

③良好的团队协作精神。

④实验室安全操作。

　　⑤遵守环境保护规定。

能力训练任务

　　①样品的采集和保存。

　　②样品的前处理。

　　③标准系列的测试与绘制。

　　④样品的测定。

　　⑤数据的计算与处理。

教学资源

　　①教材。

　　②项目训练教材。

　　③多媒体教学设备。

　　④环境监测实验室。

　　⑤原子吸收分光光度计及相应的辅助设备。

　　配有石墨炉和背景校正器，光源选用空心阴极灯或无极放电灯。

17.1　预备知识

　　（1）硒的基础知识

　　硒是一种非金属元素，是人和动物必需的微量元素，微量的硒具有防癌及保护肝脏的作用。但是如果人体吸收的硒过量，会导致中毒，引起胃肠功能紊乱。此外硒还会对大气、水体、土壤造成一定的污染。

　　天然水体中硒的分布主要取决于浸蚀的岩石类型和水的 pH。工业区和非工业区河流含硒量差别不大。pH 对河水含硒影响较大。例如，在美国富硒铁的科罗拉多州，地表水 pH 小于 7 时，含硒量几乎都低于 1 μg/L；而在 pH 为 7.8～8.2 时，由于亚硒酸盐可氧化为易溶于水的硒酸盐，水中含硒就高于 1 μg/L，甚至高达 400 μg/L。废水中有时有亚硒酸根离子存在，在酸性条件下亚硒酸根离子还原为细颗粒状的元素硒。颜料和染料废水中含有硒化镉（CdSe）等硒化物。负二价形式的金属硒化物很难溶解。

　　（2）原子吸收仪器原理与组成结构

　　原子吸收光谱分析的基本过程：

　　①用该元素的锐线光源发射出特征辐射；

　　②试样在原子化器中被蒸发、解离为气态基态原子；

　　③当元素的特征辐射通过该元素的气态基态原子区时，部分光被蒸气中基态原子吸收而减弱，通过单色器和检测器测得特征谱线被减弱的程度，即吸光度，根据吸光度与被测元素的浓度呈线性关系，从而进行元素的定量分析。

　　元素在燃烧器或者热解石墨炉中被加热原子化，成为基态原子蒸气，对空心阴极灯发射的特征辐射进行选择性吸收。在一定浓度范围内，其吸收强度与试液中的含量成正比。其定量关系可用朗伯-比耳定律，

$$A = -\lg I / I_0 = -\lg T = KCL$$

　　式中，I 为透射光强度；I_0 为发射光强度；T 为透射比；L 为光通过原子化器光程（长度），每台仪器的 L 值是固定的；C 是被测样品浓度；所以 $A = KC$。

原子吸收分光光度计的基本部件：

原子吸收分光光度计一般由四大部分组成，即光源（单色锐线辐射源）、试样原子化器、分光系统（单色仪）和数据处理系统（包括光电转换器及相应的检测装置以及显示系统），如图 17-1 所示：

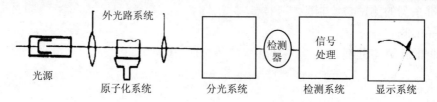

图 17-1　原子吸收分光光度计的组成

原子化器主要有两大类，即火焰原子化器和电热原子化器。火焰有多种火焰，目前普遍应用的是空气-乙炔火焰。电热原子化器普遍应用的是石墨炉原子化器，因而原子吸收分光光度计，就有火焰原子吸收分光光度计和带石墨炉的原子吸收分光光度计。前者原子化的温度在 2 100～2 400℃，后者在 2 900～3 000℃。

火焰原子吸收分光光度计，利用空气-乙炔测定的元素可达 30 多种，若使用氧化亚氮-乙炔火焰，测定的元素可达 70 多种。但氧化亚氮-乙炔火焰安全性较差，应用不普遍。空气-乙炔火焰原子吸收分光光度法，一般可检测到 ppm 级（10^{-6}），精密度 1%左右。国产的火焰原子吸收分光光度计，都可配备各种型号的氢化物发生器（属电加热原子化器），利用氢化物发生器，可测定砷（As）、锑（Sb）、锗（Ge）、碲（Te）等元素。一般灵敏度在 ng/mL 级（10^{-9}），相对标准偏差 2%左右。汞（Hg）可用冷原子吸收法测定。

石墨炉原子吸收分光光度计，可以测定近 50 种元素。石墨炉法，进样量少，灵敏度高，有的元素也可以分析到 pg/mL 级（10^{-12}）。而且石墨炉的原子化效率接近 100%，而火焰法的原子化效率只有 1%左右；用石墨炉进行原子化时，基态原子在吸收区内的停留时间较长。

石墨炉原子吸收分光光度法测定水样中硒的原理是将试样或消解处理过试样直接注入石墨炉，在石墨炉中形成的基态原子对特征电磁辐射产生吸收将测定的试样吸光度与标准溶液的吸光度进行比较，确定试样中被测元素的浓度。

17.2　实训准备

准备事宜	序号	名　称	方　法
样品的采集和保存			水样采集在聚乙烯瓶内。分析硒总量时，采集后立即加硝酸（1）至 pH=1～2。正常情况下，每 1 000 mL 样品中加入 2 mL 硝酸（1）。常温下，可保存半年
实训试剂	1	硝酸	ρ=1.42 g/mL，优级纯
	2	硝酸	ρ=1.42 g/mL
	3	载气	氩气，纯度不低于 99.99%
	4	硝酸溶液 1+1	量取 50 mL 硝酸（2）于 50 mL 水中
	5	硝酸溶液 1+49	量取 10 mL 优级纯硝酸（1）于 490 mL 水中
实训试剂	6	硝酸溶液 1+499	量取 1 mL 优级纯硝酸（1）于 499 mL 水中

准备事宜	序号	名 称	方 法
	7	硒粉	高纯，99.999%
	8	硒标准储备液：1 000 mg/L	称取硒粉（7）1.000 0 g，用优级纯硝酸（2）溶解，必要时加热，直到完全溶解转移入 1 000 mL 容量瓶中，用去离子水稀释至 1 000 mL
	9	硒标准使用液：$\rho=0.4$ g/mL	用硝酸溶液（6）稀释硒标准储备液配置
	10	硝酸镍，(Ni(NO₃)₂·6H₂O)	
	11	硝酸镍溶液 $\rho=16$ g/L 镍	称取硝酸镍（10）79.251 g，溶液适量水中，用水稀释至 1 000 mL
试样制备			分析溶解硒时，样品采集后立即用 0.45 μm 滤膜过滤，滤液加硝酸（1）至 pH 1～2。正常情况下，每 1 000 mL 样品中加入 2 mL 硝酸（1）。酸化后储存于聚乙烯瓶中
试样的预处理		试样的预处理	1. 若试样不需要消解，直接测定。 2. 若试样需消解，混匀后取适量试样 50～200 mL，加入 5～10 mL 优级纯硝酸（1），在电热板上加热蒸发至 1 mL 左右，若试样混浊不清，颜色较深，再补加 2 mL 优级纯硝酸（1），继续消解至试液清澈透明，呈浅色或无色，并蒸发至近干。取下稍冷，加入 20 mL 硝酸（5），温热，溶解可溶性盐类，若出现沉淀，用中速滤纸滤入 50 mL 容器中，用去离子水稀释至标线
		空白试验溶液的制备	取适量去离子水代替试样至于 250 mL 烧杯中，视情况按试样的方法进行消解

17.3 分析步骤

在 6 个 10 mL 比色管中，分别加入 0.00 mL、1.00 mL、2.00 mL、3.00 mL、4.00 mL、5.00 mL 硒标准工作溶液。

加入 0.1 mL 优级纯硝酸（1），加入 0.5 mL 硝酸镍（11）溶液，用去离子水定容至 10 mL。

根据表 17-1 和表 17-2 选择波长等条件以及设置石墨炉升温程序，空烧至石墨炉稳定。向石墨炉注入空白试验溶液和工作标准溶液，以及水样记录吸光度。

用测得的吸光度与相对应的浓度绘制标准曲线。

根据扣除空白吸光度后的试样吸光值，在标准曲线中查出试样中硒的浓度。

计算水样硒的浓度

$$C = C' \times \frac{V'}{V}$$

式中：C——试样中硒的浓度，mg/L；

C'——标准曲线上查得的硒浓度，mg/L；

V——试样的体积，mL；

V'——测定时定容体积，mL。

报告结果中，要指明测定的是溶解硒还是硒总量。

表 17-1　仪器设置条件

元素	波长/nm	灯电流/mA	狭缝/nm	载气
硒	196.0	8	1.3	氩气

表 17-2　仪器升温程序

阶段	温度/℃	时间/s
干燥	120	20
灰发	400	10
原子化	2 400	5
清洗	2 600	2

17.4　质量控制和保证

（1）在测量时，应确保硒空心阴极灯有 1 h 预热时间。

（2）在每次测定前，须重复测定空白和工作标准溶液，及时校正仪器和石墨管灵敏度的变化。

（3）实验用的玻璃或塑料器皿用洗涤剂洗净后再硝酸（1+1）中浸泡过夜，使用前用水冲洗干净。

17.5　操作规范评分表

序号	考核点	配分	评分标准	扣分	得分
一	仪器准备	4			
1	器皿洗涤	3	1. 未用蒸馏水清洗两遍以上，扣 1 分； 2. 玻璃仪器出现挂水珠现象，扣 1 分； 3. 玻璃或塑料器皿用洗涤剂洗净后未在硝酸（1+1）中浸泡过夜，扣 1 分		
2	硒空心阴极灯预热 60 min	1	仪器未进行预热或预热时间不够，扣 1 分		
二	标准溶液的配制	16			
1	溶液配制过程中有关的实验操作	11	1. 未进行容量瓶试漏检查，扣 0.5 分； 2. 容量瓶、比色管加蒸馏水时未沿器壁流下或产生大量气泡，扣 0.5 分； 3. 蒸馏水瓶管尖接触容器，扣 0.5 分； 4. 加水至容量瓶约 3/4 体积时没有平摇，扣 0.5 分； 5. 容量瓶、比色管加水至近标线等待 1 min，没有等待，扣 0.5 分； 6. 容量瓶、比色管逐滴加入蒸馏水至标线操作不当或定容不准确，扣 0.5 分； 7. 持瓶方式不正确，扣 0.5 分； 8. 容量瓶、比色管未充分混匀或中间未开塞，扣 0.5 分； 9. 对溶液使用前没有盖塞充分摇匀的，扣 0.5 分； 10. 润洗方法不正确，扣 0.5 分；		

序号	考核点	配分	评分标准	扣分	得分
1	溶液配制过程中有关的实验操作	11	11. 将移液管中过多的贮备液放回贮备液瓶中，扣 0.5 分； 12. 移液管管尖触底，扣 0.5 分； 13. 移液出现吸空现象，扣 1 分； 14. 移液管移取标准储备液、标准工作液、水样原液及水样稀释液前未处理管尖溶液，扣 0.5 分； 15. 移取标准贮备液、标准工作液及水样原液时未另用一烧杯调节液面，扣 0.5 分； 16. 移液管移取标准储备液、标准工作液、水样原液及水样稀释液时，调节液面前未处理管尖部，扣 0.5 分； 17. 移液管未能一次调节到刻度，扣 0.5 分； 18. 移液管放液不规范，扣 0.5 分； 19. 取完试剂后未及时盖上试剂瓶盖，扣 0.5 分		
2	标准系列的配制	4	1. 贮备液未稀释，扣 1 分； 2. 直接在贮备液或工作液中进行相关操作，扣 1 分； 3. 标准工作液未贴标签或标签内容不全（包括名称、浓度、日期、配制者），扣 1 分； 4. 每个点移取的标准溶液应从零分度开始，出现不正确项 1 次扣 0.5 分，但不超过该项总分 4 分（工作液可放回剩余溶液的烧杯中再取液，辅助试剂可在移液管吸干后在原试剂中进行相关操作）		
3	水样稀释液的配制	1	直接在水样原液中进行相关操作，扣 1 分（水样稀释液在移液管吸干后可在容量瓶中进行相关操作）		
三	原子吸收分光光度计使用	15			
1	测定前的准备	2	1. 未能按顺序正确开启仪器，扣 1 分； 2. 不能正确选择要用的工作灯元素，扣 1 分		
2	测定操作	9	1. 工作灯电流选择不正确，扣 1 分； 2. 预热灯电流选择不正确，扣 1 分； 3. 光谱带宽选择不正确，扣 1 分； 4. 负高压选择不正确，扣 1 分； 5. 设置波长不正确，扣 1 分； 6. 工作站使用不当，扣 1 分； 7. 不能正确选用曲线方法，扣 1 分； 8. 进样不正确，扣 1 分； 9. 升温程序不正确，扣 1 分		
3	测定后的处理	4	1. 台面不清洁，扣 1 分； 2. 关机顺序不正确，扣 1 分； 3. 测定结束，未作使用记录登记，扣 1 分； 4. 未关闭仪器电源，扣 1 分		
四	实验数据处理	12			
1	标准曲线取点		标准曲线取点不得少于 5 点（包含试剂空白点），否则标准曲线无效		

序号	考核点	配分	评分标准	扣分	得分
2	正确绘制标准曲线	5	1. 标准曲线坐标选取错误或比例不合理（含曲线斜率不当），扣 1 分； 2. 测量数据及回归方程计算结果未标在曲线中，扣 1 分； 3. 缺少曲线名称、坐标、箭头、符号、单位量、回归方程及数据有效位数不对，每 1 项扣 0.5 分，但不超过 3 分		
3	试液吸光度处于要求范围内	2	水样取用量不合理致使吸光度超出要求范围或在 0 号与 1 号管测点范围内，扣 2 分		
4	原始记录	3	数据未直接填在报告单上、数据不全、有效数字位数不对、有空项，原始记录中缺少计量单位、数据更改每项扣 0.5 分，可累计扣分，但不超过该项总分 3 分		
5	有效数字运算	2	1. 回归方程未保留小数点后四位数字，扣 0.5 分； 2. γ 未保留小数点后四位，扣 0.5 分； 3. 测量结果未保留到小数点后两位，扣 1 分		
五	文明操作	18			
1	实验室整洁	4	实验过程台面、地面脏乱，废液处置不当，一次性扣 4 分		
2	清洗仪器、试剂等物品归位	4	实验结束未先清洗仪器或试剂物品未归位就完成报告，一次性扣 4 分		
3	仪器损坏	6	仪器损坏，一次性扣 6 分		
4	试剂用量	4	每名选手均准备有两倍用量的试剂，若还需添加，则一次性扣 4 分		
六	测定结果	35			
1	回归方程的计算	5	没有算出或计算错误回归方程的，扣 5 分		
2	标准曲线线性	10	$\gamma \geqslant 0.999\,9$，不扣分； $\gamma = 0.999\,7 \sim 0.999\,0$，扣 1～5 分不等； $\gamma < 0.999$，扣 6 分； γ 计算错误或未计算先扣 3 分，再按相关标准扣分，但不超过 6 分		
3	测定结果精密度	10	$|R_d| \leqslant 0.5\%$，不扣分； $0.5\% \sim 1.4\% \leqslant |R_d|$，扣 1～9 分不等； $|R_d| > 1.4\%$，扣 10 分。 精密度计算错误或未计算扣 10 分。 水样原液未作平行样三份，一次性扣 10 分		
4	测定结果准确度	10	测定值在 保证值±0.5%内，不扣分； 保证值±0.6%～1.8%，扣 1～9 分不等； 不在保证值±1.8%内扣 10 分		
	最终合计	100			

17.6 硒分析

（1）原子吸收分光光度法分析原始记录一

分析项目： 测定方法： 采样日期： 分析日期：

编号	浓度/(mg/L)	吸光度				$A-A_0$	回归计算	仪器条件			
		A_1	A_2	A_3	A			仪器型号及产地			
空白								元素		波长	
标 1								灯电流		负高压	
标 2							$K_0=$	狭缝		氩气	
标 3								火焰类型		氧化型	
标 4								乙炔		空气	
标 5							$K_1=$	干燥温度		干燥时间	
标 6								灰化温度		灰化时间	
质控样品	1							原子化温度			
	2						$r=$	原子化时间			
	3							量程			
质控样品编号				保证值				不确定度		实测值	

（2）原子吸收分光光度法分析原始记录二

分析项目： 测定方法： 采样日期： 分析日期：

样品编号	样品名称	前处理		稀释倍数	吸光度 $A-A_0$	样品浓度/(mg/L)	平均含量/(mg/L)	相对偏差/%
		采样体积	定容体积					
1								
2								
3								
4								
5								
6								
7								
8								
9								
10								

分析人： 校对人： 审核人：

标准曲线绘制图：

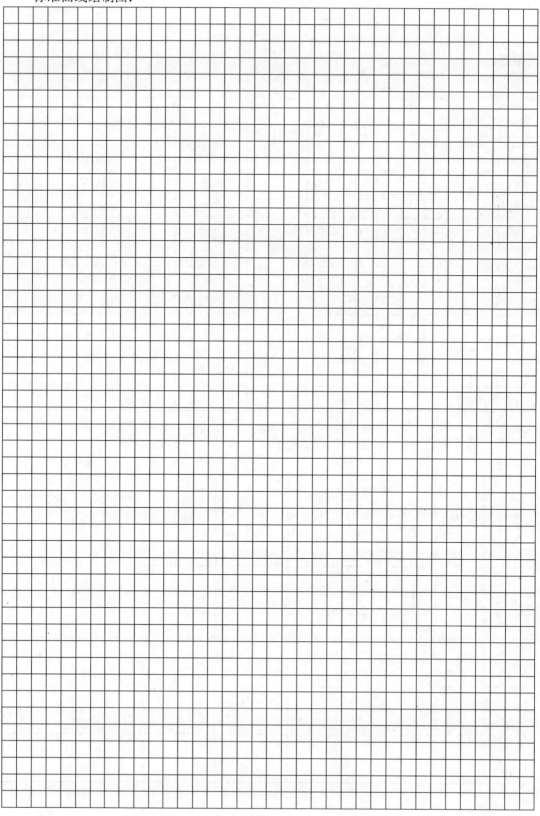

子项目 18　砷的测定——硼氢化钾-硝酸银分光光度法

项　目	非金属无机物的监测
子项目	砷的测定——硼氢化钾-硝酸银分光光度法（GB 11900—89）

学习目标

能力（技能）目标

①掌握分光光度计的使用方法。

②掌握硼氢化钾-硝酸银分光光度法测定砷的步骤。

③掌握标准曲线定量方法。

认知（知识）目标

①掌握砷基础知识。

②掌握硼氢化钾-硝酸银分光光度法测定砷的实验原理。

③能够计算标准曲线方程及 γ 值。

其他（素质）目标

①良好的职业道德、工作态度和责任感。

②良好的计划组织能力。

③良好的团队协作精神。

④实验室安全操作。

⑤遵守环境保护规定。

能力训练任务

①样品的采集和保存。

②样品的前处理。

③标准系列的测试与绘制。

④样品的测定。

⑤数据的计算与处理。

教学资源

①教材。

②项目训练教材。

③多媒体教学设备。

④环境监测实验室。

⑤分光光度计。

⑥砷化氢发生装置。

18.1　预备知识

砷在天然状态下毒性并不强，会使皮肤色素沉着，导致异常角质化。砷的化合物往往具有很强的毒性。我们通常所见的白色粉末，即砒霜，就是不纯的三氧化二砷。砒霜（三氧化二砷）的毒性很强，进入人体后能破坏某些细胞呼吸酶，使组织细胞不能获得氧气而死亡；还能强烈刺激胃肠黏膜，使黏膜溃烂、出血；也可破坏血管，发生出血，破坏肝脏，严重的会因呼吸和循环衰竭而死。

在自然水系中，砷主要以无机砷酸盐（AsO_4^{3-}）和亚砷酸盐（AsO_3^{3-}）两种形式存在，或者以甲基化的砷化合物的形式存在，而砷的有机化合物的含量一般都很低。这些不同形态的砷化合物通过化学和生物的氧化还原及生物的甲基化、去甲基化反应发生相互转化。

各类砷的毒性大小依次递减的顺序是：砷化三氢（As^{3-}）＞有机砷化三氢衍生物（As^{3-}）＞无机亚砷酸盐（As^{3+}）＞有机砷化合物（As^{3+}）＞氧化砷（As^{3+}）＞无机砷酸盐（As^{5+}）＞有机砷化合物（As^{5+}）＞金属砷（AsO）。

硼氢化钾（或硼氢化钠）在酸性溶液中产生新生态的氢，将试料中砷转变为砷化氢、用硝酸-硝酸银-聚乙烯醇-乙醇溶液为吸收液，将其中银离子还原成单质银，使溶液呈黄色，在 400 nm 处测量吸光度。

18.2 实训准备

准备事宜	序号	名　称	方　法
样品的采集和保存		采集后的样品，用浓硫酸调 pH＜2，贮于玻璃或聚乙烯瓶中，在低温下保存	
实训试剂	1	二甲基甲酰胺（$HCON(CH_3)_2$）	分析纯
	2	乙醇胺（C_2H_7NO）	分析纯
	3	硫酸钠（Na_2SO_4）	无水
	4	硫酸氢钾（$KHSO_4$）	固体
	5	抗坏血酸（$C_6H_8O_6$）	固体
	6	硫脲$(NH_2)_2CS$	固体
	7	酒石酸（$C_4H_6O_6$）	固体
	8	硝酸银（$AgNO_3$）	固体
	9	三氧化二砷（As_2O_3）	固体
	10	硼氢化钾（KBH_4）	固体
	11	氯化钠（$NaCl$）	固体
	12	乙醇（CH_3CH_2OH）	无水或 95%
	13	硝酸（HNO_3）	ρ =1.40 g/mL
	14	盐酸（HCl）	ρ =1.19 g/mL
	15	高氯酸（$HClO_4$）	70%～72%
	16	氨水（$NH_3 \cdot H_2O$）	1+1
	17	硫酸（H_2SO_4）	1 mol/L
	18	硫酸（H_2SO_4）	0.5 mol/L
	19	盐酸（HCl）	0.5 mol/L
	20	氢氧化钠（$NaOH$）	200 g/L

准备事宜	序号	名 称	方 法
实训试剂	21	碘化钾（KI）	150 g/L
	22	乙酸铅（Pb(Ac)$_2$）	100 g/L
	23	聚乙烯醇（(C$_2$H$_4$O)$_x$），2 g/L	称取 0.2 g 聚乙烯醇（平均聚合度为 1 750±50）于 150 mL 烧杯中，加 100 mL 水，在不断搅拌下加热至全溶，盖上表面皿微沸 10 min，冷却后，贮于玻璃瓶中，此溶液可稳定一星期
	24	硫酸-酒石酸溶液	于 400 mL 硫酸（0.5 mol/L，18）溶液中，加入 60 g 酒石酸（7），溶解后即可使用
	25	硝酸-硝酸银溶液	称取 2.04 g 硝酸银（8），于 100 mL 烧杯中，用少量水溶解，加入 5 mL 硝酸（13），用水稀释至 250 mL，摇匀，于棕色瓶中保存
	26	砷化氢吸收液	取硝酸-硝酸银（25）溶液、聚乙烯醇（23）溶液、乙醇（12），按 1+1+2 比例混合，充分摇匀后使用，用时现配。如果出现混浊，将此液放入 70℃ 左右的水中，待透明后取出，冷却后使用
	27	二甲基甲酰胺混合液（简称 DMF 混合液）	取二甲基甲酰胺（1）、乙醇胺（2），按 9+1（V_1+V_2）比例混合，贮于棕色玻璃瓶中，在低温下可保存 30 d 左右
	28	硫酸钠-硫酸氢钾混合粉	取硫酸钠（3）和硫酸氢钾（4），按 9+1 比例混合，并用研钵研细后使用
	29	乙酸铅棉的制备	将 10 g 医用脱脂棉浸入 100 mL 乙酸铅（22）溶液中，半小时后取出，在室温下自然晾干，贮于广口瓶中
	30	硼氢化钾片的制备	硼氢化钾（10）与氯化钠（11）以 1+5 之比混合，充分混匀后，以 2～5 t/cm^2 的压力，压成直径为 1.2 cm，重 1.5 g 的片剂
	31	砷标准溶液，1.00 mg/mL	称取已于 110℃ 烘干的三氧化二砷（9）0.132 0 g，溶于 2 mL 氢氧化钠（20）溶液中，加入 10 mL 硫酸（17），转入 100 mL 容量瓶中，用水稀释到刻度，于低温下保存
	32	砷标准使用溶液，10 μg/mL	取 1.00 mL 砷标准溶液（31），于 100 mL 容量瓶中，用水稀释到刻度，摇匀
	33	砷标准使用溶液，1.00 μg/mL	取 10.00 mL 砷标准使用溶液（32），于 100 mL 容量瓶中，用水稀释到刻度，摇匀，用时现配
水样的预处理			吸取 250.0 mL 样品于砷化氢发生器中，若砷浓度超过 12 μg/L 时，取适量样品，用碱调至中性后，用水稀释到 250 mL

18.3 分析步骤

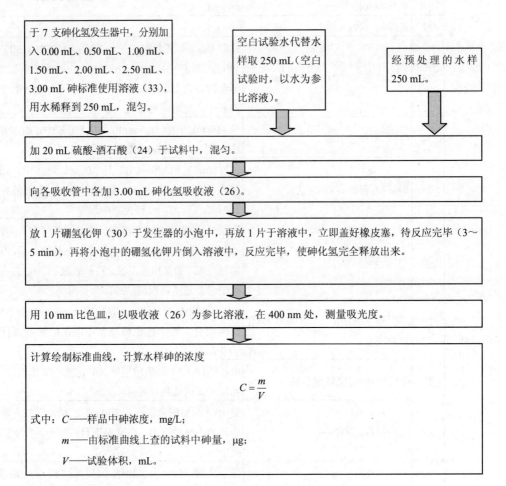

18.4 质量控制和保证

（1）试剂空白的吸光度应不超过 0.030（10 mm 比色皿）。

（2）当样品含有机质等杂质太多时，需消解预处理制备试料。

取适量样品（含砷量不超过 3 μg）于烧杯中，加 6.0 mL 盐酸（14）、2.0 mL 硝酸（13）、2.0 mL 高氯酸（15），盖上表面皿，在电热板上加热至冒高氯酸白烟，并蒸到近干，取下冷却后，用 15 mL 盐酸（19）溶解盐类，并加热至近沸，冷却后，加入 20～30 μg 抗坏血酸（5）、10～20 mg 硫脲（6）、2.0 mL 碘化钾溶液（21），放置 15 min 后，加热并微沸 1 min，冷却，以甲基橙为指示剂，用氨水（16）调溶液变黄色，再用盐酸（19）调溶液刚变红，即加入硫酸-酒石酸（24）20 mL，转入砷化氢发生器中，用水稀释到 270 mL，同时作试剂空白。

注：样品中有机质太多，用高氯酸消解易发生爆炸，需放置待无气泡时，再升温消解。

（3）U 形管中乙酸铅棉和 DMF 棉填装必须松紧适当和均匀一致，在脱脂棉上加 DMF 后，用吸耳球慢慢吹气约 1 min，使 DMF 混合溶液均匀吸附在脱脂棉上，在测样品之前，用标准砷溶液按照本标准步骤反应一次，以平衡装置，防止吸光度偏低。

（4）在发生砷化氢时，如果反应液中有泡沫产生，可加入适量乙醇消除。

（5）U 形管中乙酸铅棉是消除硫化物干扰，若有 1/4 变黑时，即更换。

（6）显色温度最好在 15～30℃下进行，若过高或过低时，可适当减少或增加硫酸-酒石酸（24）的用量。

（7）插入吸收液中的导气管，在每次吸收反应完成后，要放在盛有 4 mol/L 硝酸的吸收管中浸洗，不用时一直放在此液中。

（8）注意事项：

①三氧化二砷为剧毒，用时小心。

②砷化氢为剧毒物质，全部反应过程应在通风柜内或通风良好的地方进行。

18.5　操作规范评分表

序号	考核点	配分	评分标准	扣分	得分
一	仪器准备	4			
1	玻璃仪器洗涤	2	1. 未用蒸馏水清洗两遍以上，扣 1 分； 2. 玻璃仪器出现挂水珠现象，扣 1 分		
2	分光光度计预热 20 min	2	1. 仪器未进行预热或预热时间不够，扣 1 分； 2. 未切断光路预热，扣 1 分		
二	标准溶液的配制	16			
1	溶液配制过程中有关的实验操作	11	1. 未进行容量瓶试漏检查，扣 0.5 分； 2. 容量瓶、比色管加蒸馏水时未沿器壁流下或产生大量气泡，扣 0.5 分； 3. 蒸馏水瓶管尖接触容器，扣 0.5 分； 4. 加水至容量瓶约 3/4 体积时没有平摇，扣 0.5 分； 5. 容量瓶、比色管加水至近标线等待 1 min，没有等待，扣 0.5 分； 6. 容量瓶、比色管逐滴加入蒸馏水至标线操作不当或定容不准确，扣 0.5 分； 7. 持瓶方式不正确，扣 0.5 分； 8. 容量瓶、比色管未充分混匀或中间未开塞，扣 0.5 分； 9. 对溶液使用前没有盖塞充分摇匀，扣 0.5 分； 10. 润洗方法不正确，扣 0.5 分； 11. 将移液管中过多的贮备液放回贮备液瓶中，扣 0.5 分； 12. 移液管管尖触底，扣 0.5 分； 13. 移液出现吸空现象，扣 1 分； 14. 移液管移取标准储备液、标准工作液、水样原液及水样稀释液前未处理管尖溶液，扣 0.5 分； 15. 移取标准贮备液、标准工作液及水样原液时未另用一烧杯调节液面，扣 0.5 分； 16. 移液管移取标准储备液、标准工作液、水样原液及水样稀释液时，调节液面前未处理管尖部，扣 0.5 分； 17. 移液管未能一次调节到刻度，扣 0.5 分； 18. 移液管放液不规范，扣 0.5 分； 19. 取完试剂后未及时盖上试剂瓶盖，扣 0.5 分		

序号	考核点	配分	评分标准	扣分	得分
2	标准系列的配制	4	1. 贮备液未稀释，扣 1 分； 2. 直接在贮备液或工作液中进行相关操作，扣 1 分； 3. 标准工作液未贴标签或标签内容不全（包括名称、浓度、日期、配制者），扣 1 分； 4. 每个点移取的标准溶液应从零分度开始，出现不正确项 1 次扣 0.5 分，但不超过该项总分 4 分（工作液可放回剩余溶液的烧杯中再取液，辅助试剂可在移液管吸干后在原试剂中进行相关操作）		
3	水样稀释液的配制	1	直接在水样原液中进行相关操作，扣 1 分（水样稀释液在移液管吸干后可在容量瓶中进行相关操作）		
三	分光光度计使用	15			
1	测定前的准备	2	1. 没有进行比色皿配套性选择，或选择不当，扣 1 分； 2. 不能正确在 T 挡调"100%"和"0"，扣 1 分		
2	测定操作	7	1. 手触及比色皿透光面，扣 0.5 分； 2. 比色皿润洗方法不正确（须含蒸馏水洗涤、待装液润洗），扣 0.5 分； 3. 比色皿润洗操作不正确，扣 0.5 分； 4. 加入溶液高度不正确，扣 1 分； 5. 比色皿外壁溶液处理不正确，扣 1 分； 6. 比色皿盒拉杆操作不当，扣 0.5 分； 7. 重新取液测定，每出现一次扣 1 分，但不超过 4 分； 8. 不正确使用参比溶液，扣 1 分		
3	测定过程中仪器被溶液污染	2	1. 比色皿放在仪器表面，扣 1 分； 2. 比色室被洒落溶液污染，扣 0.5 分； 3. 比色室未及时清理干净，扣 0.5 分		
4	测定后的处理	4	1. 台面不清洁，扣 0.5 分； 2. 未取出比色皿及未洗涤，扣 1 分； 3. 没有倒尽控干比色皿，扣 0.5 分； 4. 测定结束，未作使用记录登记，扣 1 分； 5. 未关闭仪器电源，扣 1 分		
四	实验数据处理	12			
1	标准曲线取点		标准曲线取点不得少于 7 点（包含试剂空白点），否则标准曲线无效		
2	正确绘制标准曲线	5	1. 标准曲线坐标选取错误或比例不合理（含曲线斜率不当），扣 1 分； 2. 测量数据及回归方程计算结果未标在曲线中，扣 1 分； 3. 缺少曲线名称、坐标、箭头、符号、单位量、回归方程及数据有效位数不对，每 1 项扣 0.5 分，但不超过 3 分		
3	试液吸光度处于要求范围内	2	水样取用量不合理致使吸光度超出要求范围或在 0 号与 1 号管测点范围内，扣 2 分		
4	原始记录	3	数据未直接填在报告单上、数据不全、有效数字位数不对、有空项，原始记录中缺少计量单位、数据更改每项扣 0.5 分，可累计扣分，但不超过该项总分 3 分		
5	有效数字运算	2	1. 回归方程未保留小数点后四位数字，扣 0.5 分； 2. γ 未保留小数点后四位，扣 0.5 分； 3. 测量结果未保留到小数点后两位，扣 1 分		

序号		考核点	配分	评分标准	扣分	得分
五		文明实训	18			
	1	文明操作	4	实验过程台面、地面脏乱，废液处置不当，一次性扣4分		
	2	清洗仪器、试剂等物品归位	4	实验结束未先清洗仪器或试剂物品未归位就完成报告，一次性扣4分		
	3	仪器损坏	6	仪器损坏，一次性扣6分		
	4	试剂用量	4	每组均准备有两倍用量的试剂，若还需添加，则一次性扣4分		
六		测定结果	35			
	1	回归方程的计算	5	没有算出或计算错误回归方程的，扣5分		
	2	标准曲线线性	10	$\gamma \geq 0.999\,9$，不扣分； $\gamma = 0.999\,7 \sim 0.999\,0$，扣1～9分不等； $\gamma < 0.999$，扣10分； γ 计算错误或未计算先扣3分，再按相关标准扣分，但不超过10分		
	3	测定结果精密度	10	$\lvert R_d \rvert \leq 0.5\%$，不扣分； $0.5\% \sim 1.4\% \leq \lvert R_d \rvert$，扣1～9分不等； $\lvert R_d \rvert > 1.4\%$，扣10分。 精密度计算错误或未计算扣10分。 水样原液未作平行样3份，一次性扣10分		
	4	测定结果准确度	10	测定值在 保证值±0.5%内，不扣分； 保证值±0.6%～1.8%，扣1～9分不等； 不在保证值±1.8%内扣10分		
		最终合计	100			

18.6 砷分析

（1）吸收池配套性检查

比色皿的校正值：A_1 __0.000__ ；A_2_____；A_3_____；A_4_____。

所选比色皿为：

（2）标准曲线的绘制

测量波长：_____；标准溶液原始浓度：_____。

溶液号	吸取标液体积/mL	浓度或质量（ ）	A	$A_{校正}$
0				
1				
2				
3				
4				
5				
6				
7				

回归方程：

相关系数：

（3）水质样品的测定

平行测定次数	1	2	3
吸光度，A			
空白值，A_0			
校正吸光度，$A_{校正}$			
回归方程计算所得浓度（ ）			
原始试液浓度/（μg/mL）			
样品的测定结果/（mg/L）			
R_d/%			

分析人：　　　　　　　　　　校对人：　　　　　　　　　　审核人：

标准曲线绘制图：

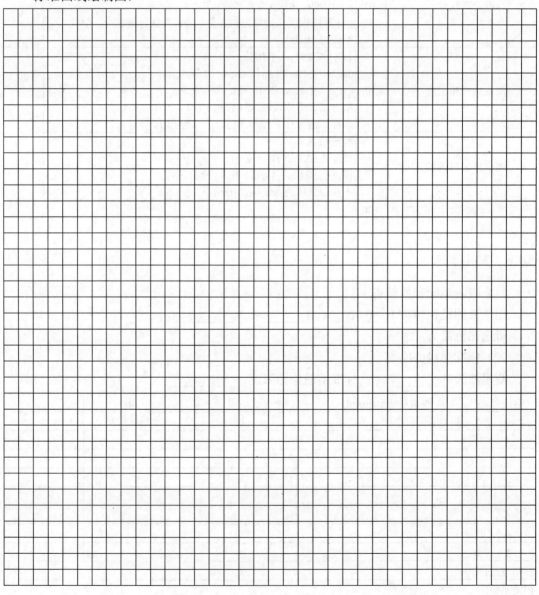

子项目 19　水中常见阴离子含量的测定——离子色谱法

项　目	非金属无机物的监测
子项目	常见阴离子含量的测定——离子色谱法

学习目标

能力（技能）目标

①掌握标准溶液的配制方法。

②学会离子色谱的上机操作。

认知（知识）目标

①掌握离子色谱的组成结构和原理。

②掌握离子色谱法的定性和定量分析方法。

其他（素质）目标

①良好的职业道德、工作态度和责任感。

②良好的计划组织能力。

③良好的团队协作精神。

④实验室安全操作。

⑤遵守环境保护规定。

能力训练任务

①样品的采集和保存。

②样品的前处理。

③7 种阴离子标准储备溶液的制备。

④7 种阴离子标准混合使用液的配制。

⑤洗脱储备液的配制。

⑥洗脱使用液的配制。

⑦抑制液的配制。

⑧离子色谱仪的上机操作。

⑨数据的计算与处理。

教学资源

①教材。

②项目训练教材。

③多媒体教学设备。

④环境监测实验室。

⑤离子色谱仪。

⑥超声波发生器。

⑦离子色谱柱。

⑧100 μL 微量注射器。

19.1 预备知识

离子色谱法以阴离子或阳离子交换树脂为固定相，电解质溶液为流动相（洗脱液）。在分离阴离子时，常用 $NaHCO_3$-Na_2CO_3 的混合液或 Na_2CO_3 溶液作洗脱液；在分离阳离子时，常用稀盐酸或稀硝酸溶液作洗脱液。待测离子对离子交换树脂亲和力不同，致使它们在分离柱内具有不同的保留时间而得到分离。常用电导检测器进行检测。为消除洗脱液中强电解质电导对检测的干扰，在分离柱和检测器之间串联一根抑制柱，从而变为双柱型离子色谱法。

离子色谱法具有高效、高速、高灵敏和选择性好等特点，广泛应用于环境监测、化工、生物化学、食品、能源等各领域中的无机阴、阳离子和有机化合物分析中。

离子色谱仪由高压恒流泵、高压六通进样阀、分离柱、抑制柱、再生泵及电导检测器和数据处理系统等组成。

19.2 实训准备

准备事宜	序号	名 称	方 法
样品的采集和保存			按照 HJ/T 91、HJ/T 164 和 HJ 493 的相关规定进行样品的采集。样品应经 0.45 μm 微孔滤膜过滤，其滤液不加任何保存剂，收集于聚乙烯或玻璃瓶内，在 0～4℃ 下可保存 48 h。样品清洁，不存在重金属、有机物等干扰的水样，经现场过滤后，可直接进样。对于未知浓度的样品，在分析前先稀释 100 倍后进样，再根据所得结果选择适当的稀释倍数重新进样分析
实训试剂	1	纯水	经 0.45 μm 微孔滤膜过滤去离子水，其电导率小于 5 μS/cm
	2	NaF	优级纯
	3	KCl	优级纯
	4	NaBr	优级纯
	5	K_2SO_4	优级纯
	6	$NaNO_2$	优级纯
	7	NaH_2PO_4	优级纯
	8	$NaNO_3$	优级纯
	9	Na_2CO_3	优级纯
	10	$NaHCO_3$	优级纯
	11	H_3BO_3	优级纯
	12	H_2SO_4	优级纯
	13	洗脱储备液（$NaHCO_3$-Na_2CO_3）	分别称取 26.04 g $NaHCO_3$ 和 25.44 g Na_2CO_3（于 105℃ 下烘干 2 h，并保存在干燥器内）溶于水中，并转移到一支 1 000 mL 容量瓶中，用水稀释至标线，摇匀。该洗脱储备液中，$NaHCO_3$ 的浓度为 0.31 mol/L，Na_2CO_3 的浓度为 0.24 mol/L
	14	洗脱使用液（洗脱液）	吸取洗脱储备液（13）10.00 mL 于 1 000 mL 容量瓶中，用水稀释至标线，摇匀，用 0.45 μm 微孔滤膜过滤，即得 0.003 1 mol/L $NaHCO_3$-0.002 4 mol/L Na_2CO_3 洗脱液，备用
	15	抑制液 0.1 mol/L H_2SO_4 和 0.1 mol/L H_3BO_3	称取 6.2 g H_3BO_3 于 1 000 mL 烧杯中，加入约 800 mL 纯水溶解，缓慢加入 5.6 mL 浓 H_2SO_4，并转移到 1 000 mL 容量瓶中，用纯水稀释至标线，摇匀

准备事宜	序号	名 称	方 法
实训试剂	16	7 种阴离子标准储备液	分别称取适量的 NaF、KCl、NaBr、K₂SO₄（105℃下烘干 2 h 保存在干燥器内）、NaNO₂、NaH₂PO₄、NaNO₃（干燥器内干燥 24 h 以上）溶于水中，分别转移到 1 000 mL 容量瓶中，然后加入 10.00 mL 洗脱储备液，并用水稀释至标线，摇匀备用。 7 种标准储备液中各阴离子的浓度均为 1.00 mg/mL
	17	7 种阴离子的标准使用液	吸取 7 种阴离子标准储备液（16）各 0.50 mL，分别置于 7 只 50 mL 容量瓶中，各加入洗脱储备液 0.05 mL，加水稀释至标线，摇匀，即得各阴离子标准使用液
	18	7 种阴离子的标准混合液	分别吸取上述 7 种标准储备液（体积如表所示）加入一只 500 mL 容量瓶中。

	NaF	KCl	NaBr	K₂SO₄	NaNO₂	NaH₂PO₄	NaNO₃
V/mL	0.75	1.00	2.50	12.50	2.50	12.50	5.00

在同一只 500 mL 容量瓶中，加入 5.00 mL 洗脱储备液，然后用水稀释至标线，摇匀，该标准混合使用液中各阴离子浓度如表所示。

阴离子	F^-	Cl^-	Br^-	SO_4^{2-}	NO_2^-	PO_4^{3-}	NO_3^-
c/（μg/mL）	1.50	2.00	5.00	25.00	5.00	25.00	10.00

19.3 分析步骤

（1）仪器参考条件设定

分离柱：Φ4 mm×300 mm 柱内填粒子为Φ10 μm 阴离子交换树脂

抑制剂：电渗析离子交换膜抑制器，抑制电流 48 mA

洗脱液：洗脱液（NaHCO₃-Na₂CO₃）（14）经超声波脱气，流量为 2.0 mL/min

柱保护液：（3%）15 g H₃BO₃ 溶解于 500 mL 纯水中

进样量：100 μL

（2）测定

分别吸取 100 μL 各阴离子标准使用液进样，记录色谱图。各重复进样两次。

分别吸取阴离子标准混合使用液 1.00 mL、2.00 mL、4.00 mL、6.00 mL、8.00 mL 于 5 只 10 mL 容量瓶中，各加入 0.1 mL 洗脱储备液，然后用水稀释至标线，摇匀。

分别吸取 100 μL 进样，记录色谱图，各重复进样两次。对比各阴离子色谱峰的保留时间，以峰高或峰面积为纵坐标，浓度为横坐标，绘制校准曲线。

样品的测定：

取未知水样 99.00 mL，加入 1.00 mL 洗脱储备液，摇匀，经 0.45 μm 微孔滤膜过滤后，取 100 μL 按同样条件进样，记录色谱图，重复进样两次。

空白试验：

用实验用水代替试样，按照相同步骤进行空白试验。

确定未知水样色谱图中各色谱峰所代表的组分，在相应的工作曲线上找出各组分的含量。计算样品中阴离子的浓度。

19.4 质量控制和保证

根据分析的实际需要选择采用以下质量控制和保证措施。

（1）空白试验。每批样品应至少做 2 个全程序空白，空白值不得超出方法检出限。否则应查找原因，重新分析直至合格之后才能测定样品。

（2）相关性检验。校准曲线的相关系数 $r \geqslant 0.995$。

（3）中间浓度检查。每分析 20 个样品或一个批次样品（样品数量少于 20 个），应分析一个校准曲线中间点浓度的标准溶液，其测定结果与最近一次校准曲线该点浓度的相对误差应≤10%。否则，需重新绘制校准曲线。

（4）精密度控制。每批样品应至少测定 10%的平行双样，样品数量少于 10 个时，应至少测定一个平行双样。

（5）准确度控制。每批样品应至少测定 10%的加标样品，样品数量少于 10 个时，应至少测定一个加标样品。

19.5 操作规范评分表

序号	考核点	配分	评分标准	扣分	得分
一	样品的采集	10			
1	玻璃仪器洗涤	2	玻璃仪器洗涤干净后内壁不应挂水珠，否则扣 2 分		
2	样品采集	5	1. 所有样品均采集平行双样，否则扣 1 分； 2. 每批样品应带两个全程序空白，否则扣 1 分； 3. 采样瓶应在采样前充分清洗，否则扣 1 分； 4. 样品必须采集在预先洗净烘干的采样瓶中，否则扣 1 分； 5. 采样前不能用水样预洗采样瓶，以防止样品的沾染或吸附，否则扣 1 分		
3	样品的保存	3	采集的样品应尽快分析，确需保存时，应采取措施，否则扣 3 分		
二	标准溶液的配制	15			
1	移取溶液	10	1. 移液管插入标准溶液前或调节标准溶液液面前未用滤纸擦拭管外壁，出现一次扣 0.5 分，最多扣 2 分； 2. 移液时，移液管插入液面下 1～2 cm，插入过深，一次性扣 0.5 分； 3. 吸空或将溶液吸入吸耳球内，一次性扣 1 分； 4. 调节好液面后放液前管尖有气泡，一次性扣 1 分； 5. 移液时，移液管不竖直，每次扣 0.5 分；锥形瓶未倾斜 30～45°，每次扣 0.5 分；管尖未靠壁，每次扣 0.5 分，此项累计不超过 2 分； 6. 溶液流完后未停靠 15 s，每次扣 0.5 分，此项累计不超过 1 分		
2	定容操作	5	1. 加空白试剂水至容量瓶约 3/4 体积时没有平摇，一次性扣 0.5 分； 2. 加空白试剂水至近标线等待 1 min，没有等待，一次性扣 0.5 分； 3. 定容超过刻度，一次性扣 2 分； 4. 未充分摇匀、中间未开塞，一次性扣 0.5 分； 5. 定容或摇匀时持瓶方式不正确，一次性扣 0.5 分		

序号	考核点	配分	评分标准	扣分	得分
三	离子色谱仪的使用	30			
1	开机前检查	5	1. 检查各组件连接处有无泄漏并及时清洗，否则扣 1 分； 2. 检查废液桶的含量并及时倒空，否则扣 1 分； 3. 检查泵头与泵体连接处有无泄漏。正常操作造成的磨损会导致柱塞密封圈的泄漏，严重时可能污染泵的内部，影响正常操作，否则扣 1 分； 4. 确认淋洗液和再生液的储量是否满足需要，否则扣 1 分		
2	开机过程	5	1. 先调节压缩气瓶的输出压力，淋洗液瓶的压力，否则扣 2 分； 2. 再开仪器开关，启动工作站，否则扣 1 分； 3. 开泵，清洗泵头，不正确扣 2 分		
3	色谱分析条件设定	5	淋洗液流速不正确，扣 2 分		
4	进样操作	5	1. 微量注射器操作不规范，扣 3 分； 2. 进样不规范扣 2 分		
5	关机操作	10	关电，关气，清洗抑制器和电导池。 填写仪器操作记录本关机顺序不正确，扣 10 分		
四	数据的记录和结果计算	15			
1	原始记录	8	1. 数据未直接填在报告单上，每出现一次扣 1 分；数据记录不正确（有效数字、单位），出现一次扣 1 分； 2. 数据不全、有空格、字迹不工整每出现一次扣 0.5 分，可累计扣分		
2	有效数字运算	7	1. 有效数字运算不规范，每出现一次扣 1 分，最多扣 2 分； 2. 结果计算错误，扣 5 分		
五	文明实训	10			
1	文明操作	4	实验过程台面、地面脏乱，一次性扣 4 分		
2	实验结束清洗仪器、试剂物品归位	4	实验结束未先清洗仪器或试剂物品未归位就完成报告，一次性扣 4 分		
3	仪器损坏	2	损坏仪器，每出现一次扣 2 分		
最终合计		80			

19.6　水中常见阴离子测定

（1）各阴离子使用液色谱峰的保留时间 t_R

	次数	F^-	Cl^-	Br^-	SO_4^{2-}	NO_2^-	PO_4^{3-}	NO_3^-
t_R/s	1	1.50	2.00	5.00	25.00	5.00	25.00	10.00
	2							
	3							
	平均值							

（2）标准曲线绘制

阴离子	浓度/（mg/L）	保留时间	峰高或峰面积	标准曲线
F^-				
Cl^-				
Br^-				
SO_4^{2-}				
NO_2^-				
PO_4^{3-}				
NO_3^-				

（3）样品的测定

组分	样品	峰面积或峰高	从标准曲线查得组分质量浓度/（mg/L）	样品中组分的质量浓度/（mg/L）
F^-	全程序空白1			
	全程序空白2			
	样品1			
	平行样			

组分	样品	峰面积或峰高	从标准曲线查得组分质量浓度/（mg/L）	样品中组分的质量浓度/（mg/L）
Cl⁻	全程序空白 1			
	全程序空白 2			
	样品 1			
	平行样			
Br⁻	全程序空白 1			
	全程序空白 2			
	样品 1			
	平行样			
SO₄²⁻	全程序空白 1			
	全程序空白 2			
	样品 1			
	平行样			
NO₂⁻	全程序空白 1			
	全程序空白 2			
	样品 1			
	平行样			
PO₄³⁻	全程序空白 1			
	全程序空白 2			
	样品 1			
	平行样			
NO₃⁻	全程序空白 1			
	全程序空白 2			
	样品 1			
	平行样			

分析人： 校对人： 审核人：

项目 4
金属及金属化合物的监测

子项目 20　总汞的测定——冷原子吸收分光光度法

项　目	金属及金属化合物的监测
子项目	总汞的测定——冷原子吸收分光光度法（HJ 597—2011）

学习目标

能力（技能）目标

　　①掌握冷原子吸收汞分析仪的使用方法。

　　②掌握冷原子吸收分光光度法测定总汞的步骤。

　　③掌握标准曲线定量方法。

认知（知识）目标

　　①掌握金属汞污染物基础知识。

　　②掌握冷原子吸收分光光度法测定总汞的实验原理。

　　③能够计算标准曲线方程及 γ 值。

其他（素质）目标

　　①良好的职业道德、工作态度和责任感。

　　②掌握、判断实验室有毒药剂使用安全守则。

　　③良好的计划组织能力。

　　④良好的团队协作精神。

　　⑤实验室安全操作。

　　⑥遵守环境保护规定。

能力训练任务

　　①样品的采集和保存。

　　②样品的前处理。

　　③标准系列的测试与绘制。

　　④样品的测定。

　　⑤数据的计算与处理。

教学资源

  ①教材。

  ②项目训练教材。

  ③环境监测实验室。

  ④冷原子吸收汞分析仪。

  ⑤微波消解仪。

  ⑥可调温电热板、恒温水浴锅。

  ⑦反应装置。

  ⑧样品瓶。

20.1　预备知识

  汞是最受全球关注的环境污染物之一。在 20 世纪 50—70 年代，一系列如"水俣病"等严重的汞污染事件相继发生，引起了全世界对环境汞污染问题的关注。

  汞及其化合物属于剧毒物质，能对环境中的动植物以致人类产生毒害作用，汞可以通过直接接触被人体吸收，或通过食物链间接进入人体。有机汞化合物中，甲基汞可通过食物链的积累和放大进入人体并最终蓄积在脑组织中，引发大脑机能严重衰退及多种危害。

  有研究表明，天然水体中总汞的含量在 $1\times10^{-6}\sim10\times10^{-6}$ mg/L，我国生活饮用水标准限值为 0.001 mg/L，工业污水中总汞的最高允许排放浓度为 0.05 mg/L。除了自然原因，水体中汞的主要来源为塑料工业、氯碱工业、电池生产、仪表制造、油漆和电子工业等排放的废水。

  冷原子吸收分光光度法测定水中总汞的原理是：在加热条件下，用高锰酸钾和过硫酸钾在硫酸-硝酸介质中消解样品；或用溴酸钾-溴化钾混合剂在硫酸介质中消解样品；或在硝酸-盐酸介质中用微波消解仪消解样品。消解后的样品中所含汞全部转化为二价汞，用盐酸羟胺将过剩的氧化剂还原，再用氯化亚锡将二价汞还原成金属汞。在室温下通入空气或氮气，将金属汞气化，载入冷原子吸收汞分析仪，于 253.7 nm 波长处测定响应值，汞的含量与响应值成正比。

20.2　实训准备

准备事宜	序号	名　称	方　法
样品的采集和保存			采集水样时，样品应尽量充满样品瓶。工业废水和生活污水样品采集量应不少于 500 mL，地表水和地下水样品采集应不少于 1 000 mL。采样后应立即以每升水样中加入 10 mL 浓盐酸的比例对水样进行固定，固定后水样的 pH 应小于 1，否则应适当增加浓盐酸。然后加入 0.5 g 重铬酸钾，若橙色消失，应适当补加重铬酸钾使水样呈持久的淡橙色
实训试剂	1	无汞水	一般使用二次重蒸水或去离子水，也可使用加盐酸酸化至 pH=3，然后通过巯基棉纤维管除汞后的普通蒸馏水
	2	重铬酸钾	优级纯
	3	浓硫酸 ρ=1.84 g/mL	优级纯
	4	1+1 硝酸溶液	量取 100 mL 浓硝酸，缓慢倒入 100 mL 水中

准备事宜	序号	名　称	方　法
	5	高锰酸钾溶液 ρ=50 g/L	称取 50 g 高锰酸钾（优级纯，必要时重结晶精制）溶于少量水中。然后用水定容至 1 000 mL
	6	过硫酸钾溶液 ρ=50 g/L	称取 50 g 过硫酸钾溶于少量水中。然后用水定容至 1 000 mL
	7	巯基棉纤维	于棕色磨口广口瓶中，依次加入 100 mL 硫代乙醇酸（CH$_2$SHCOOH）、60 mL 乙酸酐[(CH$_3$CO)$_2$O]、40 mL 36%乙酸（CH$_3$COOH）、0.3 mL 浓硫酸，充分混匀，冷却至室温后，加入 30 g 长纤维脱脂棉，铺平，使之浸泡完全，用水冷却，待反应产生的热散去后，加盖，放入（40±2）℃烘箱中 2～4 d 后取出。用耐酸过滤器抽滤，用水充分洗涤至中性后，摊开，于 30～35℃下烘干。成品置于棕色磨口广口瓶中，避光低温保存
	8	盐酸羟胺溶液 ρ=200 g/L	称取 200 g 盐酸羟胺溶于适量水中，然后用水定容至 1 000 mL。该溶液常含有汞，应提纯。当汞含量较低时，采用巯基棉纤维管除汞法；当汞含量较高时，先按萃取除汞法除掉大量汞，再按巯基棉纤维管除汞法除尽汞
	9	氯化亚锡溶液 ρ=200 g/L	称取 20 g 氯化亚锡（SnCl$_2$·2H$_2$O）于干燥的烧杯中，加入 20 mL 浓盐酸，微微加热。待完全溶解后，冷却，再用水稀释至 100 mL。若含有汞，可通入氮气或空气去除
	10	汞标准贮备液 ρ(Hg)=100 mg/L	称取置于硅胶干燥器中充分干燥的 0.135 4 g 氯化汞（HgCl$_2$），溶于重铬酸钾溶液后，转移至 1 000 mL 容量瓶中，再用重铬酸钾溶液稀释至标线，混匀。也可购买有证标准溶液
	11	汞标准中间液 ρ(Hg)= 10.0 mg/L	量取 10.00 mL 汞标准贮备液至 100 mL 容量瓶中。用重铬酸钾溶液稀释至标线，混匀
	12	汞标准使用液 I ρ(Hg)= 0.1 mg/L	量取 10.00 mL 汞标准中间液至 1 000 mL 容量瓶中。用重铬酸钾溶液稀释至标线，混匀。室温阴凉处放置，可稳定 100 d 左右
	13	汞标准使用液 II ρ(Hg)=10 μg/L	量取 10.00 mL 汞标准使用液 I 至 100 mL 容量瓶中。用重铬酸钾溶液稀释至标线，混匀。临用现配
	14	稀释液	称取 0.2 g 重铬酸钾溶于 900 mL 水中，再加入 27.8 mL 浓硫酸，用水稀释至 1 000 mL
水样的预处理		近沸保温法： 该消解方法适用于地表水、地下水、工业废水和生活污水	1. 样品摇匀后，量取 100.0 mL 样品移入 250 mL 锥形瓶中。若样品中汞含量较高，可减少取样量并稀释至 100 mL； 2. 依次加入 2.5 mL 浓硫酸、2.5 mL 硝酸溶液和 4 mL 高锰酸钾溶液，摇匀。若 15 min 内不能保持紫色，则需补加适量高锰酸钾溶液，以使颜色保持紫色，但高锰酸钾溶液总量不超过 30 mL。然后，加入 4 mL 过硫酸钾溶液； 3. 插入漏斗，置于沸水浴中在近沸状态保温 1 h，取下冷却； 4. 测定前，边摇边滴加盐酸羟胺溶液，直至刚好使过剩的高锰酸钾及器壁上的二氧化锰全部褪色为止，待测。 （①当测定地表水或地下水时，量取 200.0 mL 水样置于 500 mL 锥形瓶中，依次加入 5 mL 浓硫酸、5 mL 硝酸溶液和 4 mL 高锰酸钾溶液，摇匀。其他操作按照上述步骤进行。②用水代替样品，按照相应步骤制备空白试样，并把采样时加的试剂量考虑在内）

20.3 分析步骤

高质量浓度校准曲线：分别量取 0.00 mL、0.50 mL、1.00 mL、1.50 mL、2.00 mL、2.50 mL、3.00 mL 和 5.00 mL 汞标准使用液 I 于 100 mL 容量瓶中，用稀释液定容至标线。低质量浓度校准曲线：分别量取 0.00 mL、0.50 mL、1.00 mL、2.00 mL、3.00 mL、4.00 mL 和 5.00 mL 汞标准使用液 II 于 200 mL 容量瓶中，用稀释液定容至标线。

空白试验水代替水样进行空白试样。

测定工业废水和生活污水样品时，量取 100 mL 经预处理水样；测定地表水和地下水样品时，量取 200 mL 经预处理水样。

依次移至反应装置（高质量浓度校准曲线标准样品、工业废水和生活污水样品移至 250 mL 反应装置；低质量浓度校准曲线标准样品、地表水和地下水样品转移至 500 mL 反应装置）中，加入氯化亚锡溶液（高质量浓度校准曲线标准样品、工业废水和生活污水样品加入 2.5 mL；低质量浓度校准曲线标准样品、地表水和地下水样品加入 5 mL），迅速插入吹气头，由低质量浓度到高质量浓度测定响应值。

以零质量浓度校正响应值为纵坐标，对应的总汞质量浓度（μg/L）为横坐标，绘制校准曲线。

计算绘制标准曲线，计算水样总汞的浓度

$$\rho = \frac{(\rho_1 - \rho_0) \times V_0}{V} \times \frac{V_1 + V_2}{V_1}$$

式中：ρ——样品中总汞的质量浓度，μg/L；

ρ_1——根据校准曲线计算出试样中总汞的质量浓度，μg/L；

ρ_0——根据校准曲线计算出空白试样中总汞的质量浓度，μg/L；

V_0——标准系列的定容体积，mL；

V_1——采样体积，mL；

V_2——采样时向水样中加入浓盐酸体积，mL；

V——制备试样时分取样品体积，mL。

注：高质量浓度标准曲线适用于工业废水和生活污水的测定，低质量浓度标准曲线适用于地表水和地下水的测定。

20.4 质量控制和保证

（1）每批样品均应绘制校准曲线，相关系数应大于等于 0.999。

（2）每批样品应至少做一个空白试验，测定结果应小于 2.2 倍检出限，否则应检查试剂纯度，必要时更换试剂或重新提纯。

（3）每批样品应至少测定 10% 的平行样品，样品数不足 10 个时，应至少测定一个平行样品。当样品总汞含量 ≤1 μg/L 时，测定结果的最大允许相对偏差为 30%；当样品总汞含量在 1～5 μg/L 时，测定结果的最大允许相对偏差为 20%；当样品总汞含量 >5 μg/L 时，测定结果的最大允许相对偏差为 15%。

（4）每批样品应至少测定 10% 的加标回收样品，样品数不足 10 个时，应至少测定一个加标回收样品。当样品总汞含量≤1 μg/L 时，加标回收率应在 85%～115%；当样品总汞含量＞1 μg/L 时，加标回收率应在 90%～110%。

20.5 操作规范评分表

序号	考核点	配分	评分标准	扣分	得分
一	仪器准备	4			
1	玻璃仪器洗涤	2	1. 未用蒸馏水清洗两遍以上，扣 1 分； 2. 玻璃仪器出现挂水珠现象，扣 1 分		
2	仪器预热 20 min	2	仪器未进行预热或预热时间不够，扣 2 分		
二	标准溶液的配制	16			
1	溶液配制过程中有关的实验操作	11	1. 未进行容量瓶试漏检查，扣 0.5 分； 2. 容量瓶、比色管加蒸馏水时未沿器壁流下或产生大量气泡，扣 0.5 分； 3. 蒸馏水瓶管尖接触容器，扣 0.5 分； 4. 加水至容量瓶约 3/4 体积时没有平摇，扣 0.5 分； 5. 容量瓶、比色管加水至近标线等待 1 min，没有等待，扣 0.5 分； 6. 容量瓶、比色管逐滴加入蒸馏水至标线操作不当或定容不准确，扣 0.5 分； 7. 持瓶方式不正确，扣 0.5 分； 8. 容量瓶、比色管未充分混匀或中间未开塞，扣 0.5 分； 9. 对溶液使用前没有盖塞充分摇匀的，扣 0.5 分； 10. 润洗方法不正确，扣 0.5 分； 11. 将移液管中过多的贮备液放回贮备液瓶中，扣 0.5 分； 12. 移液管管尖触底，扣 0.5 分； 13. 移液出现吸空现象，扣 1 分； 14. 移液管移取标准储备液、标准工作液、水样原液及水样稀释液前未处理管尖溶液，扣 0.5 分； 15. 移取标准贮备液、标准工作液及水样原液时未另用一烧杯调节液面，扣 0.5 分； 16. 移液管移取标准储备液、标准工作液、水样原液及水样稀释液时，调节液面前未处理管尖部，扣 0.5 分； 17. 移液管未能一次调节到刻度，扣 1 分； 18. 移液管放液不规范，扣 1 分； 19. 取完试剂后未及时盖上试剂瓶盖，扣 0.5 分		
2	标准系列的配制	4	1. 贮备液未稀释，扣 1 分； 2. 直接在贮备液或工作液中进行相关操作，扣 1 分； 3. 标准工作液未贴标签或标签内容不全（包括名称、浓度、日期、配制者），扣 1 分； 4. 每个点移取的标准溶液应从零分度开始，出现不正确项 1 次扣 0.5 分，但不超过该项总分 4 分（工作液可放回剩余溶液的烧杯中再取液）		

序号	考核点	配分	评分标准	扣分	得分
3	水样稀释液的配制	1	直接在水样原液中进行相关操作，扣 1 分（水样稀释液在移液管吸干后可在容量瓶中进行相关操作）		
三	冷原子吸收分光光度计使用	15			
1	测定前的准备	2	不能依照仪器说明书进行仪器的校准的，扣 2 分		
2	测定操作	7	仪器未稳定（零点漂移小于 0.5 mV）就进行测定，扣 1 分； 进样前未进行校零操作，扣 1 分； 每测定一个样品，未取出吹气头并弃去废液、清洗，一次性扣 2 分； 试样加入氯化亚锡后，未在闭气条件下用手或振荡器充分振荡 30～60 s，扣 1 分； 根据不同仪器的操作规程，不能按照规定操作进行测定，按实际情况酌情扣分，最多扣 2 分		
3	测定过程中仪器被溶液污染	2	1. 比色皿放在仪器表面，扣 1 分； 2. 比色室被洒落溶液污染，扣 0.5 分； 3. 比色室未及时清理干净，扣 0.5 分		
4	测定后的处理	4	1. 台面不清洁，扣 1 分； 2. 未进行相关仪器清洗，扣 1 分； 3. 测定结束，未作使用记录登记，扣 1 分； 4. 未关闭仪器电源，扣 1 分		
四	实验数据处理	12			
1	标准曲线取点		标准曲线取点不得少于规定数量（高浓度标准曲线 8 个，低浓度标准曲线 7 个），缺少一个点扣 3 分，最多扣 6 分，缺少规定标准曲线点达到 3 个，标准曲线不能使用		
2	正确绘制标准曲线	5	1. 标准曲线坐标选取错误或比例不合理（含曲线斜率不当），扣 1 分； 2. 测量数据及回归方程计算结果未标在曲线中，扣 1 分； 3. 缺少曲线名称、坐标、箭头、符号、单位量、回归方程及数据有效位数不对，每 1 项扣 0.5 分，但不超过 3 分		
3	试液吸光度处于要求范围内	2	水样取用量不合理致使吸光度超出要求范围或在 0 号与 1 号管测点范围内，扣 2 分		
4	原始记录	3	数据未直接填在报告单上、数据不全、有效数字位数不对、有空项，原始记录中缺少计量单位、数据更改每项扣 0.5 分，可累计扣分，但不超过该项总分 3 分		
5	有效数字运算	2	1. 回归方程未保留小数点后四位数字，扣 0.5 分； 2. γ 未按规定进行记录，扣 0.5 分； 3. 当测定结果小于 10 µg/L 时，保留到小数点后两位；大于等于 10 µg/L 时，保留三位有效数字。未能按要求表达最终结果，扣 1 分		

序号	考核点	配分	评分标准	扣分	得分
五	文明操作	18			
1	实验室整洁	4	实验过程台面、地面脏乱，废液处置不当，一次性扣 4 分		
2	清洗仪器、试剂等物品归位	4	实验结束未先清洗仪器或试剂物品未归位就完成报告，一次性扣 4 分		
3	仪器损坏	6	仪器损坏，一次性扣 6 分		
4	试剂用量	4	每名同学均准备有两倍用量的试剂，若还需添加，则一次性扣 4 分		
六	测定结果	35			
1	回归方程的计算	5	没有算出或计算错误回归方程的，扣 5 分		
2	标准曲线线性	10	$\gamma \geqslant 0.999$，不扣分； $\gamma = 0.997 \sim 0.990$，扣 1～9 分不等； $\gamma < 0.990$，扣 10 分； γ 计算错误或未计算先扣 3 分，再按相关标准扣分，但不超过 10 分		
3	测定结果精密度	10	$\|R_d\| \leqslant 0.5\%$，不扣分； $0.5\% \sim 1.4\% \leqslant \|R_d\|$，扣 1～9 分不等； $\|R_d\| > 1.4\%$，扣 10 分。 精密度计算错误或未计算扣 10 分。 水样原液未作平行样 3 份，一次性扣 10 分。* 水样原液未作平行样 3 份，一次性扣 10 分（*可为负分）		
4	测定结果准确度	10	测定值在 保证值±0.5%内，不扣分； 保证值±0.6%～1.8%，扣 1～9 分不等； 不在保证值±1.8%内扣 10 分		
	最终合计	100			

20.6 总汞分析

（1）标准曲线的绘制

仪器型号、编号：_____；测量波长：_____；标准溶液原始浓度：_____。

溶液号	吸取标液体积/mL	浓度或质量（ ）	A	$A_{校正}$
0				
1				
2				
3				
4				
5				
6				
7				
8				

回归方程：

相关系数：

（2）水质样品的测定

平行测定次数	1	2	3
吸光度，A			
空白值，A_0			
校正吸光度，$A_{校正}$			
根据校准曲线计算总汞质量浓度/（μg/L）			
总汞的测定结果/（μg/L）			
R_d/%			

分析人：　　　　　　　　　校对人：　　　　　　　　　审核人：

标准曲线绘制图：

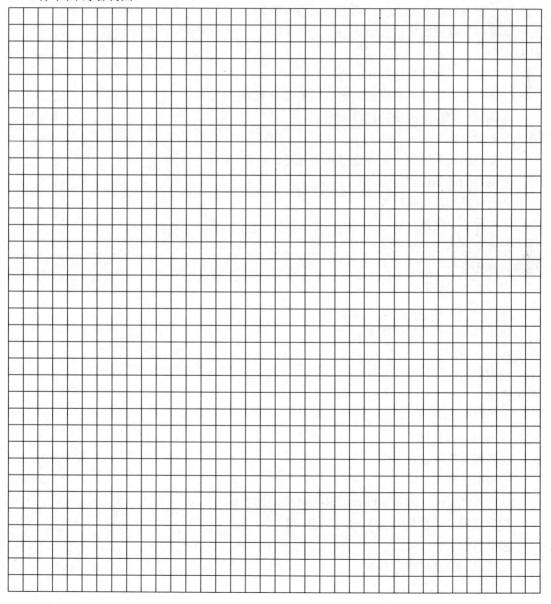

子项目 21　镉的测定——双硫腙分光光度法

项　目	金属及其化合物的监测
子项目	镉的测定——双硫腙分光光度法（GB 7471—87）

学习目标

能力（技能）目标

　　①掌握分光光度计的使用方法。

　　②掌握双硫腙分光光度法测定金属的步骤。

　　③掌握标准曲线定量方法。

认知（知识）目标

　　①掌握水中镉的基础知识。

　　②掌握双硫腙分光光度法测定金属的实验原理。

　　③能够计算标准曲线方程及 γ 值。

其他（素质）目标

　　①良好的职业道德、工作态度和责任感。

　　②良好的计划组织能力。

　　③良好的团队协作精神。

　　④实验室安全操作。

　　⑤遵守环境保护规定。

能力训练任务

　　①样品的采集和保存。

　　②样品的前处理。

　　③标准系列的测试与绘制。

　　④样品的测定。

　　⑤数据的计算与处理。

教学资源

　　①教材。

　　②项目训练教材。

　　③多媒体教学设备。

　　④环境监测实验室。

　　⑤分光光度计，配备 10 mm、30 mm 光程比色皿。

　　⑥分液漏斗，容量为 125 mL 和 250 mL。

　　⑦电热板。

　　⑧其他实验室常规器具。

21.1　**预备知识**

镉是一种剧毒的重金属元素，早在 1974 年联合国环境规划署和国际劳动卫生重金属委员会就将其定为重点污染物，是当今重金属污染中面积最广、危害最大的重金属元素之一。研究表明，单质镉本身并没有毒性，然而其化合物具有毒性及腐蚀性，其中 CdO、$CdSO_4$、$Cd(NO_3)_2$ 的毒性比较高。镉作为机体生长发育非必需元素，环境中少量镉会进行生物放大和生物积累，进入人体后可对肾、肺、肝、脑、骨骼及血液系统产生一系列损伤，甚至危及生命。还有研究表明镉具有一定的致癌和致突变性。20 世纪 50 年代著名的日本公害事件"痛痛病"的"元凶"正是镉污染。

镉污染的主要来源为金属冶炼、电镀、采矿、染料、电池、化学工业和电子工业等废水的排放。

双硫腙分光光度法测定水中的镉原理为：在强碱性溶液中，镉离子与双硫腙生产红色络合物，用氯仿萃取后，于 518 nm 波长处进行分光测定，从而求出镉的含量。

21.2　**实训准备**

准备事宜	序号	名　称	方　法
样品的采集和保存			水样采集在聚乙烯瓶或玻璃瓶内，水样采集后每 1 000 mL 水样立即加入 2.0 mL 分析纯硝酸，酸化后水样 pH 约为 1.5
实训试剂	1	无镉水	用全玻璃蒸馏器对一般蒸馏水进行重蒸馏获得
	2	氯仿	分析纯
	3	高氯酸	$\rho=1.75$ g/mL，分析纯
	4	盐酸	$\rho=1.18$ g/mL，分析纯
	5	6 mol/L 盐酸溶液	6 mol/L，取 500 mL 分析纯盐酸，用水稀释至 1 000 mL
	6	6 mol/L 氢氧化钠	溶解 240 g 氢氧化钠于煮沸放冷的水中并稀释至 1 000 mL
	7	20%（m/V）盐酸羟胺	称取 20 g 盐酸羟胺溶于水中并稀释至 100 mL
	8	40%氢氧化钠-1%氰化钾	称取 400 g 氢氧化钠和 10 g 氰化钾溶于水中并稀释至 1 000 mL，贮存于聚乙烯瓶中
	9	40%氢氧化钠-0.05%氰化钾溶液	称取 400 g 氢氧化钠和 0.5 g 氰化钾溶于水中并稀释至 1 L，贮存于聚乙烯瓶中
	10	氨水	$\rho=0.90$ g/mL，分析纯
	11	1+100 氨水	取 10 mL 分析纯氨水用水稀释至 1 000 mL
	12	硝酸	$\rho=1.4$ g/mL
	13	2%硝酸	2%（V/V），取 20 mL 分析纯硝酸以水稀释至 1 000 mL
	14	0.2%硝酸	0.2%（V/V），取 2 mL 分析纯硝酸以水稀释至 1 000 mL
	15	0.2%双硫腙溶液	称取 0.5 双硫腙溶于 250 mL 氯仿中，储于棕色瓶中，放置在冰箱内
	16	0.01%双硫腙溶液	临用前将 0.2%双硫腙溶液用氯仿稀释 20 倍
	17	0.002%氯仿溶液	临用前将 0.01%双硫腙溶液用氯仿稀释约 5 倍
	18	50%酒石酸钾钠溶液	称取 100 g 四水酒石酸钾钠溶于水中，稀释至 200 mL
	19	酒石酸 2%溶液	称取 20 g 酒石酸溶于水中，稀释至 1 L，贮存于冰箱中
	20	镉标准贮备液	称取 0.100 0 g 金属镉（纯度 99.9%）于 100 mL 烧杯中，加入 10 mL 6 mol/L 盐酸及 0.5 mL 分析纯硝酸，温热至完全溶解，定量移入 1 000 mL 容量瓶中，用水稀释至标线，贮存在聚乙烯瓶中。每毫升含镉 100 μg
	21	镉标准使用液	吸取 5.00 mL 镉标准贮备液放入 500 mL 容量瓶中，加入 5 mL 分析纯盐酸，再用水稀释至标线，摇匀，贮存在聚乙烯瓶中。每毫升含镉 1.00 μg
	22	0.1%（m/V）百里酚蓝	溶解 0.1 g 百里酚蓝于 100 mL 乙醇中

准备事宜	序号	名　　称	方　　法
水样的预处理		试样（浑浊地面水）	每 100 mL 水样中加入 1 mL 分析纯硝酸，置于电热板上微沸消解 10 min，冷却后用快速滤纸过滤，滤纸用 0.2%硝酸洗涤数次，然后用同一硝酸稀释至一定体积，供测定
		试样（悬浮物、有机质较多的地面水或废水）	每 100 mL 水样加入 5 mL 分析纯硝酸，在电热板上加热消解到 10 mL 左右，冷却，再加入 5 mL 分析纯硝酸和 2 mL 分析纯高氯酸，继续加热消解，蒸发至近干。冷却后用 0.2%硝酸温热溶解残渣，冷却后，用快速滤纸过滤，滤纸用 0.2%洗涤数次，滤液用 0.2%硝酸稀释定容，供测定。 每分析一批样品要平行操作两个空白样品。 注：除非证明水样消化处理是不必要的，如水样为不含悬浮物的地下水和清洁的地面水，否则需按实际情况选取上述方法进行预处理
		试份准备	吸取含 1～10 μg 镉的经预处理的试样，放入 250 mL 分液漏斗中，用水补充至 100 mL，加入 3 滴百里酚蓝乙醇溶液，用 6 mol/L 氢氧化钠或 6 mol/L 盐酸调节到刚好出现稳定的黄色，此时溶液 pH 为 2.8，备作测定用

21.3　分析步骤

经处理的试份。

空白试验主成分（100 mL 蒸馏水）进行与水样一致的预处理操作

向一系列 250 mL 分液漏斗中，分别加入镉标准使用液 0 mL、0.25 mL、0.50 mL、1.00 mL、3.00 mL、5.00 mL，各加入适量蒸馏水补充到 100 mL，加入 3 滴百里酚蓝，用 6 mol/L 氢氧化钠溶液调节到刚好出现稳定的黄色。

加入 1 mL 50%酒石酸钾钠溶液、5 mL 氢氧化钠-氰化钾溶液及 1 mL 盐酸羟胺溶液，每加入一种试剂均摇匀。

加入 15 mL 0.01%双硫腙氯仿溶液，振摇 1 min，迅速进行。

打开分液漏斗塞子放气，将氯仿放入第二套已经盛有 25 mL 冷酒石酸溶液的 125 mL 分液漏斗中，再用 10 mL 氯仿洗涤第一套分液漏斗，摇动 1 min 后将氯仿再转移到第二套分液漏斗中。摇动 2 min 后弃去氯仿层。加入 5 mL 氯仿于第二套分液漏斗中，摇动 1 min，弃去氯仿层。

按次序加入 0.252 0%盐酸羟胺溶液、15.0 mL 0.002%双硫腙氯仿溶液及 5 mL 40%氢氧化钠–0.05%氰化钾溶液，立即摇动 1 min，待分层后，将氯仿通过一小团洁净脱脂棉滤入 30 mm 比色皿中。

立即在波长 518 nm 下，用 30 mm 比色皿，以氯仿参比，测量吸光度。

计算绘制标准曲线，计算水样镉的浓度

$$C = \frac{m}{V}$$

式中：C——样品中镉的浓度，mg/L；

m——从校准曲线上求得镉量，μg；

V——用于测定的水样体积，mL。

21.4　质量控制和保证

（1）所有玻璃器皿，包括取样瓶，在使用前应先用 6 mol/L 盐酸浸泡，然后用自来水和去离子水彻底冲洗洁净。

（2）配置 0.2%双硫腙四氯化碳贮备溶液的过程中，若双硫腙试剂不纯，可按以下步骤进行提纯：

称取 0.5 g 双硫腙溶于 100 mL 氯仿中滤去不溶物，滤液置分液漏斗中，每次用 20 mL（1+100）氨水提取 5 次，此时双硫腙进水水层，合并水层，然后用 6 mol/L 盐酸中和。再用 250 mL 氯仿分 3 次提取，合并氯仿层。将此双硫腙氯仿溶液放入棕色瓶中，保存于冰箱中备用。

（3）0.002%氯仿溶液配制后，应当用 10 mm 比色皿在波长 518 nm 处以氯仿调零进行其透光度测定，透光率应在 40%±1%之间，若不能达到要求，则重配或更换试剂以达要求。

（4）镁离子浓度达 20 mg/L 时，需要多加酒石酸钾钠进行掩蔽。

21.5　操作规范评分表

序号	考核点	配分	评分标准	扣分	得分
一	仪器准备	4			
1	玻璃仪器洗涤	2	1. 未用蒸馏水清洗两遍以上，扣 1 分； 2. 玻璃仪器出现挂水珠现象，扣 1 分		
2	分光光度计预热 20 min	2	1. 仪器未进行预热或预热时间不够，扣 1 分； 2. 未切断光路预热，扣 1 分		
二	标准溶液的配制及显色	16			
1	溶液配制过程中有关的实验操作	8	1. 未进行容量瓶试漏检查，扣 0.5 分； 2. 容量瓶、比色管加蒸馏水时未沿器壁流下或产生大量气泡，扣 0.5 分； 3. 蒸馏水瓶管尖接触容器，扣 0.5 分； 4. 加水至容量瓶约 3/4 体积时没有平摇，扣 0.5 分； 5. 容量瓶、比色管加至近标线等待 1 min，没有等待，扣 0.5 分； 6. 容量瓶、比色管逐滴加入蒸馏水至标线操作不当或定容不准确，扣 0.5 分； 7. 持瓶方式不正确，扣 0.5 分； 8. 容量瓶、比色管未充分混匀或中间未开塞，扣 0.5 分； 9. 对溶液使用前没有盖塞充分摇匀的，扣 0.5 分； 10. 润洗方法不正确，扣 0.5 分； 11. 将移液管中过多的贮备液放回贮备液瓶中，扣 0.5 分； 12. 移液管管尖触底，扣 0.5 分； 13. 移液出现吸空现象，扣 1 分； 14. 移液管移取标准储备液、标准工作液、水样原液及水样稀释液前未处理管尖溶液，扣 0.5 分；		

序号	考核点	配分	评分标准	扣分	得分
1	溶液配制过程中有关的实验操作	8	15. 移取标准贮备液、标准工作液及水样原液时未另用一烧杯调节液面，扣 0.5 分； 16. 移液管移取标准储备液、标准工作液、水样原液及水样稀释液时，调节液面前未处理管尖部，扣 0.5 分； 17. 移液管未能一次调节到刻度，扣 1 分； 18. 移液管放液不规范，扣 1 分； 19. 取完试剂后未及时盖上试剂瓶盖，扣 0.5 分； 20. 未能按照要求加入各种试剂，一次性扣 2 分		
2	标准系列的配制	4	1. 贮备液未稀释，扣 1 分； 2. 直接在贮备液或工作液中进行相关操作，扣 1 分； 3. 标准工作液未贴标签或标签内容不全（包括名称、浓度、日期、配制者），扣 1 分； 4. 每个点移取的标准溶液应从零分度开始，出现不正确项 1 次扣 0.5 分，但不超过该项总分 4 分（工作液可放回剩余溶液的烧杯中再取液，辅助试剂可在移液管吸干后在原试剂中进行相关操作）		
3	分液漏斗的使用	4	1. 分液漏斗未试漏的扣 0.5 分； 2. 分液漏斗拿取方法不正确，扣 0.5 分； 3. 未采取"打开分液漏斗塞子放气"，扣 0.5 分； 4. 未等静止分层就放液，扣 1 分； 5. 打开分液漏斗活塞，再打开旋塞，使下层液体从分液漏斗下端放出，待油水界面与旋塞上口相切即可关闭旋塞；把上层液体从分液漏斗上口倒出，扣 1 分		
三	分光光度计使用	15			
1	测定前的准备	2	1. 没有进行比色皿配套性选择，或选择不当，扣 1 分； 2. 不能正确在 T 挡调"100%"和"0"，扣 1 分		
2	测定操作	7	1. 手触及比色皿透光面，扣 0.5 分； 2. 比色皿润洗方法不正确（需含蒸馏水洗涤、待装液润洗），扣 0.5 分； 3. 比色皿润洗操作不正确，扣 0.5 分； 4. 加入溶液高度不正确，扣 1 分； 5. 比色皿外壁溶液处理不正确，扣 1 分； 6. 比色皿盒拉杆操作不当，扣 0.5 分； 7. 重新取液测定，每出现一次扣 1 分，但不超过 4 分； 8. 不正确使用参比溶液，扣 1 分		

序号	考核点	配分	评分标准	扣分	得分
3	测定过程中仪器被溶液污染	2	1. 比色皿放在仪器表面，扣 1 分； 2. 比色室被洒落溶液污染，扣 0.5 分； 3. 比色室未及时清理干净，扣 0.5 分		
4	测定后的处理	4	1. 台面不清洁，扣 0.5 分； 2. 未取出比色皿及未洗涤，扣 1 分； 3. 没有倒尽控干比色皿，扣 0.5 分； 4. 测定结束，未作使用记录登记，扣 1 分； 5. 未关闭仪器电源，扣 1 分		
四	实验数据处理	12			
1	标准曲线取点		标准曲线取点不得少于 6 点（包含试剂空白点），缺少一个点扣 3 分，缺少 2 个点以上标准曲线无效		
2	正确绘制标准曲线	5	1. 标准曲线坐标选取错误或比例不合理（含曲线斜率不当），扣 1 分； 2. 测量数据及回归方程计算结果未标在曲线中，扣 1 分； 3. 缺少曲线名称、坐标、箭头、符号、单位量、回归方程及数据有效位数不对，每 1 项扣 0.5 分，但不超过 3 分		
3	试液吸光度处于要求范围内	2	水样取用量不合理致使吸光度超出要求范围或在 0 号与 1 号管测点范围内，扣 2 分		
4	原始记录	3	数据未直接填在报告单上、数据不全、有效数字位数不对、有空项，原始记录中缺少计量单位、数据更改每项扣 0.5 分，可累计扣分，但不超过该项总分 3 分		
5	有效数字运算	2	1. 回归方程未保留小数点后四位数字，扣 0.5 分； 2. γ 未保留小数点后四位，扣 0.5 分； 3. 测量结果未两位有效数字，扣 1 分		
五	文明操作	18			
1	实验室整洁	4	实验过程台面、地面脏乱，废液处置不当，一次性扣 4 分		
2	清洗仪器、试剂等物品归位	4	实验结束未先清洗仪器或试剂物品未归位就完成报告，一次性扣 4 分		
3	仪器损坏	6	仪器损坏，一次性扣 6 分		
4	试剂用量	4	每组均准备有两倍用量的试剂，若还需添加，则一次性扣 4 分		
六	测定结果	35			
1	回归方程的计算	5	没有算出或计算错误回归方程的，扣 5 分		
2	标准曲线线性	6	$\gamma \geqslant 0.999$，不扣分； $\gamma = 0.997 \sim 0.990$，扣 1~9 分不等； $\gamma < 0.990$，扣 10 分； γ 计算错误或未计算先扣 3 分，再按相关标准扣分，但不超过 10 分		

序号	考核点	配分	评分标准	扣分	得分
3	测定结果精密度	10	$\lvert R_d \rvert \leq 0.5\%$，不扣分； $0.5\%\sim1.4\%\leq\lvert R_d\rvert$，扣 1～9 分不等； $\lvert R_d\rvert>1.4\%$，扣 10 分。 精密度计算错误或未计算扣 10 分。 水样原液未作平行样 3 份，一次性扣 10 分。* 水样原液未作平行样 3 份，一次性扣 10 分（*可为负分）		
4	测定结果准确度	10	测定值在 保证值±0.5%内，不扣分； 保证值±0.6%～1.8%，扣 1～9 分不等； 不在保证值±1.8%内扣 10 分		
	最终合计	100			

21.6 镉含量分析

（1）吸收池配套性检查

比色皿的校正值：A_1 __0.000__ ；A_2_____ ；A_3_____ ；A_4_____ 。

所选比色皿为：

（2）标准曲线的绘制

测量波长：_____ ；标准溶液原始浓度：_____ 。

溶液号	吸取标液体积/mL	质量/μg	A	$A_{校正}$
0				
1				
2				
3				
4				
5				

回归方程：

相关系数：

（3）水质样品的测定

平行测定次数	1	2	3
吸光度，A			
空白值，A_0			
校正吸光度，$A_{校正}$			
回归方程计算所得镉质量浓度（μg）			
原始试液浓度/（μg/mL）			
样品镉的测定结果/（mg/L）			
R_d/%			

分析人：　　　　　　　　校对人：　　　　　　　　审核人：

标准曲线绘制图：

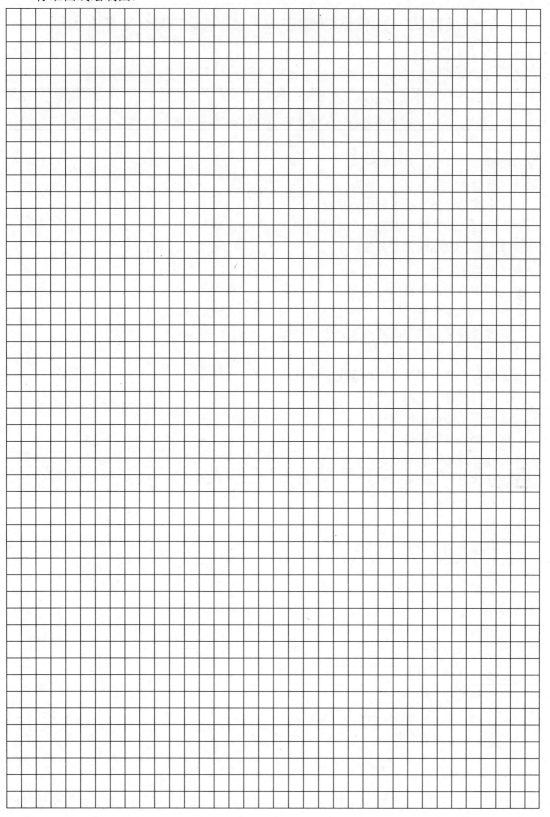

子项目 22　六价铬的测定——二苯碳酰二肼分光光度法

项　目	金属及其化合物的监测
子项目	六价铬的测定——二苯碳酰二肼分光光度法（GB 7467—87）

学习目标

能力（技能）目标

①掌握分光光度计的使用方法。

②掌握二苯碳酰二肼分光光度法测定六价铬的步骤。

③掌握标准曲线定量方法。

认知（知识）目标

①掌握有关六价铬的基础知识。

②掌握二苯碳酰二肼分光光度法测定六价铬的实验原理。

③能够计算标准曲线方程及 γ 值。

其他（素质）目标

①良好的职业道德、工作态度和责任感。

②良好的计划组织能力。

③良好的团队协作精神。

④实验室安全操作。

⑤遵守环境保护规定。

能力训练任务

①样品的采集和保存。

②样品的前处理。

③标准系列的测试与绘制。

④样品的测定。

⑤数据的计算与处理。

教学资源

①教材。

②项目训练教材。

③多媒体教学设备。

④环境监测实验室。

⑤分光光度计，配 30 mm 光程比色皿。

⑥50 mL 具塞比色管。

22.1　预备知识

铬是人和动物必需的微量元素之一，躯体缺铬可引起动脉粥样硬化症；另外铬还对植物生长有刺激作用，可提高收获量。但是过量铬会对人和动植物都造成危害。铬的毒性与其价态关系密切，水中主要有三价铬和六价铬两种，六价铬毒性远高于三价铬，且易被人体吸收、蓄积，铬可以通过消化、呼吸道、皮肤及黏膜侵入人体对人体产生危害。通过呼吸道进入时会有不同程度的沙哑、鼻黏膜萎缩等；经消化道侵入时可引起呕吐、腹疼，还有研究表明，六价铬具有致癌作用。

六价铬的迁移性能远高于三价铬，三价铬可附在固体物质上而存在于沉积物（底泥）中，六价铬则多溶于水中，实现范围更广的迁移，水体中的六价铬部分会被水生动物等吸收，通过食物链传递给人体，部分遗留在水体中造成污染；使用遭铬污染的水进行农作物灌溉，进入到土壤中的六价铬部分被植物农作物吸收，部分不断地向下迁移，进入其他环境中，对人体和环境都有持久危险性。

六价铬是卫生标准中的重要指标，世界卫生组织（WHO）《饮用水水质准则》中要求，饮用水中总铬含量不得超过 0.05 mg/L。美国 EPA《国家饮用水水质标准》中规定，饮用水中总铬含量不得超过 0.1 mg/L。我国要求饮用水中铬的浓度不得超过 0.05 mg/L，农业灌溉用水与渔业用水应小于 0.1 mg/L。

铬污染主要来源于毛皮与制革污染、电镀污染、铬盐、纺织印染及铬矿石开采与冶炼污染等。

二苯碳酰二肼分光光度法测定水中六价铬的原理是：在酸性溶液中，六价铬与二苯碳酰二肼反应生成紫红色化合物，于波长为 540 nm 处进行分光光度测定。

22.2　实训准备

准备事宜	序号	名　称	方　法
样品的采集和保存			实验室样品应采用玻璃瓶采集，采集时，加入氢氧化钠，调节样品 pH 为 8 左右，采集后尽快测定，放置不能超过 24 h
实训试剂	1	丙酮	
	2	1+1 硫酸溶液	将优级纯硫酸（ρ=1.84 g/mL）缓缓加入同体积水中，混匀
	3	1+1 磷酸	将优级磷酸纯（ρ=1.69 g/mL）与水等体积混合
	4	4 g/L 氢氧化钠溶液	将氢氧化钠 1 g 溶于水并稀释至 250 mL
	5	氢氧化锌共沉淀剂	1. 8%（m/V）硫酸锌溶液：称取七水硫酸锌 8 g，溶于 100 mL 水中； 2. 2%（m/V）氢氧化钠溶液：称取 2.4 g 氢氧化钠，溶于 120 mL 水中； 用时将上述两溶液混合
	6	40 g/L 高锰酸钾	称取高锰酸钾 4 g，在加热和搅拌下溶于水，最后稀释至 100 mL
	7	铬标准贮备液	称取于 110℃ 干燥 2 h 的优级纯重铬酸钾 0.282 9±0.000 1 g，用水溶解后，移入 1 000 mL 容量瓶中以水稀释至标线，摇匀。1 mL 含六价铬 0.10 mg
	8	1.00 μg/L 铬标准溶液	吸取 5.00 mg 铬标准贮备液置于 500 mL 容量瓶中，用水稀释至标线，摇匀，1 mL 含六价铬 1.00 μg，使用当天配制
	9	5.00 μg/L 铬标准溶液	吸取 25.00 mg 铬标准贮备液置于 500 mL 容量瓶中，用水稀释至标线，摇匀，1 mL 含六价铬 5.00 μg，使用当天配制
	10	200 g/L 尿素溶液	将 20 g 尿素溶于水并稀释至 100 mL

准备事宜	序号	名　称	方　法
实训试剂	11	20 g/L 亚硝酸钠溶液	将 2 g 亚硝酸钠溶于水并稀释至 100 mL
	12	显色剂 I	称取二苯碳酰二肼 0.2 g，溶于 50 mL 丙酮中，加水稀释至 100 mL，摇匀，贮于棕色瓶，置冰箱中
	13	显色剂 II	称取二苯碳酰二肼 2 g，溶于 50 mL 丙酮中，加水稀释至 100 mL，摇匀，贮于棕色瓶，置冰箱中
水样的预处理		色度校正	样品有色但不太深时，另取一份试样，以 2 mL 丙酮代替显色剂，进行正常显色测定步骤，试份测得的吸光度扣除此色度校正吸光度后，再进行计算
		锌盐沉淀分离	对浑浊、色度较深的样品，取适量样品（六价铬少于 100 μg）于 150 mL 烧杯中，加水至 50 mL，滴加 4 g/L 氢氧化钠溶液调节 pH 为 7～8。在不断搅拌下，滴加氢氧化锌共沉淀剂至 pH 为 8～9。将此溶液转移至 100 mL 容量瓶中，用水稀释至标线，用慢速滤纸干过滤，弃去 10～20 mL 初滤液，取其中 50.0 mL 滤液供测定
		有机物干扰去除	当经锌盐沉淀分离处理后仍有有机物干扰，可用酸性高锰酸钾法破坏有机物后再测定，取 50.0 mL 滤液于 150 mL 锥形瓶中，加入几粒玻璃珠，加入 0.5 mL 1+1 硫酸溶液、0.5 mL 1+1 磷酸溶液，摇匀。加入 2 滴高锰酸钾溶液，如紫红色消退，则应添加高锰酸钾保持紫红色，加热煮沸至溶液体积剩约 20 mL，取下稍冷，用定量中速滤纸过滤，用水洗涤数次，合并滤液和洗液至 50 mL 比色管中。加入 1 mL 尿素溶液，摇匀，用滴管滴加亚硝酸钠溶液，每加一滴充分摇匀，至高锰酸钾的紫红色刚好褪去。稍停片刻，待溶液中气泡逸尽，转移至 50 mL 比色管中，用水稀释至标线，供测定
		还原性物质消除	二价铁、亚硫酸盐、硫代硫酸盐等还原性物质的消除：取适量样品（含六价铬少于 50 μg）于 50 mL 比色管中，用水稀释至标线，加入 4 mL 显色剂 II，混匀，放置 5 min 后，加入 1 mL 分析纯硫酸，摇匀。5～10 min 后，在 540 nm 波长处，用 30 mm 光程比色皿，以水作参比测定吸光度。扣除空白试验测得的吸光度后，从校准曲线查得六价铬含量，以同样方法进行标准曲线的测定
		次氯酸盐等氧化性物质的消除	取适量样品含六价铬（少于 50 μg）于 50 mL 比色管中，用水稀释至标线，加入 0.5 mL 分析纯硫酸、0.5 mL 1+1 磷酸、1.0 mL 尿素溶液，摇匀，逐滴加入 1 mL 亚硝酸钠溶液，边加边摇，待气泡除尽后得到待测液

22.3 分析步骤

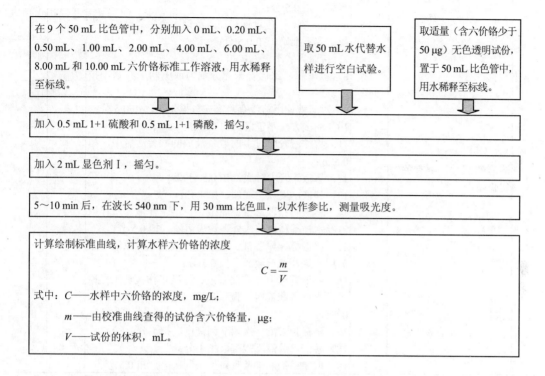

计算绘制标准曲线，计算水样六价铬的浓度

$$C = \frac{m}{V}$$

式中：C——水样中六价铬的浓度，mg/L；

　　　m——由校准曲线查得的试份含六价铬量，μg；

　　　V——试份的体积，mL。

22.4 质量控制和保证

（1）试剂空白的吸光度应不超过 0.005（30 mm 比色皿）。

（2）水样中不含悬浮物，是低色度的清洁地面水可以直接测定，如含有不可忽略的悬浮物、色度、还原性物质及氧化性物质，则须按照规定进行相应的预处理。

（3）显色剂放置冰箱中，颜色变深后不能使用。

（4）进行标准系列配置时，如经锌盐沉淀分离法处理，则应加倍吸取。

22.5 操作规范评分表

序号	考核点	配分	评分标准	扣分	得分
一	仪器准备	4			
1	玻璃仪器洗涤	2	1. 未用蒸馏水清洗两遍以上，扣 1 分； 2. 玻璃仪器出现挂水珠现象，扣 1 分		
2	分光光度计预热 20 min	2	1. 仪器未进行预热或预热时间不够，扣 1 分； 2. 未切断光路预热，扣 1 分		
二	标准溶液的配制	16			
1	溶液配制过程中有关的实验操作		1. 未进行容量瓶试漏检查，扣 0.5 分； 2. 容量瓶、比色管加蒸馏水时未沿器壁流下或产生大量气泡，扣 0.5 分； 3. 蒸馏水瓶管尖接触容器，扣 0.5 分； 4. 加水至容量瓶约 3/4 体积时没有平摇，扣 0.5 分；		

序号	考核点	配分	评分标准	扣分	得分
1	溶液配制过程中有关的实验操作		5. 容量瓶、比色管加水至近标线等待 1 min，没有等待，扣 0.5 分； 6. 容量瓶、比色管逐滴加入蒸馏水至标线操作不当或定容不准确，扣 0.5 分； 7. 持瓶方式不正确，扣 0.5 分； 8. 容量瓶、比色管未充分混匀或中间未开塞，扣 0.5 分； 9. 对溶液使用前没有盖塞充分摇匀的，扣 0.5 分； 10. 润洗方法不正确，扣 0.5 分； 11. 将移液管中过多的贮备液放回贮备液瓶中，扣 0.5 分； 12. 移液管管尖触底，扣 0.5 分； 13. 移液出现吸空现象，扣 1 分； 14. 移液管移取标准储备液、标准工作液、水样原液及水样稀释液前未处理管尖溶液，扣 0.5 分； 15. 移取标准贮备液、标准工作液及水样原液时未另用一烧杯调节液面，扣 0.5 分； 16. 移液管移取标准储备液、标准工作液、水样原液及水样稀释液时，调节液面前未处理管尖部，扣 0.5 分； 17. 移液管未能一次调节到刻度，扣 1 分； 18. 移液管放液不规范，扣 1 分； 19. 取完试剂后未及时盖上试剂瓶盖，扣 0.5 分		
2	标准系列的配制	4	1. 贮备液未稀释，扣 1 分； 2. 直接在贮备液或工作液中进行相关操作，扣 1 分； 3. 标准工作液未贴标签或标签内容不全（包括名称、浓度、日期、配制者），扣 1 分； 4. 每个点移取的标准溶液应从零分度开始，出现不正确项 1 次扣 0.5 分，但不超过该项总分 4 分（工作液可放回剩余溶液的烧杯中再取液，辅助试剂可在移液管吸干后在原试剂中进行相关操作）		
3	水样稀释液的配制	1	直接在水样原液中进行相关操作，扣 1 分（水样稀释液在移液管吸干后可在容量瓶中进行相关操作）		
三	分光光度计使用	15			
1	测定前的准备	2	1. 没有进行比色皿配套性选择，或选择不当，扣 1 分； 2. 不能正确在 T 挡调"100%"和"0"，扣 1 分		
2	测定操作	7	1. 手触及比色皿透光面，扣 0.5 分； 2. 比色皿润洗方法不正确（须含蒸馏水洗涤、待装液润洗），扣 0.5 分； 3. 比色皿润洗操作不正确，扣 0.5 分； 4. 加入溶液高度不正确，扣 1 分； 5. 比色皿外壁溶液处理不正确，扣 1 分； 6. 比色皿盒拉杆操作不当，扣 0.5 分； 7. 重新取液测定，每出现一次扣 1 分，但不超过 4 分； 8. 不正确使用参比溶液，扣 1 分		

序号	考核点	配分	评分标准	扣分	得分
3	测定过程中仪器被溶液污染	2	1. 比色皿放在仪器表面，扣 1 分； 2. 比色室被洒落溶液污染，扣 0.5 分； 3. 比色室未及时清理干净，扣 0.5 分		
4	测定后的处理	4	1. 台面不清洁，扣 0.5 分； 2. 未取出比色皿及未洗涤，扣 1 分； 3. 没有倒尽控干比色皿，扣 0.5 分； 4. 测定结束，未作使用记录登记，扣 1 分； 5. 未关闭仪器电源，扣 1 分		
四	实验数据处理	12			
1	标准曲线取点		标准曲线取点不得少于 7 点（包含试剂空白点），否则标准曲线无效		
2	正确绘制标准曲线	5	1. 标准曲线坐标选取错误或比例不合理（含曲线斜率不当），扣 1 分； 2. 测量数据及回归方程计算结果未标在曲线中，扣 1 分； 3. 缺少曲线名称、坐标、箭头、符号、单位量、回归方程及数据有效位数不对，每 1 项扣 0.5 分，但不超过 3 分		
3	试液吸光度处于要求范围内	2	水样取用量不合理致使吸光度超出要求范围或在 0 号与 1 号管测点范围内，扣 2 分		
4	原始记录	3	数据未直接填在报告单上、数据不全、有效数字位数不对、有空项，原始记录中缺少计量单位、数据更改每项扣 0.5 分，可累计扣分，但不超过该项总分 3 分		
5	有效数字运算	2	1. 回归方程未保留小数点后四位数字，扣 0.5 分； 2. γ 未按要求保留小数点后数字，扣 0.5 分； 3. 测量结果未保留到小数点后两位，扣 1 分		
五	文明操作	18			
1	文明操作	4	实验过程台面、地面脏乱，废液处置不当，一次性扣 4 分		
2	清洗仪器、试剂等物品归位	4	实验结束未先清洗仪器或试剂物品未归位就完成报告，一次性扣 4 分		
3	仪器损坏	6	仪器损坏，一次性扣 6 分		
4	试剂用量	4	每组均准备有两倍用量的试剂，若还需添加，则一次性扣 4 分		
六	测定结果	35			
1	回归方程的计算	5	没有算出或计算错误回归方程的，扣 5 分		
2	标准曲线线性	10	$\gamma \geq 0.999$，不扣分； $\gamma = 0.997 \sim 0.990$，扣 1～9 分不等； $\gamma < 0.990$，扣 10 分； γ 计算错误或未计算先扣 3 分，再按相关标准扣分，但不超过 10 分		

序号	考核点	配分	评分标准	扣分	得分
3	测定结果精密度	10	$\lvert R_d \rvert \leqslant 0.5\%$，不扣分； $0.5\% \sim 1.4\% \leqslant \lvert R_d \rvert$，扣 1~9 分不等； $\lvert R_d \rvert > 1.4\%$，扣 10 分。 精密度计算错误或未计算扣 10 分。 水样原液未作平行样 3 份，一次性扣 10 分。* 水样原液未作平行样 3 份，一次性扣 10 分（*可为负分）		
4	测定结果准确度	10	测定值在 保证值±0.5%内，不扣分； 保证值±0.6%~1.8%，扣 1~9 分不等； 不在保证值±1.8%内扣 10 分		
	最终合计	100			

22.6 六价铬分析

（1）吸收池配套性检查

比色皿的校正值：A_1 <u> 0.000 </u>；A_2 _____；A_3 _____。

所选比色皿为：

（2）标准曲线的绘制

测量波长：_____；标准溶液原始浓度：_____。

溶液号	吸取标液体积/mL	浓度或质量（　）	A	$A_{校正}$
0				
1				
2				
3				
4				
5				
6				
7				
8				
9				

回归方程：

相关系数：

（3）水质样品的测定

平行测定次数	1	2	3
吸光度，A			
空白值，A_0			
校正吸光度，$A_{校正}$			
回归方程计算所得浓度（　）			
原始试液浓度/（μg/mL）			
样品六价铬的测定结果/（mg/L）			
R_d/%			

分析人：　　　　　　　　　校对人：　　　　　　　　　审核人：

标准曲线绘制图：

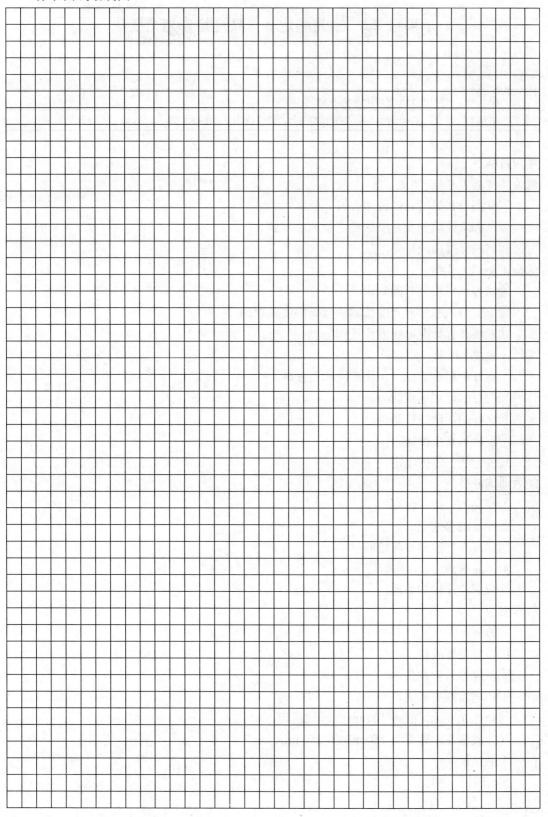

子项目 23　铅的测定——双硫腙分光光度法

项　目	金属及其化合物的监测
子项目	铅的测定——双硫腙分光光度法（GB 7470—87）

学习目标

能力（技能）目标

①掌握分光光度计的使用方法。

②掌握双硫腙分光光度法测定金属的步骤。

③掌握标准曲线定量方法。

认知（知识）目标

①掌握水中铅的基础知识。

②掌握双硫腙分光光度法测定金属的实验原理。

③能够计算标准曲线方程及 γ 值。

其他（素质）目标

①良好的职业道德、工作态度和责任感。

②良好的计划组织能力。

③良好的团队协作精神。

④实验室安全操作。

⑤遵守环境保护规定。

能力训练任务

①样品的采集和保存。

②样品的前处理。

③标准系列的测试与绘制。

④样品的测定。

⑤数据的计算与处理。

教学资源

①教材。

②项目训练教材。

③多媒体教学设备。

④环境监测实验室。

⑤分光光度计，配备 10 mm 光程比色皿。

⑥分液漏斗，容量为 150 mL 和 250 mL。

⑦电热板。

⑧pH 计。

23 1　预备知识

铅是一种有毒的金属，是人体非必需元素，可在人体和动植物组织中累积，人体吸收过量的铅会导致严重的血液系统、消化系统、脏器及神经损伤，表现出贫血、神经机能失调、肾损伤等毒性效应。尤其是对儿童的危害极大，在低剂量时就可以影响婴幼儿的智力发育，因此预防儿童铅中毒在全球受到了广泛关注。

研究表明，水生生物铅安全浓度为 0.16 mg/L，用含铅 0.1～4.4 mg/L 的水进行水稻和小麦的灌溉时，作物中铅含量明显增加。

水中铅的主要污染源是蓄电池、冶炼、五金、机械、涂料和电镀工业部门排放的废水，此外燃煤、燃油、燃木材、垃圾焚烧、机动车尾气等产生的大气污染经迁移后收纳于水中，也是水中铅污染的重要来源。

双硫腙分光光度法测定水中铅的原理是：在 pH 为 8.5～9.5 的氨性柠檬酸盐-氰化物的还原性介质中，铅与双硫腙形成可被氯仿萃取的淡红色的双硫腙铅螯合物，萃取的氯仿混色液，在 510 nm 波长下进行吸光测定，从而求出铅的含量。

23.2　实训准备

准备事宜	序号	名　称	方　法
样品的采集和保存			水样采集在聚乙烯瓶或玻璃瓶内，水样采集后每 1 000 mL 水样立即加入 2.0 mL 分析纯硝酸，酸化后水样 pH 约为 1.5，加入 5 mL 碘溶液以避免挥发性有机铅化合物在水样处理和消化过程中损失
	1	氯仿（$CHCl_3$）	分析纯
	2	高氯酸（$HClO_4$）	$\rho=1.67$ g/mL，优级纯
	3	硝酸	$\rho=1.42$ g/mL
	3.1	1+4 硝酸	取 200 mL 硝酸（3）用水稀释到 1 000 mL
	3.2	0.2%硝酸	0.2%（V/V），取 2 mL 硝酸（3）以水稀释至 1 000 mL
	4	0.5 mol/L 盐酸	取 42 mL 盐酸（$\rho=1.18$ g/mL）用水稀释至 1 000 mL
	5	氨水	$\rho=0.90$ g/mL，分析纯
	5.1	1+9 氨水	取 10 mL 氨水（5）用水稀释到 100 mL
	5.2	1+100 氨水	取 10 mL 氨水（5）用水稀释至 1 000 mL
	6	柠檬酸盐-氰化钾还原性溶液	将 400 g 柠檬酸氢二铵、20 g 无水亚硫酸钠、10 g 盐酸羟胺和 40 g 氰化钾溶解在水中并稀释到 1 000 mL，将此溶液和 2 000 mL 分析纯氨水混合
	7	亚硫酸钠溶液	将 5 g 无水亚硫酸钠溶解在 100 mL 无铅去离子水中
	8	碘溶液 0.05 mol/L	将 40 g 碘化钾溶解在 25 mL 去离子水中，加入 12.7 g 升华碘，然后用水稀释到 1 000 mL
	9	铅标准贮备液	称取 0.159 9 g 硝酸铅（纯度 99.5%）溶解在约 220 mL 水中，加入 10 mL 分析纯硝酸后用水稀释至 1 000 mL，每毫升含铅 100 μg
	10	铅标准工作溶液	吸取 20 mL 铅标准贮备溶液（9）于 1 000 mL 容量瓶中，用水稀释至标线，摇匀，此溶液每毫升含铅 2.00 μg
	11	双硫腙贮备溶液	称取 100 mg 纯净双硫腙溶于 1 000 mL 氯仿中，贮存于棕色瓶中放置在冰箱内备用，每毫升含双硫腙 100 μg

准备事宜	序号	名　称	方　法
	12	双硫腙工作溶液	取 100 mL 双硫腙贮备溶液置于 250 mL 容量瓶中,用氯仿稀释到标线,每毫升含双硫腙 40 µg
	13	双硫腙专用溶液	将 250 mg 双硫腙溶解在 250 mL 氯仿中
水样的预处理		浑浊地面水	每 100 mL 水样中加入 1 mL 分析纯硝酸,置于电热板上微沸消解 10 min,冷却后用快速滤纸过滤,滤纸用 0.2%硝酸洗涤数次,然后用同一硝酸稀释至一定体积,供测定
		悬浮物、有机质较多的地面水或废水	每 100 mL 水样加入 5 mL 分析纯硝酸,在电热板上加热消解到 10 mL 左右,冷却,再加入 5 mL 分析纯硝酸和 2 mL 分析纯高氯酸,继续加热消解,蒸发至近干。冷却后用 0.2%硝酸温热溶解残渣,冷却后,用快速滤纸过滤,滤纸用 0.2%硝酸洗涤数次,滤液用 0.2%硝酸稀释定容,供测定。 每分析一批样品要平行操作两个空白样品。 注:除非证明水样消化处理是不必要的,如水样为不含悬浮物的地下水和清洁的地面水,否则须按实际情况选取上述方法进行预处理

23.3　分析步骤

经处理的试份(含铅量不超 30 µg,最大体积不超过 100 mL)。

空白试验以蒸馏水代替水样进行相应操作。

向一系列 250 mL 分液漏斗中,分别加入铅标准使用液 0 mL、0.50 mL、1.00 mL、5.00 mL、7.50 mL、10.00 mL、12.50 mL 及 15.00 mL,各加入适量蒸馏水补充到 100 mL。

↓

加入 10 mL 1+4 硝酸和 50 mL 柠檬酸盐-氰化钾还原性溶液,摇匀后冷却到室温,加入 10 mL 双硫腙工作溶液,塞紧后剧烈摇动分液漏斗 30 s,然后放置分层。

↓

在分液漏斗的茎管内塞入一小团洁净脱脂棉,放出下层有机相,弃去 1～2 mL 氯仿层后,再注入 10 mm 比色皿中。

↓

立即在波长 510 nm 下,用 10 mm 比色皿,以双硫腙工作溶液将分光光度计调零,测量样品吸光度。

↓

计算绘制标准曲线,计算水样铅的浓度

$$C = \frac{m}{V}$$

式中:C——样品中铅的浓度,mg/L;

　　　m——从校准曲线上求得铅量,µg;

　　　V——用于测定的水样体积,mL。

23.4　质量控制和保证

(1)铋、锡和铊的双硫腙盐与双硫腙铅的最大吸收波长不同,在 510 nm 和 465 nm 分别测量试份的吸光度，可检查上述干扰是否存在。从每个波长位置的试份吸光度中扣除同一波长位置空白试验的吸光度，计算出试份吸光度的校正值。计算 510 nm 处吸光度校正值与 465 nm 处吸光度校正值的比值。吸光度校正值的比值对双硫腙铅盐为 2.08，而对双硫腙铋为 1.07。如果分析试份时求得的比值明显小于 2.08，则证明存在干扰，这时须另取 100 mL 试样并按以下步骤处理：对未经消化的试样，加入 5 mL 亚硫酸钠溶液以还原残留的碘，根据需要，在 pH 计上，用 1+4 硝酸或 1+9 氨水将试样的 pH 调为 2.5，将试样转入 250 mL 分液漏斗中，用双硫腙专用溶液至少萃取 3 次，每次用 10 mL，或者萃取到氯仿层呈现明显的绿色，然后用氯仿萃取，每次用 20 mL，以除去双硫腙（绿色消失），水相备作测定用。

（2）所用玻璃仪器，包括样品容器，在使用前需用硝酸清洗，并用自来水和无铅蒸馏水冲洗洁净。

（3）配置双硫腙四氯化碳贮备溶液的过程中，若双硫腙试剂不纯，可按以下步骤进行提纯：

称取 0.5 g 双硫腙溶于 100 mL 氯仿中滤去不溶物，滤液置分液漏斗中，每次用 20 mL 1+100 氨水提取 5 次，此时双硫腙进入水层，合并水层，然后用 0.5 mol/L 盐酸中和。再用 250 mL 氯仿分 3 次提取，合并氯仿层。将此双硫腙氯仿溶液流放入棕色瓶中，保存于冰箱中备用。

（4）配制柠檬酸盐-氰化钾溶液时，若溶液含有微量铅，则用双硫腙专用溶液萃取直到有机相为纯绿色，再用纯氯仿萃取 4～5 次以除去残留的双硫腙。

23.5 操作规范评分表

序号	考核点	配分	评分标准	扣分	得分
一	仪器准备	4			
1	玻璃仪器洗涤	2	1. 未用蒸馏水清洗两遍以上，扣 1 分； 2. 玻璃仪器出现挂水珠现象，扣 1 分		
2	分光光度计预热 20 min	2	1. 仪器未进行预热或预热时间不够，扣 1 分； 2. 未切断光路预热，扣 1 分		
二	标准溶液的配制	16			
1	溶液配制过程中有关的实验操作	8	1. 未进行容量瓶试漏检查，扣 0.5 分； 2. 容量瓶加蒸馏水时未沿器壁流下或产生大量气泡，扣 0.5 分； 3. 蒸馏水瓶管尖接触容器，扣 0.5 分； 4. 加水至容量瓶约 3/4 体积时没有平摇，扣 0.5 分； 5. 容量瓶、加水至近标线等待 1 min，没有等待，扣 0.5 分； 6. 容量瓶逐滴加入蒸馏水至标线操作不当或定容不准确，扣 0.5 分； 7. 持瓶方式不正确，扣 0.5 分； 8. 容量瓶未充分混匀或中间未开塞，扣 0.5 分； 9. 对溶液使用前没有盖塞充分摇匀的，扣 0.5 分； 10. 润洗方法不正确，扣 0.5 分；		

序号	考核点	配分	评分标准	扣分	得分
1	溶液配制过程中有关的实验操作		11. 将移液管中过多的贮备液放回贮备液瓶中，扣0.5分； 12. 移液管管尖触底，扣0.5分； 13. 移液出现吸空现象，扣1分； 14. 移液管移取标准储备液、标准工作液、水样原液及水样稀释液前未处理管尖溶液，扣0.5分； 15. 移取标准贮备液、标准工作液及水样原液时未另用一烧杯调节液面，扣0.5分； 16. 移液管移取标准储备液、标准工作液、水样原液及水样稀释液时，调节液面前未处理管尖部，扣0.5分； 17. 移液管未能一次调节到刻度，扣1分； 18. 移液管放液不规范，扣1分； 19. 取完试剂后未及时盖上试剂瓶盖，扣0.5分		
2	标准系列的配制	4	1. 贮备液未稀释，扣1分； 2. 直接在贮备液或工作液中进行相关操作，扣1分； 3. 标准工作液未贴标签或标签内容不全(包括名称、浓度、日期、配制者)，扣1分； 4. 每个点移取的标准溶液应从零分度开始，出现不正确项1次扣0.5分，但不超过该项总分4分(工作液可放回剩余溶液的烧杯中再取液，辅助试剂可在移液管吸干后在原试剂中进行相关操作)		
3	分液漏斗的使用	4	分液漏斗未试漏的扣0.5分； 分液漏斗拿取方法不正确，扣0.5分； 振摇过程中未开启活塞排气，扣0.5分； 放气时分液漏斗的上口要倾斜朝下，而下口处不要有液体，否则扣0.5分； 未等静止分层就放液，扣1分； 打开分液漏斗活塞，再打开旋塞，使下层液体从分液漏斗下端放出，待二者界面与旋塞上口相切即可关闭旋塞；把上层液体从分液漏斗上口倒出，扣1分		
三	分光光度计使用	15			
1	测定前的准备	2	1. 没有进行比色皿配套性选择，或选择不当，扣1分； 2. 不能正确在T挡调"100%"和"0"，扣1分		
2	测定操作	7	1. 手触及比色皿透光面，扣0.5分； 2. 比色皿润洗方法不正确(须含蒸馏水洗涤、待装液润洗)，扣0.5分； 3. 比色皿润洗操作不正确，扣0.5分； 4. 加入溶液高度不正确，扣1分； 5. 比色皿外壁溶液处理不正确，扣1分； 6. 比色皿盒拉杆操作不当，扣0.5分； 7. 重新取液测定，每出现一次扣1分，但不超过4分； 8. 不正确使用参比溶液，扣1分		

序号	考核点	配分	评分标准	扣分	得分
3	测定过程中仪器被溶液污染	2	1. 比色皿放在仪器表面，扣 1 分； 2. 比色室被撒落溶液污染，扣 0.5 分； 3. 比色室未及时清理干净，扣 0.5 分		
4	测定后的处理	4	1. 台面不清洁，扣 0.5 分； 2. 未取出比色皿及未洗涤，扣 1 分； 3. 没有倒尽控干比色皿，扣 0.5 分； 4. 测定结束，未作使用记录登记，扣 1 分； 5. 未关闭仪器电源，扣 1 分		
四	实验数据处理	12			
1	标准曲线取点		标准曲线取点不得少于 7 点（包含试剂空白点），缺少一个点扣 3 分，缺少 2 个点以上标准曲线无效		
2	正确绘制标准曲线	5	1. 标准曲线坐标选取错误或比例不合理（含曲线斜率不当），扣 1 分； 2. 测量数据及回归方程计算结果未标在曲线中，扣 1 分； 3. 缺少曲线名称、坐标、箭头、符号、单位量、回归方程及数据有效位数不对，每 1 项扣 0.5 分，但不超过 3 分		
3	试液吸光度处于要求范围内	2	水样取用量不合理致使吸光度超出要求范围或在 0 号与 1 号管测点范围内，扣 2 分		
4	原始记录	3	数据未直接填在报告单上、数据不全、有效数字位数不对、有空项，原始记录中缺少计量单位、数据更改每项扣 0.5 分，可累计扣分，但不超过该项总分 3 分		
5	有效数字运算	2	1. 回归方程未保留小数点后四位数字，扣 0.5 分； 2. γ 未保留小数点后四位，扣 0.5 分； 3. 测量结果未两位有效数字，扣 1 分		
五	文明操作	18			
1	实验室整洁	4	实验过程台面、地面脏乱，废液处置不当，一次性扣 4 分		
2	清洗仪器、试剂等物品归位	4	实验结束未先清洗仪器或试剂物品未归位就完成报告，一次性扣 4 分		
3	仪器损坏	6	仪器损坏，一次性扣 6 分		
4	试剂用量	4	每名选手均准备有两倍用量的试剂，若还需添加，则一次性扣 4 分		
六	测定结果	35			
1	回归方程的计算	5	没有算出或计算错误回归方程的，扣 5 分		
2	标准曲线线性	10	$\gamma \geq 0.999$，不扣分； $\gamma = 0.997 \sim 0.990$，扣 1～9 分不等； $\gamma < 0.990$，扣 10 分； γ 计算错误或未计算先扣 3 分，再按相关标准扣分，但不超过 10 分		

序号	考核点	配分	评分标准	扣分	得分
3	测定结果精密度	10	$\lvert R_d \rvert \leq 0.5\%$，不扣分； $0.5\% \sim 1.4\% \leq \lvert R_d \rvert$，扣 1～9 分不等； $\lvert R_d \rvert > 1.4\%$，扣 10 分。 精密度计算错误或未计算扣 10 分。 水样原液未作平行样 3 份，一次性扣 10 分。* 水样原液未作平行样 3 份，一次性扣 10 分（*可为负分）		
4	测定结果准确度	10	测定值在 保证值±0.5%内，不扣分； 保证值±0.6%～1.8%，扣 1～9 分不等； 不在保证值±1.8%内扣 10 分		
	最终合计	100			

23.6 铅含量分析

（1）吸收池配套性检查

比色皿的校正值：A_1 __0.000__ ；A_2_____；A_3_____；A_4_____。

所选比色皿为：

（2）标准曲线的绘制

测量波长：_____；标准溶液原始浓度：_____。

溶液号	吸取标液体积/mL	浓度或质量（　）	A	$A_{校正}$
0				
1				
2				
3				
4				
5				
6				
7				

回归方程：

相关系数：

（3）水质样品的测定

平行测定次数	1	2	3
吸光度，A			
空白值，A_0			
校正吸光度，$A_{校正}$			
回归方程计算所得浓度（　）			
原始试液浓度/（μg/mL）			
样品铅的测定结果/（mg/L）			
R_d/%			

分析人：　　　　　　　　　校对人：　　　　　　　　　审核人：

标准曲线绘制图：

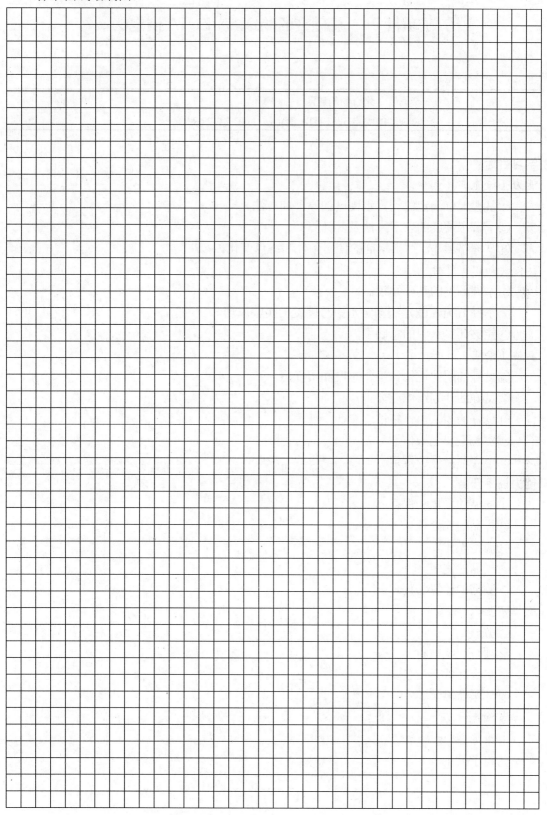

子项目 24　总硬度的测定——EDTA 滴定法

项　　目	金属及其化合物的监测
子项目	总硬度的测定——EDTA 滴定法（GB 7477—87）

学习目标

能力（技能）目标

①掌握配位滴定法测定水硬度的原理和方法。

②了解水硬度的表示方法及其计算。

③掌握铬黑 T，钙指示剂的使用条件和终点变化。

认知（知识）目标

①掌握硬度的基础知识。

②掌握 EDTA 滴定法测定水中总硬度的实验原理。

③能够计算水中的总硬度。

其他（素质）目标

①良好的职业道德、工作态度和责任感。

②良好的计划组织能力。

③良好的团队协作精神。

④实验室安全操作。

⑤遵守环境保护规定。

能力训练任务

①样品的采集和保存。

②样品的前处理。

③滴定操作。

④样品的测定。

⑤数据的计算与处理。

教学资源

①教材。

②项目训练教材。

③多媒体教学设备。

④环境监测实验室。

⑤滴定管。

⑥锥形瓶。

⑦电子天平。

24.1　预备知识

水总硬度是指水中 Ca^{2+}、Mg^{2+} 的总量，它包括暂时硬度和永久硬度。水中 Ca^{2+}、Mg^{2+} 以酸式碳酸盐形式存在的部分，因其遇热即形成碳酸盐沉淀而被除去，称之为暂时硬度；而以硫酸盐、硝酸盐和氯化物等形式存在的部分，因其性质比较稳定，不能够通过加热的方式除去，故称为永久硬度。

硬度又分为钙硬和镁硬，钙硬是由 Ca^{2+} 引起的，镁硬是由 Mg^{2+} 引起的。水硬度是表示水质的一个重要指标。洗涤用水如果硬度过高，不仅浪费肥皂，而且衣物也不易洗净。锅炉用水硬度太高，特别是暂时硬度太高，十分有害。因为经过长期烧煮后，水里的钙和镁会在锅炉内结成锅垢，使锅炉内的金属管道的导热能力大大降低，这不但浪费燃料，而且会使局部管道过热，当超过金属允许的温度时，锅炉管道将变形损毁，严重时会引起锅炉爆炸事故。

测定水的硬度常采用配位滴定法，用 EDTA 溶液滴定水中 Ca、Mg 总量，然后换算为相应的硬度单位。用 EDTA 滴定钙镁离子总量时，一般是在 pH 10 的 NH_3-NH_4Cl 缓冲溶液中进行，以铬黑 T（EBT）为指示剂。化学计量点前，Mg^{2+} 与铬黑 T 形成酒红色络合物，滴入 EDTA 后，金属离子逐步被络合，当达到反应化学计量点时，已与指示剂络合的金属离子被 EDTA 夺出，游离出指示剂，使溶液由酒红色变为纯蓝色。滴定过程反应如下：

滴定前：$EBT + Mg^{2+} \rightleftharpoons Mg\text{-}EBT$
　　　　（蓝色）　　　　　（酒红色）

滴定时：$EDTA + Ca^{2+} \rightleftharpoons Ca\text{-}EDTA$
　　　　　　　　　　　（无色）

　　　　$EDTA + Mg^{2+} \rightleftharpoons Mg\text{-}EDTA$
　　　　　　　　　　　（无色）

终点时：$EDTA + Mg\text{-}EBT \rightleftharpoons Mg\text{-}EDTA + EBT$
　　　　（酒红色）　　　　　　　　　（蓝色）

若水样中存在 Fe^{3+}，Al^{3+} 等微量杂质时，可用三乙醇胺进行掩蔽，Cu^{2+}、Pb^{2+}、Zn^{2+} 等重金属离子可用 Na_2S 或 KCN 掩蔽。

水硬度的测定分为水的总硬度以及钙-镁硬度，前者是测定 Ca、Mg 总量，后者是分别测定 Ca、Mg 分量。如测定钙硬度，可控制 pH 在 12～13，选用钙指示剂进行测定。镁硬度可由总硬度减去钙硬度求出。

24.2　实训准备

准备事宜	序号	名　称	方　法
样品的采集和保存			采集水样可用硬质玻璃瓶（或聚乙烯容器），采样前先将瓶洗净。采样时用水冲洗 3 次，再采集于瓶中。 采集自来水及有抽水设备的井水时，应先放水数分钟，使积留在水管中的杂质流出，然后将水样收集于瓶中。采集无抽水设备的井水或江、河、湖等地面水时，可将采样设备浸入水中，使采样瓶口位于水面下 20～30 cm，然后拉开瓶塞，使水进入瓶中。 水样采集后（尽快送往实验室），应于 24 h 内完成测定。否则，每升水样中应加 2 mL 浓硝酸作保存剂（使 pH 降至 1.5 左右）
实训试剂	1	缓冲溶液（pH=10）	称取 1.25 g EDTA 二钠镁和 16.9 g 氯化铵溶于 143 mL 浓氨水中，用水稀释至 250 mL

准备事宜	序号	名 称	方 法
	2	EDTA 二钠标准溶液：0.01 mol/L 左右	将一份 EDTA 二钠二水合物在 80℃干燥 2 h，放入干燥器中冷至室温，称取 3.725 g 溶于水，在容量瓶中定容至 1 000 mL，盛放在聚乙烯瓶中，定期校对其浓度
	3	钙标准溶液：0.01 mol/L	将一份碳酸钙（$CaCO_3$）在 150℃干燥 2 h，取出放在干燥器中冷至室温，称取 1.001 g 于 500 mL 锥形瓶中，用水润湿。逐滴加入 4 mol/L 盐酸至碳酸钙全部溶解，避免滴入过量酸。加 200 mL 水，煮沸数分钟赶除二氧化碳，冷却至室温，加入数滴甲基红指示剂溶液（0.1 g 溶于 100 mL 60%的乙醇中），逐滴加入 3 mol/L 氨水至变为橙色，在容量瓶中定容至 1 000 mL。此溶液 1.00 mL 含 0.400 8 mg（0.01 mmol）钙
	4	铬黑 T 指示剂	将 0.5 g 铬黑 T 溶于 100 mL 三乙醇胺，盛放在棕色瓶中
	5	氢氧化钠：2 mol/L	将 8 g 氢氧化钠溶于 100 mL 新鲜蒸馏水中。盛放在聚乙烯瓶中，避免空气中二氧化碳的污染
水样的预处理	情况 1		一般样品不需预处理。如样品中存在大量微小颗粒物，需在采样后尽快用 0.45 μm 孔径滤器过滤。样品经过滤，可能有少量钙和镁被滤除
	情况 2		试样中钙和镁总量超出 0.003 6 mol/L 时，应稀释至低于此浓度，记录稀释因子 F
	情况 3		如试样经过酸化保存，可用计算量的氢氧化钠（5）中和。计算结果时，应把样品或试样由于加酸或碱的稀释考虑在内

24.3 分析步骤

用移液管吸取 25.0 mL 钙标准溶液（3）于 250 mL 锥形瓶中，平行取 3 份。

用移液管吸取 50.0 mL 预处理的水样于 250 mL 锥形瓶中，平行取 3 份。

加入 4 mL 缓冲溶液（1）和 3 滴铬黑 T 指示剂（4）（此时溶液应呈紫红色或紫色，其 pH 值应为 10.0±0.1）。

自滴定管加入 EDTA 二钠溶液（2），开始滴定时速度宜稍快，近终点时应稍慢，并充分振摇，最好每滴间隔 2～3 s；溶液的颜色由紫红或紫色逐渐转为蓝色，最后一点紫色的色调消失，刚出现天蓝色时即为终点，整个滴定过程应在 5 min 内完成。记录消耗 EDTA 二钠溶液体积的毫升数。

分别计算 EDTA 二钠溶液标定后的准确浓度及钙和镁总量。

EDTA 二钠溶液标定后的准确浓度：

$$C_1 = \frac{C_2 V_2}{V_1}$$

式中：C_1——EDTA 二钠溶液标定后的准确浓度，mol/L；

　　　C_2——钙标准溶液的浓度，mol/L；

　　　V_1——标定中消耗的 EDTA 二钠溶液体积，mL；

　　　V_2——钙标准溶液的体积，mL。

钙和镁总量（总硬度）

$$C = \frac{C_1 V_1}{V_0}$$

式中：C——钙和镁总量（总硬度），mol/L；

　　　C_1——EDTA 二钠溶液标定后的准确浓度，mol/L；

　　　V_1——标定中消耗的 EDTA 二钠溶液体积，mL；

　　　V_0——试样体积，mL。

如试样经过稀释，采用稀释因子 F 修正计算。

24.4 质量控制和保证

（1）常用 EDTA 浓度是 $0.01\sim0.05$ moL/L，$Na_2H_2Y_2 \cdot 2H_2O$ 常含 0.3%的吸附水，若要直接配制标准溶液，必须将试剂在 80℃ 干燥过夜，或在 120℃ 烘干至恒重，由于水与其他试剂中常含有金属离子，EDTA 标准溶液常采用间接配制法。

（2）蒸馏水的质量是否符合要求是配位滴定中十分重要的问题，若配制溶液的水中含有 Al^{3+}、Cu^{2+} 等，就会使指示剂受到封闭，致使终点难以判断，若水中含有 Ca^{2+}、Mg^{2+}、Pb^{2+}、Sn^{2+} 等，则会消耗 EDTA，在不同的情况下会对结果产生不同的影响，因此，在配位滴定中，必须对所用的蒸馏水的质量进行检查。为保证质量，经常采用二次蒸馏水或去离子水来配制溶液。

（3）EDTA 应储存在聚乙烯塑料瓶或硬质玻璃瓶中，若储存于软质玻璃瓶中，会不断溶解玻璃中的 Ca^{2+} 形成 CaY^{2-} 使 EDTA 浓度不断降低。

（4）标定 EDTA 的基准物质很多，如金属 Zn、Cu、铋以及 ZnO、$CaCO_3$、$MgSO_4 \cdot 7H_2O$ 等。金属 Zn 的纯度高（达 99.99%），在空气中又稳定，Zn^{2+} 与 ZnY^{2-} 均无色，既能在 pH $5\sim6$ 以二甲酚橙为指示剂标定，又可在 pH $9\sim10$ 氨性缓冲溶液中以铬黑 T 为指示剂标定，终点均很敏锐，因此一般多采用金属 Zn 为基准物质。

（5）为使测定的准确度高，标定条件应与测定条件尽可能接近。例如：由试剂或水中引入的杂质在不同条件下有不同的影响，若有杂质 Ca^{2+}、Pb^{2+} 存在，在碱性中滴定时，两者均与 EDTA 配位；在弱酸性溶液中，只有 Pb^{2+} 与 EDTA 配位；而在强酸溶液中滴定，则两者均不与 EDTA 配位，因此在相同的酸度下标定和测定，这种影响就可抵消。

（6）配位滴定速度较慢（不像酸碱反应在瞬间完成），故滴定时加入 EDTA 溶液的速度不能太快，特别是近终点时，应逐滴加入，并充分振摇。

24.5 操作规范评分表

序号	考核点	配分	评分标准	扣分	得分
一	称量	16			
1	分析天平称量前准备	2	1. 未检查调整天平水平，扣 1 分； 2. 托盘未清扫，扣 1 分		
2	分析天平称量操作（不允许重称）	12	1. 干燥器盖子放置不正确，扣 0.5 分； 2. 称样时，若手直接触被称物容器或被称物容器直接放在台面上，每次扣 0.5 分； 3. 称量瓶未放置在天平盘中央，扣 0.5 分； 4. 没有回敲动作，一次性扣 2 分； 5. 称一份试样敲样超过 3 次，一次性扣 2 分； 6. 超出规定量±5%，扣 0.5 分/份；超出规定量±10%，扣 1 分/份，最多扣 4 分； 7. 试样撒落，扣 2 分； 8. 开关天平门、放置称量物要轻巧，否则一次性扣 0.5 分		

序号	考核点	配分	评分标准	扣分	得分
3	称量后处理	2	1. 不关天平门，扣 0.5 分； 2. 天平内外不清洁，扣 0.5 分； 3. 未检查零点，扣 0.5 分； 4. 凳子未归位，扣 0.5 分； 5. 未做使用记录登记，扣 0.5 分		
二	标准滴定溶液的配制和标定	24			
1	玻璃仪器的洗涤	0.5	玻璃仪器洗涤干净后内壁应不挂水珠，否则一次性扣 0.5 分		
2	转移溶液	3	1. 容量瓶未试漏检查，一次性扣 0.5 分； 2. 烧杯没沿玻璃棒向上提起，一次性扣 0.5 分； 3. 玻璃棒若靠在烧杯嘴处，一次性扣 0.5 分； 4. 吹洗转移重复 4 次以上，否则扣 0.5 分； 5. 溶液有洒落，扣 2 分		
3	移液管润洗	2	1. 润洗溶液若超过总体积的 1/3，一次性扣 0.5 分； 2. 润洗后废液应从下口排放，否则一次性扣 0.5 分； 3. 润洗少于 3 次，一次性扣 1 分		
4	移取溶液、放出溶液	5.5	1. 移液管插入标准溶液前或调节标准溶液液面前未用滤纸擦拭管外壁，出现一次扣 0.5 分，最多扣 2 分； 2. 移液时，移液管插入液面下 1～2 cm，插入过深，一次性扣 0.5 分； 3. 吸空或将溶液吸入吸耳球内，一次性扣 1 分； 4. 调节好液面后放液前管尖有气泡，一次性扣 1 分； 5. 移液时，移液管不竖直，每次扣 0.5 分；锥形瓶未倾斜 30～45°，每次扣 0.5 分；管尖未靠壁，每次扣 0.5 分，此项累计不超过 2 分； 6. 溶液流完后未停靠 15 s，每次扣 0.5 分，此项累计不超过 1 分		
5	定容操作	4	1. 加水至容量瓶约 3/4 体积时没有平摇，一次性扣 0.5 分； 2. 加水至近标线等待 1 min，没有等待，一次性扣 0.5 分； 3. 定容超过刻度，一次性扣 2 分； 4. 未充分摇匀、中间未开塞，一次性扣 0.5 分； 5. 定容或摇匀时持瓶方式不正确，一次性扣 0.5 分		
6	滴定操作	9	1. 滴定管未进行试漏或时间不足 2 min（总时间），扣 0.5 分； 2. 润洗前，未摇匀 $KMnO_4$ 溶液，一次性扣 0.5 分；润洗次数少于 3 次，扣 1 分； 3. 未排净气泡，每次扣 0.5 分；调零时，应捏住滴定管上部无刻度处，否则一次性扣 0.5 分； 4. 滴定前管尖残液未除去，每出现一次扣 0.5 分，最多扣 1 分； 5. 滴定速度得当，若直线放液，一次性扣 1 分； 6. 操作不当造成漏液或滴出锥形瓶外，一次性扣 2 分； 7. 终点控制不准（非半滴到达、颜色过深），每出现一次扣 0.5 分，最多扣 2 分； 8. 终点后滴定管尖悬挂液滴或有气泡，一次性扣 1 分		

序号	考核点	配分	评分标准	扣分	得分
三	数据的记录和结果计算	10			
1	正确读数	4	读数不正确,每出现一次扣0.5分(滴定管的读数应读准至±0.01 mL)		
2	原始记录	4	1. 数据未直接填在报告单上,每出现一次扣1分; 2. 数据不全、有空格、字迹不工整,每出现一次扣0.5分,可累加扣分,但不出现给负分的情况		
3	有效数字运算	2	有效数字运算不规范,每出现一次扣1分,最多扣2分		
四	文明操作	10			
1	实验室整洁	2	实验过程台面、地面脏乱,一次性扣2分		
2	实验结束清洗仪器、试剂物品归位	4	实验结束未先清洗仪器或试剂物品未归位就完成报告,一次性扣4分		
3	仪器损坏	4	损坏仪器,每出现一次扣2分		
五	测定结果	40			
1	标定结果精密度	10	1. (极差/平均值)≤0.15%,不扣分,0.15%<(极差/平均值)≤0.25%,扣2.5分; 2. 0.25%<(极差/平均值)≤0.35%,扣5分; 3. 0.35%<(极差/平均值)≤0.45%,扣7.5分; 4. (极差/平均值)>0.45%,或学生标定结果少于4份,精密度0分		
2	标定结果准确度	10	1. (极差/平均值)>0.45%,或学生标定结果少于4份,准确度0分; 2. 保证值±1 s内,不扣分; 3. 保证值±2 s内,扣3分; 4. 保证值±3 s内,扣6分; 5. 保证值±4 s外,扣10分		
3	测定结果精密度	10	1. (极差/平均值)≤3%,不扣分; 2. 3%<(极差/平均值)≤5%,扣3分; 3. 5%<(极差/平均值)≤7.5%,扣7分; 4. 7.5%<(极差/平均值),扣10分		
4	测定结果准确度	10	1. 保证值±1 s内,不扣分; 2. 保证值±2 s内,扣3分; 3. 保证值±3 s内,扣7分; 4. 保证值±4 s外,扣10分		
	最终合计	100			

24.6 总硬度分析原始数据记录表

实验编号	1	2	3
钙标准溶液/mL			
滴定管初始读数/mL			
滴定管终点读数/mL			
EDTA消耗体积/mL			
EDTA的浓度/(mol/L)			
平均值			

相对偏差			
水样的测定			
水样编号	1	2	3
水样体积/mL			
EDTA 标液/mL			
水总硬度/（mol/L）			
平均值			
相对偏差			

分析人：　　　　　　　　　校对人：　　　　　　　　　审核人：

子项目 25　铜的测定——二乙基二硫代氨基甲酸钠分光光度法

项　　目	金属及其化合物的监测
子项目	铜的测定——二乙基二硫代氨基甲酸钠分光光度法（HJ 485—2009）

学习目标

能力（技能）目标

　　①掌握分光光度计的使用方法。

　　②掌握二乙基二硫代氨基甲酸钠分光光度法测定铜的步骤。

　　③掌握标准曲线定量方法。

认知（知识）目标

　　①掌握铜的基础知识。

　　②掌握二乙基二硫代氨基甲酸钠分光光度法测定铜的实验原理。

　　③能够计算标准曲线方程及 γ 值。

其他（素质）目标

　　①良好的职业道德、工作态度和责任感。

　　②良好的计划组织能力。

　　③良好的团队协作精神。

　　④实验室安全操作。

　　⑤遵守环境保护规定。

能力训练任务

　　①样品的采集和保存。

　　②样品的前处理。

　　③标准系列的测试与绘制。

　　④样品的测定。

　　⑤数据的计算与处理。

教学资源

①教材。

②项目训练教材。

③多媒体教学设备。

④环境监测实验室。

⑤分光光度计，配置 10 mm、20 mm 比色皿。

⑥50 mL 具塞比色管。

⑦125 mL 分液漏斗，具磨口玻璃塞。

⑧可调温电热板。

⑨一般实验室常用设备。

25.1 预备知识

铜在动物的新陈代谢方面是至关重要的，成人每日的需要量约为 20 mg，但是过量摄入铜会引起严重的中毒反应，如呕吐、抽筋、惊厥，甚至死亡。例如，皮肤接触铜化合物时，会引起皮炎和湿疹，如果接触高浓度的铜化合物会使皮肤坏死。当水体中铜含量达 0.01 mg/L 时，能够抑制水体的自净作用；当水体中铜含量超过 5 mg/L，水体会产生明显异味；当铜含量超过 15 mg/L 时，水将不能饮用；如果用含铜废水灌溉农田，铜将被植物体吸收并在植物体内富集，从而影响水稻和大麦的生长，进而污染粮食籽粒。水中铜的毒性与其形态有关，游离铜离子毒性比络合铜大得多。通常，淡水中铜的浓度约为 3 μg/L，海水中铜的浓度约为 0.25 μg/L。

铜的主要污染源是电镀、五金加工、采矿、石油化工和化学工业部门排放之废水。

二乙基二硫代氨基甲酸钠分光光度法测定水中铜的原理是：在氨性溶液中（pH 8～10），铜与二乙基二硫代氨基甲酸钠作用生成黄棕色络合物，络合物可用四氯化碳或三氯甲烷萃取，在 440 nm 波长处测量吸光度。颜色可稳定 1 h。

25.2 实训准备

准备事宜	序号	名　称	方　法
样品的采集和保存		采样后若不能立即分析，应将水样酸化至 pH 1.5，通常每 100 mL 样品加入 0.5 mL 盐酸溶液，但酸化以后的样品仅适合测定水中的总铜	
实训试剂	1	滤膜	孔径 0.45 μm
	2	盐酸	ρ=1.19 g/mL，优级纯
	3	硝酸	ρ=1.40 g/mL，优级纯
	4	高氯酸	ρ=1.68 g/mL，优级纯
	5	氨水	ρ=0.91 g/mL，优级纯
	6	四氯化碳	分析纯
	7	三氯甲烷	分析纯
	8	乙醇	95%，分析纯
	9	1+1 氨水	1 体积氨水 1 体积水
	10	1+1 盐酸溶液	1 体积盐酸 1 体积水
	11	1+1 硝酸溶液	1 体积硝酸 1 体积水
	12	铜标准贮备溶液 ρ=200 μg/mL	称取 0.200 0 g±0.000 1 g 金属铜（纯度≥99.9%），置于 250 mL 锥形瓶中，加入 20 mL 水和 10 mL 1+1 硝酸溶液，加热溶解，

准备事宜	序号	名　称	方　法
			直到反应速度变慢时微微加热，使全部铜溶解。煮沸溶液以驱除氮的氧化物，冷却后加水溶解，转移到 1 000 mL 容量瓶中，用水稀释至标线并混匀
实训试剂	13	铜标准溶液 ρ=5.0 μg/mL	吸取 25.00 mL 铜标准贮备溶液于 1 000 mL 容量瓶中，用水稀释至标线并混匀
	14	二乙基二硫代氨基甲酸钠溶液 ρ=2 mg/mL	称取 200 mg 二乙基二硫代氨基甲酸钠（或称铜试剂，$C_5H_{10}NS_2Na \cdot 3H_2O$）溶于水中并稀释至 100 mL，用棕色玻璃瓶贮存，放于暗处可稳定两周
	15	EDTA-柠檬酸铵溶液 I ρ(EDTA)=12.0 g/L	称取 12.0 g 乙二胺四乙酸二钠（Na_2-EDTA$\cdot 2H_2O$）和 2.5 g 柠檬酸铵$[(NH_4)_3 \cdot C_6H_5O_7]$于 1 000 mL 烧杯中，加入 100 mL 水和 200 mL 优级纯氨水溶解，用水稀释至 1 L，加入 10 mL 所配制二乙基二硫代氨基甲酸钠溶液，用 100 mL 四氯化碳萃取提纯
	16	甲酚红指示液 ρ=0.4 mg/mL	称取 20 mg 甲酚红（$C_{21}H_{18}O_5S$）溶于 50 mL 乙醇中
	17	EDTA-柠檬酸铵溶液 II ρ（EDTA）=50.0 g/L	称取 5.0 g 乙二胺四乙酸二钠（Na_2-EDTA$\cdot 2H_2O$）和 20 g 柠檬酸铵$[(NH_4)_3 \cdot C_6H_5O_7]$溶于水中并稀释至 100 mL，加入 4 滴甲酚红指示液，用 1+1 氨水调至 pH 8～8.5（由黄色变为浅紫色），加入 5 mL 所配制的二乙基二硫代氨基甲酸钠溶液，用 10 mL 四氯化碳萃取提纯
	18	氯化铵-氢氧化铵缓冲溶液	将 70 g 氯化铵溶于适量水中，加入 46 mL 优级纯氨水，用水稀释至 1 L，此缓冲溶液的 pH 约为 9.0
水样的预处理	可溶性铜		1. 将未经酸化处理的水样通过 0.45 μm 水系滤膜过滤； 2. 用移液管吸取适量体积过滤后的试样，置于分液漏斗中，加水至 50 mL； 3. 加入 10 mL EDTA-柠檬酸铵溶液 I，50 mL 氯化铵-氢氧化铵缓冲溶液，摇匀，此溶液 pH 9。加入 5.0 mL 二乙基二硫代氨基甲酸钠溶液，摇匀，静置 5 min。准确加入 10.00 mL 四氯化碳，振荡不少于 2 min，静置，使分层。显色后 1 h 内完成测定
	总铜		1. 取 50.0 mL 水样，于 150 mL 烧杯中，加 5 mL 优级纯硝酸，在电热板上加热，消解到 10 mL 左右。稍冷却，再加入 5 mL 优级纯硝酸和 1 mL 优级纯高氯酸，继续加热消解，蒸至近干。冷却后，加水 40 mL，加热煮沸 3 min。冷却后，转入 50 mL 容量瓶中，用水稀释至标线（若有沉淀，应过滤）。 2. 用移液管吸取适量体积（含铜量不超过 30 μg，最大体积不大于 50 mL）消解后的试样，置于分液漏斗中，加水至 50 mL。 3. 加入 10 mL EDTA-柠檬酸铵溶液 II 和 2 滴甲酚红指示液，用（1+1）氨水调 pH 至 8～8.5（由红色经黄色变为浅紫色）。加入 5.0 mL 二乙基二硫代氨基甲酸钠溶液，摇匀，静置 5 min。准确加入 10.00 mL 四氯化碳，振荡不少于 2 min，静置，使分层。显色后 1 h 内完成

25.3　分析步骤

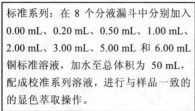

| 标准系列：在 8 个分液漏斗中分别加入 0.00 mL、0.20 mL、0.50 mL、1.00 mL、2.00 mL、3.00 mL、5.00 mL 和 6.00 mL 铜标准溶液，加水至总体积为 50 mL，配成校准系列溶液，进行与样品一致的的显色萃取操作。 | 空白样：用 50 mL 水代替试样，进行与样品一致的预处理操作。 | 水样：经显色萃取后用滤纸吸干分液漏斗颈部的水分，塞入一小团脱脂棉，弃去最初流出的有机相 1～2 mL，然后将有机相移入比色皿内。 |

铜含量在 10～30 µg，用 10 mm 比色皿（含量小于 10 µg，用 20 mm 比色皿），在 440 nm 波长处，以四氯化碳作参比，测量吸光度。

将测量的吸光度作空白校正后，计算绘制标准曲线，计算水样铜的浓度

$$\rho = \frac{(A - A_0) - a}{b \times V}$$

式中：ρ——水样中铜质量浓度，mg/L；

A——样品的吸光度；

A_0——试剂空白的吸光度；

a——回归方程的截距，吸光度；

b——回归方程的斜率，吸光度/µg；

V——萃取时用的试样体积，mL。

25.4　质量控制和保证

（1）为了防止铜离子吸附在采样容器壁上，采样后样品应尽快分析。

（2）进行总铜测定时，消解的操作不能出现蒸干的情况。

（3）进行显色萃取的样品，含铜量不超过 30 µg，若不能确定，可量取不同分量未知水样进行萃取、显色及测定的操作。

（4）显色后须在 1 h 内进行测定。

（5）铁、锰、镍、钴等与二乙基二硫代氨基甲酸钠生成有色络合物，干扰铜的测定，可用 EDTA-柠檬酸铵溶液掩蔽消除。

25.5　操作规范评分表

序号	考核点	配分	评分标准	扣分	得分
一	仪器准备	4			
1	玻璃仪器洗涤	2	1. 未用蒸馏水清洗两遍以上，扣 1 分； 2. 玻璃仪器出现挂水珠现象，扣 1 分		
2	分光光度计预热 20 min	2	1. 仪器未进行预热或预热时间不够，扣 1 分； 2. 未切断光路预热，扣 1 分		

序号	考核点	配分	评分标准	扣分	得分
二	标准溶液的配制	16			
1	溶液配制过程中有关的实验操作	11	1. 未进行容量瓶试漏检查，扣0.5分； 2. 容量瓶加蒸馏水时未沿器壁流下或产生大量气泡，扣0.5分； 3. 蒸馏水瓶管尖接触容器，扣0.5分； 4. 加水至容量瓶约3/4体积时没有平摇，扣0.5分； 5. 容量瓶加水至近标线等待1 min，没有等待，扣0.5分； 6. 容量瓶逐滴加入蒸馏水至标线操作不当或定容不准确，扣0.5分； 7. 持瓶方式不正确，扣0.5分； 8. 容量瓶未充分混匀或中间未开塞，扣0.5分； 9. 对溶液使用前没有盖塞充分摇匀的，扣0.5分； 10. 润洗方法不正确，扣0.5分； 11. 将移液管中过多的贮备液放回贮备液瓶中，扣0.5分； 12. 移液管管尖触底，扣0.5分； 13. 移液出现吸空现象，扣1分； 14. 移液管移取标准储备液、标准工作液、水样原液及水样稀释液前未处理管尖溶液，扣0.5分； 15. 移取标准贮备液、标准工作液及水样原液时未另用一烧杯调节液面，扣0.5分； 16. 移液管移取标准储备液、标准工作液、水样原液及水样稀释液时，调节液面前未处理管尖部，扣0.5分； 17. 移液管未能一次调节到刻度，扣1分； 18. 移液管放液不规范，扣1分； 19. 取完试剂后未及时盖上试剂瓶盖，扣0.5分		
2	标准系列的配制	4	1. 贮备液未稀释，扣1分； 2. 直接在贮备液或工作液中进行相关操作，扣1分； 3. 标准工作液未贴标签或标签内容不全（包括名称、浓度、日期、配制者），扣1分； 4. 每个点移取的标准溶液应从零分度开始，出现不正确项1次扣0.5分，但不超过该项总分4分（工作液可放回剩余溶液的烧杯中再取液，辅助试剂可在移液管吸干后在原试剂中进行相关操作）		
3	水样稀释液的配制	1	直接在水样原液中进行相关操作，扣1分（水样稀释液在移液管吸干后可在容量瓶中进行相关操作）		
三	分光光度计使用	15			
1	测定前的准备	2	1. 没有进行比色皿配套性选择，或选择不当，扣1分； 2. 不能正确在T挡调"100%"和"0"，扣1分		

序号	考核点	配分	评分标准	扣分	得分
2	测定操作	7	1. 手触及比色皿透光面，扣 0.5 分； 2. 比色皿润洗方法不正确（须含蒸馏水洗涤、待装液润洗），扣 0.5 分； 3. 比色皿润洗操作不正确，扣 0.5 分； 4. 加入溶液高度不正确，扣 1 分； 5. 比色皿外壁溶液处理不正确，扣 1 分； 6. 比色皿盒拉杆操作不当，扣 0.5 分； 7. 重新取液测定，每出现一次扣 1 分，但不超过 4 分； 8. 不正确使用参比溶液，扣 1 分		
3	测定过程中仪器被溶液污染	2	1. 比色皿放在仪器表面，扣 1 分； 2. 比色室被洒落溶液污染，扣 0.5 分； 3. 比色室未及时清理干净，扣 0.5 分		
4	测定后的处理	4	1. 台面不清洁，扣 0.5 分； 2. 未取出比色皿及未洗涤，扣 1 分； 3. 没有倒尽控干比色皿，扣 0.5 分； 4. 测定结束，未作使用记录登记，扣 1 分； 5. 未关闭仪器电源，扣 1 分		
四	实验数据处理	12			
1	标准曲线取点		标准曲线取点不得少于 8 点（包含试剂空白点），否则标准曲线无效，扣 12 分		
2	正确绘制标准曲线	5	1. 标准曲线坐标选取错误或比例不合理（含曲线斜率不当），扣 1 分； 2. 测量数据及回归方程计算结果未标在曲线中，扣 1 分； 3. 缺少曲线名称、坐标、箭头、符号、单位量、回归方程及数据有效位数不对，每 1 项扣 0.5 分，但不超过 3 分		
3	试液吸光度处于要求范围内	2	水样取用量不合理致使吸光度超出要求范围或在 0 号与 1 号管测点范围内，扣 2 分		
4	原始记录	3	数据未直接填在报告单上、数据不全、有效数字位数不对、有空项，原始记录中缺少计量单位、数据更改每项扣 0.5 分，可累计扣分，但不超过该项总分 3 分		
5	有效数字运算	2	1. 回归方程未保留小数点后四位数字，扣 0.5 分； 2. γ 未保留小数点后四位，扣 0.5 分； 3. 测量结果未保留到小数点后两位，扣 1 分		
五	文明操作	18			
1	文明操作	4	实验过程台面、地面脏乱，废液处置不当，一次性扣 4 分		
2	清洗仪器、试剂等物品归位	4	实验结束未先清洗仪器或试剂物品未归位就完成报告，一次性扣 4 分		
3	仪器损坏	6	仪器损坏，一次性扣 6 分		
4	试剂用量	4	每名学生均准备有两倍用量的试剂，若还需添加，则一次性扣 4 分		

序号	考核点	配分	评分标准	扣分	得分
六	测定结果	35			
1	回归方程的计算	5	没有算出或计算错误回归方程的，扣 5 分		
2	标准曲线线性	10	$\gamma \geq 0.999$，不扣分； $\gamma = 0.997 \sim 0.990$，扣 1～9 分不等； $\gamma < 0.990$，扣 10 分； γ 计算错误或未计算先扣 3 分，再按相关标准扣分，但不超过 10 分		
3	测定结果精密度	10	$\|R_d\| \leq 0.5\%$，不扣分； $0.5\% \sim 1.4\% \leq \|R_d\|$，扣 1～9 分不等； $\|R_d\| > 1.4\%$，扣 10 分。 精密度计算错误或未计算扣 10 分。 水样原液未作平行样 3 份，一次性扣 10 分。* 水样原液未作平行样 3 份，一次性扣 10 分（*可为负分）		
4	测定结果准确度	10	测定值在 保证值±0.5%内，不扣分； 保证值±0.6%～1.8%，扣 1～9 分不等； 不在保证值±1.8%内扣 10 分		
	最终合计	100			

25.6 铜含量分析

（1）吸收池配套性检查

比色皿的校正值：A_1_____；A_2_____；A_3_____。

所选比色皿为：

（2）标准曲线的绘制

测量波长：_____；标准溶液原始浓度：_____；仪器型号、编号：_____。

溶液号	吸取标液体积/mL	浓度或质量（ ）	A	$A_{校正}$
0				
1				
2				
3				
4				
5				
6				
7				
8				

回归方程：

相关系数：

（3）水质样品的测定

平行测定次数	1	2	3
吸光度，A			
空白值，A_0			
校正吸光度，$A_{校正}$			
回归方程计算所得浓度（　）			
原始试液浓度/（μg/mL）			
样品铜的测定结果/（mg/L）			
R_d/%			

分析人： 校对人： 审核人：

标准曲线绘制图：

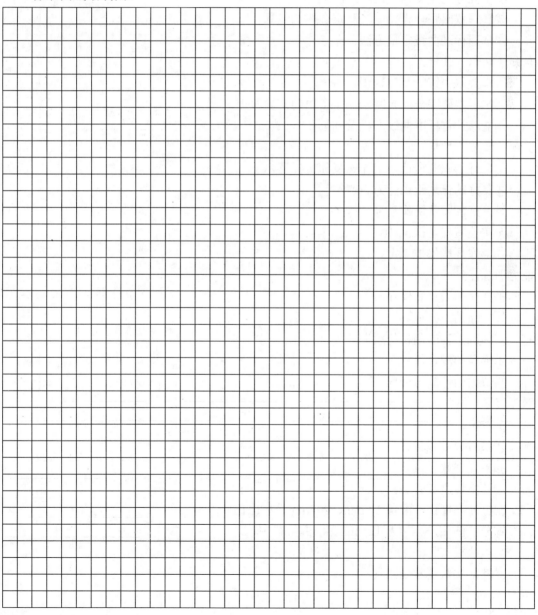

子项目 26　锌的测定——双硫腙分光光度法

项　　目	金属及其化合物的监测
子项目	锌的测定——双硫腙分光光度法（GB 7472—87）

学习目标

能力（技能）目标

①掌握分光光度计的使用方法。

②掌握双硫腙分光光度法测定金属的步骤。

③掌握标准曲线定量方法。

认知（知识）目标

①掌握水中锌的基础知识。

②掌握双硫腙分光光度法测定金属的实验原理。

③能够计算标准曲线方程及 γ 值。

其他（素质）目标

①良好的职业道德、工作态度和责任感。

②良好的计划组织能力。

③良好的团队协作精神。

④实验室安全操作。

⑤遵守环境保护规定。

能力训练任务

①样品的采集和保存。

②样品的前处理。

③标准系列的测试与绘制。

④样品的测定。

⑤数据的计算与处理。

教学资源

①教材。

②项目训练教材。

③多媒体教学设备。

④环境监测实验室。

⑤分光光度计，配备 10 mm、20 mm 光程比色皿。

⑥分液漏斗，容量为 125 mL 和 150 mL。

⑦电热板。

⑧其他实验室常规器具。

26.1　预备知识

锌是人体的必需微量元素，它存在于骨骼、脑垂体、性腺、肝脏中，是构成人体多种酶、辅酶的必需元素，具有促进新陈代谢、生长发育、组织修复、参与合成蛋白质、胰岛素的重要作用。碱性水中锌的浓度超过 5 mg/L 时，水带有苦涩味，并出现乳白色。水中含锌量达 1 mg/L 时，对水体的生物氧化过程有轻微抑制作用，此外，研究证明水中锌含量过高将对包括鱼类和多种水生生物产生毒害作用。锌的污染来源主要是电镀、冶金、颜料及化工生产部门排放废水。

双硫腙分光光度法测定水中锌的原理是：在 pH 4.0～5.5 的乙酸盐酸缓冲介质中，锌离子与双硫腙反应生成红色螯合物，用四氯化碳萃取后在波长 535 nm 下进行比色。

26.2　实训准备

准备事宜	序号	名　称	方　法
样品的采集和保存			水样采集在聚乙烯瓶或玻璃瓶内，水样采集后每 1 000 mL 水样立即加入 2.0 mL 分析纯硝酸，酸化后水样 pH 约为 1.5
实训试剂	1	四氯化碳	分析纯
	2	高氯酸	$\rho=1.75$ g/mL
	3	盐酸	$\rho=1.18$ g/mL
	3.1	盐酸溶液 6 mol/L	取 500 mL 盐酸（3），以水稀释至 1 000 mL
	3.2	盐酸溶液 2 mol/L	取 100 mL 盐酸（3），以水稀释至 600 mL
	3.3	盐酸溶液 0.02 mol/L	取 10 mL 盐酸（3），以水稀释至 1 000 mL
	4	乙酸	分析纯
	5	氨水	$\rho=0.90$ g/mL，分析纯
	5.1	1+100 氨水	取 10 mL 氨水（5）用水稀释至 1 000 mL
	6	硝酸	$\rho=1.4$ g/mL
	6.1	硝酸 2%（V/V）	取 20 mL 硝酸（6）以水稀释至 1 000 mL
	6.2	硝酸 0.2%（V/V）	取 2 mL 硝酸（6）以水稀释至 1 000 mL
	7	乙酸钠缓冲溶液	将 68 g 三水乙酸钠溶于水中，并稀释至 250 mL，另取 1 份分析纯乙酸与 7 份水混合。将两种溶液按等体积混合，混合液再用双硫腙四氯化碳溶液重复萃取数次，直到最后的萃取液呈绿色，再用分析纯四氯化碳萃取以除去过量的双硫腙
	8	硫代硫酸钠溶液	将 25 g 污水硫代硫酸钠溶于 100 mL 水中，每次用 10 mL 双硫腙四氯化碳溶液萃取，直到双硫腙溶液呈绿色为止，然后用分析纯四氯化碳萃取以除去多余的双硫腙
	9	双硫腙：0.1%（m/V）四氯化碳贮备溶液	称取 0.25 g 双硫腙溶于 250 mL 四氯化碳（1），贮存于棕色瓶中，放置冰箱内
	10	双硫腙：0.01%（m/V）四氯化碳贮备溶液	临用前将 0.1%双硫腙四氯化碳贮备液（9）用四氯化碳稀释 10 倍
	11	双硫腙：0.004%（m/V）四氯化碳贮备溶液	取 40 mL 0.01%双硫腙溶液（10），用四氯化碳稀释到 100 mL，当天配制
	12	双硫腙：0.000 4%（m/V）四氯化碳贮备溶液	取 0.004%双硫腙溶液（11），用四氯化碳稀释至 100 mL，当天配制

准备事宜	序号	名 称	方 法
实训试剂	13	柠檬酸钠溶液	将 10 g 二水柠檬酸钠溶解在 90 mL 水中，按照乙酸钠缓冲溶液（7）的方法进行提纯
	14	锌标准贮备液	称取 0.100 0 g 锌粒（纯度 99.9%）溶于 5 mL 浓度为 2 mol/L 盐酸（3.2）中，以水稀释至 1 000 mL。含锌 100 µg/mL
	15	锌标准使用液	取锌贮备液（14）10.00 mL，以水稀释至 1 000 mL。含锌 1.00 µg/mL
水样的预处理		浑浊地面水	每 100 mL 水样中加入 1 mL 分析纯硝酸，置于电热板上微沸消解 10 min，冷却后用快速滤纸过滤，滤纸用 0.2%硝酸洗涤数次，然后用同一硝酸稀释至一定体积，供测定
		悬浮物、有机质较多的地面水或废水	每 100 mL 水样加入 5 mL 分析纯硝酸，在电热板上加热消解到 10 mL 左右，冷却，再加入 5 mL 分析纯硝酸和 2 mL 分析纯高氯酸，继续加热消解，蒸发至近干。用 0.2%硝酸温热溶解残渣，冷却后，用快速滤纸过滤，滤纸用 0.2%硝酸稀释定容，供测定。 每分析一批样品要平行操作两个空白样品。 注：处分证明水样消化处理是不必要的，如水样为不含悬浮物的地下水和清洁的地面水，否则须按实际情况选取上述方法进行预处理

26.3 分析步骤

取 10 mL 经预处理水样（锌含量 0.5～5 µg）。

适量（如 10 mL）空白试验水代替水样。

向一系列 125 mL 分液漏斗中，分别加入锌标准使用液 0 mL、0.50 mL、1.00 mL、2.00 mL、3.00 mL、4.00 mL、5.00 mL，各加入适量无锌水补充到 10 mL。

置于 60 mL 分液漏斗中，加入 5 mL 乙酸钠缓冲溶液及 1 mL 硫代硫酸钠溶液，混匀后，再加入 10.0 mL 0.000 4%双硫腙四氯化碳溶液，振摇 4 min，静置分层后，将四氯化碳层通过少许洁净脱脂棉过滤入 20 mm 比色皿中。

加入 5 mL 乙酸钠缓冲溶液及 1 mL 硫代硫酸钠溶液，混匀后，再加入 10.0 mL 0.000 4%双硫腙四氯化碳溶液，振摇 4 min，静置分层后，将四氯化碳层通过少许洁净脱脂棉过滤入 20 mm 比色皿中。

立即在波长 535 nm 下，用 20 mm 比色皿，以四氯化碳参比，测量吸光度。

计算绘制标准曲线，计算水样锌的浓度

$$C = \frac{m}{V}$$

式中：C——水样中锌的质量浓度，mg/L；

m——从校准曲线上求得锌量，µg；

V——用于测定的水样体积，mL。

26.4　质量控制和保证

（1）所有玻璃器皿均先用 1+1 硫酸和无锌水浸泡和清洗。

（2）如果水样中锌含量不在测定范围内，可将试样作适当的稀释减少取试样量，如锌含量太低，可取较大量试样置于石英皿中进行浓缩。如果取加酸保存的试样，则要取一份试样放在石英皿中蒸发至干，以除去过量酸，然后加无锌水，加热煮沸 5 min，用稀盐酸或经纯制的氨水调节试样的 pH 2～3，最后以无锌水定容。

（3）配制 0.1%双硫腙四氯化碳贮备溶液的过程中，若双硫腙试剂不纯，可按以下步骤进行提纯。称取 0.25 g 双硫腙溶于 100 mL 四氯化碳中滤去不溶物，滤液置分液漏斗中，每次用 20 mL 1+100 氨水提取 5 次，此时双硫腙进水水层，合并水层，然后用 6 mol/L 盐酸中和。再用 250 mL 四氯化碳分 3 次提取，合并四氯化碳层。将此双硫腙四氯化碳溶液放入棕色瓶中，保存于冰箱中备用。

（4）水样中存在少量铅、铜、汞、镉、钴、铋、镍、金、钯、银、亚锡等金属离子时，对锌的测定有干扰，但可用硫代硫酸钠作掩蔽剂和控制 pH 而予以消除。

（5）0.000 4%双硫腙溶液应在 500 nm 波长处用 10 mm 比色皿进行透光度测量，其透光率应为 70%，否则应重配或更换试剂，以达要求。

26.5　操作规范评分表

序号	考核点	配分	评分标准	扣分	得分
一	仪器准备	4			
1	玻璃仪器洗涤	2	1. 未用蒸馏水清洗两遍以上，扣 1 分； 2. 玻璃仪器出现挂水珠现象，扣 1 分		
2	分光光度计预热 20 min	2	1. 仪器未进行预热或预热时间不够，扣 1 分； 2. 未切断光路预热，扣 1 分		
二	标准溶液的配制	16			
1	溶液配制过程中有关的实验操作	8	1. 未进行容量瓶试漏检查，扣 0.5 分； 2. 容量瓶加蒸馏水时未沿器壁流下或产生大量气泡，扣 0.5 分； 3. 蒸馏水瓶管尖接触容器，扣 0.5 分； 4. 加水至容量瓶约 3/4 体积时没有平摇，扣 0.5 分； 5. 容量瓶加水至近标线等待 1 min，没有等待，扣 0.5 分； 6. 容量瓶逐滴加入蒸馏水至标线操作不当或定容不准确，扣 0.5 分； 7. 持瓶方式不正确，扣 0.5 分； 8. 容量瓶未充分混匀或中间未开塞，扣 0.5 分； 9. 对溶液使用前没有盖塞充分摇匀的，扣 0.5 分； 10. 润洗方法不正确，扣 0.5 分； 11. 将移液管中过多的贮备液放回贮备液瓶中，扣 0.5 分； 12. 移液管管尖触底，扣 0.5 分；		

序号	考核点	配分	评分标准	扣分	得分
1	溶液配制过程中有关的实验操作		13. 移液出现吸空现象，扣 1 分； 14. 移液管移取标准储备液、标准工作液、水样原液及水样稀释液前未处理管尖溶液，扣 0.5 分； 15. 移取标准贮备液、标准工作液及水样原液时未另用一烧杯调节液面，扣 0.5 分； 16. 移液管移取标准储备液、标准工作液、水样原液及水样稀释液时，调节液面前未处理管尖部，扣 0.5 分； 17. 移液管未能一次调节到刻度，扣 1 分； 18. 移液管放液不规范，扣 1 分； 19. 取完试剂后未及时盖上试剂瓶盖，扣 0.5 分		
2	标准系列的配制	4	1. 贮备液未稀释，扣 1 分； 2. 直接在贮备液或工作液中进行相关操作，扣 1 分； 3. 标准工作液未贴标签或标签内容不全（包括名称、浓度、日期、配制者），扣 1 分； 4. 每个点移取的标准溶液应从零分度开始，出现不正确项 1 次扣 0.5 分，但不超过该项总分 4 分（工作液可放回剩余溶液的烧杯中再取液，辅助试剂可在移液管吸干后在原试剂中进行相关操作）		
3	分液漏斗的使用	4			
三	分光光度计使用	15			
1	测定前的准备	2	1. 没有进行比色皿配套性选择，或选择不当，扣 1 分； 2. 不能正确在 T 挡调"100%"和"0"，扣 1 分		
2	测定操作	7	1. 手触及比色皿透光面，扣 0.5 分； 2. 比色皿润洗方法不正确（须含蒸馏水洗涤、待装液润洗），扣 0.5 分； 3. 比色皿润洗操作不正确，扣 0.5 分； 4. 加入溶液高度不正确，扣 1 分； 5. 比色皿外壁溶液处理不正确，扣 1 分； 6. 比色皿盒拉杆操作不当，扣 0.5 分； 7. 重新取液测定，每出现一次扣 1 分，但不超过 4 分； 8. 不正确使用参比溶液，扣 1 分		
3	测定过程中仪器被溶液污染	2	1. 比色皿放在仪器表面，扣 1 分； 2. 比色室被洒落溶液污染，扣 0.5 分； 3. 比色室未及时清理干净，扣 0.5 分		
4	测定后的处理	4	1. 台面不清洁，扣 0.5 分； 2. 未取出比色皿及未洗涤，扣 1 分； 3. 没有倒尽控干比色皿，扣 0.5 分； 4. 测定结束，未作使用记录登记，扣 1 分； 5. 未关闭仪器电源，扣 1 分		

序号	考核点	配分	评分标准	扣分	得分
四	实验数据处理	12			
1	标准曲线取点		标准曲线取点不得少于7点（包含试剂空白点），缺少一个点扣3分，缺少2个点以上标准曲线无效		
2	正确绘制标准曲线	5	1. 标准曲线坐标选取错误或比例不合理（含曲线斜率不当），扣1分； 2. 测量数据及回归方程计算结果未标在曲线中，扣1分； 3. 缺少曲线名称、坐标、箭头、符号、单位量、回归方程及数据有效位数不对，每1项扣0.5分，但不超过3分		
3	试液吸光度处于要求范围内	2	水样取用量不合理致使吸光度超出要求范围或在0号与1号管测点范围内，扣2分		
4	原始记录	3	数据未直接填在报告单上、数据不全、有效数字位数不对、有空项，原始记录中缺少计量单位、数据更改每项扣0.5分，可累计扣分，但不超过该项总分3分		
5	有效数字运算	2	1. 回归方程未保留小数点后四位数字，扣0.5分； 2. γ 未保留小数点后四位，扣0.5分； 3. 测量结果未保留两位有效数字，扣1分		
五	文明操作	18			
1	实验室整洁	4	实验过程台面、地面脏乱，废液处置不当，一次性扣4分		
2	清洗仪器、试剂等物品归位	4	实验结束未先清洗仪器或试剂物品未归位就完成报告，一次性扣4分		
3	仪器损坏	6	仪器损坏，一次性扣6分		
4	试剂用量	4	每名选手均准备有两倍用量的试剂，若还需添加，则一次性扣4分		
六	测定结果	35			
1	回归方程的计算	5	没有算出或计算错误回归方程的，扣5分		
2	标准曲线线性	10	$\gamma \geq 0.999$，不扣分； $\gamma = 0.997 \sim 0.990$，扣1~9分不等； $\gamma < 0.990$，扣10分； γ 计算错误或未计算先扣3分，再按相关标准扣分，但不超过10分		
3	测定结果精密度	10	$\lvert R_d \rvert \leq 0.5\%$，不扣分； $0.5\% \sim 1.4\% \leq \lvert R_d \rvert$，扣1~9分不等； $\lvert R_d \rvert > 1.4\%$，扣10分。 精密度计算错误或未计算扣10分。 水样原液未作平行样3份，一次性扣10分。* 水样原液未作平行样3份，一次性扣10分（*可为负分）		

序号	考核点	配分	评分标准	扣分	得分
4	测定结果准确度	10	测定值在 保证值±0.5%内，不扣分； 保证值±0.6%～1.8%，扣1～9分不等； 不在保证值±1.8%内扣10分		
	最终合计	100			

26.6　锌含量分析

（1）吸收池配套性检查

比色皿的校正值：A_1___0.000___；A_2_____；A_3_____。

所选比色皿为：

（2）标准曲线的绘制

测量波长：_____；标准溶液原始浓度：_____。

溶液号	吸取标液体积/mL	浓度或质量（　）	A	$A_{校正}$
0				
1				
2				
3				
4				
5				
6				
7				

回归方程：

相关系数：

（3）水质样品的测定

平行测定次数	1	2	3
吸光度，A			
空白值，A_0			
校正吸光度，$A_{校正}$			
回归方程计算所得浓度（　）			
原始试液浓度/（μg/mL）			
样品锌的测定结果/（mg/L）			
R_d/%			

分析人：　　　　　　　　　　　校对人：　　　　　　　　　　　审核人：

标准曲线绘制图：

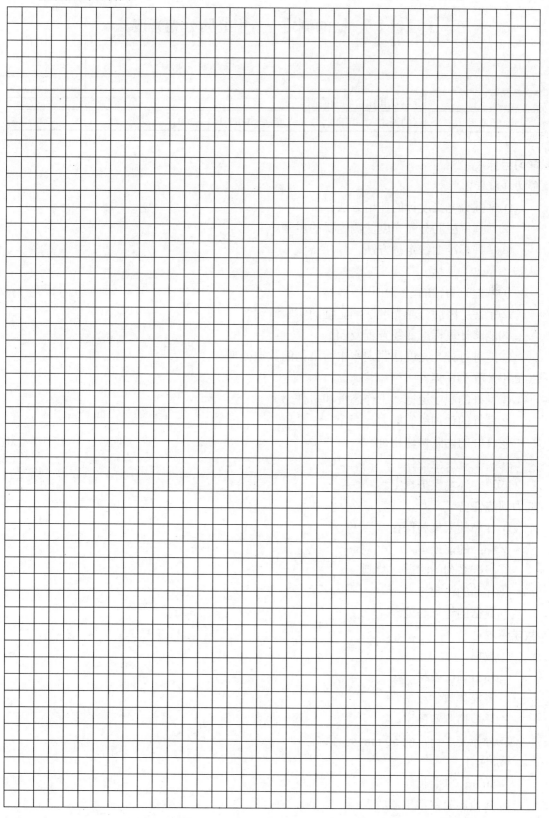

子项目 27 锰的测定——甲醛肟分光光度法

项　目	金属及其化合物的监测
子项目	锰的测定——甲醛肟分光光度法（HJ/T 344—2007）

学习目标

能力（技能）目标

①掌握分光光度计的使用方法。

②掌握甲醛肟分光光度法测定锰的步骤。

③掌握标准曲线定量方法。

认知（知识）目标

①掌握有关锰的基础知识。

②掌握甲醛肟分光光度法测定锰的实验原理。

③能够计算标准曲线方程及 γ 值。

④能进行分光光度法测定水中污染物的数据处理。

其他（素质）目标

①良好的职业道德、工作态度和责任感。

②良好的计划组织能力。

③良好的团队协作精神。

④实验室安全操作。

⑤遵守环境保护规定。

能力训练任务

①样品的采集和保存。

②样品的前处理。

③标准系列的测试与绘制。

④样品的测定。

⑤数据的计算与处理。

教学资源

①教材。

②项目训练教材。

③多媒体教学设备。

④环境监测实验室。

⑤分光光度计，配 50 mm 光程比色皿。

⑥pH 计。

⑦50 mL 容量瓶。

⑧其他实验室常用器皿。

27.1 预备知识

锰是维持人体正常生活必需的微量元素之一，分布于人体器官与组织中，对维持人体生命活动具有重要作用。研究指出，正常人体内一般含锰 12～20 mg，主要集中在脑、肾、胰腺及肝脏中。但是吸收过多的锰对人体是有害的。进入体内的锰化合物，一部分成为磷酸盐蓄积于骨骼和肝脏等处，也可致中枢神经系统损害，在锰化合物作用下尚可发生肺炎和肝硬化等。水中过量的锰还会引起其他问题：当浓度超过 0.1 mg/L 时，水中的锰会玷污卫生器具和洗涤的衣服，在饮用水中产生异味，使饮用水的色、味变差，锰的氧化物在管道上的沉积会引起"黑水"现象；在锅炉用水中，锰可加速水垢的生成，加速罐泥生成；在冷却水与传热设备中，锰附着在管壁降低传热性能，甚至堵塞管道；在纺织与造纸工业中，锰的附着使得产品留下斑点、影响色泽，最终影响产品品质。

水中的锰可以正二价至正七价形态存在，存在形态与水中溶解氧有关，但多种价态中除了正二价与正四价以外，其他的锰形态在中性天然水中一般不稳定。水中锰污染来源主要有矿物自然析出、矿山开采、电解锰工业废水、制药废水等。

据全国爱卫会、卫生部调查，地下水是我国农村生活饮用水的主要水源之一，饮用地下水人口比重大，而锰含量超标是影响地下水水质的重要因素。我国《生活饮用水卫生标准》（GB 5749—2006）对锰的规定限值为 0.1 mg/L，地表水环境质量标准（GB 3838—2002）规定集中式生活饮用水地表水源中锰的标准限值为 0.1 mg/L。

甲醛肟分光光度法测定水中锰的原理是：在 pH 为 9.0～10.0 的碱性溶液中，Mn^{2+} 被溶解氧氧化为 Mn^{4+}，与甲醛肟生成棕色络合物。该络合物的最大吸收波长为 450 nm，在该波长下进行分光光度测定。

27.2 实训准备

准备事宜	序号	名 称	方 法
样品的采集和保存		采样后按照 1 L 水样加浓硝酸 10 mL 的比例进行水样酸化，保存期限为 14 d	
实训试剂	1	160 g/L 氢氧化钠溶液	溶解 16 g 氢氧化钠于水中，用水稀释至 100 mL
	2	1 mol/L Na$_2$-EDTA 溶液	称取 37.2 g Na$_2$-EDTA 置烧杯中，加入氢氧化钠溶液约 50 mL，边加边搅，至完全溶解，以水稀释至 100 mL，贮聚乙烯瓶中
	3	甲醛肟溶液	称取 10 g 盐酸羟胺溶解在约 50 mL 水中，加 35%甲醛溶液 5 mL，用水稀释至 100 mL。将此溶液贮存于冰箱中
	4	4.7 mol/L 氨溶液	取 70 mL 氨水，用水稀释至 200 mL
	5	6 mol/L 盐酸羟胺溶液	将 41.7 g 盐酸羟胺溶于水中并稀释至 100 mL
	6	氨-盐酸羟胺混合溶液	将氨溶液（4）与氨-盐酸羟胺（5）溶液等体积混合
	7	过硫酸钾	分析纯
	8	硝酸	ρ_{20}=1.42 g/mL，优级纯
	9	（1+10）盐酸溶液	1 体积盐酸 10 体积水
	10	0.4%硝酸溶液	取 4 mL 优级纯硝酸用水稀释至 1 000 mL

准备事宜	序号	名　称	方　法
实训试剂	11	锰标准贮备液	称取 0.170 2 g 一级硫酸锰（MnSO$_4$·2H$_2$O$_2$）溶于水中，加入 5 mL 硫酸，转移至 500 mL 容量瓶中，用水稀释至标线。溶液每毫升含锰 100 μg
	12	锰标准溶液	移取锰标准贮备液（11）10.00 mL 置 100 mL 容量瓶中，用水稀释至标线。此溶液每毫升含锰 10.0 μg
水样的预处理		金属离子干扰	铁、铜、钴、镍、钒、铈均与甲醛肟形成络合物，干扰锰的测定，加入盐酸羟胺和 EDTA 可减少其干扰。在本工作条件下，测定 20 μg 锰时，铁 200 μg、铜 50 μg、钴 50 μg、镍 50 μg、铀 50 μg、钛 50 μg、铬 50 μg、钼 50 μg、钨 50 μg，钙 20 mg，镁 10 mg，铝 1 mg，氯根 50 mg、硝酸根 50 mg、硫酸根 50 mg、磷酸根 50 mg、碳酸根 50 mg，氟 2 mg 均不干扰测定。10 μg 钒产生 7.5% 正干扰，20 μg 铈产生 4.0% 负干扰
		悬浮二氧化锰及有机锰	取一定量水样置锥形瓶中，每 100 mL 水样，加优级纯硝酸 1 mL，过硫酸钾 0.g 及数粒玻璃珠，加热煮沸约 30 min，稍冷后，以快速定性，滤纸过滤，用 0.4%硝酸溶液洗涤数次，然后用同一硝酸溶液稀释到一定体积

27.3　分析步骤

分取一定体积水样置 100 mL 烧杯中，用 160 g/L 氢氧化钠溶液在 pH 计上调节水样 pH 至 7 左右。然后转移至 50 mL 容量瓶中。用水稀释至约 40 mL。

于一系列 50 mL 容量瓶中，分别加入 0 mL、0.20 mL、0.50 mL、1.00 mL、2.00 mL、3.00 mL 及 4.00 mL 锰标准溶液，用水稀释至约 40 mL。

以水作空白校正。

加入 1 mol/L Na$_2$-EDTA 溶液 0.5 mL，甲醛肟溶液 0.5 mL，160 g/L 氢氧化钠溶液 1.8 mL。摇匀，放置 5～10 min，加入氨－盐酸羟胺混合溶液 3 mL。加水至刻度，摇匀，放置 20 min。显色完毕后慢慢将容量瓶盖打开。

以 50 mm 比色皿，以水作参比，在 450 nm 波长处测定吸光度。

计算绘制标准曲线，计算水样锰的浓度

$$\rho = \frac{m}{V}$$

式中：ρ——水样中锰的质量浓度，mg/L；

　　　m——根据校准曲线计算出的水样中锰的含量，μg；

　　　V——取样体积，mL。

27.4　质量控制和保证

（1）工业废水含有不能忽视且不能去除的干扰时，不能用该方法进行测定。

（2）经酸化至 pH 约为 1 的清洁水，一般可以直接用于测定，否则需按照规定进行相应预处理。

（3）玻璃器皿使用前需用 1+10 盐酸浸泡，再用水冲洗干净。

（4）采样容器使用前需按照以下洗涤程序进行清洗：洗涤剂清洗 1 次，自来水清洗 2 次，1+3 硝酸荡洗 1 次，自来水清洗 3 次，去离子水清洗 1 次。

27.5　操作规范评分表

序号	考核点	配分	评分标准	扣分	得分
一	仪器准备	4			
1	玻璃仪器洗涤	2	1. 未用蒸馏水清洗两遍以上，扣 1 分； 2. 玻璃仪器出现挂水珠现象，扣 1 分		
2	分光光度计预热 20 min	2	1. 仪器未进行预热或预热时间不够，扣 1 分； 2. 未切断光路预热，扣 1 分		
二	标准溶液的配制	16			
1	溶液配制过程中有关的实验操作	11	1. 未进行容量瓶试漏检查，扣 0.5 分； 2. 容量瓶加蒸馏水时未沿器壁流下或产生大量气泡，扣 0.5 分； 3. 蒸馏水瓶管尖接触容器，扣 0.5 分； 4. 加水至容量瓶约 3/4 体积时没有平摇，扣 0.5 分； 5. 容量瓶加水至近标线等待 1 min，没有等待，扣 0.5 分； 6. 容量瓶逐滴加入蒸馏水至标线操作不当或定容不准确，扣 0.5 分； 7. 持瓶方式不正确，扣 0.5 分； 8. 容量瓶未充分混匀或中间未开塞，扣 0.5 分； 9. 对溶液使用前没有盖塞充分摇匀的，扣 0.5 分； 10. 润洗方法不正确，扣 0.5 分； 11. 将移液管中过多的贮备液放回贮备液瓶中，扣 0.5 分； 12. 移液管管尖触底，扣 0.5 分； 13. 移液出现吸空现象，扣 1 分； 14. 移液管移取标准储备液、标准工作液、水样原液及水样稀释液前未处理管尖溶液，扣 0.5 分； 15. 移取标准贮备液、标准工作液及水样原液时未用另一烧杯调节液面，扣 0.5 分； 16. 移液管移取标准储备液、标准工作液、水样原液及水样稀释液时，调节液面前未处理管尖部，扣 0.5 分； 17. 移液管未能一次调节到刻度，扣 1 分； 18. 移液管放液不规范，扣 1 分； 19. 取完试剂后未及时盖上试剂瓶盖，扣 0.5 分		

序号	考核点	配分	评分标准	扣分	得分
2	标准系列的配制	4	1. 贮备液未稀释，扣 1 分； 2. 直接在贮备液或工作液中进行相关操作，扣 1 分； 3. 标准工作液未贴标签或标签内容不全（包括名称、浓度、日期、配制者），扣 1 分； 4. 每个点移取的标准溶液应从零分度开始，出现不正确项 1 次扣 0.5 分，但不超过该项总分 4 分（工作液可放回剩余溶液的烧杯中再取液，辅助试剂可在移液管吸干后在原试剂中进行相关操作）		
3	水样稀释液的配制	1	直接在水样原液中进行相关操作，扣 1 分（水样稀释液在移液管吸干后可在容量瓶中进行相关操作）		
三	分光光度计使用	15			
1	测定前的准备	2	1. 没有进行比色皿配套性选择，或选择不当，扣 1 分； 2. 不能正确在 T 挡调 "100%" 和 "0"，扣 1 分		
2	测定操作	7	1. 手触及比色皿透光面，扣 0.5 分； 2. 比色皿润洗方法不正确（须含蒸馏水洗涤、待装液润洗），扣 0.5 分； 3. 比色皿润洗操作不正确，扣 0.5 分； 4. 加入溶液高度不正确，扣 1 分； 5. 比色皿外壁溶液处理不正确，扣 1 分； 6. 比色皿盒拉杆操作不当，扣 0.5 分； 7. 重新取液测定，每出现一次扣 1 分，但不超过 4 分； 8. 不正确使用参比溶液，扣 1 分		
3	测定过程中仪器被溶液污染	2	1. 比色皿放在仪器表面，扣 1 分； 2. 比色室被洒落溶液污染，扣 0.5 分； 3. 比色室未及时清理干净，扣 0.5 分		
4	测定后的处理	4	1. 台面不清洁，扣 0.5 分； 2. 未取出比色皿及未洗涤，扣 1 分； 3. 没有倒尽控干比色皿，扣 0.5 分； 4. 测定结束，未作使用记录登记，扣 1 分； 5. 未关闭仪器电源，扣 1 分		
四	实验数据处理	12			
1	标准曲线取点		标准曲线取点不得少于 7 点（包含试剂空白点），否则标准曲线无效		
2	正确绘制标准曲线	5	1. 标准曲线坐标选取错误或比例不合理（含曲线斜率不当），扣 1 分； 2. 测量数据及回归方程计算结果未标在曲线中，扣 1 分； 3. 缺少曲线名称、坐标、箭头、符号、单位量、回归方程及数据有效位数不对，每 1 项扣 0.5 分，但不超过 3 分		
3	试液吸光度处于要求范围内	2	水样取用量不合理致使吸光度超出要求范围或在 0 号与 1 号管测点范围内，扣 2 分		
4	原始记录	3	数据未直接填在报告单上、数据不全、有效数字位数不对、有空项，原始记录中缺少计量单位、数据更改每项扣 0.5 分，可累计扣分，但不超过该项总分 3 分		
5	有效数字运算	2	1. 回归方程未保留小数点后四位数字，扣 0.5 分； 2. γ 未保留小数点后四位，扣 0.5 分； 3. 测量结果未保留到小数点后两位，扣 1 分		

序号	考核点	配分	评分标准	扣分	得分
五	文明操作	18			
1	实验室整洁	4	实验过程台面、地面脏乱，废液处置不当，一次性扣 4 分		
2	清洗仪器、试剂等物品归位	4	实验结束未先清洗仪器或试剂物品未归位就完成报告，一次性扣 4 分		
3	仪器损坏	6	仪器损坏，一次性扣 6 分		
4	试剂用量	4	每名学生均准备有两倍用量的试剂，若还需添加，则一次性扣 4 分		
六	测定结果	35			
1	回归方程的计算	5	没有算出或计算错误回归方程的，扣 5 分		
2	标准曲线线性	10	$\gamma \geqslant 0.999$，不扣分； $\gamma = 0.997 \sim 0.990$，扣 1~9 分不等； $\gamma < 0.990$，扣 10 分； γ 计算错误或未计算先扣 3 分，再按相关标准扣分，但不超过 10 分		
3	测定结果精密度	10	$\lvert R_d \rvert \leqslant 0.5\%$，不扣分； $0.5\% \sim 1.4\% \leqslant \lvert R_d \rvert$，扣 1~9 分不等； $\lvert R_d \rvert > 1.4\%$，扣 10 分。 精密度计算错误或未计算扣 10 分。 水样原液未作平行样 3 份，一次性扣 10 分。* 水样原液未作平行样 3 份，一次性扣 10 分（*可为负分）		
4	测定结果准确度	10	测定值在 保证值±0.5%内，不扣分； 保证值+0.6%~1.8%，扣 1~9 分不等； 不在保证值±1.8%内扣 10 分		
	最终合计	100			

27.6　锰分析

（1）吸收池配套性检查

比色皿的校正值：A_1 　0.000 　；A_2 　　　；A_3 　　　；A_4 　　　。

所选比色皿为：

（2）标准曲线的绘制

测量波长：　　　　　　；标准溶液原始浓度：　　　　　　。

溶液号	吸取标液体积/mL	浓度或质量（　　）	A	$A_{校正}$
0				
1				
2				
3				
4				
5				
6				
7				

回归方程：

相关系数：

（3）水质样品的测定

平行测定次数	1	2	3
吸光度，A			
空白值，A_0			
校正吸光度，$A_{校正}$			
回归方程计算所得浓度（　）			
原始试液浓度/（μg/mL）			
样品锰的测定结果/（mg/L）			
R_d/%			

分析人：　　　　　　　　校对人：　　　　　　　　审核人：

标准曲线绘制图：

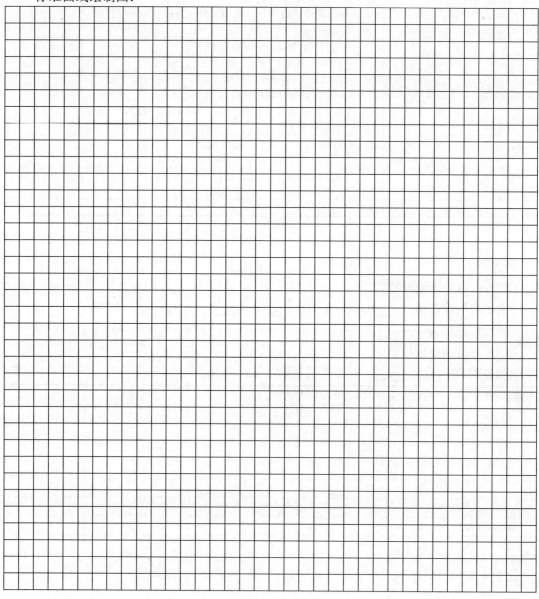

子项目 28　铁的测定——邻菲啰啉分光光度法

项　目	金属及其化合物的监测
子项目	铁的测定——邻菲啰啉分光光度法（HJ/T 345—2007）试行

学习目标

能力（技能）目标

①掌握分光光度计的使用方法。

②掌握邻菲啰啉分光光度法测定铁的步骤。

③掌握标准曲线定量方法。

认知（知识）目标

①掌握有关铁的基础知识。

②掌握邻菲啰啉分光光度法测定铁的实验原理。

③能够计算标准曲线方程及 γ 值。

其他（素质）目标

①良好的职业道德、工作态度和责任感。

②良好的计划组织能力。

③良好的团队协作精神。

④实验室安全操作。

⑤遵守环境保护规定。

能力训练任务

①样品的采集和保存。

②样品的前处理。

③标准系列的测试与绘制。

④样品的测定。

⑤数据的计算与处理。

教学资源

①教材。

②项目训练教材。

③多媒体教学设备。

④环境监测实验室。

⑤分光光度计，配 10 mm 光程比色皿。

⑥150 mL 锥形瓶、50 mL 具塞比色管。

⑦其他实验室常用器皿。

28.1　预备知识

铁元素是人体所必需的元素之一，其化合物属低毒或微毒，二价铁具有一定的全身毒性作用，三价铁盐毒性较小，对黏膜具有轻度刺激性和腐蚀性。饮用水中过量的铁、锰元素含量会对人体健康造成威胁。铁在水中的存在形式各式各样，主要以无机离子、胶体、有机的含铁络合物，也存在于较大的悬浮颗粒中。水环境中铁类化合物的浓度为 1.0 mg/L 时，有明显金属味；浓度为 0.5 mg/L 时，色度可大于 30 度。生活饮用水卫生标准对铁的规定限值为 0.3 mg/L，饮用水中铁浓度超过 0.3 mg/L 时，会对衣服、器皿着色及产生沉淀和异味。据全国爱卫会、卫生部调查，地下水是我国农村生活饮用水的重要水源之一，而铁含量超标则是影响地下水水质的重要因素之一。

此外，若以遭受铁污染的水源作为印染、纺织、造纸等工业用水，则会在产品上形成黄斑，影响质量，因此，上述工业多以铁含量控制在 0.1 mg/L 以下作为用水质量标准。

水中铁污染主要来源于选矿、冶金、炼铁、机械加工、工业电镀、酸洗废水等行业废水，我国部分城市供水净化采用铁盐净化技术，若不能沉淀完全，也对供水中的铁污染有贡献。

邻菲啰啉分光光度法测定水中铁的原理是：亚铁离子在 pH 3～9 的溶液中与邻菲啰啉生成稳定的橙红色络合物，在波长为 510 nm 处进行分光光度测定。若用还原剂将高铁离子还原，则可测高铁离子及总铁含量。

上述亚铁离子与邻菲啰啉反应为：

$$3C_{12}H_8N_2 + Fe^{2+} \longrightarrow [Fe(C_{12}H_8N_2)_3]^{2+}$$

28.2　实训准备

准备事宜	序号	名　称	方　法
样品的采集和保存			总铁：采样后立即将样品用优级纯盐酸酸化至 pH<1； 亚铁：采样时将 2 mL 优级纯盐酸放在一个 100 mL 具塞的水样瓶内，直接将水样注满样品瓶，塞好瓶塞以防氧化，一直保存到进行显色和测量（最好现场测定或现场显色）； 可过滤铁：在采样现场，用 0.45 μm 滤膜过滤水样，并立即用盐酸酸化过滤水至 pH<1，准确吸取样品 50 mL 置于 150 mL 锥形瓶中
试剂	1	盐酸	ρ=1.18 g/mL，优级纯
	2	1+3 盐酸	按照 1 份盐酸，3 份水进行混合
	3	10%（m/V）盐酸羟胺溶液	称取分析纯盐酸羟胺 10 g，以水溶解后定容至 100 mL
	4	缓冲溶液	40 g 分析纯乙酸铵加 50 mL 冰乙酸用水稀释至 100 mL
	5	0.5%（m/V）邻菲啰啉	称取邻菲啰啉 0.5 g，加入水后加数滴盐酸帮助溶解，最终以水稀释定容至 100 mL
	6	铁标准贮备液	准确称取 0.702 0 g 硫酸亚铁铵，溶于 1+1 硫酸 50 mL 中，转移至 1 000 mL 容量瓶中，加水至标线，摇匀。此溶液含铁 100 μg/mL
	7	铁标准使用液	准确移取铁标准贮备液 25.00 mL 置 100 mL 容量瓶中，加水至标线，摇匀。此溶液含铁 25.0 μg/mL

准备事宜	序号	名　称	方　法
水样的预处理		强氧化剂、氰化物、亚硝酸盐、焦磷酸盐、偏聚磷酸盐及某些重金属离子	强氧化剂、氰化物、亚硝酸盐、焦磷酸盐、偏聚磷酸盐及某些重金属离子会干扰测定。经过加酸煮沸可将氰化物及亚硝酸盐除去，并使焦磷酸、偏聚磷酸盐转化为正磷酸盐以减轻干扰。加入盐酸羟胺则可消除强氧化剂的影响
		金属离子	邻菲啰啉能与某些金属离子形成有色络合物而干扰测定。但在乙酸-乙酸铵的缓冲溶液中，不大于铁浓度10倍的铜、锌、钴、铬及小于 2 mg/L 的镍，不干扰测定，当浓度再高时，可加入过量显色剂予以消除。汞、镉、银等能与邻菲啰啉形成沉淀，若浓度低时，可加过量邻菲啰啉来消除；浓度高时，可将沉淀过滤除去
		色度	水样有底色，可用不加邻菲啰啉的试液作参比，对水样的底色进行校正

28.3　分析步骤

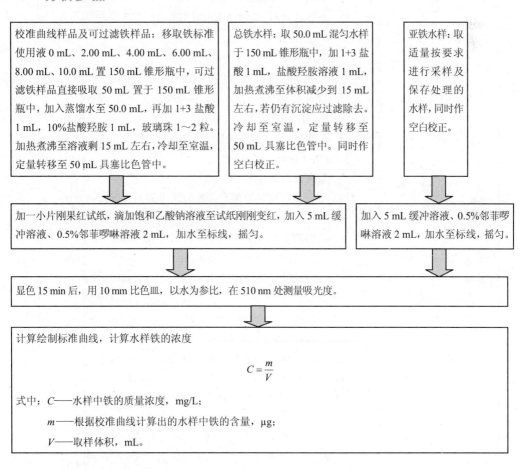

校准曲线样品及可过滤铁样品：移取铁标准使用液 0 mL、2.00 mL、4.00 mL、6.00 mL、8.00 mL、10.0 mL 置 150 mL 锥形瓶中，可过滤铁样品直接吸取 50 mL 置于 150 mL 锥形瓶中，加入蒸馏水至50.0 mL，再加 1+3 盐酸 1 mL，10%盐酸羟胺 1 mL，玻璃珠 1～2 粒。加热煮沸至溶液剩 15 mL 左右，冷至室温，定量转移至 50 mL 具塞比色管中。

总铁水样：取 50.0 mL 混匀水样于 150 mL 锥形瓶中，加1+3 盐酸 1 mL，盐酸羟胺溶液 1 mL，加热煮沸至体积减少到 15 mL 左右，若仍有沉淀应过滤除去。冷却至室温，定量转移至 50 mL 具塞比色管中。同时作空白校正。

亚铁水样：取适量按要求进行采样及保存处理的水样，同时作空白校正。

加一小片刚果红试纸，滴加饱和乙酸钠溶液至试纸刚刚变红，加入 5 mL 缓冲溶液、0.5%邻菲啰啉溶液 2 mL，加水至标线，摇匀。

加入 5 mL 缓冲溶液、0.5%邻菲啰啉溶液 2 mL，加水至标线，摇匀。

显色 15 min 后，用 10 mm 比色皿，以水为参比，在 510 nm 处测量吸光度。

计算绘制标准曲线，计算水样铁的浓度

$$C = \frac{m}{V}$$

式中：C——水样中铁的质量浓度，mg/L；

　　　m——根据校准曲线计算出的水样中铁的含量，μg；

　　　V——取样体积，mL。

28.4　质量控制和保证

（1）若水样含铁量较高，可适当稀释；浓度低时可换用 30 mm 或 50 mm 的比色皿。

（2）各批试剂的铁含量如不同，每新配一次试液，都需重新绘制校准曲线。

（3）总铁测定时，加 1+3 盐酸 1 mL，盐酸羟胺溶液 1 mL，需加热煮沸至体积减少到 15 mL 左右，以保证全部铁的溶解和还原。

（4）玻璃仪器及采样容器使用前需按照以下洗涤程序进行清洗：洗涤剂清洗 1 次，自来水清洗 2 次，1+3 硝酸荡洗 1 次，自来水清洗 3 次，去离子水清洗 1 次。

28.5 操作规范评分表

序号	考核点	配分	评分标准	扣分	得分
一	仪器准备	4			
1	玻璃仪器洗涤	2	1. 未用蒸馏水清洗两遍以上，扣 1 分； 2. 玻璃仪器出现挂水珠现象，扣 1 分		
2	分光光度计预热 20 min	2	1. 仪器未进行预热或预热时间不够，扣 1 分； 2. 未切断光路预热，扣 1 分		
二	标准溶液的配制	16			
1	溶液配制过程中有关的实验操作	11	1. 未进行容量瓶试漏检查，扣 0.5 分； 2. 容量瓶、比色管加蒸馏水时未沿器壁流下或产生大量气泡，扣 0.5 分； 3. 蒸馏水瓶管尖接触容器，扣 0.5 分； 4. 加水至容量瓶约 3/4 体积时没有平摇，扣 0.5 分； 5. 容量瓶、比色管加水至近标线等待 1 min，没有等待，扣 0.5 分； 6. 容量瓶、比色管逐滴加入蒸馏水至标线操作不当或定容不准确，扣 0.5 分； 7. 持瓶方式不正确，扣 0.5 分； 8. 容量瓶、比色管未充分混匀或中间未开塞，扣 0.5 分； 9. 对溶液使用前没有盖塞充分摇匀的，扣 0.5 分； 10. 润洗方法不正确，扣 0.5 分； 11. 将移液管中过多的贮备液放回贮备液瓶中，扣 0.5 分； 12. 移液管管尖触底，扣 0.5 分； 13. 移液出现吸空现象，扣 1 分； 14. 移液管移取标准储备液、标准工作液、水样原液及水样稀释液前未处理管尖溶液，扣 0.5 分； 15. 移取标准贮备液、标准工作液及水样原液时未另用一烧杯调节液面，扣 0.5 分； 16. 移液管移取标准储备液、标准工作液、水样原液及水样稀释液时，调节液面前未处理管尖部，扣 0.5 分； 17. 移液管未能一次调节到刻度，扣 1 分； 18. 移液管放液不规范，扣 1 分； 19. 取完试剂后未及时盖上试剂瓶盖，扣 0.5 分		

序号	考核点	配分	评分标准	扣分	得分
2	标准系列的配制	4	1. 贮备液未稀释，扣 1 分； 2. 直接在贮备液或工作液中进行相关操作，扣 1 分； 3. 标准工作液未贴标签或标签内容不全（包括名称、浓度、日期、配制者），扣 1 分； 4. 每个点移取的标准溶液应从零分度开始，出现不正确项 1 次扣 0.5 分，但不超过该项总分 4 分（工作液可放回剩余溶液的烧杯中再取液，辅助试剂可在移液管吸干后在原试剂中进行相关操作）		
3	水样稀释液的配制	1	直接在水样原液中进行相关操作，扣 1 分（水样稀释液在移液管吸干后可在容量瓶中进行相关操作）		
三	分光光度计使用	15			
1	测定前的准备	2	1. 没有进行比色皿配套性选择，或选择不当，扣 1 分； 2. 不能正确在 T 挡调"100%"和"0"，扣 1 分		
2	测定操作	7	1. 手触及比色皿透光面，扣 0.5 分； 2. 比色皿润洗方法不正确（须含蒸馏水洗涤、待装液润洗），扣 0.5 分； 3. 比色皿润洗操作不正确，扣 0.5 分； 4. 加入溶液高度不正确，扣 1 分； 5. 比色皿外壁溶液处理不正确，扣 1 分； 6. 比色皿盒拉杆操作不当，扣 0.5 分； 7. 重新取液测定，每出现一次扣 1 分，但不超过 4 分； 8. 不正确使用参比溶液，扣 1 分		
3	测定过程中仪器被溶液污染	2	1. 比色皿放在仪器表面，扣 1 分； 2. 比色室被洒落溶液污染，扣 0.5 分； 3. 比色室未及时清理干净，扣 0.5 分		
4	测定后的处理	4	1. 台面不清洁，扣 0.5 分； 2. 未取出比色皿及未洗涤，扣 1 分； 3. 没有倒尽控干比色皿，扣 0.5 分； 4. 测定结束，未作使用记录登记，扣 1 分； 5. 未关闭仪器电源，扣 1 分		
四	实验数据处理	12			
1	标准曲线取点		标准曲线取点不得少于 7 点（包含试剂空白点），否则标准曲线无效		
2	正确绘制标准曲线	5	1. 标准曲线坐标选取错误或比例不合理（含曲线斜率不当），扣 1 分； 2. 测量数据及回归方程计算结果未标在曲线中，扣 1 分； 3. 缺少曲线名称、坐标、箭头、符号、单位量、回归方程及数据有效位数不对，每 1 项扣 0.5 分，但不超过 3 分		
3	试液吸光度处于要求范围内	2	水样取用量不合理致使吸光度超出要求范围或在 0 号与 1 号管测点范围内，扣 2 分		
4	原始记录	3	数据未直接填在报告单上、数据不全、有效数字位数不对、有空项，原始记录中缺少计量单位、数据更改每项扣 0.5 分，可累计扣分，但不超过该项总分 3 分		
5	有效数字运算	2	1. 回归方程未保留小数点后四位数字，扣 0.5 分； 2. γ 未保留小数点后四位，扣 0.5 分； 3. 测量结果未保留到小数点后两位，扣 1 分		

序号	考核点	配分	评分标准	扣分	得分
五	文明操作	18			
1	实验室整洁	4	实验过程台面、地面脏乱，废液处置不当，一次性扣 4 分		
2	清洗仪器、试剂等物品归位	4	实验结束未先清洗仪器或试剂物品未归位就完成报告，一次性扣 4 分		
3	仪器损坏	6	仪器损坏，一次性扣 6 分		
4	试剂用量	4	每名学生均准备有两倍用量的试剂，若还需添加，则一次性扣 4 分		
六	测定结果	35			
1	回归方程的计算	5	没有算出或计算错误回归方程的，扣 5 分		
2	标准曲线线性	10	$\gamma \geq 0.999$，不扣分； $\gamma = 0.997 \sim 0.990$，扣 $1 \sim 9$ 分不等； $\gamma < 0.990$，扣 10 分； γ 计算错误或未计算先扣 3 分，再按相关标准扣分，但不超过 10 分		
3	测定结果精密度	10	$\lvert R_d \rvert \leq 0.5\%$，不扣分； $0.5\% \sim 1.4\% \leq \lvert R_d \rvert$，扣 $1 \sim 9$ 分不等； $\lvert R_d \rvert > 1.4\%$，扣 10 分。 精密度计算错误或未计算扣 10 分。 水样原液未作平行样 3 份，一次性扣 10 分。* 水样原液未作平行样 3 份，一次性扣 10 分（*可为负分）		
4	测定结果准确度	10	测定值在 保证值±0.5%内，不扣分； 保证值±0.6%~1.8%，扣 $1 \sim 9$ 分不等； 不在保证值±1.8%内扣 10 分		
	最终合计	100			

28.6 铁分析

（1）吸收池配套性检查

比色皿的校正值：A_1 __0.000__ ；A_2_____ ；A_3_____ ；A_4_____ 。

所选比色皿为：

（2）标准曲线的绘制

测量波长：_____ ；标准溶液原始浓度：_____ 。

溶液号	吸取标液体积/mL	浓度或质量（ ）	A	$A_{校正}$
0				
1				
2				
3				
4				
5				
6				
7				

回归方程：

相关系数：

（3）水质样品的测定

平行测定次数	1	2	3
吸光度，A			
空白值，A_0			
校正吸光度，$A_{校正}$			
回归方程计算所得浓度（　）			
原始试液浓度/（μg/mL）			
样品铁的测定结果/（mg/L）			
R_d/%			

分析人：　　　　　　　　　　校对人：　　　　　　　　　　审核人：

标准曲线绘制图：

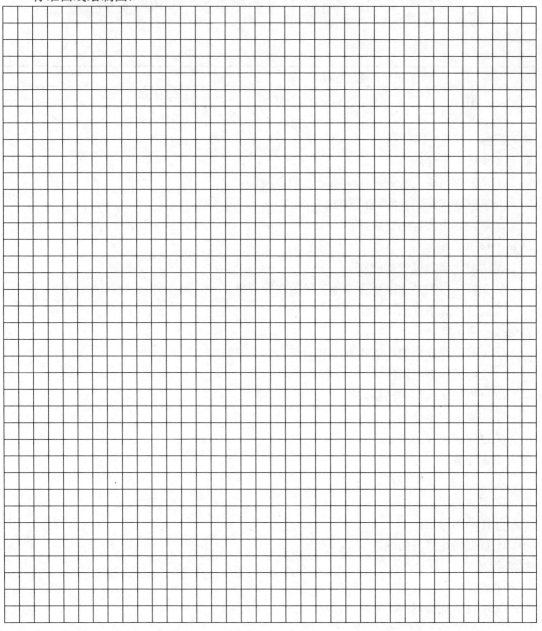

项目 5

有机化合物的监测

子项目 29　化学需氧量的测定——重铬酸盐法

项　目	有机化合物的监测
子项目	化学需氧量的测定——重铬酸盐法（GB 11914—89）

学习目标

能力（技能）目标

　　①掌握重铬酸盐法测定化学需氧量的步骤。

　　②掌握酸式滴定管的滴定方法。

　　③掌握回流装置的安装操作。

认知（知识）目标

　　①掌握化学需氧量基础知识。

　　②掌握重铬酸盐法测定化学需氧量的实验原理。

　　③能够计算水样的化学需氧量。

其他（素质）目标

　　①良好的职业道德、工作态度和责任感。

　　②良好的计划组织能力。

　　③良好的团队协作精神。

　　④实验室安全操作。

　　⑤遵守环境保护规定。

能力训练任务

　　①样品的采集和保存。

　　②溶液的标定。

　　③样品的测定。

　　④数据的计算与处理。

教学资源

　　①教材。

　　②项目训练教材。

③多媒体教学设备。

④环境监测实验室。

⑤回流装置。

⑥加热装置。

⑦25 mL 或 50 mL 酸式滴定管。

29.1　预备知识

化学需氧量（COD）是在一定的条件下，采用一定的强氧化剂处理水样时，所消耗的氧化剂量。它是表示水中还原性物质多少的一个指标。水中的还原性物质有各种有机物、亚硝酸盐、硫化物、亚铁盐等，但主要的是有机物。因此，化学需氧量（COD）又往往作为衡量水中有机物质含量多少的指标。

化学需氧量高意味着水中含有大量还原性物质，其中主要是有机污染物。化学需氧量越高，就表示水的有机物污染越严重，这些有机物污染的来源可能是农药、化工厂、有机肥料等。如果不进行处理，许多有机污染物可在河底被底泥吸附而沉积下来，在今后若干年内对水生生物造成持久的毒害作用。在水生生物大量死亡后，水中的生态系统即被摧毁。人若以水中的生物为食，则会大量吸收这些生物体内的毒素，积累在体内，这些毒物常有致癌、致畸形、致突变的作用，对人极其危险。另外，若以受污染的水进行灌溉，则植物、农作物也会受到影响，容易生长不良，而且人也不能取食这些作物。但化学需氧量高不一定就意味着有前述危害，具体判断要做详细分析，如分析有机物的种类，到底对水质和生态有何影响。是否对人体有害等。如果不能进行详细分析，也可间隔几天对水样再做化学需氧量测定，如果对比前值下降很多，说明水中含有的还原性物质主要是易降解的有机物，对人体和生物危害相对较轻。

重铬酸盐法测定化学需氧量的原理是：水样中加入已知量的重铬酸钾溶液，并在强酸介质下以银盐作催化剂，经沸腾回流后，以试亚铁灵为指示剂，用硫酸亚铁铵滴定水样中未被还原的重铬酸钾，由消耗的硫酸亚铁铵的量换算成消耗氧的质量浓度。

29.2　实训准备

准备事宜	序号	名　称	方　法
样品的采集和保存		1. 采样：水样要采集于玻璃瓶中，应尽快分析。如不能立即分析时，应加入硫酸至 pH<2，置 4℃下保存。但保存时间不多于 5 d。采集水样的体积不得少于 100 mL。 2. 试料的准备：将试样充分摇匀，取出 20.0 mL 作为试料	
实训试剂	1	硫酸银（Ag_2SO_4）	化学纯
	2	硫酸汞（$HgSO_4$）	化学纯
	3	硫酸（H_2SO_4）	ρ=1.84 g/mL
	4	硫酸银-硫酸试剂	向 1 L 硫酸中加入 10 g 硫酸银，放置 1～2 d 使之溶解，并混匀，使用前小心摇动
	5	重铬酸钾标准溶液 $c(1/6K_2Cr_2O_7)$=0.250 mol/L	将 12.258 g 在 105℃干燥 2 h 后的重铬酸钾溶于水中，稀释至 1 000 mL
	6	重铬酸钾标准溶液 $c(1/6K_2Cr_2O_7)$=0.025 0 mol/L	将（5）的溶液稀释 10 倍而成

准备事宜	序号	名 称	方 法
实训试剂	7	硫酸亚铁铵标准滴定溶液 $c[(NH_4)_2Fe(SO_4)_2 \cdot 6H_2O] \approx 0.10$ mol/L	溶解 39 g 硫酸亚铁铵[$(NH_4)_2Fe(SO_4)_2 \cdot 6H_2O$]于水中,加入 20 mL 硫酸,待其溶液冷却后稀释至 1 000 mL。每日临用前,必须用重铬酸钾标准溶液(5)准确标定溶液的浓度。取 10.00 mL 重铬酸钾标准溶液(0.250 mol/L)置于锥形瓶中,用水稀释至约 100 mL,加入 30 mL 硫酸,混匀,冷却后,加 3 滴(约 0.15 mL)试亚铁灵指示剂,用硫酸亚铁铵(0.10 mol/L)滴定溶液的颜色由黄色经蓝绿色变为红褐色,即为终点。记录下硫酸亚铁铵的消耗量(mL)。硫酸亚铁铵标准滴定溶液浓度的计算: $$C = (0.250 \times 10.00)/V$$ 式中:V——滴定时消耗硫酸亚铁铵溶液的毫升数
	8	硫酸亚铁铵标准滴定溶液 $c[(NH_4)_2Fe(SO_4)_2 \cdot 6H_2O] \approx 0.010$ mol/L	将(7)的溶液稀释 10 倍,用重铬酸钾标准溶液(6)标定,其滴定步骤及浓度计算分别与(7)类似
	9	邻苯二甲酸氢钾标准溶液,$c(KC_6H_5O_4)=2.082\,4$ mol/L	称取 105 ℃时干燥 2 h 的邻苯二甲酸氢钾(HOOCC_6H_4COOK)0.425 1 g 溶于水,并稀释至 1 000 mL,混匀。以重铬酸钾为氧化剂,将邻苯二甲酸氢钾完全氧化的 COD 值为 1.176 8 氧/g(指 1 g 邻苯二甲酸氢钾耗氧 1.176 g)故该标准溶液的理论 COD 值为 500 mg/L
	10	1,10-菲绕啉指示剂溶液	溶解 0.7 g 七水合硫酸亚铁($FeSO_4 \cdot 7H_2O$)于 50 mL 的水中,加入 1.5 g 1,10-菲统啉,搅动至溶解,加水稀释至 100 mL

29.3 分析步骤

取试料于锥形瓶中,或取适量试料加水至 20.0 mL。	空白试验:按相同步骤以 20.0 mL 水代替试料进行空白试验。

加入 10.0 mL 重铬酸钾标准溶液(5)和几颗防爆沸玻璃珠,摇匀。

将锥形瓶接到回流装置冷凝管下端,接通冷凝水。从冷凝管上端缓慢加入 30 mL 硫酸银-硫酸试剂,以防止低沸点有机物的溢出,不断旋动锥形瓶使之混合均匀。自溶液开始沸腾起回流 2 h。

冷却后,用 20～30 mL 水自冷凝管上端冲洗冷凝管后,取下锥形瓶,再用水稀释至 140 mL 左右。

溶液冷却至室温后,加入 3 滴 1,10-菲绕啉指示剂溶液,用硫酸亚铁铵标准滴定溶液滴定,溶液的颜色由黄色经蓝绿色变为红褐色即为终点。记下硫酸亚铁铵标准滴定溶液的消耗毫升数 V_2。

$$\text{COD(mg/L)} = \frac{C(V_1 - V_2) \times 8 \times 1\,000}{V_0}$$

式中:C——硫酸亚铁铵标准滴定溶液的浓度,mol/L;

V_1——空白试验所消耗的硫酸亚铁铵标准滴定溶液的体积,mL;

V_2——试料测定所消耗的硫酸亚铁铵标准滴定溶液的体积,mL;

V_0——试料的体积,mL;

8——$1/4O_2$ 的摩尔质量,g/mol。

29.4　注意事项

（1）对于 COD 值小于 50 mg/L 的水样，应采用低浓度的重铬酸钾标准溶液氧化，加热回流以后，采用低浓度的硫酸亚铁铵标准溶液回滴。

（2）该方法对未经稀释的水样其测定上限为 700 mg/L，超过此限时必须经稀释后测定。

（3）对于污染严重的水样，可选取所需体积 1/10 的试料和 1/10 的试剂，放入 10 mm×150 mm 硬质玻璃管中，摇匀后，用酒精灯加热至沸数分钟，观察溶液是否变成蓝绿色。如呈蓝绿色，应再适当少取试料，重复以上试验，直至溶液不变蓝绿色为止。从而确定待测水样适当的稀释倍数。

（4）在特殊情况下，需要测定的试料在 10.0～50.0 mL，试剂的体积或重量要按表 29-1 作相应的调整。

表 29-1　不同取样量和试剂用量

样品量/ mL	0.250 0 mol/L $K_2Cr_2O_7$/ mL	Ag_2SO_4-H_2SO_4/ mL	$HgSO_4$/ g	$[(NH_4)_2Fe(SO_4)_2 \cdot 6H_2O$/ （mol/L）	滴定前体积/ mL
10.0	5.0	15	0.2	0.05	70
20.0	10.0	30	0.4	0.10	140
30.0	15.0	45	0.6	0.15	210
40.0	20.0	60	0.8	0.20	200
50.0	25.0	75	1.0	0.25	350

29.5　操作规范评分表

序号	考核点	配分	评分标准	扣分	得分	考评员
一	称量	14				
1	分析天平称量前准备	1.5	1．未检查天平水平，扣 0.5 分； 2．托盘未清扫，扣 1 分			
2	分析天平称量操作	10	1．干燥器盖子放置不正确，扣 1 分； 2．手直接触及被称物容器或被称物容器放在台面上，扣 1 分； 3．称量瓶放置不当，扣 1 分； 4．倾出试样不合要求，扣 1 分； 5．规定量±5%内，不扣分； 6．5%＜规定量≤10%，−10%＜规定量≤−5%，扣 1 分/份； 7．超出规定量±10%，扣 2 分/份； 8．试样撒落，扣 1 分； 9．开关天平门操作不当，扣 1 分； 10．读数及记录不正确，扣 1 分			

序号	考核点	配分	评分标准	扣分	得分	考评员
3	称量后处理	2.5	1. 不关天平门，扣 0.5 分； 2. 天平内外不清洁，扣 0.5 分； 3. 未检查零点，扣 0.5 分； 4. 凳子未归位，扣 0.5； 5. 未做使用记录，扣 0.5 分			
二	标准滴定溶液的配制和标定	21				
1	玻璃仪器洗涤	1	洗涤不正确，扣 1 分			
2	转移溶液	3	1. 没有进行容量瓶试漏检查，扣 0.5 分； 2. 烧杯没有沿玻璃棒向上提起，扣 0.5 分； 3. 玻璃棒放回烧杯操作不正确，扣 1 分； 4. 吹洗转移重复 3 次以上，否则扣 1 分			
3	移液管润洗	1	1. 润洗溶液过多，扣 0.5 分； 2. 润洗方法不正确，扣 0.5 分			
4	移取溶液	3	1. 移液管插入溶液前或调节液面前未用纸擦拭管尖部，出现一次扣 1 分，扣分可累加； 2. 移液管插入液面下 1 cm 左右，不正确，扣 1 分； 3. 将溶液吸入吸耳球内，扣 1 分。			
5	定容操作	5	1. 加水至容量瓶约 3/4 体积时没有平摇，扣 1 分； 2. 加水至近标线约 1 cm 处等待 1 min，没有等待，扣 1 分； 3. 逐滴加入蒸馏水至标线操作不当，扣 1 分； 4. 未充分混匀、中间未开塞，扣 1 分； 5. 持瓶方式不正确，扣 1 分			
6	滴定操作	5	1. 滴定管未进行试漏或时间不足 1～2 min（总时间），扣 0.5 分； 2. 润洗方法不正确，扣 1 分； 3. 滴定前管尖残液未除去，每出现一次扣 0.5 分，可累计扣分； 4. 未双手配合或控制旋塞不正确，扣 0.5 分； 5. 操作不当造成漏液，扣 0.5 分； 6. 终点控制不准（非半滴到达、颜色不正确），每出现一次扣 0.5 分，可累计扣分； 7. 读数不正确，每出现一次扣 0.5 分； 8. 原始数据未及时记录在报告单上，每出现一次扣 1 分			
7	原始记录	3	1. 数据未直接填在报告单上，每出现一次扣 1 分； 2. 数据不全、有空项、字迹不工整，每出现一次扣 0.5 分			
三	定量测定	16				
1	取试样	1	量器皿选择不正确，扣 1 分			
2	测定过程	4	回流装置操作不对的，扣 4 分			

序号	考核点	配分	评分标准	扣分	得分	考评员
3	滴定操作	5	1．滴定前管尖残液未除去，每出现一次扣 0.5 分； 2．未双手配合或控制旋塞不正确，扣 0.5 分； 3．操作不当造成漏液，扣 0.5 分； 4．终点控制不准（非半滴到达、颜色不正确），每出现一次扣 1 分； 5．溶液使用前没有摇匀的，扣 1 分； 6．读数不正确，每出现一次扣 0.5 分； 7．原始数据未及时记录在报告单上，每出现一次扣 1 分			
4	原始记录	3	1．数据未直接填在报告单上，每出现一次扣 1 分； 2．数据不全、有空项、字迹不工整每出现一次扣 0.5 分，即可累加扣分			
5	有效数字运算	3	有效数字运算不规范，一次性扣 3 分			
四	文明操作	4				
1	实验室整洁	1	实验过程台面、地面脏乱，一次性扣 1 分			
2	实验结束清洗仪器、试剂物品归位	2	实验结束未先清洗仪器或试剂物品未归位就完成报告，一次性扣 2 分			
3	仪器损坏	1	损坏仪器，每出现一次扣 1 分			
五	数据处理及报告	45				
1	标定结果精密度	10	｜极差/平均值｜≤0.15%，不扣分； 0.15%＜｜极差/平均值｜≤0.25%，扣 2.5 分； 0.25%＜｜极差/平均值｜≤0.35%，扣 5 分； 0.35%＜｜极差/平均值｜≤0.45%，扣 7.5 分； ｜极差/平均值｜＞0.45%　扣 10 分			
2	标定结果准确度	10	保证值±1 s 内，不扣分； 保证值±2 s 内，扣 3 分； 保证值±3 s 内，扣 6 分； 保证值±3 s 外，扣 10 分			
3	测定结果精密度	15	｜极差/平均值｜≤3%，不扣分； 3%＜｜极差/平均值｜≤5%，扣 3 分； 5%＜｜极差/平均值｜≤7.5%，扣 7 分； 7.5%＜｜极差/平均值｜≤10%，扣 11 分； ｜极差/平均值｜＞10%，扣 15 分			
4	测定结果准确度	10	保证值±1 s 内，不扣分； 保证值±2 s 内，扣 3 分； 保证值±3 s 内，扣 7 分； 保证值±3 s 外，扣 10 分			
	合计	100				

29.6　化学需氧量分析

（1）硫酸亚铁铵溶液的标定

	硫酸亚铁铵溶液用量/mL	硫酸亚铁铵溶液的浓度/（mol/L）	硫酸亚铁铵溶液的浓度均值/（mol/L）
1			
2			
3			

（2）样品的测定

	取样量	稀释倍数	测定空白消耗的硫酸亚铁铵溶液用量/mL	滴定水样时消耗的硫酸亚铁铵溶液用量/mL	样品 COD 浓度/（mg/L）	样品 COD 平均浓度/（mg/L）
1						
2						
3						

分析人：　　　　　　　　　　校对人：　　　　　　　　　　审核人：

子项目 30　高锰酸盐指数的测定

项　　目	有机化合物的监测
子项目	高锰酸盐指数的测定（GB 11892—89）

学习目标

能力（技能）目标

　　①掌握高锰酸盐指数的测定的步骤。

　　②掌握酸式滴定管的滴定方法。

认知（知识）目标

　　①掌握高锰酸盐指数的基础知识。

　　②掌握氧化-还原滴定法测定水中高锰酸盐指数的实验原理。

　　③能够计算水样的高锰酸盐指数。

其他（素质）目标

　　①良好的职业道德、工作态度和责任感。

　　②良好的计划组织能力。

　　③良好的团队协作精神。

　　④实验室安全操作。

　　⑤遵守环境保护规定。

能力训练任务

　　①样品的采集和保存。

　　②高锰酸钾溶液的配制。

　　③草酸钠溶液的配制。

　　④样品的测定。

　　⑤数据的计算与处理。

教学资源

　　①教材。

　　②项目训练教材。

　　③多媒体教学设备。

④环境监测实验室。

⑤回流装置。

⑥加热装置。

⑦25 mL 酸式滴定管。

30.1　预备知识

高锰酸盐指数是反映水体中有机及无机可氧化物质污染的常用指标。定义为：在一定条件下，用高锰酸钾氧化水样中的某些有机物及无机还原性物质，由消耗的高锰酸钾量计算相当的氧量。

高锰酸盐指数不能作为理论需氧量或总有机物含量的指标，因为在规定的条件下，许多有机物只能部分地被氧化，易挥发的有机物也不包含在测定值之内。

样品中加入已知量的高锰酸钾和硫酸，在沸水浴中加热 30 min，高锰酸钾将样品中的某些有机物和无机还原性物质氧化，反应后加入过量的草酸钠还原剩余的高锰酸钾，再用高锰酸钾标准溶液回滴过量的草酸钠。通过计算得到样品中高锰酸盐指数。

30.2　实训准备

准备事宜	序号	名　称	方　法
样品的采集和保存		采样后要加入硫酸（2），使样品 pH 1～2 并尽快分析。如保存时间超过 6 h，则需置暗处，0～5℃下保存，不得超过 2 d	
实训试剂	1	不含还原性物质的水	将 1 L 蒸馏水置于全玻璃蒸馏器中，加入 10 mL 硫酸（2）和少量高锰酸钾溶液（8），蒸馏，弃去 100 mL 初馏液，余下馏出液贮于具玻璃塞的细口瓶中
	2	硫酸（H_2SO_4）	ρ_{20}=1.84 g/mL
	3	硫酸，1+3 溶液	在不断搅拌下，将 100 mL 硫酸（2）慢慢加入到 300 mL 水中。趁热加入数滴高锰酸钾溶液（8）直至溶液出现粉红色
	4	氢氧化钠，500 g/L 溶液	称取 50 g 氢氧化钠溶于水并稀释至 100 mL
	5	草酸钠标准贮备液 $c(1/2Na_2C_2O_4)$=0.100 0 mol/L	称取 0.670 5 g 经 120℃烘干 2 h 并放冷的草酸钠（$Na_2C_2O_4$）溶解水中，移入 100 mL 容量瓶中，用水稀释至标线，混匀，置4℃保存
	6	草酸钠标准溶液 $c_1(1/2Na_2C_2O_4)$=0.010 0 mol/L	吸取 10.00 mL 草酸钠贮备液（5）于 100 mL 容量瓶中，用水稀释至标线，混匀
	7	高锰酸钾标准贮备液 $c_2(1/5KMnO_4)$=0.1 mol/L	称取 3.2 g 高锰酸钾溶解于水并稀释至 1 000 mL。于 90～95℃水浴中加热此溶液 2 h，冷却。存放两天后，倾出清液，贮于棕色瓶中
	8	高锰酸钾标准溶液，浓度 $c_3(1/5KMnO_4)$=0.01 mol/L	吸取 100 mL 高锰酸钾标准贮备液（7）于 1 000 mL 容量瓶中，用水稀释至标线，混匀。此溶液在暗处可保存几个月，使用当天标定其浓度

30.3 分析步骤

吸取 100.0 mL 经充分摇动、混合均匀的样品（或分取适量，用水稀释至 100 mL），置于 250 mL 锥形瓶中。

空白试验：按相同步骤以 100.0 mL 水代替试料进行空白试验。

加入 5±0.5 mL 硫酸（3），用滴定管加入 10.00 mL 高锰酸钾溶液（8），摇匀。

将锥形瓶置于沸水浴内 30±2 min（水浴沸腾，开始计时）。

取出后用滴定管加入 10.00 mL 草酸钠溶液（6）至溶液变为无色。

趁热用高锰酸钾溶液（8）滴定至刚出现粉红色，并保持 30 s 不退。记录消耗的高锰酸钾溶液体积。滴定样品体积 V_1，滴定空白体积 V_0

向空白试验滴定后的溶液中加入 10.00 mL 草酸钠溶液（6）。如果需要，将溶液加热至 80℃。用高锰酸钾溶液（8）继续滴定至刚出现粉红色，并保持 30 s 不褪色。记录下消耗的高锰酸钾溶液（8）体积 V_2。

高锰酸盐指数（I_{Mn}）以每升样品消耗毫克氧数来表示（O_2, mg/L），按式（30-1）计算。

$$I_{Mn} = \frac{\left[(10+V_1)\dfrac{10}{V_2} - 10 \right] \times C \times 8 \times 1000}{100} \tag{30-1}$$

式中：V_1——样品滴定时，消耗高锰酸钾溶液体积，mL；

$\quad\quad V_2$——回滴空白时，所消耗高锰酸钾溶液体积，mL；

$\quad\quad C$——草酸钠标准溶液（6），0.010 0 mol/L。

如样品经稀释后测定，按式（30-2）计算。

$$I_{Mn} = \frac{\left\{ \left[(10+V_1)\dfrac{10}{V_2} - 10 \right] - \left[(10+V_0)\dfrac{10}{V_2} - 10 \right] \times f \right\} \times C \times 8 \times 1000}{V_3} \tag{30-2}$$

式中：V_0——空白试验消耗高锰酸钾溶液体积，mL；

$\quad\quad V_3$——所取样品体积，mL；

$\quad\quad f$——稀释样品时，蒸馏水在 100 mL 测定用体积内所占比例（例如：10 mL 样品用水稀释至 100 mL，则 $f=$（100−10）/100=0.90）

30.4 注意事项

（1）沸水浴的水面要高于锥形瓶内的液面。

（2）样品量以加热氧化后残留的高锰酸钾为其加入量的 1/3～1/2 为宜。加热时，如溶液红色褪去，说明高锰酸钾量不够，须重新取样，经稀释后测定。

（3）滴定时温度如低于 60℃，反应速度缓慢，因此应加热至 80℃左右。

（4）沸水浴温度为 98℃。如在高原地区，报出数据时，需注明水的沸点。

30.5　操作规范评分表

序号	考核点	配分	评分标准	扣分	得分	考评员
一	称量	14				
1	分析天平称量前准备	1.5	1. 未检查天平水平，扣 0.5 分； 2. 托盘未清扫，扣 1 分			
2	分析天平称量操作（不允许重称）	10	1. 干燥器盖子放置不正确，扣 1 分； 2. 手直接接触及被称物容器或被称物容器放在台面上，扣 1 分； 3. 称量瓶放置不当，扣 1 分； 4. 倾出试样不合要求，扣 1 分； 5. 规定量±5%内，不扣分； 6. 5%＜规定量≤10%，−10%＜规定量≤−5%，扣 1 分/份； 7. 超出规定量±10%，扣 2 分/份； 8. 试样撒落，扣 1 分； 9. 开关天平门操作不当，扣 1 分； 10. 读数及记录不正确，扣 1 分			
3	称量后处理	2.5	1. 不关天平门，扣 0.5 分； 2. 天平内外不清洁，扣 0.5 分； 3. 未检查零点，扣 0.5 分； 4. 凳子未归位，扣 0.5； 5. 未做使用记录，扣 0.5 分			
二	标准滴定溶液的配制和标定	21				
1	玻璃仪器洗涤	1	洗涤不正确，扣 1 分			
2	转移溶液	3	1. 没有进行容量瓶试漏检查，扣 0.5 分； 2. 烧杯没有沿玻璃棒向上提起，扣 0.5 分； 3. 玻璃棒放回烧杯操作不正确，扣 1 分； 4. 吹洗转移重复 3 次以上，否则扣 1 分			
3	移液管润洗	1	1. 润洗溶液过多，扣 0.5 分； 2. 润洗方法不正确，扣 0.5 分			
4	移取溶液	3	1.移液管插入溶液前或调节液面前未用纸擦拭管尖部，出现一次扣 1 分，扣分可累加； 2. 移液管插入液面下 1 cm 左右，不正确，扣 1 分； 3. 将溶液吸入吸耳球内，扣 1 分			
5	定容操作	5	1. 加水至容量瓶约 3/4 体积时没有平摇，扣 1 分； 2. 加水至近标线约 1 cm 处等待 1 min，没有等待，扣 1 分； 3. 逐滴加入蒸馏水至标线操作不当，扣 1 分； 4. 未充分混匀、中间未开塞，扣 1 分； 5. 持瓶方式不正确，扣 1 分			

序号	考核点	配分	评分标准	扣分	得分	考评员
6	滴定操作	5	1. 滴定管未进行试漏或时间不足 1～2 min（总时间），扣 0.5 分； 2. 润洗方法不正确，扣 1 分； 3. 滴定前管尖残液未除去，每出现一次扣 0.5 分，可累计扣分； 4. 未双手配合或控制旋塞不正确，扣 0.5 分； 5. 操作不当造成漏液，扣 0.5 分； 6. 终点控制不准（非半滴到达、颜色不正确），每出现一次扣 0.5 分，可累计扣分； 7. 读数不正确，每出现一次扣 0.5 分； 8. 原始数据未及时记录在报告单上，每出现一次扣 1 分			
7	原始记录	3	1. 数据未直接填在报告单上，每出现一次扣 1 分； 2. 数据不全、有空项、字迹不工整每出现一次扣 0.5 分			
三	定量测定	16				
1	取试样	1	量器皿选择不正确，扣 1 分			
2	测定过程	4	1. 加 $KMnO_4$ 前，应将 $KMnO_4$ 摇匀，没有摇匀，扣 0.5 分； 2. 加入的 $KMnO_4$ 只能用滴定管加入，用移液管，扣 2 分； 3. 水浴温度不正确，扣 0.5 分； 4. 水浴水面低于试样，扣 0.5 分； 5. 加热时间不在规定范围内，扣 0.5 分			
3	滴定操作	5	1. 滴定前管尖残液未除去，每出现一次扣 0.5 分； 2. 未双手配合或控制旋塞不正确，扣 0.5 分； 3. 操作不当造成漏液，扣 0.5 分； 4. 终点控制不准（非半滴到达、颜色不正确），每出现一次扣 1 分； 5. 加入 $Na_2C_2O_4$ 前，没有摇匀 $Na_2C_2O_4$ 的，扣 1 分； 6. 读数不正确，每出现一次扣 0.5 分； 7. 原始数据未及时记录在报告单上，每出现一次扣 1 分			
4	原始记录	3	1. 数据未直接填在报告单上，每出现一次扣 1 分； 2. 数据不全、有空项、字迹不工整、请在扣分项上打√，每出现一次扣 0.5 分，即可累计扣分			
5	有效数字运算	3	有效数字运算不规范，一次性扣 3 分			
四	文明操作	4				
1	实验室整洁	1	实验过程台面、地面脏乱，一次性扣 1 分			

序号	考核点	配分	评分标准	扣分	得分	考评员
2	实验结束清洗仪器、试剂物品归位	2	实验结束未先清洗仪器或试剂物品未归位就完成报告,一次性扣 2 分			
3	仪器损坏	1	损坏仪器,每出现一次扣 1 分			
五	数据处理及报告	45				
1	标定结果精密度	10	|极差/平均值|≤0.15%,不扣分; 0.15%<|极差/平均值|≤0.25%,扣 2.5 分; 0.25%<|极差/平均值|≤0.35%,扣 5 分; 0.35%<|极差/平均值|≤0.45%,扣 7.5 分; |极差/平均值|>0.45% 扣 10 分			
2	标定结果准确度	10	保证值±1 s 内,不扣分; 保证值±2 s 内,扣 3 分; 保证值±3 s 内,扣 6 分; 保证值±3 s 外,扣 10 分			
3	测定结果精密度	15	|极差/平均值|≤3%,不扣分; 3%<|极差/平均值|≤5%,扣 3 分; 5%<|极差/平均值|≤7.5%,扣 7 分; 7.5%<|极差/平均值|≤10%,扣 11 分; |极差/平均值|>10%,扣 15 分			
4	测定结果准确度	10	保证值±1 s 内,不扣分; 保证值±2 s 内,扣 3 分; 保证值±3 s 内,扣 7 分; 保证值±3 s 外,扣 10 分			
	合计	100				

30.6 高锰酸钾指数分析

(1)高锰酸钾标准滴定溶液(0.1 mol/L)的标定

序号			
m 倾样前/g			
m 倾样后/g			
m(草酸钠)/g			
$V(KMnO_4)$初/mL			
$V(KMnO_4)$终/mL			
$V(KMnO_4)$消耗/mL			
温度/℃			
$V(KMnO_4)$温校/mL			
V 体校/mL			
$V(KMnO_4)$实/mL			
V 空白/mL		空白平均值/mL =	
$c(1/5KMnO_4)/$(mol/L)			
$c(1/5KMnO_4)$平均/(mol/L)			
极差/平均值/%			

（2）高锰酸盐指数的测定

序号	1	2	3
V 取样量/mL			
V（加入 $KMnO_4$）/mL			
$V(KMnO_4)$初/mL			
$V(KMnO_4)$终/mL			
$V(KMnO_4)$滴定消耗/mL			
$V(KMnO_4)$消耗/mL			
温度/℃			
$V(KMnO_4)$温校/mL			
$V(KMnO_4)$体校/mL			
$V(KMnO_4)$实/mL			
V 草酸钠/mL			
K 值的测定			
V 草酸钠/mL			
$V(KMnO_4)$初/mL			
$V(KMnO_4)$终/mL			
$V(KMnO_4)$温校/mL			
$V(KMnO_4)$体校/mL			
$V(KMnO_4)$实/mL			
K 值			
高锰酸盐指数（O_2，mg/L）			
高锰酸盐指数平均值（O_2，mg/L）			
极差/平均值/%			

分析人：　　　　　　　　校对人：　　　　　　　　审核人：

子项目 31　五日生化需氧量的测定——稀释与接种法

项　目	有机化合物的监测
子项目	五日生化需氧量（BOD_5）的测定——稀释与接种法（HJ 505—2009）

学习目标

能力（技能）目标

①掌握恒温培养箱的操作使用。

②掌握稀释与接种法测定五日生化需氧量（BOD_5）的步骤。

③掌握本方法操作技能，如稀释水的制备、稀释倍数选择、溶解氧的测定等。

认知（知识）目标

①了解生化需氧量基础知识和测定的意义。

②掌握稀释与接种法测定五日生化需氧量（BOD_5）的实验原理。

其他（素质）目标

①良好的职业道德、工作态度和责任感。

②良好的计划组织能力。

③良好的团队协作精神。

④实验室安全操作。

⑤遵守环境保护规定。

能力训练任务

①样品的采集与保存。

②样品的前处理。

③稀释水和接种稀释水的制备。

④样品的测定。

⑤数据的计算与处理。

教学资源

①教材。

②项目训练教材。

③多媒体教学设备。

④环境监测实验室。

⑤恒温培养箱。

⑥溶解氧瓶。

⑦曝气装置。

31.1　预备知识

生活污水与工业废水中含有大量各类有机物。当其污染水域后，这些有机物在水体中分解时要消耗大量溶解氧，从而破坏水体中氧的平衡，使水质恶化，因缺氧造成鱼类及其他水生生物的死亡。这样的污染事故在我国时有发生。

水体中所含的有机物成分复杂，难以一一测定其成分。人们常常利用水中有机物在一定条件下所消耗的氧来间接表示水体中有机物的含量，生化需氧量即属于这类的重要指标之一。

生化需氧量是反映水体被有机物污染程度的综合指标，但它并非反映有机物的含量，而是微生物分解有机物时消耗了多少氧。因其能相对表示微生物可分解的有机物量，所以，也是研究污水的可生化降解和生化处理效果以及生化处理污水工艺设计和动力学研究中的重要参数。

生化需氧量是指在规定的条件下，微生物分解水中的某些可氧化的物质，特别是分解有机物的生物化学过程消耗的溶解氧。通常情况下是指水样充满完全密封的溶解氧瓶，在（20±1）℃的暗处培养 5 d±4 h，分别测定培养前后水样中溶解氧的质量浓度，由培养前后溶解氧的质量浓度之差，计算每升样品消耗的溶解氧量，以 BOD_5 形式表示。

31.2 实训准备

准备事宜	序号	名 称	方 法
样品的采集与保存			样品需充满并密封于棕色玻璃瓶中，样品量不少于 1 000 mL，置于 0～4℃运输和保存，24 h 内尽快分析。24 h 内不能分析，可冷冻保存，冷冻样品分析前需解冻、均质化和接种
实训试剂	1	水	符合 GB/T 6682 规定的 3 级蒸馏水，水中铜离子浓度不大于 0.01 mg/L，不含有氯或氯胺等物质
	2	接种液	可购买接种微生物用的接种物质，接种液的配制和使用按说明书的要求操作。也可按以下的方法获得接种液。 （1）未受工业废水污染的生活污水：化学需氧量不大于 300 mg/L，总有机碳不大于 100 mg/L； （2）含有城镇污水的河水或湖水； （3）污水处理厂的出水； （4）分析含有难降解物质的工业废水时，在其排污口下游适当处取水样作为废水的驯化接种液。也可取中和或经适当稀释后的废水进行连续曝气，每天加入少量该种废水，同时加入少量生活污水，使适应该种废水的微生物大量繁殖。当水中出现大量的絮状物时，表明微生物已繁殖，可用作接种液。一般驯化过程需 3～8 d
	3	盐溶液	（1）磷酸盐缓冲溶液 将 8.5 g 磷酸二氢钾（KH_2PO_4）、21.8 g 磷酸氢二钾（K_2HPO_4）、33.4 g 七水合磷酸氢二钠（$Na_2HPO_4 \cdot 7H_2O$）和 1.7 g 氯化铵（NH_4Cl）溶于水中，稀释至 1 000 mL，此溶液在 0～4℃可稳定保存 6 个月。此溶液的 pH 应为 7.2。 （2）硫酸镁溶液，$\rho(MgSO_4)$=11.0 g/L 将 22.5 g 七水合硫酸镁（$MgSO_4 \cdot 7H_2O$）溶于水中，稀释至 1 000 mL，此溶液在 0～4℃可稳定保存 6 个月，若发现任何沉淀或微生物生长应弃去。 （3）氯化钙溶液，$\rho(CaCl_2)$=27.6 g/L 将 27.6 g 无水氯化钙（$CaCl_2$）溶于水中，稀释至 1 000 mL，此溶液在 0～4℃可稳定保存 6 个月，若发现任何沉淀或微生物生长应弃去。 （4）氯化铁溶液，$\rho(FeCl_3)$=0.15 g/L 将 0.25 g 六水合氯化铁（$FeCl_3 \cdot 6H_2O$）溶于水中，稀释至 1 000 mL，此溶液在 0～4℃可稳定保存 6 个月，若发现任何沉淀或微生物生长应弃去
	4	稀释水	在 5～20 L 玻璃瓶中加入一定量的水，控制水温在（20±1）℃，用曝气装置至少曝气 1 h，使稀释水中的溶解氧达到 8 mg/L 以上。使用前于每升水中加入磷酸盐缓冲溶液、硫酸镁溶液、氯化钙溶液、氯化铁溶液各 1.0 mL，混匀，20℃保存。在曝气的过程中防止污染，特别是防止带入有机物、金属、氧化物或还原物。 稀释水中氧的质量浓度不能过饱和，使用前需开口放置 1 h，且应在 24 h 内使用。剩余的稀释水应弃去

准备事宜	序号	名　称	方　法
实训试剂	5	接种稀释水	根据接种液的来源不同，每升稀释水中加入适量接种液：城市生活污水和污水处理厂出水加 1～10 mL，河水或湖水加 10～100 mL，将接种稀释水存放在（20±1）℃的环境中，当天配制当天使用。接种的稀释水 pH 为 7.2，BOD_5 值应小于 1.5 mg/L
	6	盐酸溶液 $c(HCl)=0.5$ mol/L	将 40 mL 浓盐酸（HCl）溶于水中，稀释至 1 000 mL
	7	氢氧化钠溶液 $c(NaOH)=0.5$ mol/L	将 20 g 氢氧化钠溶于水，稀释至 1 000 mL
	8	亚硫酸钠溶液 $c(Na_2SO_3)=0.025$ mol/L	将 1.575 g 亚硫酸钠（Na_2SO_3）溶于水中，稀释至 1 000 mL。此溶液不稳定，需现用现配
	9	葡萄糖-谷氨酸标准溶液	将葡萄糖（$C_6H_{12}O_6$，优级纯）和谷氨酸（$HOOC-CH_2-CH_2-CHNH_2-COOH$）在 130℃干燥 1 h，各称取 150 mg 溶于水中，在 1 000 mL 容量瓶中稀释至标线。此溶液的 BOD_5 为（210±20）mg/L，现用现配。该溶液也可少量冷冻保存，融化后立刻使用
	10	丙烯基硫脲硝化抑制剂 $\rho(C_4H_8N_2S)=1.0$ g/L	溶解 0.2 g 丙烯基硫脲（$C_4H_8N_2S$）于 200 mL 水中混合，4℃保存，此溶液可稳定保存 14 d
	11	乙酸溶液	1+1
	12	碘化钾溶液 $\rho(KI)=100$ g/L	将 10 g 碘化钾（KI）溶液水中，稀释至 100 mL
	13	淀粉溶液 $\rho=5$ g/L	将 0.5 g 淀粉溶于水中，稀释至 100 mL
水样的前处理		pH 调节	若样品或稀释后样品 pH 不在 6～8 范围内，应用盐酸溶液或氢氧化钠溶液调节其 pH 值至 6～8
		余氯和结合氯的去除	若样品中含有少量余氯，一般在采样后放置 1～2 h，游离氯即可消失。对在短时间内不能消失的余氯，可加入适量亚硫酸钠溶液去除样品中存在的余氯和结合氯，加入的亚硫酸钠溶液的量由下述方法确定。取已中和好的水样 100 mL，加入乙酸溶液 10 mL、碘化钾溶液 1 mL，混匀，暗处静置 5 min。用亚硫酸钠溶液滴定析出的碘至淡黄色，加入 1 mL 淀粉溶液呈蓝色。再继续滴定至蓝色刚刚褪去，即为终点，记录所用亚硫酸钠溶液体积，由亚硫酸钠溶液消耗的体积，计算出水样中应加亚硫酸钠溶液的体积
		样品均质化	含有大量颗粒物、需要较大稀释倍数的样品或经冷冻保存的样品，测定前均需将样品搅拌均匀
		样品中有藻类	若样品中有大量藻类存在，BOD_5 的测定结果会偏高。当分析结果精度要求较高时，测定前应用滤孔为 1.6 μm 的滤膜过滤，检测报告中注明滤膜滤孔的大小
		含盐量低的样品	若样品含盐量低，非稀释样品的电导率小于 125 μS/cm 时，需加入适量相同体积的四种盐溶液，使样品的电导率大于 125 μS/cm。每升样品中至少需加入各种盐的体积 V 按式计算：$$V = (\Delta K - 12.8)/113.6$$ 式中：V——需加入各种盐的体积，mL；ΔK——样品需要提高的电导率值，μS/cm。

31.3 分析步骤

分析方法一： 非稀释法

①非稀释法　样品中的有机物含量较少，BOD_5 的质量浓度不大于 6 mg/L，且样品中有足够的微生物。

②非稀释接种法　样品中的有机物含量较少，BOD_5 的质量浓度不大于 6 mg/L，但样品中无足够的微生物。

分析方法二： 稀释与接种法

①稀释法　试样中的有机物含量较多，BOD_5 的质量浓度大于 6 mg/L，且样品中有足够的微生物。

②稀释接种法　试样中的有机物含量较多，BOD_5 的质量浓度大于 6 mg/L，但样品中无足够的微生物。

（1）非稀释法

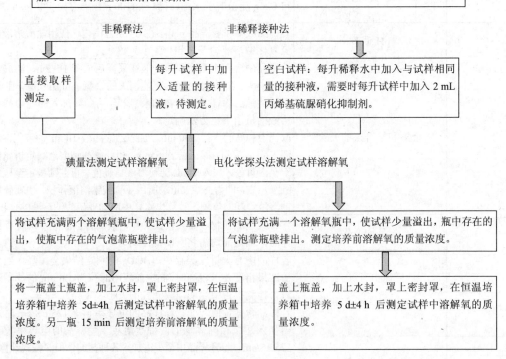

（2）稀释与接种法

待测试样：温度达到（20±2）℃，若样品溶解氧浓度低，用曝气装置曝气 15 min，充分振摇赶走样品中残留的气泡；若样品中氧过饱和，将容器的 2/3 体积充满样品，用力振荡赶出过饱和氧，然后根据试样中微生物含量情况确定测定方法。若试样中含有硝化细菌，需在每升试样中加入 2 mL 丙烯基硫脲硝化抑制剂。

确定稀释倍数：可根据样品的总有机碳、高锰酸盐指数或化学需氧量的测定值 Y，按照表 31-1 列出的比值 R（R 与样品的类型有关）估计 BOD_5 的期望值 ρ（$\rho = R \cdot Y$），再根据表 31-2 确定稀释因子。当不能准确地选择稀释倍数时，一个样品做 2～3 个不同的稀释倍数。

按照确定的稀释倍数，将一定体积的试样或处理后的试样用虹吸管加入已加部分稀释水或接种稀释水的稀释容器中，加稀释水或接种稀释水至刻度，轻轻混合避免残留气泡，待测定。若稀释倍数超过 100 倍，可进行两步或多步稀释。
若试样中有微生物毒性物质，应配制几个不同稀释倍数的试样，选择与稀释倍数无关的结果，并取其平均值。试样测定结果与稀释倍数的关系确定见右框内容。

当分析结果精度要求较高或存在微生物毒性物质时，一个试样要做两个以上不同的稀释倍数，每个试样每个稀释倍数做平行双样同时进行培养。测定培养过程中每瓶试样氧的消耗量，并画出氧消耗量对每一稀释倍数试样中原样品的体积曲线。
若曲线呈线性，则此试样中不含有任何抑制微生物的物质，即样品的测定结果与稀释倍数无关；若曲线仅在低浓度范围内呈线性，取线性范围内稀释比的试样测定结果计算平均 BOD_5 值。

空白试样：稀释水（稀释接种法）或接种稀释水（稀释法），需要时每升稀释水或接种稀释水中加入 2 mL 丙烯基硫脲硝化抑制剂。

碘量法测定试样溶解氧　　　　电化学探头法测定试样溶解氧

将试样充满两个溶解氧瓶中，使试样少量溢出，瓶中存在的气泡靠瓶壁排出。

将试样充满一个溶解氧瓶中，使试样少量溢出，使瓶中存在的气泡靠瓶壁排出。测定培养前溶解氧的质量浓度。

将一瓶盖上瓶盖，加上水封，罩上密封罩，在恒温培养箱中培养 5 d±4 h 后测定试样中溶解氧的质量浓度。另一瓶 15 min 后测定培养前溶解氧的质量浓度。

盖上瓶盖，加上水封，罩上密封罩，在恒温培养箱中培养 5 d±4 h 后测定试样中溶解氧的质量浓度。

表 31-1　典型的比值 R

水样的类型	总有机碳 R（BOD_5/TOC）	高锰酸盐指数 R（BOD_5/I_{Mn}）	化学需氧量 R（BOD_5/COD_{Cr}）
未处理的废水	1.2～2.8	1.2～1.5	0.35～0.65
生化处理的废水	0.3～1.0	0.5～1.2	0.20～0.35

表 31-2　BOD_5 测定的稀释倍数

BOD_5 的期望值/（mg/L）	稀释倍数	水样类型
6～12	2	河水，生物净化的城市污水
10～30	5	河水，生物净化的城市污水
20～60	10	生物净化的城市污水
40～120	20	澄清的城市污水或轻度污染的工业废水

BOD$_5$的期望值/（mg/L）	稀释倍数	水样类型
100～300	50	轻度污染的工业废水或原城市污水
200～600	100	轻度污染的工业废水或原城市污水
400～1 200	200	重度污染的工业废水或原城市污水
1 000～3 000	500	重度污染的工业废水
2 000～6 000	1 000	重度污染的工业废水

31.4　数据的计算与处理

非稀释法	$$\rho = \rho_1 - \rho_2$$ 式中：ρ ——五日生化需氧量质量浓度，mg/L； ρ_1 ——水样在培养前的溶解氧质量浓度，mg/L； ρ_2 ——水样在培养后的溶解氧质量浓度，mg/L。
非稀释接种法	$$\rho = (\rho_1 - \rho_2) - (\rho_3 - \rho_4)$$ 式中：ρ ——五日生化需氧量质量浓度，mg/L； ρ_1 ——接种水样在培养前的溶解氧质量浓度，mg/L； ρ_2 ——接种水样在培养后的溶解氧质量浓度，mg/L； ρ_3 ——空白样在培养前的溶解氧质量浓度，mg/L； ρ_4 ——空白样在培养后的溶解氧质量浓度，mg/L。
稀释与接种法	$$\rho = \frac{(\rho_1 - \rho_2) - (\rho_3 - \rho_4)f_1}{f_2}$$ 式中：ρ ——五日生化需氧量质量浓度，mg/L； ρ_1 ——接种稀释水样在培养前的溶解氧质量浓度，mg/L； ρ_2 ——接种稀释水样在培养后的溶解氧质量浓度，mg/L； ρ_3 ——空白样在培养前的溶解氧质量浓度，mg/L； ρ_4 ——空白样在培养后的溶解氧质量浓度，mg/L。 f_1 ——接种稀释水或稀释水在培养液中所占的比例； f_2 ——原样品中培养液所占的比例。

数据处理：BOD$_5$测定结果以氧的质量浓度（mg/L）报出。对稀释与接种法，如果有几个稀释倍数的结果满足要求，结果取这些稀释倍数结果的平均值。结果小于 100 mg/L，保留一位小数；100～1 000 mg/L，取整数位；大于 1 000 mg/L 以科学计数法报出。结果报告中应注明：样品是否经过过滤、冷冻或均质化处理。

31.5　质量保证和质量控制

（1）空白试样

每一批样品做两个分析空白试样，稀释法空白试样的测定结果不能超过 0.5 mg/L，非稀释接种法和稀释接种法空白试样的测定结果不能超过 1.5 mg/L，否则应检查可能的污染来源。

（2）接种液、稀释水质量的检查

每一批样品要求做一个标准样品，样品的配制方法如下：取 20 mL 葡萄糖-谷氨酸标准溶液于稀释容器中，用接种稀释水稀释至 1 000 mL，测定 BOD$_5$，结果应在 180～230 mg/L

范围内，否则应检查接种液、稀释水的质量。

（3）平行样品

每一批样品至少做一组平行样，计算相对百分偏差（RP）。当 BOD_5 值小于 3 mg/L 时，RP 值应≤±15%；当 BOD_5 为 3～100 mg/L 时，RP 值应≤±20%；当 BOD_5 值大于 100 mg/L 时，RP 值应≤±25%。计算公式如下：

$$RP = \frac{\rho_1 - \rho_2}{\rho_1 + \rho_2} \times 100\%$$

式中，RP——相对百分偏差，%；

ρ_1——第一个样品 BOD_5 的质量浓度，mg/L；

ρ_2——第二个样品 BOD_5 的质量浓度，mg/L。

31.6 操作规范评分表

序号	考核点	配分	评分标准	扣分	得分
一	仪器准备	3			
1	玻璃仪器洗涤	3	1. 未用蒸馏水清洗两遍以上，扣 2 分； 2. 玻璃仪器出现挂水珠现象，扣 1 分		
二	稀释水、接种稀释水的制备	7			
1	稀释水或接种稀释水制备方法	2	制备方法不正确，扣 2 分		
2	稀释水或接种稀释水的质量	5	1. pH 不为 7.2，扣 2 分； 2. 稀释水 BOD_5 值大于 0.5 mg/L 或接种稀释水 BOD_5 值大于 1.5 mg/L，扣 3 分		
三	样品测定操作	30			
1	样品前处理	3	1. 未正确选择前处理方法，扣 1 分； 2. 前处理操作方法不正确，扣 2 分		
2	试样准备操作	2	1. 待测试样温度未达到（20±2）℃，扣 1 分； 2. 样品溶解氧浓度低或过饱和，未按方法要求进行准备，扣 1 分		
3	稀释倍数的确定	5	1. 未能正确掌握稀释倍数的确定方法，扣 2 分； 2. 稀释倍数确定不正确，导致消耗的溶解氧小于 2 mg/L，培养后样品剩余溶解氧小于 2 mg/L，扣 3 分		
4	稀释操作	6	1. 未用虹吸法稀释样品，扣 2 分； 2. 稀释水和水样未沿器壁引入稀释容器或引入过程中有曝气现象，扣 2 分； 3. 稀释水样搅匀过程产生气泡，扣 2 分		
5	样品装瓶	4	1. 样品装入溶解氧瓶未做到少量溢出，扣 1 分； 2. 装好样品的溶解氧瓶中存在气泡，扣 2 分； 3. 样品瓶未贴标签，扣 1 分		
6	样品培养	5	1. 不能正确使用恒温培养箱，扣 2 分； 2. 培养温度超出（20±1）℃，扣 1 分； 3. 培养过程中溶解氧瓶封口水未及时添加，扣 1 分； 4. 培养时间超出 5 d±4 h，扣 1 分		

序号	考核点	配分	评分标准	扣分	得分
7	溶解氧测定	5	未按碘量法或电化学探头法的要求测定样品中溶解氧的质量浓度，扣 5 分		
四	实验数据处理	18			
1	原始记录	6	数据未直接填在报告单上、数据不全、有效数字位数不对、有空项、缺少计量单位、数据更改不规范，每项扣 1 分，可累计扣分，但不超过该项总分 6 分（请在扣分项上打√）		
2	结果计算	12	BOD_5测定结果ρ、RP，每错一个扣 3 分		
五	文明操作	12			
1	实验室整洁	5	实验过程台面、地面脏乱，废液处置不当，一次性扣 5 分		
2	清洗仪器、试剂等物品归位	5	实验结束未清洗仪器或试剂、物品未归位，一次性扣 5 分		
3	仪器损坏	2	仪器损坏，一次性扣 2 分		
六	测定结果	30			
1	空白试样测定结果精密度	5	RP≤5%，不扣分； RP≤10%，扣 1 分； RP≤15%，扣 2 分； RP≤20%，扣 3 分； RP≤25%，扣 4 分； RP>25%，扣 5 分		
2	样品测定结果精密度	10	RP≤0.5%，不扣分； RP≤1%，扣 1 分； RP≤2%，扣 2 分； RP≤4%，扣 3 分； RP≤6%，扣 4 分； RP≤8%，扣 5 分； RP≤10%，扣 6 分； RP≤12%，扣 7 分； RP≤14%，扣 8 分； RP≤15%，扣 9 分； RP>15%，扣 10 分		
3	标准样品测定结果准确度	15	测定值在： 210±5 mg/L，不扣分； 210±6 mg/L，扣 0.5 分； 210±7～20 mg/L，扣 1～14 分不等； 超出 210±20 mg/L，扣 15 分		
	最终合计	100			

31.7　五日生化需氧量分析

原始数据记录表

样品编号	V_e/mL	V_t/mL	培养前溶解氧/（mg/L）	培养后溶解氧/（mg/L）	BOD_5/（mg/L）	备注
空白①						
空白②						

分析人：　　　　　　　　校对人：　　　　　　　　审核人：

子项目 32　总有机碳的测定——燃烧氧化-非分散红外吸收法

项　目	有机化合物的监测
子项目	总有机碳的测定——燃烧氧化-非分散红外吸收法（HJ 501—2009）

学习目标

能力（技能）目标

①掌握燃烧氧化-非分散红外吸收法测定总有机碳的步骤。

②掌握非分散红外吸收 TOC 分析仪的使用方法。

认知（知识）目标

①掌握总有机碳的基础知识。

②掌握燃烧氧化-非分散红外吸收法测定总有机碳的实验原理。

③能够计算水样的总有机碳。

其他（素质）目标

①良好的职业道德、工作态度和责任感。

②良好的计划组织能力。

③良好的团队协作精神。

④实验室安全操作。

⑤遵守环境保护规定。

能力训练任务

①样品的采集和保存。

②样品的前处理。

③标准系列的测试。

④样品的测定。

⑤数据的计算与处理。

教学资源

①教材。

②项目训练教材。

③多媒体教学设备。

④环境监测实验室。

⑤TOC 分析仪。

32.1　预备知识

总碳（total carbon，TC）指水中存在的有机碳、无机碳和元素碳的总含量。

无机碳（inorganic carbon，IC）指水中存在的元素碳、二氧化碳、一氧化碳、碳化物、氰酸盐、氰化物和硫氰酸盐的含碳量。

总有机碳（total organic carbon，TOC）是指水体中溶解性和悬浮性有机物含碳的总量。水中有机物的种类很多，目前还不能全部进行分离鉴定。常以"TOC"表示。TOC 是一个快速检定的综合指标，它以碳的数量表示水中含有机物的总量。可通过测量水中碳的催化氧化产生的 CO_2 来确定。

（1）差减法测定总有机碳

将试样连同净化空气（干燥并除去二氧化碳）分别导入高温燃烧管（900℃）和低温反应管（160℃）中，经高温燃烧管的水样受高温催化氧化，使有机化合物和无机碳酸盐均转化成为二氧化碳，经低温反应管的水样受酸化而使无机碳酸盐分解成二氧化碳。其所生成的二氧化碳依次引入非色散红外线检测器。由于一定波长的红外线被二氧化碳选择吸收，在一定浓度范围内二氧化碳对红外线吸收的强度与二氧化碳的浓度成正比，故可对水样总碳（TC）无机碳（IC）进行定量测定。总碳与无机碳的差值，即为总有机碳。

（2）直接法测定总有机碳

试样经酸化曝气，其中的无机碳转化为二氧化碳被去除，再将试样注入高温燃烧管中，可直接测定总有机碳。由于酸化曝气会损失可吹扫有机碳（POC），故测得总有机碳值为不可吹扫有机碳（NPOC）。

32.2　**实训准备**

准备事宜	序号	名　称	方　法
样品的采集和保存		水样应采集在棕色玻璃瓶中并应充满采样瓶，不留顶空。水样采集后应在 24 h 内测定。否则应加入硫酸（2）将水样酸化至 pH≤2，在 4℃条件下可保存 7 d	
实训试剂	1	无二氧化碳水	将重蒸馏水在烧杯中煮沸蒸发（蒸发量 10%），冷却后备用。也可使用纯水机制备的纯水或超纯水。无二氧化碳水应临用现制，并经检验 TOC 质量浓度不超过 0.5 mg/L
	2	硫酸（H_2SO_4）	ρ=1.84 g/mL
	3	邻苯二甲酸氢钾（$KHC_8H_4O_4$）	优级纯
	4	无水碳酸钠（Na_2CO_3）	优质纯
	5	碳酸氢钠（$NaHCO_3$）	优质纯，存放于干燥器中
	6	氢氧化钠溶液	$\rho(NaOH)$=10 g/L
	7	有机碳标准贮备溶液：c=400 mg/L	称取邻苯二甲酸氢钾（3）（预先在 110～120℃干燥 2 h，置于干燥器中冷却至室温）0.850 2 g，溶解于水（1）中，移入 1 000 mL 容量瓶内，用水（1）稀释至标线，混匀。在低温（4℃）冷藏条件下可保存两个月
	8	无机碳标准贮备溶液：c=400 mg/L	称取碳酸氢钠（预先在干燥器中干燥）1.400 g 和无水碳酸钠（预先在 105℃干燥 2 h，置于干燥器中，冷却至室温）1.763 4 g 溶解于水（1）中，转入 1 000 mL 容量瓶内，用水（1）稀释至标线，混匀。在 4℃条件下可保存两周
	9	差减法标准使用液：ρ（总碳，C）= 200 mg/L，ρ（无机碳，C）= 100 mg/L	用单标线吸量管分别吸取 50.00 mL 有机碳标准贮备液（1）和无机碳标准贮备液（8）于 200 mL 容量瓶中，用水（1）稀释至标线，混匀。在 4℃条件下贮存可稳定保存一周
	10	直接法标准使用液：ρ（有机碳，C）= 100 mg/L	用单标线吸量管吸取 50.00 mL 有机碳标准贮备液（7）于 200 mL 容量瓶中，用水（1）稀释至标线，混匀。在 4℃条件下贮存可稳定保存一周
	11	载气：氮气或氧气	纯度大于 99.99%

32.3 分析步骤

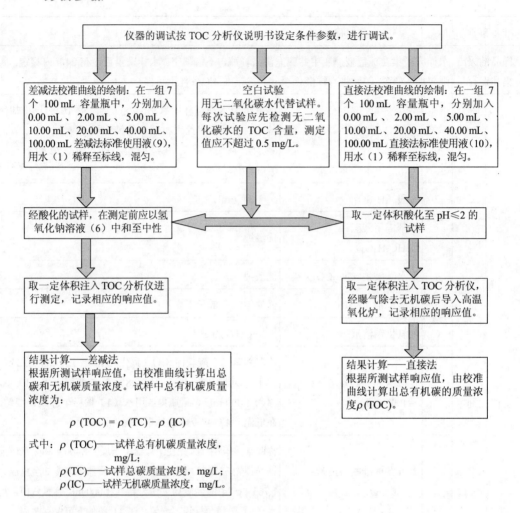

| 仪器的调试按 TOC 分析仪说明书设定条件参数，进行调试。 |

差减法校准曲线的绘制：在一组 7 个 100 mL 容量瓶中，分别加入 0.00 mL、2.00 mL、5.00 mL、10.00 mL、20.00 mL、40.00 mL、100.00 mL 差减法标准使用液（9），用水（1）稀释至标线，混匀。

空白试验
用无二氧化碳水代替试样。每次试验应先检测无二氧化碳水的 TOC 含量，测定值应不超过 0.5 mg/L。

直接法校准曲线的绘制：在一组 7 个 100 mL 容量瓶中，分别加入 0.00 mL、2.00 mL、5.00 mL、10.00 mL、20.00 mL、40.00 mL、100.00 mL 直接法标准使用液（10），用水（1）稀释至标线，混匀。

经酸化的试样，在测定前应以氢氧化钠溶液（6）中和至中性

取一定体积酸化至 pH≤2 的试样

取一定体积注入 TOC 分析仪进行测定，记录相应的响应值。

取一定体积注入 TOC 分析仪，经曝气除去无机碳后导入高温氧化炉，记录相应的响应值。

结果计算——差减法
根据所测试样响应值，由校准曲线计算出总碳和无机碳质量浓度。试样中总有机碳质量浓度为：

$$\rho(TOC) = \rho(TC) - \rho(IC)$$

式中：$\rho(TOC)$——试样总有机碳质量浓度，mg/L；
$\rho(TC)$——试样总碳质量浓度，mg/L；
$\rho(IC)$——试样无机碳质量浓度，mg/L。

结果计算——直接法
根据所测试样响应值，由校准曲线计算出总有机碳的质量浓度 $\rho(TOC)$。

32.4 质量保证和质量控制

（1）每次试验前应检测无二氧化碳水（1）的 TOC 含量，测定值应不超过 0.5 mg/L。

（2）每次试验应带一个曲线中间点进行校核，校核点测定值和校准曲线相应点浓度的相对误差应不超过 10%。

32.5 操作规范评分表

序号	考核点	配分	评分标准	扣分	得分
一	仪器准备	5			
	玻璃仪器洗涤	5	1. 未用蒸馏水清洗两遍以上，扣 2 分； 2. 玻璃仪器出现挂水珠现象，扣 3 分		
二	标准溶液的配制	16			
1	溶液配制过程中有关的实验操作	11	1. 未进行容量瓶试漏检查，扣 0.5 分； 2. 容量瓶、比色管加蒸馏水时未沿器壁流下或产生大量气泡，扣 0.5 分；		

序号	考核点	配分	评分标准	扣分	得分
1	溶液配制过程中有关的实验操作	11	3. 蒸馏水瓶管尖接触容器，扣 0.5 分； 4. 加水至容量瓶约 3/4 体积时没有平摇，扣 0.5 分； 5. 容量瓶、比色管加水至近标线等待 1 min，没有等待，扣 0.5 分； 6. 容量瓶、比色管逐滴加入蒸馏水至标线操作不当或定容不准确，扣 0.5 分； 7. 持瓶方式不正确，扣 0.5 分； 8. 容量瓶、比色管未充分混匀或中间未开塞，扣 0.5 分； 9. 对溶液使用前没有盖塞充分摇匀的，扣 0.5 分； 10. 润洗方法不正确，扣 0.5 分； 11. 将移液管中过多的贮备液放回贮备液瓶中，扣 0.5 分； 12. 移液管管尖触底，扣 0.5 分； 13. 移液出现吸空现象，扣 1 分； 14. 移液管移取标准储备液、标准工作液、水样原液及水样稀释液前未处理管尖溶液，扣 0.5 分； 15. 移取标准贮备液、标准工作液及水样原液时未另用一烧杯调节液面，扣 0.5 分； 16. 移液管移取标准储备液、标准工作液、水样原液及水样稀释液时，调节液面前未处理管尖部，扣 0.5 分； 17. 移液管未能一次调节到刻度，扣 1 分； 18. 移液管放液不规范，扣 1 分； 19. 取完试剂后未及时盖上试剂瓶盖，扣 0.5 分		
2	标准系列的配制	4	1. 贮备液未稀释，扣 1 分； 2. 直接在贮备液或工作液中进行相关操作，扣 1 分； 3. 标准工作液未贴标签或标签内容不全（包括名称、浓度、日期、配制者），扣 1 分； 4. 每个点移取的标准溶液应从零分度开始，出现不正确项 1 次扣 0.5 分，但不超过该项总分 4 分（工作液可放回剩余溶液的烧杯中再取液，辅助试剂可在移液管吸干后在原试剂中进行相关操作）		
3	水样稀释液的配制	1	直接在水样原液中进行相关操作，扣 1 分（水样稀释液在移液管吸干后可在容量瓶中进行相关操作）		
三	TOC 分析仪使用	12			
1	测定前的准备	2	1. 检查仪器燃烧管是否安装正确，干燥剂、银丝是否需要更换。没检查扣 1 分。 2. 检查电源是否连接完好，氧气瓶压力应在 1.5 MPa 以上。没检查扣 1 分		

序号	考核点	配分	评分标准	扣分	得分
2	测定操作	8	1. 打开稳压电源开关，待高压稳定后，打开仪器电源开关，开关指示灯点亮，打开计算机电源开关。启动 TOC 操作程序，顺序不正确，扣 2 分； 2. 新建一个文件，并根据样品或实验人命名，根据样品要求设定分析参数，设置错误，扣 2 分； 3. 打开氧气瓶开关，分压表出口压力应为 0.15MPa，没有调节，扣 2 分； 4. 分析样品，操作不当，扣 2 分		
3	测定后的处理	2	1. 关闭氧气瓶总阀门； 2. 退出操作程序； 3. 关闭仪器电源开关，关闭稳压器电源开关，关机顺序不对，扣 2 分		
四	实验数据处理	14			
1	标准曲线取点		标准曲线取点不得少于 8 点（包含试剂空白点），否则标准曲线无效，扣 2 分		
2	正确绘制标准曲线	5	1. 标准曲线坐标选取错误或比例不合理（含曲线斜率不当），扣 1 分； 2. 测量数据及回归方程计算结果未标在曲线中，扣 1 分； 3. 缺少曲线名称、坐标、箭头、符号、单位量、回归方程及数据有效位数不对，每 1 项扣 0.5 分，但不超过 3 分		
3	试液吸光度处于要求范围内	2	水样取用量不合理致使吸光度超出要求范围或在 0 号与 1 号管测点范围内，扣 2 分		
4	原始记录	3	数据未直接填在报告单上、数据不全、有效数字位数不对、有空项，原始记录中缺少计量单位、数据更改每项扣 0.5 分，可累计扣分，但不超过该项总分 3 分		
5	有效数字运算	2	1. 回归方程未保留小数点后四位数字，扣 0.5 分； 2. γ 未保留小数点后四位，扣 0.5 分； 3. 测量结果未保留到小数点后两位，扣 1 分		
五	文明操作	18			
1	实验室整洁	4	实验过程台面、地面脏乱，废液处置不当，一次性扣 4 分		
2	清洗仪器、试剂等物品归位	4	实验结束未先清洗仪器或试剂物品未归位就完成报告，一次性扣 4 分		
3	仪器损坏	6	仪器损坏，一次性扣 6 分		
4	试剂用量	4	每名学生均准备有两倍用量的试剂，若还需添加，则一次性扣 4 分		
六	测定结果	35			
1	回归方程的计算	5	没有算出或计算错误回归方程的，扣 5 分		

序号	考核点	配分	评分标准	扣分	得分
2	标准曲线线性	10	$\gamma \geqslant 0.999$，不扣分； $\gamma = 0.997 \sim 0.990$，扣 1~9 分不等； $\gamma < 0.990$，扣 10 分； γ 计算错误或未计算先扣 3 分，再按相关标准扣分，但不超过 10 分		
3	测定结果精密度	10	$\lvert R_d \rvert \leqslant 0.5\%$，不扣分； $0.5\% \sim 1.4\% \leqslant \lvert R_d \rvert$，扣 1~9 分不等； $\lvert R_d \rvert > 1.4\%$，扣 10 分。 精密度计算错误或未计算扣 10 分。 水样原液未作平行样三份，一次性扣 10 分。 * 水样原液未作平行样三份，一次性扣 10 分 (*可为负分)		
4	测定结果准确度	10	测定值在 保证值±0.5%内，不扣分； 保证值±0.6%~1.8%，扣 1~9 分不等； 不在保证值±1.8%内扣 10 分		
	最终合计	100			

32.6　原始数据记录及处理

（1）标准曲线绘制

溶液号	吸取标液体积/mL	质量浓度/（mg/L）	仪器响应值
0			
1			
2			
3			
4			
5			
6			
7			

（2）样品测定

平行测定次数	1	2	3
仪器响应值			
空白值			
校正值			
回归方程计算所得浓度/（mg/L）			
样品 TOC 的测定结果/（mg/L）			
R_d/%			

分析人：　　　　　　　　　　校对人：　　　　　　　　　　审核人：

标准曲线绘制图：

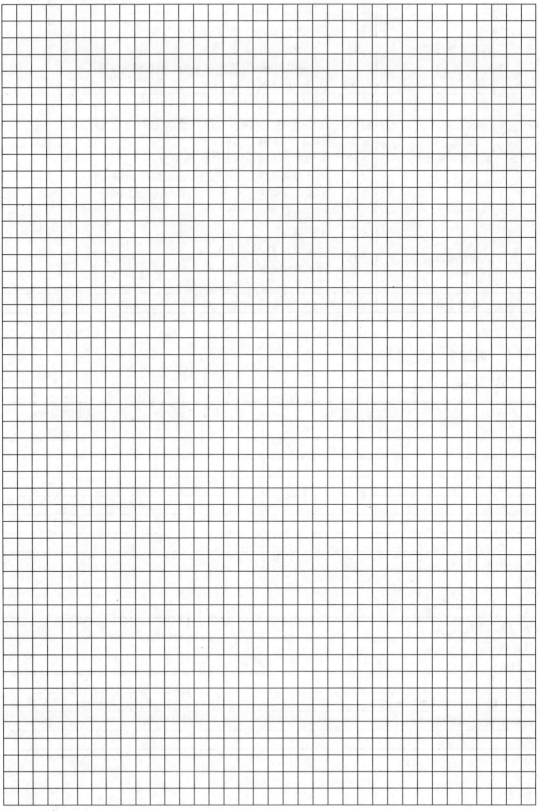

子项目 33 总氮的测定——碱性过硫酸钾消解紫外分光光度法

项 目	有机化合物的监测
子项目	总氮的测定——碱性过硫酸钾消解紫外分光光度法（HJ 636—2012）

学习目标

能力（技能）目标

　　①掌握分光光度计的使用方法。

　　②掌握碱性过硫酸钾消解紫外分光光度法测定总氮的步骤。

　　③掌握标准曲线定量方法。

认知（知识）目标

　　①掌握总氮基础知识。

　　②掌握碱性过硫酸钾消解紫外分光光度法测定总氮的实验原理。

　　③能够计算标准曲线方程及 γ 值。

其他（素质）目标

　　①良好的职业道德、工作态度和责任感。

　　②良好的计划组织能力。

　　③良好的团队协作精神。

　　④实验室安全操作。

　　⑤遵守环境保护规定。

能力训练任务

　　①样品的采集和保存。

　　②样品的前处理。

　　③标准系列的测试与绘制。

　　④样品的测定。

　　⑤数据的计算与处理。

教学资源

　　①教材。

　　②项目训练教材。

　　③多媒体教学设备。

　　④环境监测实验室。

　　⑤紫外分光光度计。

　　⑥25 mL 具塞比色管。

　　⑦高压蒸汽灭菌器。

33.1 预备知识

总氮是指水中各种形态无机和有机氮的总量。包括 NO_3^-、NO_2^- 和 NH_4^+ 等无机氮及蛋白质、氨基酸和有机胺等有机氮，以每升水含氮毫克数计算。常被用来表示水体受营养物质污染的程度。

水中的总氮含量是衡量水质的重要指标之一。总氮的测定有助于评价水体被污染和自净状况。地表水中氮、磷物质超标时，微生物大量繁殖，浮游生物生长旺盛，出现富营养化状态。

在 120～124℃ 碱性介质中，加入过硫酸钾氧化剂，将水样中氨、铵盐、亚硝酸盐以及大部分有机氮化合物氧化成硝酸盐后，以硝酸盐氮的形式采用紫外分光光度法进行总氮的测定。

33.2 实训准备

准备事宜	序号	名称	方法
样品的采集和保存			水样采集在聚乙烯瓶或硬质玻璃瓶内。用浓硫酸使水样酸化至 pH 1～2，常温下可保存 7 d。贮存在聚乙烯瓶中，−20℃ 冷冻，可保存一个月
试样的制备			取适量样品用氢氧化钠溶液或硫酸溶液调节 pH 5～9，待测
实训试剂	1	无氨水	离子交换法　蒸馏水通过强酸性阳离子交换树脂（氢型）柱，将流出液收集在带有磨口玻璃塞的玻璃瓶内。每升流出液加 10 g 同样的树脂，以利于保存
			蒸馏法　在 1 000 mL 的蒸馏水中，加 0.1 mL 硫酸（ρ=1.84 g/mL），在全玻璃蒸馏器中重蒸馏，弃去前 50 mL 馏出液，然后约 800 mL 馏出液收集在带有磨口玻璃塞的玻璃瓶内。每升馏出液加 10 g 强酸性阳离子交换树脂（氢型）
			纯水器法　用市售纯水机临用前制备
	2	氢氧化钠	含氮量应小于 0.000 5%
	3	过硫酸钾	含氮量应小于 0.000 5%
	4	硝酸钾	基准试剂或优级纯。在 105～110℃ 下烘干 2 h，在干燥器中冷却至室温
	5	浓盐酸	ρ(HCl)=1.19 g/mL
	6	浓硫酸	$\rho(H_2SO_4)$=1.84 g/mL
	7	盐酸溶液	1+9
	8	氢氧化钠溶液 ρ=200 g/L	称取 20.0 g 氢氧化钠（2）溶于水中，稀释至 100 mL
	9	氢氧化钠溶液 ρ=20 g/L	量取氢氧化钠溶液（8）10.0 mL，用水稀释至 100 mL
	10	碱性过硫酸钾溶液	称取 40.0 g 过硫酸钾（3）溶于 600 mL 水中（可置于 50℃ 水浴中加热至全部溶解）；另称取 15.0 g 氢氧化钠（2）溶于 300 mL 水中。待氢氧化钠溶液温度冷却至室温后，混合两种溶液定容至 1 000 mL，存放于聚乙烯瓶中，可保存一周
	11	硝酸钾标准贮备液 ρ(N)=100 mg/L	称取 0.721 8 g 硝酸钾（4）溶于适量水中，移至 1 000 mL 容量瓶中，用水稀释至标线，混匀。加入 1～2 mL 三氯甲烷作为保护剂，在 0～10℃ 暗处保存，可稳定 6 个月。也可直接购买市售有证标准溶液
	12	硝酸钾标准使用液 ρ(N)=10.0 mg/L	量取 10.00 mL 硝酸钾标准贮备液（11）至 100 mL 容量瓶中，用水稀释至标线，混匀，临用现配

33.3 分析步骤

在 6 个 25 mL 比色管中，分别加入 0.00 mL、0.20 mL、0.50 mL、1.00 mL、3.00 mL 和 7.00 mL 硝酸钾标准使用液（12），加水稀释至 10.00 mL。

取 10.00 mL 水样于 25 mL 具塞磨口玻璃比色管中。

水样 10.00 mL（若水样含氮量超过 70 μg/L，可减少取样体积并加水稀释至 10.00 mL）于 25 mL 具塞磨口玻璃比色管中。

↓

加入 5.00 mL 碱性过硫酸钾溶液（10）

↓

塞紧管塞，用纱布和线绳扎紧管塞，以防弹出。将比色管置于高压蒸汽灭菌器中，加热至顶压阀吹气，关阀，继续加热至 120℃开始计时，保持温度在 120～124℃ 30 min。自然冷却、开阀放气，移动外盖，取出比色管冷却至室温，按住管塞将比色管中的液体颠倒混匀 2～3 次。

↓

在加入 1.0 mL 盐酸溶液（7），用水稀释至 mL 标线，盖塞混匀。

↓

用 10 mm 石英比色皿，以水作参比，分别在波长 220 nm 和 275 nm 处测定吸光度。

↓

计算校正吸光度

$$A_b = A_{b220} - 2A_{b275}$$
$$A_s = A_{s220} - 2A_{s275}$$
$$A_r = A_s - A_b$$

式中：A_b——零浓度（空白）溶液的校正吸光度；

A_{b220}——零浓度（空白）溶液于波长 220 nm 处的吸光度；

A_{b275}——零浓度（空白）溶液于波长 275 nm 处的吸光度；

A_s——标准溶液的校正吸光度；

A_{s220}——标准溶液于波长 220 nm 处的吸光度；

A_{s275}——标准溶液于波长 275 nm 处的吸光度；

A_r——标准溶液校正吸光度与零浓度（空白）溶液校正吸光度的差。

↓

计算绘制标准曲线，计算水样总氮的浓度：

$$\rho = \frac{(At - a) \times f}{bV}$$

式中：ρ——样品中总氮（以 N 计）的质量浓度，mg/L；

A_r——试样的校正吸光度与空白试验校正吸光度的差值；

a——校准曲线的截距；

b——校准曲线的斜率；

v——试样体积，mL；

f——稀释倍数。

33.4 质量保证和质量控制

（1）校准曲线的相关系数 r 应大于等于 0.999。

（2）每批样品应至少做一个空白试验，空白试验的校正吸光度 A_b 应小于 0.030。超过该值时应检查实验用水、试剂（主要是氢氧化钠和过硫酸钾）纯度、器皿和高压蒸汽灭菌器的污染状况。

（3）每批样品应至少测定 10%的平行双样，样品数量少于 10 时，应至少测定一个平行双样。当样品总氮含量≤1.00 mg/L 时，测定结果相对偏差应≤10%；当样品总氮含量>1.00 mg/L 时，测定结果相对偏差应≤5%。测定结果以平行双样的平均值报出。

（4）每批样品应测定一个校准曲线中间点浓度的标准溶液，其测定结果与校准曲线该点浓度的相对误差应≤10%。否则，需重新绘制校准曲线。

（5）每批样品应至少测定 10%的加标样品，样品数量少于 10 个时，应至少测定一个加标样品，加标回收率应在 90%～110%。

33.5 操作规范评分表

序号	考核点	配分	评分标准	扣分	得分
一	仪器准备	4			
1	玻璃仪器洗涤	2	1. 未用蒸馏水清洗两遍以上，扣 1 分； 2. 玻璃仪器出现挂水珠现象，扣 1 分		
2	紫外分光光度计预热 30 min	2	1. 仪器未进行预热或预热时间不够，扣 1 分； 2. 未切断光路预热，扣 1 分		
二	标准溶液的配制	16			
1	标准系列的配制	4	1. 贮备液未稀释，扣 1 分； 2. 直接在贮备液或工作液中进行相关操作，扣 1 分； 3. 标准工作液未贴标签或标签内容不全（包括名称、浓度、日期、配制者），扣 1 分； 4. 每个点移取的标准溶液应从零分度开始，出现不正确项 1 次扣 0.5 分，但不超过该项总分 4 分（工作液可放回剩余溶液的烧杯中再取液，辅助试剂可在移液管吸干后在原试剂中进行相关操作）		
2	水样稀释液的配制	1	直接在水样原液中进行相关操作，扣 1 分（水样稀释液在移液管吸干后可在容量瓶中进行相关操作）		
3	溶液配制过程中有关的实验操作	11	1. 未进行容量瓶试漏检查，扣 0.5 分； 2. 容量瓶、比色管加蒸馏水时未沿器壁流下或产生大量气泡，扣 0.5 分； 3. 蒸馏水瓶管尖接触容器，扣 0.5 分； 4. 加水至容量瓶约 3/4 体积时没有平摇，扣 0.5 分； 5. 容量瓶、比色管加水至近标线等待 1 min，没有等待，扣 0.5 分； 6. 容量瓶、比色管逐滴加入蒸馏水至标线操作不当或定容不准确，扣 0.5 分； 7. 持瓶方式不正确，扣 0.5 分； 8. 容量瓶、比色管未充分混匀或中间未开塞，扣 0.5 分；		

序号	考核点	配分	评分标准	扣分	得分
3	溶液配制过程中有关的实验操作	11	9. 对溶液使用前没有盖塞充分摇匀的，扣0.5分； 10. 润洗方法不正确，扣0.5分； 11. 将移液管中过多的贮备液放回贮备液瓶中，扣0.5分； 12. 移液管管尖触底，扣0.5分； 13. 移液出现吸空现象，扣1分； 14. 移液管移取标准储备液、标准工作液、水样原液及水样稀释液前未处理管尖溶液，扣0.5分； 15. 移取标准贮备液、标准工作液及水样原液时未另用一烧杯调节液面，扣0.5分； 16. 移液管移取标准储备液、标准工作液、水样原液及水样稀释液时，调节液面前未处理管尖部，扣0.5分； 17. 移液管未能一次调节到刻度，扣1分； 18. 移液管放液不规范，扣1分； 19. 取完试剂后未及时盖上试剂瓶盖，扣0.5分。 * 重新配标准工作溶液，一次性扣5分。 * 重新配标准系列或水样稀释液，每出现一次扣2分，最多扣10分		
三	紫外分光光度计使用	15			
1	测定前的准备	2	1. 没有进行比色皿配套性选择，或选择不当，扣1分； 2. 不能正确在T挡调"100%"和"0"，扣1分		
2	测定操作	7	1. 手触及比色皿透光面，扣0.5分； 2. 比色皿润洗方法不正确（须含蒸馏水洗涤、待装液润洗），扣0.5分； 3. 比色皿润洗操作不正确，扣0.5分； 4. 加入溶液高度不正确，扣1分； 5. 比色皿外壁溶液处理不正确，扣1分； 6. 比色皿盒拉杆操作不当，扣0.5分； 7. 重新取液测定，每出现一次扣1分，但不超过4分； 8. 不正确使用参比溶液，扣1分		
3	测定过程中仪器被溶液污染	2	1. 比色皿放在仪器表面，扣1分； 2. 比色室被撒落溶液污染，扣0.5分； 3. 比色室未及时清理干净，扣0.5分		
4	测定后的处理	4	1. 台面不清洁，扣0.5分； 2. 未取出比色皿及未洗涤，扣1分； 3. 没有倒尽控干比色皿，扣0.5分； 4. 测定结束，未作使用记录登记，扣1分； 5. 未关闭仪器电源，扣1分		
四	实验数据处理	12			
1	标准曲线取点		标准曲线取点不得少于6点（包含试剂空白点），否则标准曲线无效		
2	正确绘制标准曲线	5	1. 标准曲线坐标选取错误或比例不合理（含曲线斜率不当），扣1分； 2. 测量数据及回归方程计算结果未标在曲线中，扣1分； 3. 缺少曲线名称、坐标、箭头、符号、单位量、回归方程及数据有效位数不对，每1项扣0.5分，但不超过3分		
3	试液吸光度处于要求范围内	2	水样取用量不合理致使吸光度超出要求范围或在0号与1号管测点范围内，扣2分		
4	原始记录	3	数据未直接填在报告单上、数据不全、有效数字位数不对、有空项，原始记录中缺少计量单位、数据更改每项扣0.5分，可累计扣分，但不超过该项总分3分		

序号	考核点	配分	评分标准	扣分	得分
5	有效数字运算	2	1. 回归方程未保留小数点后四位数字，扣 0.5 分； 2. γ 未保留小数点后四位，扣 0.5 分； 3. 测量结果小数点未保留到正确，扣 1 分		
五	文明操作	18			
1	实验室整洁	4	实验过程台面、地面脏乱，废液处置不当，一次性扣 4 分		
2	清洗仪器、试剂等物品归位	4	实验结束未先清洗仪器或试剂物品未归位就完成报告，一次性扣 4 分		
3	仪器损坏	6	仪器损坏，一次性扣 6 分		
4	试剂用量	4	每组均准备有两倍用量的试剂，若还需添加，则一次性扣 4 分		
六	测定结果	35			
1	回归方程的计算	5	没有算出或计算错误回归方程的，扣 5 分		
2	标准曲线线性	10	$\gamma \geq 0.999$，不扣分； $\gamma=0.997\sim0.990$，扣 $1\sim9$ 分不等； $\gamma<0.990$，扣 10 分； γ 计算错误或未计算先扣 3 分，再按相关标准扣分，但不超过 10 分		
3	测定结果精密度	10	$\|R_d\| \leq 0.5\%$，不扣分； $0.5\%\sim1.4\% \leq \|R_d\|$，扣 $1\sim9$ 分不等； $\|R_d\|>1.4\%$，扣 10 分。 精密度计算错误或未计算扣 10 分。 水样原液未作平行样 3 份，一次性扣 10 分。 * 水样原液未作平行样 3 份，一次性扣 10 分（*可为负分）		
4	测定结果准确度	10	测定值在 保证值±0.5%内，不扣分； 保证值±0.6%～1.8%，扣 1～9 分不等； 不在保证值±1.8%内扣 10 分		
	最终合计	100			

33.6 总氮分析

（1）吸收池配套性检查

比色皿的校正值：A_1_____；A_2_____；A_3_____。

所选比色皿为：

（2）标准曲线的绘制

测量波长：_____；标准溶液原始浓度：_____。

溶液号	吸取标液体积/mL	浓度或质量（　）	A_{s220}	A_{s275}	A_s	A_r
0						
1						
2						
3						
4						
5						

回归方程：

相关系数：

（3）水质样品的测定

平行测定次数	1	2	3
水样在 220 nm 处的吸光度，A_{p220}			
水样在 275 nm 处的吸光度，A_{p275}			
水样的校正吸光度 $A_p = A_{p220} - A_{p275}$			
空白的校正吸光度，A_b			
水样校正吸光度与空白校正吸光度的差值，$A_t = A_p - A_b$			
回归方程计算所得浓度（　）			
水样浓度/（μg/mL）			
平均浓度/（mg/L）			
R_d/%			

分析人：　　　　　　　　　　校对人：　　　　　　　　　　审核人：

标准曲线绘制图：

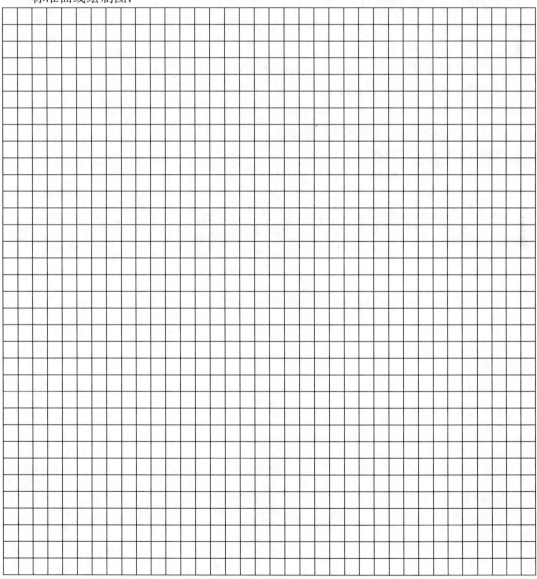

子项目 34　总磷的测定——钼酸铵分光光度法

项　目	有机化合物的监测
子项目	总磷的测定——钼酸铵分光光度法（GB 11893—89）

学习目标

能力（技能）目标

①掌握分光光度计的使用方法。

②掌握钼酸铵分光光度法测定总磷的步骤。

③掌握标准曲线定量方法。

认知（知识）目标

①掌握总磷基础知识。

②掌握钼酸铵分光光度法测定总磷的实验原理。

③能够计算标准曲线方程及 γ 值。

其他（素质）目标

①良好的职业道德、工作态度和责任感。

②良好的计划组织能力。

③良好的团队协作精神。

④实验室安全操作。

⑤遵守环境保护规定。

能力训练任务

①样品的采集和保存。

②样品的前处理。

③标准系列的测试与绘制。

④样品的测定。

⑤数据的计算与处理。

教学资源

①教材。

②项目训练教材。

③多媒体教学设备。

④环境监测实验室。

⑤分光光度计。

⑥50 mL 具塞比色管。

⑦高压蒸汽灭菌器。

34.1 预备知识

在天然水和废水中，磷几乎都以各种磷酸盐的形式存在，它们分为正磷酸盐，缩合磷酸盐（焦磷酸盐、偏磷酸盐和多磷酸盐）和有机结合的磷酸盐，它们存在于溶液中、腐殖质粒子中或水生物中。

天然水中磷酸盐含量较微。化肥、冶炼、合成洗涤剂等行业的工业废水及生水污水中常含有较大量的磷。磷是生物生长的必需的元素之一。但水体中磷含量过高（超过 0.2 mg/L）可造成藻类的过量繁殖，直至数量上达到有害的程度（称为富营养化），造成湖泊、河流透明度降低，水质变坏。

总磷包括溶解的、颗粒的、有机的和无机磷。在中性条件下用过硫酸钾（或硝酸-高氯酸）使试样消解，将所含磷全部氧化为正磷酸盐。在酸性介质中，正磷酸盐与钼酸铵反应，在锑盐存在下生成磷钼杂多酸后，立即被抗坏血酸还原，生成蓝色的络合物。该络合物的吸光度与氨氮含量成正比，于波长 420 nm 处测量吸光度。

34.2 实训准备

准备事宜	序号	名 称	方 法
样品的采集和保存		采取 500 mL 水样后加入 1 mL 浓硫酸调节样品的 pH，使之低于或等于 1，或不加任何试剂于冷处保存。 注：含磷量较少的水样，不要用塑料瓶采样，因磷酸盐易吸附在塑料瓶壁上	
试样的制备		取 25 mL 样品于比色管中。取时应仔细摇匀，以得到溶解部分和悬浮部分均具有代表性的试样。如样品中含磷浓度较高，试样体积可以减少	
实训试剂	1	浓硫酸	$\rho(H_2SO_4)$=1.84 g/mL
	2	硝酸	$\rho(HNO_3)$=1.4 g/mL
	3	高氯酸	$\rho(HClO_4)$=1.68 g/mL
	4	硫酸	1+1
	5	硫酸 c=0.5 mol/L	将 27 mL 浓硫酸（1）加入到 973 mL 水中
	6	氢氧化钠溶液 c=1 mol/L	将 40 g 氢氧化钠溶于水并稀释至 1 000 mL
	7	氢氧化钠溶液 c=6 mol/L	将 240 g 氢氧化钠溶于水并稀释至 1 000 mL
	8	过硫酸钾溶液 ρ=50 g/L	将 5 g 过硫酸钾（$K_2S_2O_8$）溶于水，并稀释至 100 mL
	9	抗坏血酸溶液 ρ=100 g/L	将 10 g 抗坏血酸溶于水中，并稀释至 100 mL。此溶液贮于棕色的试剂瓶中，在冷处可稳定几周，如不变色可长时间使用
	10	钼酸盐溶液	将 13 g 钼酸铵[$(NH_4)_6MO_7O_{24} \cdot 4H_2O$]溶于 100 mL 水中，将 0.35 g 酒石酸锑钾[$KSbC_4HO_7 \cdot 0.5H_2O$]溶于 100 mL 水中。在不断搅拌下分别把上述钼酸铵溶液、酒石酸锑钾溶液徐徐加到 300 mL 硫酸（4）中，混合均匀。此溶液贮存于棕色瓶中，在冷处可保存三个月
	11	浊度-色度补偿液	混合二体积硫酸（4）和一体积抗坏血酸。使用当天配制
	12	磷标准贮备溶液	称取 0.219 7 g 于 110℃ 干燥 2 h 在干燥器中放冷的磷酸二氢钾（KH_2PO_4），用水溶解后转移到 1 000 mL 容量瓶中，加入大约 800 mL 水，加 5 mL 硫酸（4），然后用水稀释至标线，混匀。1.00 mL 此标准溶液含 50.0 μg 磷。本溶液在玻璃瓶中可贮存至少六个月
	13	磷标准使用溶液	将 10.00 mL 磷标准贮备溶液转移至 250 mL 容量瓶中，用水稀释至标线并混匀。1.00 mL 此标准溶液含 2.0 μg 磷。使用当天配制
	14	酚酞溶液 ρ=10 g/L	将 0.5 g 酚酞溶于 50 mL95%的乙醇中

34.3 分析步骤

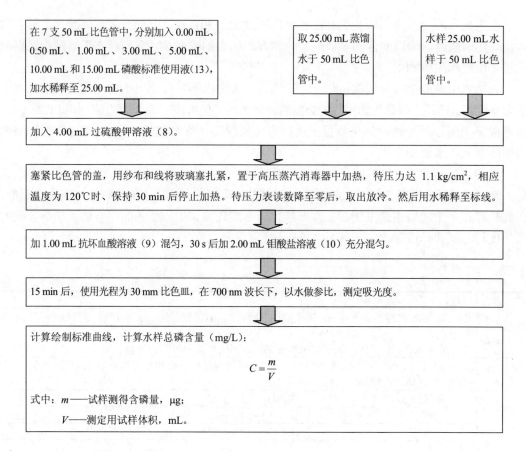

在 7 支 50 mL 比色管中,分别加入 0.00 mL、0.50 mL、1.00 mL、3.00 mL、5.00 mL、10.00 mL 和 15.00 mL 磷酸标准使用液(13),加水稀释至 25.00 mL。

取 25.00 mL 蒸馏水于 50 mL 比色管中。

水样 25.00 mL 水样于 50 mL 比色管中。

加入 4.00 mL 过硫酸钾溶液(8)。

塞紧比色管的盖,用纱布和线将玻璃塞扎紧,置于高压蒸汽消毒器中加热,待压力达 1.1 kg/cm², 相应温度为 120℃时,保持 30 min 后停止加热。待压力表读数降至零后,取出放冷。然后用水稀释至标线。

加 1.00 mL 抗坏血酸溶液(9)混匀,30 s 后加 2.00 mL 钼酸盐溶液(10)充分混匀。

15 min 后,使用光程为 30 mm 比色皿,在 700 nm 波长下,以水做参比,测定吸光度。

计算绘制标准曲线,计算水样总磷含量(mg/L):

$$C = \frac{m}{V}$$

式中:m——试样测得含磷量,μg;

V——测定用试样体积,mL。

34.4 质量保证与质量控制

(1)对于总磷较大的水样(如精炼厂、榨油厂污水和中和水)需将水样稀释 50 倍后再进行检测;排放水采样量为 10 mL。

(2)若消解后的试样有悬浮物需过滤后再发色。

(3)显色时间是 15~30 min。即加入钼酸盐溶液后开始计时 15 min 后测定吸光值,30 min 内测完吸光值。如果室温低于 13℃,可 20~30℃水浴显色 15 min(也可放入培养箱里)。

(4)校准曲线的相关系数 r 应大于等于 0.999。

(5)每批样品应至少做一个空白试验,空白试验的校正吸光度 Ab 应小于 0.030。超过该值时应检查实验用水、试剂纯度、器皿和高压蒸汽灭菌器的污染状况。

34.5 操作规范评分表

序号	考核点	配分	评分标准	扣分	得分
一	仪器准备	4			
1	玻璃仪器洗涤	2	1. 未用蒸馏水清洗两遍以上,扣 1 分; 2. 玻璃仪器出现挂水珠现象,扣 1 分		

序号	考核点	配分	评分标准	扣分	得分
2	分光光度计预热 20 min	2	1. 仪器未进行预热或预热时间不够，扣 1 分； 2. 未切断光路预热，扣 1 分		
二	标准溶液的配制	16			
1	溶液配制过程中有关的实验操作	11	1. 未进行容量瓶试漏检查，扣 0.5 分； 2. 容量瓶、比色管加蒸馏水时未沿器壁流下或产生大量气泡，扣 0.5 分； 3. 蒸馏水瓶管尖接触容器，扣 0.5 分； 4. 加水至容量瓶约 3/4 体积时没有平摇，扣 0.5 分； 5. 容量瓶、比色管加水至近标线等待 1 min，没有等待，扣 0.5 分； 6. 容量瓶、比色管逐滴加入蒸馏水至标线操作不当或定容不准确，扣 0.5 分； 7. 持瓶方式不正确，扣 0.5 分； 8. 容量瓶、比色管未充分混匀或中间未开塞，扣 0.5 分； 9. 对溶液使用前没有盖塞充分摇匀的，扣 0.5 分； 10. 润洗方法不正确，扣 0.5 分； 11. 将移液管中过多的贮备液放回贮备液瓶中，扣 0.5 分； 12. 移液管管尖触底，扣 0.5 分； 13. 移液出现吸空现象，扣 1 分； 14. 移液管移取标准储备液、标准工作液、水样原液及水样稀释液前未处理管尖溶液，扣 0.5 分； 15. 移取标准贮备液、标准工作液及水样原液时未另用一烧杯调节液面，扣 0.5 分； 16. 移液管移取标准储备液、标准工作液、水样原液及水样稀释液时，调节液面前未处理管尖部，扣 0.5 分； 17. 移液管未能一次调节到刻度，扣 1 分； 18. 移液管放液不规范，扣 1 分； 19. 取完试剂后未及时盖上试剂瓶盖，扣 0.5 分		
2	标准系列的配制	4	1. 贮备液未稀释，扣 1 分； 2. 直接在贮备液或工作液中进行相关操作，扣 1 分； 3. 标准工作液未贴标签或标签内容不全（包括名称、浓度、日期、配制者），扣 1 分； 4. 每个点移取的标准溶液应从零分度开始，出现不正确项 1 次扣 0.5 分，但不超过该项总分 4 分（工作液可放回剩余溶液的烧杯中再取液，辅助试剂可在移液管吸干后在原试剂中进行相关操作）		
3	水样稀释液的配制	1	直接在水样原液中进行相关操作，扣 1 分（水样稀释液在移液管吸干后可在容量瓶中进行相关操作）		
三	分光光度计使用	15			
1	测定前的准备	2	1. 没有进行比色皿配套性选择，或选择不当，扣 1 分； 2. 不能正确在 T 挡调 "100%" 和 "0"，扣 1 分		

序号	考核点	配分	评分标准	扣分	得分
2	测定操作	7	1. 手触及比色皿透光面，扣 0.5 分； 2. 比色皿润洗方法不正确（须含蒸馏水洗涤、待装液润洗），扣 0.5 分； 3. 比色皿润洗操作不正确，扣 0.5 分； 4. 加入溶液高度不正确，扣 1 分； 5. 比色皿外壁溶液处理不正确，扣 1 分； 6. 比色皿盒拉杆操作不当，扣 0.5 分； 7. 重新取液测定，每出现一次扣 1 分，但不超过 4 分； 8. 不正确使用参比溶液，扣 1 分		
3	测定过程中仪器被溶液污染	2	1. 比色皿放在仪器表面，扣 1 分； 2. 比色室被洒落溶液污染，扣 0.5 分； 3. 比色室未及时清理干净，扣 0.5 分		
4	测定后的处理	4	1. 台面不清洁，扣 0.5 分； 2. 未取出比色皿及未洗涤，扣 1 分； 3. 没有倒尽控干比色皿，扣 0.5 分 4. 测定结束，未作使用记录登记，扣 1 分； 5. 未关闭仪器电源，扣 1 分		
四	实验数据处理	12			
1	标准曲线取点		标准曲线取点不得少于 6 点（包含试剂空白点），否则标准曲线无效		
2	正确绘制标准曲线	5	1. 标准曲线坐标选取错误或比例不合理（含曲线斜率不当），扣 1 分； 2. 测量数据及回归方程计算结果未标在曲线中，扣 1 分； 3. 缺少曲线名称、坐标、箭头、符号、单位量、回归方程及数据有效位数不对，每 1 项扣 0.5 分，但不超过 3 分		
3	试液吸光度处于要求范围内	2	水样取用量不合理致使吸光度超出要求范围或在 0 号与 1 号管测点范围内，扣 2 分		
4	原始记录	3	数据未直接填在报告单上、数据不全、有效数字位数不对、有空项，原始记录中缺少计量单位、数据更改每项扣 0.5 分，可累计扣分，但不超过该项总分 3 分		
5	有效数字运算	2	1. 回归方程未保留小数点后四位数字，扣 0.5 分； 2. γ 未保留小数点后四位，扣 0.5 分； 3. 测量结果未保留到小数点后两位，扣 1 分		
五	文明操作	18			
1	实验室整洁	4	实验过程台面、地面脏乱，废液处置不当，一次性扣 4 分		
2	清洗仪器、试剂等物品归位	4	实验结束未先清洗仪器或试剂物品未归位就完成报告，一次性扣 4 分		
3	仪器损坏	6	仪器损坏，一次性扣 6 分		
4	试剂用量	4	每名学生均准备有两倍用量的试剂，若还需添加，则一次性扣 4 分		
六	测定结果	35			
1	回归方程的计算	5	没有算出或计算错误回归方程的，扣 5 分		
2	标准曲线线性	10	$\gamma \geqslant 0.999$，不扣分； $\gamma = 0.997 \sim 0.990$，扣 1～9 分不等； $\gamma < 0.990$，扣 10 分； γ 计算错误或未计算先扣 3 分，再按相关标准扣分，但不超过 10 分		

序号	考核点	配分	评分标准	扣分	得分
3	测定结果精密度	10	$\lvert R_d \rvert \leqslant 0.5\%$，不扣分； $0.5\% \sim 1.4\% \leqslant \lvert R_d \rvert$，扣 1～9 分不等； $\lvert R_d \rvert > 1.4\%$，扣 10 分。 精密度计算错误或未计算扣 10 分。 水样原液未作平行样 3 份，一次性扣 10 分。 * 水样原液未作平行样 3 份，一次性扣 10 分（*可为负分）		
4	测定结果准确度	10	测定值在 保证值±0.5%内，不扣分； 保证值±0.6%～1.8%，扣 1～9 分不等； 不在保证值±1.8%内扣 10 分		
	最终合计	100			

34.6 总磷分析

（1）吸收池配套性检查

比色皿的校正值：A_1_____；A_2_____；A_3_____。

所选比色皿为：

（2）标准曲线的绘制

测量波长：_____；标准溶液原始浓度：_____。

溶液号	吸取标液体积/mL	浓度或质量（ ）	A	$A_{校正}$
0				
1				
2				
3				
4				
5				
6				
7				

回归方程：

相关系数：

（3）水质样品的测定

平行测定次数	1	2	3
吸光度，A			
空白值，A			
校正吸光度，$A_{校正}$			
回归方程计算所得浓度（ ）			
原始试液浓度/（μg/mL）			
样品磷的测定结果/（mg/L）			
R_d/%			

分析人：　　　　　　校对人：　　　　　　审核人：

标准曲线绘制图：

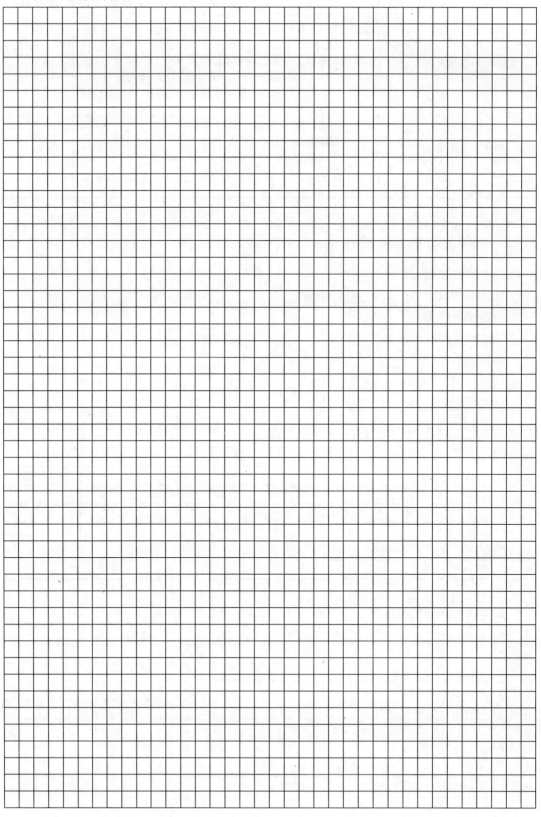

子项目 35　挥发性有机物的测定——吹扫捕集/气相色谱法

项　　目	有机化合物的监测
子项目	挥发性有机物的测定——吹扫捕集/气相色谱法（HJ 686—2014）

学习目标

能力（技能）目标

①掌握吹扫捕集装置的操作技能。

②掌握标准溶液的配制方法。

③学会气相色谱的上机操作。

认知（知识）目标

①掌握挥发性有机物的基础知识。

②掌握吹扫捕集装置的实验原理。

③掌握气相色谱的组成结构和原理。

其他（素质）目标

①良好的职业道德、工作态度和责任感。

②良好的计划组织能力。

③良好的团队协作精神。

④实验室安全操作。

⑤遵守环境保护规定。

能力训练任务

①样品的采集和保存。

②样品的前处理。

③标准系列挥发性有机物溶液的配制。

④吹扫捕集装置的操作。

⑤气相色谱仪的上机操作。

⑥数据的计算与处理。

教学资源

①教材。

②项目训练教材。

③多媒体教学设备。

④环境监测实验室。

⑤气相色谱仪：配置电子捕获检测器（ECD）或氢火焰检测器（FID）。

⑥吹扫捕集装置：吹扫捕集捕集管的填料类型：1/3 碳纤维、1/3 硅胶和 1/3 活性炭的均匀混合填料或其他等效吸附剂。

⑦色谱柱。

⑧微量注射器。

35.1　预备知识

（1）挥发性有机物

目前种类繁多的挥发性有机化合物不仅广泛应用于工业，也大量应用在日常生活中，导致水体受到一定程度的污染，直接影响着人类的健康。挥发性有机化合物沸点低、易挥发，传统方法在对水样分析中都易造成样品组分的损失，而吹扫捕集/气相色谱法可以克服组分易损失的缺点。此法用来测定水中 21 种挥发性有机物，包括苯系物（苯；甲苯；乙苯；对二甲苯；间二甲苯；异丙苯；邻二甲苯；苯乙烯）和卤代烃（1,1-二氯乙烯；二氯甲烷；反式-1,2-二氯乙烯；氯丁二烯；顺式-1,2-二氯乙烯；氯仿；四氯化碳；1,2-二氯乙烷；三氯乙烯；环氧氯丙烷；四氯乙烯；溴仿；六氯丁二烯）。

（2）吹扫捕集进样技术

较静态顶空而言，吹扫捕集实为一种动态顶空，不同在于动态顶空不是分析平衡状态的顶空样品，而是用流动的气体将样品中的挥发性成分"吹扫"出来，再用一个捕集器将吹出来的物质吸附下来，然后经热解吸将样品送入 GC 进行分析。因此，通常称为吹扫—捕集（Purge & Trap）进样技术。

在绝大部分吹扫—捕集应用中都采用氦气作为吹扫气，将其同通入样品溶液鼓泡。在持续的气流吹扫下，样品中的挥发性组分随氦气逸出，并通过一个装有吸附剂的捕集装置进行浓缩。在一定的吹扫时间之后，等测组分全部或定量地进入捕集器。此时，关闭吹扫气，由切换阀将捕集器接入 GC 的开气气路，同时快速加热捕集的样品组分解吸后随载气进入 GC 分离分析。所以，吹扫—捕集的原理就是：动态顶空萃取-吸附捕集热解吸-GC分析。

（3）气相色谱（GC）

气相色谱系统一般由气路系统、进样系统、分离系统、检测及信号记录系统、温控系统组成。其中气路系统是个管路密闭的系统，流动相在系统内连续运行。要求载气稳定而纯净。气相色谱仪的分离系统是色谱柱，混合物各组分在此分离。气相色谱仪的检测器很多，常用的有热导检测器（TCD）、氢火焰离子化检测器（FID）、电子捕获检测器（ECD）、热离子化检测器（TID）和火焰光度检测器（FPD）。温控系统主要控制、测量和设定柱箱、进样系统和检测器的温度。

样品中的挥发性有机物经高纯氦气吹扫后吸附于捕集管中，将捕集管加热并以高纯氦气反吹，被热脱附出来的组分经气相色谱分离后，用电子捕获检测器（ECD）或氢火焰离子化检测器（FID）进行检测，根据保留时间定性，外标法定量。

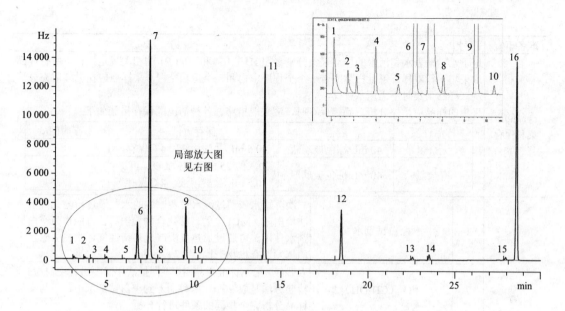

1—1,1-二氯乙烯；2—二氯甲烷；3—反式-1,2-二氯乙烯；4—氯丁二烯；5—顺式-1,2-二氯乙烯；6—氯仿；

7—四氯化碳；8—1,2-二氯乙烷；9—三氯乙烯；10—环氧氯丙烷；11—四氯乙烯；

12—溴仿；13—六氯丁二烯

图 35-1　ECD 检测器分析 5.0 μg/L 卤代烃目标组分的气相色谱图

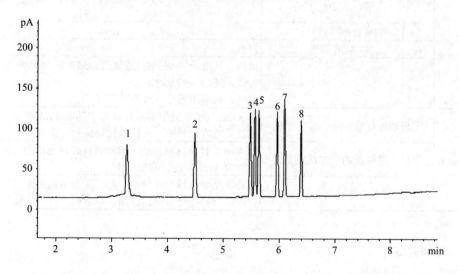

1—苯；2—甲苯；3—乙苯；4—对二甲苯；5—间二甲苯；6—异丙苯；7—邻二甲苯；8—苯乙烯

图 35-2　FID 检测器分析 5.0 μg/L 苯系物目标组分的气相色谱图

35.2　实训准备

准备事宜	序号	名　称	方　法
样品的采集和保存			地下水、地表水和污水的样品采集分别参照 HJ/T 164 和 HJ/T 91 的相关规定执行。所有样品均采集平行双样，每批样品应带一个全程序空白和一个运输空白。采样瓶应在采样前充分清洗，样品采集时不需用水样荡洗。 采集的样品应尽快分析，确需保存时，应采取措施，各种情况的保存措施如下：

样品性质	容器	保存方法	保存时间/d
无余氯	40 mL 棕色玻璃瓶	0.5 mL 盐酸溶液，4℃保存	14
有余氯	40 mL 棕色玻璃瓶	加入约 25 mg 抗坏血酸，再加 0.5 mL 盐酸溶液，4℃保存	14

准备事宜	序号	名　称	方　法
实训试剂	1	空白试剂水	二次蒸馏水或通过纯水设备制备的水，通过检验无高于方法检出限（MDL）的目标化合物检出时，方能作为空白试剂水使用。可通过加热煮沸或通入惰性气体吹扫去除水中的挥发性有机物干扰
	2	甲醇（CH_3OH）	农残级，配制标准样品用。不同批次甲醇要进行空白检验。检验方法是取 20 μL 甲醇加入到空白试剂水中，按与实际样品分析完全相同的条件进行分析
	3	标准贮备液 $\rho=100$ μg/mL	挥发性有机物混合标准贮备液应避光保存，开封后应尽快使用完。如开封后的贮备液需保存，应在 $-10\sim-20$℃ 冷冻密封保存。需保存贮备液在使用前应进行检测，如发现化合物响应值或种类出现异常，则弃去不用，使用时恢复室温
	4	气相色谱分析用标准中间液：$\rho=20$ μg/mL	根据仪器的灵敏度和线性要求，取适量标准贮备液（3）用甲醇（2）稀释配制到适当浓度，一般为 20.0 μg/mL，保存时间为一个月
	5	抗坏血酸（$C_6H_8O_6$）	
	6	盐酸溶液	1+1
	7	气体	氮气，纯度≥99.999%；或氩气，纯度≥99.999%；氢气，纯度≥99.999%；空气，普通压缩空气或高纯空气
试样的制备		无自动进样器的吹扫捕集系统	用 5 mL 气密性注射器从样品瓶中抽取 5 mL 样品，推入吹扫捕集器吹扫管中，进行吹扫捕集
		有自动进样器的吹扫捕集系统	将 40 mL 样品瓶直接放入自动进样器样品槽中，设置取样体积为 5 mL，进行吹扫捕集
		注意事项	所有样品（包括全程空白）都要达到室温时才能分析。分析样品时要先分析空白样品，如全程空白、实验室空白等

35.3　分析步骤

（1）吹扫捕集条件设定

吹扫捕集参考条件如下表所示：

吹扫温度	吹扫流速	吹扫时间	脱附温度	脱附时间	烘烤温度	烘烤时间	干吹时间
常温	40 mL/min	11 min	180℃	2 min	250℃	10 min	2 min

（2）GC－ECD/FID 条件设定

①色谱柱选择

测定苯系物：石英毛细管色谱柱，30 m（长）×320 μm（内径）×0.50 μm（膜厚），固定相为聚乙二醇。也可使用其他等效毛细管柱。

测定卤代烃：石英毛细管色谱柱，30 m（长）×320 μm（内径）×1.80 μm（膜厚），固定相为 6%氰丙基苯-94%二甲基聚硅氧烷。也可使用其他等效毛细管柱。

②程序升温

FID 检测器：

程序升温：40℃（保持 6 min）$\xrightarrow{5℃/min}$ 100℃（保持 2 min）$\xrightarrow{5℃/min}$ 200℃；

进样口温度：200℃；检测器温度：280℃；载气流量：2.5 mL/min；分流比：10∶1 或根据仪器条件。

ECD 检测器：

程序升温：40℃（保持 6 min）$\xrightarrow{5℃/min}$ 100℃（保持 2 min）$\xrightarrow{5℃/min}$ 200℃；

进样口温度：200℃；检测器温度：280℃；载气流量：2.5 mL/min；分流比：10∶1 或根据仪器条件。

（3）标准曲线的绘制和样品的测定

步骤一：　根据仪器的灵敏度和线性要求以及实际样品的浓度，取适量标准中间液（4）用空白试剂水（1）配制相应的标准浓度序列。

苯系物：低浓度标准系列为 0.5 μg/L、1.0 μg/L、2.0 μg/L、5.0 μg/L、10.0 μg/L 和 20.0 μg/L；高浓度标准系列为 5.0 μg/L、20.0 μg/L、50.0 μg/L、100 μg/L、200 μg/L（均为参考浓度序列），现配现用。

卤代烃：低浓度标准系列为：0.05 μg/L、0.20 μg/L、0.50 μg/L、2.0 μg/L、5.0 μg/L 和 10.0 μg/L；高浓度标准系列为 0.5 μg/L、2.0 μg/L、10.0 μg/L、20.0 μg/L、50.0 μg/L 和 200 μg/L（均为参考浓度序列），现配现用。

步骤二：　取 5.0 mL 标准曲线系列溶液于吹扫管中，经吹扫、捕集浓缩后进入气相色谱进行分析，得到对应不同浓度的气相色谱图。以峰高或峰面积为纵坐标，浓度为横坐标，绘制校准曲线。标准曲线的相关系数＞0.995。

步骤三：　样品的测定

取 5 mL 样品按标准样品完全相同的分析条件进行分析，记录各组分色谱峰的保留时间和峰高（或峰面积）。

空白试验

在分析样品的同时，应做空白试验。即取 5 mL 空白试样（5.1）注入气相色谱仪中，按与样品相同的步骤进行分析。

步骤四：　根据标准物质各组分的保留时间进行定性分析。采用外标法定量，单位为μg/L。计算结果当测定值小于 100 μg/L 时，保留小数点后 1 位；大于等于 100 μg/L 时，保留 3 位有效数字。

35.4 质量控制和保证

根据分析的实际需要选择采用以下质量控制和保证措施。

（1）空白分析

①实验室空白

要求实验室空白分析结果中，所有待测目标化合物浓度均应低于方法检出限。当发现空白中某个或者某些目标化合物组分测定浓度高于方法检出限时，应检查所有可能对实验室空白产生影响的环节，如所用试剂、溶剂、标准样品、玻璃器具和其他用于前处理的部件等，仔细查找干扰源，及时消除，直至实验室空白检验分析合格后，才能继续进行样品分析。

②运输空白

采样前在实验室将一份空白试剂水放入样品瓶中密封，将其带到现场。采样时对该瓶一直处于密封状态，随样品运回实验室，按与样品相同的分析步骤进行处理和测定，用于检查样品运输过程中是否受到污染。

③全程序空白

采样前在实验室将一份空白试剂水放入样品瓶中密封，将其带到现场。与采样的样品瓶同时开盖和密封，随样品运回实验室，按与样品相同的分析步骤进行处理和测定，用于检查样品采集到分析全过程是否受到污染。

如全程序空白中目标化合物高于检出限时，不能从样品结果中扣除空白值。应检查所有可能对全程序空白产生影响的环节，仔细查找干扰源。如果确实发现采样、运输或保存过程存在影响分析结果的干扰，需对出现问题批次的样品进行重新采样分析。

（2）平行样品的测定

虽然每个样品均采集平行双样，一般每 10 个样品或每批次（少于 10 个样品/批）分析一个平行样，平行样品测定结果的相对偏差小于 20%。

注：鉴于挥发性有机物的特殊性，不作室内平行分析，每个样品瓶中的样品只允许分析一次。

（3）空白加标的测定

空白加标的测定，一般要求每 10 个样品或每批次（少于 10 个样品/批）分析一个空白加标，回收率在 70%～120%。如空白加标的回收率不能满足质量控制要求，则应查明原因，直至回收率满足质控要求后，才能继续进行样品分析。

（4）样品加标的测定

样品加标的测定，一般要求每 10 个样品或每批次（少于 10 个样品/批）分析一个加标样。加标样品的回收率在 70%～120%。如果样品加标的回收不能满足质量控制要求，则应再进行一次样品加标平行样的测定，如测定结果与前一次样品加标测定结果吻合，则表明是因为存在样品的基体干扰，上述分析数据可正常使用。如样品加标平行的测定结果与前一次样品加标测定结果不吻合，则表明可能是分析过程中存在问题而导致，应重新进行样品加标分析，直至样品加标的回收满足实验室的质量控制要求。

（5）校准

①初始校准

在初次使用仪器，或在仪器维修、更换色谱柱或连续校准不合格时需要进行初始校准。

即建立校准曲线。校准曲线的相关系数≥0.995，否则应重新绘制校准曲线。

②连续校准

每批次样品测试须使用初始校准曲线时，须先用一定浓度的标准样品（推荐用初始校准曲线的中间浓度点或次高浓度点）按样品测定完全相同的仪器分析条件进行定量测定，如果测定结果与样品浓度相对偏差≤20%，则初始校准曲线可延用；如果任何一个化合物的相对偏差>20%，应查找原因并采取措施，如采取措施后仍不能使测定相对偏差达到要求，应重新绘制新的标准曲线。

每 20 个样品或每批次（少于 20 个样品/批）进行一次连续校准分析，以检验初始标准曲线是否继续适用。

35.5　操作规范评分表

序号	考核点	配分	评分标准	扣分	得分
一	样品的采集	10			
1	玻璃仪器洗涤	2	玻璃仪器洗涤干净后内壁不应挂水珠，否则扣 2 分		
2	样品采集	5	1．所有样品均采集平行双样，否则扣 1 分； 2．每批样品应带一个全程序空白和一个运输空白，否则扣 1 分； 3．采样瓶应在采样前充分清洗，否则扣 1 分； 4．样品必须采集在预先洗净烘干的采样瓶中，否则扣 1 分； 5．采样前不能用水样预洗采样瓶，以防止样品的沾染或吸附，否则扣 1 分		
3	样品的保存	3	采集的样品应尽快分析，确需保存时，应采取措施，否则扣 3 分		
二	标准挥发性有机溶液的配制	15			
1	移取溶液	10	1．移液管插入标准溶液前或调节标准溶液液面前未用滤纸擦拭管外壁，出现一次扣 0.5 分，最多扣 2 分； 2．移液时，移液管插入液面下 1～2 cm，插入过深，一次性扣 0.5 分； 3．吸空或将溶液吸入吸耳球内，一次性扣 1 分； 4．调节好液面后放液前管尖有气泡，一次性扣 1 分； 5．移液时，移液管不竖直，每次扣 0.5 分；锥形瓶未倾斜 30～45°，每次扣 0.5 分；管尖未靠壁，每次扣 0.5 分，此项累计不超过 2 分； 6．溶液流完后未停靠 15 s，每次扣 0.5 分，此项累计不超过 1 分		
2	定容操作	5	1．加空白试剂水至容量瓶约 3/4 体积时没有平摇，一次性扣 0.5 分； 2．加空白试剂水至近标线等待 1 min，没有等待，一次性扣 0.5 分； 3．定容超过刻度，一次性扣 2 分； 4．未充分摇匀、中间未开塞，一次性扣 0.5 分； 5．定容或摇匀时持瓶方式不正确，一次性扣 0.5 分		

序号	考核点	配分	评分标准	扣分	得分
三	气相色谱仪的使用	30			
1	气路的检查与检漏	5	1. 未检查钢瓶与减压阀的连接，扣1分； 2. 未检查减压阀与气体管道的连接，扣1分； 3. 未检查气体管道与净化器的连接，扣1分； 4. 未检查净化器与气相色谱仪的连接，扣1分； 5. 未进行气路检漏，扣1分		
2	开机过程	5	1. 气体钢瓶总阀和减压阀操作不正确，扣2分； 2. 载气流量设置不正确，扣1分； 3. 先开载气，后开仪器电源，不正确扣2分		
3	色谱分析条件设定	5	1. 柱箱温度不正确，扣2分； 2. 汽化室温度不正确，扣2分； 3. 检测器温度不正确，扣1分		
4	进样操作	5	1. 微量注射器操作不规范，扣3分； 2. 进样不规范，扣2分		
5	关机操作	10	先降汽化室和检测器的温度； 再关闭色谱仪电源开关； 最后关闭载气。 关机顺序不正确，扣10分		
四	数据的记录和结果计算	15			
1	原始记录	8	1. 数据未直接填在报告单上，每出现一次扣1分； 2. 数据记录不正确（有效数字、单位），出现一次扣1分； 3. 数据不全、有空格、字迹不工整每出现一次扣0.5分，可累加扣分		
2	有效数字运算	7	1. 有效数字运算不规范，每出现一次扣1分，最多扣2分； 2. 结果计算错误，扣5分		
五	文明操作	10			
1	实验室整洁	4	实验过程台面、地面脏乱，一次性扣4分		
2	实验结束清洗仪器、试剂物品归位	4	实验结束未先清洗仪器或试剂物品未归位就完成报告，一次性扣4分		
3	仪器损坏	2	损坏仪器，每出现一次扣2分		
	最终合计	80			

35.6 挥发性有机物测定

（1）标准曲线绘制

组分	浓度/（mg/L）	保留时间	峰高或峰面积	标准曲线 γ
苯	0.5			
	1.0			
	2.0			
	5.0			
	10.0			
	20.0			

组分	浓度/（mg/L）	保留时间	峰高或峰面积	标准曲线 γ
甲苯	0.5			
	1.0			
	2.0			
	5.0			
	10.0			
	20.0			
乙苯	0.5			
	1.0			
	2.0			
	5.0			
	10.0			
	20.0			
对二甲苯	0.5			
	1.0			
	2.0			
	5.0			
	10.0			
	20.0			
间二甲苯	0.5			
	1.0			
	2.0			
	5.0			
	10.0			
	20.0			
异丙苯	0.5			
	1.0			
	2.0			
	5.0			
	10.0			
	20.0			
邻二甲苯	0.5			
	1.0			
	2.0			
	5.0			
	10.0			
	20.0			
苯乙烯	0.5			
	1.0			
	2.0			
	5.0			
	10.0			
	20.0			

组分	浓度/ （mg/L）	保留时间	峰高或峰面积	标准曲线 γ
1,1-二氯乙烯	0.05			
	0.20			
	0.50			
	2.0			
	5.0			
	10.0			
二氯甲烷	0.05			
	0.20			
	0.50			
	2.0			
	5.0			
	10.0			
反式-1,2-二氯乙烯	0.05			
	0.20			
	0.50			
	2.0			
	5.0			
	10.0			
氯丁二烯	0.05			
	0.20			
	0.50			
	2.0			
	5.0			
	10.0			
顺式-1,2-二氯乙烯	0.05			
	0.20			
	0.50			
	2.0			
	5.0			
	10.0			
氯仿	0.05			
	0.20			
	0.50			
	2.0			
	5.0			
	10.0			
四氯化碳	0.05			
	0.20			
	0.50			
	2.0			
	5.0			
	10.0			

组分	浓度/(mg/L)	保留时间	峰高或峰面积	标准曲线 γ
1,2-二氯乙烷	0.05			
	0.20			
	0.50			
	2.0			
	5.0			
	10.0			
三氯乙烯	0.05			
	0.20			
	0.50			
	2.0			
	5.0			
	10.0			
环氧氯丙烷	0.05			
	0.20			
	0.50			
	2.0			
	5.0			
	10.0			
四氯乙烯	0.05			
	0.20			
	0.50			
	2.0			
	5.0			
	10.0			
溴仿	0.05			
	0.20			
	0.50			
	2.0			
	5.0			
	10.0			
六氯丁二烯	0.05			
	0.20			
	0.50			
	2.0			
	5.0			
	10.0			

（2）样品的测定

组分	样品	峰面积或峰高	从标准曲线查得组分质量浓度/（mg/L）	样品中组分的质量浓度/（mg/L）
苯	全程序空白			
	运输空白			
	样品 1			
	平行样			

组分	样品	峰面积或峰高	从标准曲线查得组分质量浓度/（mg/L）	样品中组分的质量浓度/（mg/L）
甲苯	全程序空白			
	运输空白			
	样品 1			
	平行样			
乙苯	全程序空白			
	运输空白			
	样品 1			
	平行样			
对二甲苯	全程序空白			
	运输空白			
	样品 1			
	平行样			
间二甲苯	全程序空白			
	运输空白			
	样品 1			
	平行样			
异丙苯	全程序空白			
	运输空白			
	样品 1			
	平行样			
邻二甲苯	全程序空白			
	运输空白			
	样品 1			
	平行样			
苯乙烯	全程序空白			
	运输空白			
	样品 1			
	平行样			
1,1-二氯乙烯	全程序空白			
	运输空白			
	样品 1			
	平行样			
二氯甲烷	全程序空白			
	运输空白			
	样品 1			
	平行样			
反式-1,2-二氯乙烯	全程序空白			
	运输空白			
	样品 1			
	平行样			

组分	样品	峰面积或峰高	从标准曲线查得组分质量浓度/（mg/L）	样品中组分的质量浓度/（mg/L）
氯丁二烯	全程序空白			
	运输空白			
	样品 1			
	平行样			
顺式-1,2-二氯乙烯	全程序空白			
	运输空白			
	样品 1			
	平行样			
氯仿	全程序空白			
	运输空白			
	样品 1			
	平行样			
四氯化碳	全程序空白			
	运输空白			
	样品 1			
	平行样			
1,2-二氯乙烷	全程序空白			
	运输空白			
	样品 1			
	平行样			
三氯乙烯	全程序空白			
	运输空白			
	样品 1			
	平行样			
环氧氯丙烷	全程序空白			
	运输空白			
	样品 1			
	平行样			
四氯乙烯	全程序空白			
	运输空白			
	样品 1			
	平行样			
溴仿	全程序空白			
	运输空白			
	样品 1			
	平行样			
六氯丁二烯	全程序空白			
	运输空白			
	样品 1			
	平行样			

分析人：　　　　　　　　　　校对人：　　　　　　　　　　审核人：

子项目 36　石油类和动植物油类的测定——红外分光光度法

项　　目	有机物化合物的监测
子项目	石油类和动植物油类的测定——红外分光光度法（HJ 637—2012）

学习目标

能力（技能）目标

①掌握红外分光光度计的使用方法。

②掌握红外分光光度法测定石油类和动植物油类的步骤。

认知（知识）目标

①掌握石油类和动植物油类基础知识。

②掌握红外分光光度法测定石油类和动植物油类的实验原理。

③能够计算校正系数和样品的结果。

其他（素质）目标

①良好的职业道德、工作态度和责任感。

②良好的计划组织能力。

③良好的团队协作精神。

④实验室安全操作。

⑤遵守环境保护规定。

能力训练任务

①样品的采集和保存。

②样品的制备。

③校正系数的测定和检验。

④样品的测定。

⑤结果的计算与处理。

教学资源

①教材。

②项目训练教材。

③环境监测实验室。

④红外分光光度计：能在 3 400～2 400 cm^{-1} 进行扫描，并配有 1 cm 和 4 cm 带盖石英比色皿。

⑤旋转振荡器：振荡频数可达 300 次/min。

⑥分液漏斗：1 000 mL、2 000 mL，聚四氟乙烯旋塞。

⑦玻璃砂芯漏斗：40 mL，G-1 型。

⑧锥形瓶：100 mL，具塞磨口。

⑨样品瓶：500 mL、1 000 mL，棕色磨口玻璃瓶。

36.1 预备知识

总油（total oil）指在本标准（HJ 637—2012）规定的条件下，能够被四氯化碳萃取且在波数为 2 930 cm^{-1}、2 960 cm^{-1}、3 030 cm^{-1} 全部或部分谱带处有特征吸收的物质，主要包括石油类和动植物油类。

石油类（petroleum）指在本标准（HJ 637—2012）规定的条件下，能够被四氯化碳萃取且不被硅酸镁吸附的物质。

是各种烃类的混合物。石油类可以溶解态、乳化态和分散态存在于废水中。冶金工业废水中的石油类污染物主要来自轧钢、钢材酸洗前的除油、有色金属加工和冶炼、选矿、机械加工等生产工艺过程。石油类进入水环境后，其含量超过 0.1～0.4 mg/L，即可在水面形成油膜，影响水体的复氧过程，造成水体缺氧，危害水生生物的生活和有机污染物的好氧降解。当含量超过 3 mg/L 时，会严重抑制水体自净过程。分散油和乳化油影响鱼类的正常生长，使鱼苗畸变，鱼鳃发炎坏死。石油类中的环烃化学物质具有明显的生物毒性。

动植物油类（animal and vegetable oils）指在本标准（HJ 637—2012）规定的条件下，能够被四氯化碳萃取且被硅酸镁吸附的物质。当萃取物中含有非动植物油类的极性物质时，应在测试报告中加以说明。

本方法原理为用四氯化碳萃取样品中的油类物质，测定总油，然后将萃取液用硅酸镁吸附，除去动植物油类等极性物质后，测定石油类。总油和石油类的含量均由波数分别为 2 930 cm^{-1}（CH$_2$ 基团中 C-H 键的伸缩振动）、2 960 cm^{-1}（CH$_3$ 基团中的 C-H 键的伸缩振动）和 3 030 cm^{-1}（芳香环中 C-H 键的伸缩振动）谱带处的吸光度 A_{2930}、A_{2960} 和 A_{3030} 进行计算，其差值为动植物油类浓度。

36.2 实训准备

准备事宜	序号	名 称	方 法
样品的采集和保存			参照 HJ/T 91 和 HJ/T 164 的相关规定进行样品的采集。用 1 000 mL 样品瓶采集地表水和地下水，用 500 mL 样品瓶采集工业废水和生活污水。采集好样品后，加入盐酸（1）酸化至 pH≤2。 如样品不能在 24 h 内测定，应在 2～5℃下冷藏保存，3 d 内测定
实训试剂	1	盐酸（HCl）ρ=1.19 g/mL	优级纯
	2	正十六烷	光谱纯
	3	异辛烷	光谱纯
	4	苯	光谱纯
	5	四氯化碳	在 2 800 cm^{-1}～3 100 cm^{-1} 之间扫描，不应出现锐峰，其吸光度值应不超过 0.12（4 cm 比色皿、空气池作参比）
	6	无水硫酸钠	在 550℃下加热 4 h，冷却后装入磨口玻璃瓶中，置于干燥器内贮存
	7	硅酸镁：60～100 目	取硅酸镁于瓷蒸发皿中，置于马弗炉内 550℃下加热 4 h，在炉内冷却至约 200℃后，移入干燥器中冷却至室温，于磨口玻璃瓶内保存。使用时，称取适量的硅酸镁于磨口玻璃瓶中，根据硅酸镁的重量，按 6%（*m/m*）比例加入适量的蒸馏水，密塞并充分振荡数分钟，放置约 12 h 后使用

准备事宜	序号	名　称	方　法
实训试剂	8	石油类标准贮备液 $\rho=1\,000$ mg/L	可直接购买市售有证标准溶液
	9	正十六烷标准贮备液 $\rho=1\,000$ mg/L	称取 0.100 0 g 正十六烷（2）于 100 mL 容量瓶中，用四氯化碳（5）定容，摇匀
	10	异辛烷标准贮备液 $\rho=1\,000$ mg/L	称取 0.100 0 g 异辛烷（3）于 100 mL 容量瓶中，用四氯化碳（5）定容，摇匀
	11	苯标准贮备液 $\rho=1\,000$ mg/L	称取 0.100 0 g 苯（4）于 100 mL 容量瓶中，用四氯化碳（5）定容，摇匀
	12	吸附柱	内径 10 mm，长约 200 mm 的玻璃柱。出口处填塞少量用四氯化碳（5）浸泡并晾干后的玻璃棉，将硅酸镁（7）缓缓倒入玻璃柱中，边倒边轻轻敲打，填充高度约为 80 mm
水样的制备		地表水和地下水	将样品全部转移至 2 000 mL 分液漏斗中，量取 25.0 mL 四氯化碳（5）洗涤样品瓶后，全部转移至分液漏斗中。振荡 3 min，并经常开启旋塞排气，静置分层后，将下层有机相转移至已加入 3 g 无水硫酸钠（6）的具塞磨口锥形瓶中，摇动数次。如果无水硫酸钠全部结晶成块，需要补加无水硫酸钠，静置。将上层水相全部转移至 2 000 mL 量筒中，测量样品体积并记录。 向萃取液中加入 3 g 硅酸镁（7），置于旋转振荡器上，以 180~200 rpm 的速度连续振荡 20 min，静置沉淀后，上清液经玻璃砂芯漏斗过滤至具塞磨口锥形瓶中，用于测定石油类
		工业废水和生活污水	将样品全部转移至 1 000 mL 分液漏斗中，量取 50.0 mL 四氯化碳（5）洗涤样品瓶后，全部转移至分液漏斗中。振荡 3 min，并经常开启旋塞排气，静置分层后，将下层有机相转移至已加入 5 g 无水硫酸钠（6）的具塞磨口锥形瓶中，摇动数次。如果无水硫酸钠全部结晶成块，需要补加无水硫酸钠，静置。将上层水相全部转移至 1 000 mL 量筒中，测量样品体积并记录。 将萃取液分为两份，一份直接用于测定总油，另一份加入 5 g 硅酸镁（7），置于旋转振荡器上，以 180~200 r/min 的速度连续振荡 20 min，静置沉淀后，上清液经玻璃砂芯漏斗过滤至具塞磨口锥形瓶中，用于测定石油类。 石油类和动植物油类的吸附分离也可采用吸附柱法，即取适量的萃取液过硅酸镁吸附柱（12），弃去前 5 mL 滤出液，余下部分接入锥形瓶中，用于测定石油类
	空白试样的制备		以实验用水代替样品，按照试样的制备步骤制备空白试样

36.3　分析步骤

1. 校准。

（1）校正系数的测定

分别量取 2.00 mL 正十六烷标准贮备液（9）、2.00 mL 异辛烷标准贮备液（10）和 10.00 mL 苯标准贮备液（11）于 3 个 100 mL 容量瓶中，用四氯化碳定容至标线，摇匀。正十六烷、异辛烷和苯标准溶液的浓度分别为 20 mg/L、20 mg/L 和 100 mg/L。用四氯化碳（5）作参比溶液，使用 4 cm 比色皿，分别测量正十六烷、异辛烷和苯标准溶液在 2 930 cm^{-1}、2 960 cm^{-1}、3 030 cm^{-1} 处的吸光度 A_{2930}、A_{2960}、A_{3030}。正十六烷、异辛烷和苯标准溶液在上述波数处的吸光度均符合公式（36-1），由此得出的联立方程式经求解后，可分别得到相应的校正系数 X，Y，Z 和 F。

$$\rho = X \cdot A_{2930} + Y \cdot A_{2960} + Z\left(A_{3030} - \frac{A_{2930}}{F}\right) \tag{36-1}$$

式中：ρ——四氯化碳中总油的含量，mg/L；

　　A_{2930}、A_{2960}、A_{3030}——各对应波数下测得的吸光度；

　　X、Y、Z——与各种 C-H 键吸光度相对应的系数；

　　F——脂肪烃对芳香烃影响的校正因子，即正十六烷在 2 930 cm^{-1} 与 3 030 cm^{-1} 处的
　　　　吸光度之比。

对于正十六烷和异辛烷，由于其芳香烃含量为零，即 $A_{3030} - \dfrac{A_{2930}}{F} = 0$

则有：

$$F = A_{2930}(H)/A_{3030}(H) \tag{36-2}$$

$$\rho(H) = X \cdot A_{2930}(H) + Y \cdot A_{2960}(H) \tag{36-3}$$

$$\rho(I) = X \cdot A_{2930}(I) + Y \cdot A_{2960}(I) \tag{36-4}$$

由公式（36-2）可得 F 值，由公式（36-3）和公式（36-4）可得 X 和 Y 值。

对于苯，则有：

$$\rho(B) = X \cdot A_{2930}(B) + Y \cdot A_{2960}(B) + Z\left[A_{3030}(B) - \frac{A_{2930}(B)}{F}\right] \tag{36-5}$$

由公式（36-5）可得 Z 值。

式中：$\rho(H)$——正十六烷标准溶液的浓度，mg/L；

　　$\rho(I)$——异辛烷标准溶液的浓度，mg/L；

　　$\rho(B)$——苯标准溶液的浓度，mg/L。

　　$A_{2930}(H)$、$A_{2960}(H)$、$A_{3030}(H)$——各对应波数下测得正十六烷标准溶液的吸光度；

　　$A_{2930}(I)$、$A_{2960}(I)$、$A_{3030}(I)$——各对应波数下测得异辛烷标准溶液的吸光度；

　　$A_{2930}(B)$、$A_{2960}(B)$、$A_{3030}(B)$——各对应波数下测得苯标准溶液的吸光度；可采用姥
　　　　　　　　　　　　　　　鲛烷代替异辛烷、甲苯代替苯，以相同方法测定校
　　　　　　　　　　　　　　　正系数。

（2）校正系数的检验

分别量取 5.00 mL 和 10.00 mL 的石油类标准贮备液（8）于 100 mL 容量瓶中，用四氯化碳（5）定容，摇匀，石油类标准溶液的浓度分别为 50 mg/L 和 100 mg/L。分别量取 2.00 mL、5.00 mL 和 20.00 mL 浓度为 100 mg/L 的石油类标准溶液于 100 mL 容量瓶中，用四氯化碳（5）定容，摇匀，石油类标准溶液的浓度分别为 2 mg/L、5 mg/L 和 20 mg/L。

用四氯化碳（5）作参比溶液，使用 4 cm 比色皿，于 2 930 cm^{-1}、2 960 cm^{-1}、3 030 cm^{-1} 处分别测量 2 mg/L、5 mg/L、20 mg/L、50 mg/L 和 100 mg/L 石油类标准溶液的吸光度 A，按照公式（36-1）计算测定浓度。如果测定值与标准值的相对误差在±10%以内，则校正系数可采用，否则重新测定校正系数并检验，直至符合条件为止。

2．测定

（1）总油的测定

将未经硅酸镁吸附的萃取液转移至 4 cm 比色皿中，以四氯化碳（5）作参比溶液，于

$2\,930\,cm^{-1}$、$2\,960\,cm^{-1}$、$3\,030\,cm^{-1}$ 处测量其吸光度 $A_{1.2930}$、$A_{1.2960}$、$A_{1.3030}$，计算总油的浓度。

（2）石油类浓度的测定

将经硅酸镁吸附后的萃取液转移至 4 cm 比色皿中，以四氯化碳（5）作参比溶液，于 $2\,930\,cm^{-1}$、$2\,960\,cm^{-1}$、$3\,030\,cm^{-1}$ 处测量其吸光度 $A_{2.2930}$、$A_{2.2960}$、$A_{2.3030}$，计算石油类的浓度。

（3）动植物油类浓度的测定

总油浓度与石油类浓度之差即为动植物油类浓度。

3．空白试验

以空白试样代替试样，按照与测定（2）相同步骤进行测定。

4．结果计算

（1）总油的浓度

样品中总油的浓度 ρ_1（mg/L），按照公式（36-6）进行计算

$$\rho_1 = \left[X \cdot A_{1.2930} + Y \cdot A_{1.2960} + Z \left(A_{1.3030} - \frac{A_{1.2930}}{F} \right) \right] \cdot \frac{V_0 \cdot D}{V_w} \qquad (36\text{-}6)$$

式中：ρ_1——样品中总油的浓度，mg/L；

　　　X、Y、Z、F——校正系数；

　　　$A_{1.2930}$、$A_{1.2960}$、$A_{1.3030}$——各对应波数下测得萃取液的吸光度；

　　　V_0——萃取溶剂的体积，mL；

　　　V_w——样品体积，mL；

　　　D——萃取液稀释倍数。

（2）石油类的浓度

样品中石油类的浓度 ρ_2（mg/L），按公式（36-7）进行计算。

$$\rho_2 = \left[X \cdot A_{2.2930} + Y \cdot A_{2.2960} + Z \left(A_{2.3030} - \frac{A_{2.2930}}{F} \right) \right] \cdot \frac{V_0 \cdot D}{V_w} \qquad (36\text{-}7)$$

式中：ρ_2——样品中石油类的浓度，mg/L；

　　　X、Y、Z、F——校正系数；

　　　$A_{2.2930}$、$A_{2.2960}$、$A_{2.3030}$——各对应波数下测得经硅酸镁吸附后滤出液的吸光度；

　　　V_0——萃取溶剂的体积，mL；

　　　V_w——样品体积，mL；

　　　D——萃取液稀释倍数。

（3）动植物油类的浓度

样品中动植物油类的浓度 ρ_3（mg/L），按公式（36-8）计算。

$$\rho_3 = \rho_1 - \rho_2 \qquad (36\text{-}8)$$

式中：ρ_3——样品中动植物油类的浓度，mg/L。

当测定结果小于 10 mg/L 时，结果保留两位小数；当测定结果大于等于 10 mg/L 时，

结果保留三位有效数字。

36.4　质量控制和保证

每批样品分析前，应先做空白实验，空白值应低于检出限。

本方法当样品体积为 1 000 mL，萃取液体积为 25 mL，使用 4 cm 比色皿时，检出限为 0.01 mg/L，测定下限为 0.04 mg/L；当样品体积为 500 mL，萃取液体积为 50 mL，使用 4 cm 比色皿时，检出限为 0.04 mg/L，测定下限为 0.16 mg/L。

36.5　操作规范评分表

序号	考核点	配分	评分标准	扣分	得分
一	实验准备	12			
1	玻璃仪器洗涤	2	1．未用蒸馏水清洗两遍以上，扣 1 分； 2．玻璃仪器出现挂水珠现象，扣 1 分		
2	分光光度计预热 20 min	2	1．仪器未进行预热或预热时间不够，扣 1 分； 2．未切断光路预热，扣 1 分		
3	样品采集	4	1．样品必须采集在预先洗净烘干的采样瓶中，否则扣 1 分； 2．采样前不能用水样预洗采样瓶，以防止样品的沾染或吸附，否则扣 1 分； 3．采样瓶要完全注满，不留气泡，否则扣 1 分； 4．加入盐酸（1）酸化，使 pH≤2，否则扣 1 分		
4	样品的保存	4	如样品不能在 24 h 内测定，应在 2～5℃下冷藏保存，3 d 内测定，否则扣 4 分		
二	样品的萃取	20			
1	分液漏斗操作	20	1．分液漏斗未试漏的，扣 2 分； 2．分液漏斗拿取方法不正确，扣 2 分； 3．振摇过程中未开启活塞排气，扣 2 分； 4．放气时分液漏斗的上口要倾斜朝下，而下口处不要有液体，否则扣 2 分； 5．未等静止分层就放液，扣 2 分； 6．打开分液漏斗活塞，再打开旋塞，使下层液体从分液漏斗下端放出，待油水界面与旋塞上口相切即可关闭旋塞；把上层液体从分液漏斗上口倒出，扣 2 分		
三	标准溶液的配制	20			
1	移取溶液	10	1．移液管插入标准溶液前或调节标准溶液液面前未用滤纸擦拭管外壁，出现一次扣 0.5 分，最多扣 2 分； 2．移液时，移液管插入液面下 1～2 cm，插入过深，一次性扣 0.5 分； 3．吸空或将溶液吸入吸耳球内，一次性扣 1 分； 4．调节好液面后放液前管尖有气泡，一次性扣 1 分； 5．移液时，移液管不竖直，每次扣 0.5 分；锥形瓶未倾斜 30～45°，每次扣 0.5 分；管尖未靠壁，每次扣 0.5 分，此项累计不超过 2 分； 6．溶液流完后未停靠 15 s，每次扣 0.5 分，此项累计不超过 1 分		

序号	考核点	配分	评分标准	扣分	得分
2	定容操作	10	1. 未进行容量瓶试漏检查，扣 0.5 分； 2. 至容量瓶约 3/4 体积时没有平摇，一次性扣 0.5 分； 3. 至近标线等待 1 min，没有等待，一次性扣 0.5 分； 4. 定容超过刻度，一次性扣 2 分； 5. 未充分摇匀、中间未开塞，一次性扣 0.5 分； 6. 定容或摇匀时持瓶方式不正确，一次性扣 0.5 分		
四	分光光度计使用	15			
1	测定前的准备	2	1. 没有进行比色皿配套性选择，或选择不当，扣 1 分； 2. 不能正确在 T 挡调 "100%" 和 "0"，扣 1 分		
2	测定操作	7	1. 手触及比色皿透光面，扣 0.5 分； 2. 比色皿润洗方法不正确（须含蒸馏水洗涤、待装液润洗），扣 0.5 分； 3. 比色皿润洗操作不正确，扣 0.5 分； 4. 加入溶液高度不正确，扣 1 分； 5. 比色皿外壁溶液处理不正确，扣 1 分； 6. 比色皿盒拉杆操作不当，扣 0.5 分； 7. 重新取液测定，每出现一次扣 1 分，但不超过 4 分； 8. 不正确使用参比溶液，扣 1 分		
3	测定过程中仪器被溶液污染	2	1. 比色皿放在仪器表面，扣 1 分； 2. 比色室被洒落溶液污染，扣 0.5 分； 3. 比色室未及时清理干净，扣 0.5 分		
4	测定后的处理	4	1. 台面不清洁，扣 0.5 分； 2. 未取出比色皿及未洗涤，扣 1 分； 3. 没有倒尽或控干比色皿，扣 0.5 分 4. 测定结束，未作使用记录登记，扣 1 分； 5. 未关闭仪器电源，扣 1 分		
五	实验数据处理	15			
1	原始记录	15	数据未直接填在报告单上、数据不全、有效数字位数不对、有空项，原始记录中，缺少计量单位，数据更改每项扣 0.5 分，可累计扣分		
六	文明操作	18			
1	实验室整洁	6	实验过程台面、地面脏乱，废液处置不当，一次性扣 6 分		
2	清洗仪器、试剂等物品归位	6	实验结束未先清洗仪器或试剂物品未归位就完成报告；一次性扣 6 分		
3	仪器损坏	6	仪器损坏，一次性扣 6 分		
	合　计	100			

36.6　石油类和动植物油类分析

（1）吸收池配套性检查

比色皿的校正值：A_1　__0.000__　；A_2_____；A_3_____。

所选比色皿为：

（2）校正系数的测定和检验

	溶液	$\rho/$（mg/L）	A_{2930}	A_{2960}	A_{3030}
校正系数的测定	正十六烷				
	异辛烷				
	苯				
	校正系数：$X=$_____　　$Y=$_____　　$Z=$ _____　　$F=$_____				

	溶液	$\rho/$（mg/L）	A_{2930}	A_{2960}	A_{3030}	$\rho_{测定值}/$（mg/L）	相对误差
校正系数的检验	石油类标准溶液	2					
	石油类标准溶液	5					
	石油类标准溶液	20					
	石油类标准溶液	50					
	石油类标准溶液	100					

备注：如果测定值与标准值的相对误差在±10%以内，则校正系数可采用，否则重新测定校正系数并检验，直至符合条件为止。

（3）水质样品的测定

样品编号	1	2	3	空白样
样品体积 V_w/mL				
稀释倍数				
萃取溶剂体积 V_0/mL				
$A_{1.2930}$				
$A_{1.2960}$				
$A_{1.3030}$				
$A_{2.2930}$				
$A_{2.2960}$				
$A_{2.3030}$				
总油浓度ρ_1/（mg/L）				
石油类浓度ρ_2/（mg/L）				
动植物油类浓度ρ_3/（mg/L）				

分析人：　　　　　　　　　校对人：　　　　　　　　　审核人：

子项目 37　多环芳烃的测定——液液萃取/高效液相色谱法

项　目	有机化合物的监测
子项目	多环芳烃的测定——液液萃取/高效液相色谱法（HJ 478—2009）

学习目标

能力（技能）目标

　　①掌握液液萃取的操作技能。

　　②掌握标准溶液的配制方法。

　　③学会液相色谱的上机操作。

认知（知识）目标

　　①掌握多环芳烃的基础知识。

　　②掌握液液萃取的实验原理。

　　③掌握高效液相色谱的组成结构。

其他（素质）目标

　　①良好的职业道德、工作态度和责任感。

　　②良好的计划组织能力。

　　③良好的团队协作精神。

　　④实验室安全操作。

　　⑤遵守环境保护规定。

能力训练任务

　　①样品的采集和保存。

　　②样品的前处理包括液液萃取。

　　③标准系列多环芳烃溶液的配制。

　　④液相色谱仪的上机操作。

　　⑤数据的计算与处理。

教学资源

　　①教材。

　　②项目训练教材。

　　③多媒体教学设备。

　　④环境监测实验室。

　　⑤液相色谱仪（HPLC）。

　　⑥色谱柱：填料为 5 μm ODS，柱长 25 cm，内径 4.6 mm 的反相色谱柱或其他性能相近的色谱柱。

　　⑦采样瓶：1 L 或 2 L 具磨口塞的棕色玻璃细口瓶。

　　⑧分液漏斗：2 000 mL，玻璃活塞不涂润滑油。

⑨浓缩装置：旋转蒸发装置或 K-D 浓缩器、浓缩仪等性能相当的设备。

⑩液液萃取净化装置。

37.1 预备知识

（1）多环芳烃

多环芳烃（PAHs）是指两个以上苯环以稠环形式相连的化合物，是一类广泛存在于环境中的持久性有机污染物，主要来源于化石燃料的不完全燃烧。美国环保署公布的 16 种优先控制 PAHs 为萘、苊、二氢苊、芴、菲、蒽、荧蒽、芘、苯并[a]蒽、䓛、苯并[b]荧蒽、苯并[k]荧蒽、苯并[a]芘、茚并[1,2,3-cd]芘、二苯并[a, h]蒽、苯并[ghi]芘。其中不少化合物对人体和生物具有"三致"作用。

多环芳烃多为无色或淡黄色结晶，个别具深色，具有较高的熔点和沸点，蒸汽压很低，难溶于水。

（2）液液萃取

液液萃取是利用化合物在两种互不相溶（或微溶）的溶剂中溶解度或分配系数的不同，使化合物从一种溶剂内转移到另外一种溶剂中。经过反复多次萃取，将绝大部分的化合物提取出来。

（3）高效液相色谱（HPLC）

高效液相色谱系统一般由高压输液泵、进样装置、色谱柱、检测器、数据记录及处理系统组成。其中高压输液泵、色谱柱、检测器都是关键部件。HPLC 利用高压输液泵输送流动相通过整个色谱系统，泵的性能好坏直接影响到整个系统的质量和分析结果的可靠性。色谱柱是色谱系统的心脏，担负着分离作用。要求柱效高、选择性好、分析速度快等。检测器的作用是把洗脱液中组分的浓度转变为电信号，并由数据记录和处理系统绘出谱图。

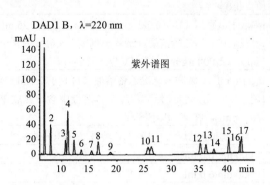
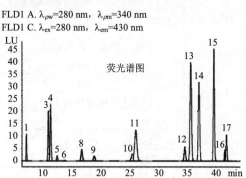

1—萘；2—苊；3—芴；4—二氢苊；5—菲；6—蒽；7—十氟联苯；8—荧蒽；9—芘；10—䓛；

11—苯并[a]蒽；12—苯并[b]荧蒽；13—苯并[k]荧蒽；14—苯并[a]芘；15—二苯并[a,h]蒽；

16—苯并[ghi]芘；17—茚并[1,2,3-cd]芘

图 37-1 两种不同检测器串联的 16 种多环芳烃标准色谱图

37.2 实训准备

准备事宜	序号	名 称	方 法
样品的采集和保存		样品必须采集在预先洗净烘干的采样瓶中，采样前不能用水样预洗采样瓶，以防止样品的沾染或吸附。采样瓶要完全注满，不留气泡。若水中有残余氯存在，要在每升水中加入 80 mg 硫代硫酸钠（5）除氯。 样品采集后应避光于 4℃ 以下冷藏，在 7 d 内萃取，萃取后的样品应避光于 4℃ 以下冷藏，在 40 d 内分析完毕	
实训试剂	1	乙腈（CH$_3$CN）	液相色谱纯
	2	甲醇（CH$_3$OH）	液相色谱纯
	3	二氯甲烷（CH$_2$Cl$_2$）	液相色谱纯
	4	正己烷（C$_6$H$_{14}$）	液相色谱纯
	5	硫代硫酸钠（Na$_2$S$_2$O$_3$·5H$_2$O）	分析纯
	6	无水硫酸钠（Na$_2$SO$_4$）	在 400℃ 下烘烤 2 h，冷却后，贮于磨口玻璃瓶中密封保存
	7	氯化钠（NaCl）	在 400℃ 下烘烤 2 h，冷却后，贮于磨口玻璃瓶中密封保存
	8	多环芳烃标准贮备液	质量浓度为 200 mg/L，含 16 种多环芳烃的乙腈溶液，包括萘、苊、二氢苊、芴、菲、蒽、荧蒽、芘、屈、苯并[a]蒽、苯并[b]荧蒽、苯并[k]荧蒽、苯并[a]芘、茚并[1,2,3-cd]芘、二苯并[a,h]蒽、苯并[ghi]芘。贮备液于 4℃ 以下冷藏
	9	多环芳烃标准使用液	取 1.0 mL 多环芳烃标准贮备液于 10 mL 容量瓶中，用乙腈（1）稀释至刻度，该溶液中含多环芳烃 20.0 mg/L。在 4℃ 以下冷藏
	10	十氟联苯（Decafluorobiphenyl）	纯度：99%，样品萃取前加入，用于跟踪样品前处理的回收率
	11	十氟联苯标准贮备溶液	称取十氟联苯（10）0.025 g，准确到 1 mg，于 25 mL 容量瓶中，用乙腈溶解并稀释至刻度，该溶液中含十氟联苯 1 000 μg/mL。在 4℃ 以下冷藏
	12	十氟联苯标准使用溶液	取 1.0 mL 十氟联苯标准贮备溶液（11）于 25 mL 容量瓶中，用乙腈稀释至刻度，该溶液中含十氟联苯 40 μg/mL。在 4℃ 以下冷藏
	13	淋洗液	二氯甲烷/正己烷（1+1）混合溶液（体积分数）
	14	硅胶柱	1 000 mg/6.0 mL
	15	弗罗里硅土柱	1 000 mg/6.0 mL
	16	玻璃棉或玻璃纤维滤纸	在 400℃ 加热 1 h，冷却后，贮于磨口玻璃瓶中密封保存
	17	氮气	纯度≥99.999%，用于样品的干燥浓缩
样品的预处理	液液萃取	萃取	摇匀水样，量取 1 000 mL 水样（萃取所用水样体积根据水质情况可适当增减），倒入 2 000 mL 的分液漏斗中，加入 50 μL 十氟联苯（12），加入 30 g 氯化钠（7），再加入 50 mL 二氯甲烷（3）或正己烷（4），振摇 5 min，静置分层，收集有机相，放入 250 mL 接收瓶中，重复萃取两遍，合并有机相，加入无水硫酸钠至有流动的无水硫酸钠存在。放置 30 min，脱水干燥

准备事宜	序号	名　称	方　法
	浓缩		用浓缩装置浓缩至 1 mL，待净化。如萃取液为二氯甲烷，浓缩至 1 mL，加入适量正己烷至 5 mL，重复此浓缩过程 3 次，最后浓缩至 1 mL，待净化
	净化		饮用水和地下水的萃取液可不经过柱净化，转换溶剂至 0.5 mL 直接进行 HPLC 分析。 地表水和其他萃取液的净化：用 1 g 硅胶柱（14）或弗罗里硅土柱（15）作为净化柱，将其固定在液液萃取净化装置上。先用 4 mL 淋洗液冲洗净化柱，再用 10 mL 正己烷平衡净化柱（当 2 mL 正己烷流过净化柱后，关闭活塞，使正己烷在柱中停留 5 min）。将浓缩后的样品溶液加到柱上，再用约 3 mL 正己烷分 3 次洗涤装样品的容器，将洗涤液一并加到柱上，弃去流出的溶剂。被测定的样品吸附于柱上，用 10 mL 二氯甲烷/正己烷（1+1）洗涤吸附有样品的净化柱，收集洗脱液于浓缩瓶中（当 2 mL 洗脱液流过净化柱后关闭活塞，让洗脱液在柱中停留 5 min）。浓缩至 0.5～1.0 mL，加入 3 mL 乙腈，再浓缩至 0.5 mL 以下，最后准确定容到 0.5 mL 待测

37.3　分析步骤

（1）色谱条件的设定

①色谱条件 I

梯度洗脱程序：65%乙腈+35%水，保持 27 min；以 2.5%乙腈/min 的增量至 100%乙腈，保持至出峰完毕。

流动相流量：1.2 mL/min。

②色谱条件 II

梯度洗脱程序：80%甲醇+20%水，保持 20 min；以 1.2%甲醇/min 的增量至 95%甲醇+5%水，保持至出峰完毕。

流动相流量：1.0 mL/min。

③检测器

紫外检测器的波长：254 nm、220 nm 和 295 nm。

荧光检测器的波长：激发波长 λ_{ex} 为 280 nm，发射波长 λ_{em} 为 340 nm。20 min 后 λ_{ex} 为 300 nm，λ_{em} 为 400 nm、430 nm 和 500 nm。

（2）标准曲线的绘制

步骤一：取一定量多环芳烃标准使用液（9）和十氟联苯标准使用液（12）于乙腈中，制备至少 5 种浓度的标准系列，多环芳烃质量浓度分别为 0.1 μg/mL、0.5 μg/mL、1.0 μg/mL、5.0 μg/mL、10.0 μg/mL，贮存在棕色小瓶中，于冷暗处存放。

步骤二：通过自动进样器或样品定量环分别移取 5 种浓度的标准使用液 10 μL，注入液相色谱，得到各不同浓度的多环芳烃的色谱图。以峰高或峰面积为纵坐标，浓度为横坐标，绘制标准曲线。标准曲线的相关系数＞0.999，否则重新绘制标准曲线。

每个工作日应测定曲线中间点溶液，来检验标准曲线。

步骤三： 样品的测定：

取 10 μL 待测样品注入高效液相色谱仪中。记录色谱峰的保留时间和峰高（或峰面积）。

空白试验：

在分析样品的同时，应做空白试验，即用蒸馏水代替水样，按与样品测定相同步骤分析，检查分析过程中是否有污染。

步骤四： 计算样品中多环芳烃的质量浓度。

$$\rho_i = \frac{\rho_{xi} \times V_1}{V}$$

式中： ρ_i——样品中组分 i 的质量浓度，μg/L；

ρ_{xi}——从标准曲线中查得组分 i 的质量浓度，mg/L；

V_1——萃取液浓缩后的体积，μL；

V——水样体积，mL。

37.4 质量控制和保证

（1）空白测试。

所有空白测试结果应低于方法检出限。

①试剂空白：每批试剂均应分析试剂空白。

②空白试验：每分析一批样品至少做一个空白试验。

（2）加标回收率控制范围。

①空白加标：各组分的回收率在 60%～120%。

②十氟联苯：回收率在 50%～130%。

（3）连续校准（曲线中间点检查）。

连续校准的质量浓度为曲线中间点。按下式计算 ρ_c 与校准点 ρ_i 的相对偏差（D）：

$$D = \frac{\rho_c - \rho_i}{\rho_i} \times 100\%$$

式中： D——ρ_c 与校准点 ρ_i 的相对偏差，%；

ρ_i——校准点的质量浓度（如 1.0 mg/mL）；

ρ_c——测定的该校准点的质量浓度。

如果 $D \leqslant 10\%$，则初始标准曲线仍能继续使用；如果任何一个化合物的 $D > 10\%$，要查找原因，采取措施。如果采取措施后不能找到问题根源，应绘制新的标准曲线。

37.5 操作规范评分表

序号	考核点	配分	评分标准	扣分	得分
一	样品的采集	10			
1	玻璃仪器洗涤	2	玻璃仪器洗涤干净后内壁不应挂水珠，否则扣 1 分		

序号	考核点	配分	评分标准	扣分	得分
2	样品采集	4	1．样品必须采集在预先洗净烘干的采样瓶中，否则扣1分； 2．采样前不能用水样预洗采样瓶，以防止样品的沾染或吸附，否则扣1分； 3．采样瓶要完全注满，不留气泡，否则扣1分； 4．若水中有残余氯存在，要在每升水中加入 80 mg 硫代硫酸钠除氯，否则扣1分		
3	样品的保存	4	样品采集后应避光于4℃以下冷藏，否则扣4分		
二	样品的萃取	20			
1	分液漏斗操作	10	1．分液漏斗未试漏的，扣1分； 2．分液漏斗活塞不能涂凡士林，否则一次性扣1分； 3．分液漏斗拿取方法不正确，扣1分； 4．振摇过程中未开启活塞排气，扣1分； 5．放气时分液漏斗的上口要倾斜朝下，而下口处不要有液体，否则扣1分； 6．未等静止分层就放液，扣1分； 7．打开分液漏斗活塞，再打开旋塞，使下层液体从分液漏斗下端放出，待油水界面与旋塞上口相切即可关闭旋塞；把上层液体从分液漏斗上口倒出，扣2分； 8．重复萃取两遍，否则扣1分； 9．未将所有萃取液合并的，扣1分		
2	浓缩	5	若萃取液为二氯甲烷，浓缩至1 mL，加入适量正己烷至5 mL，重复此浓缩过程3次，最后浓缩至1 mL，待净化，否则扣5分		
3	净化	5	1．先用淋洗液冲净化柱，否则扣1分； 2．然后再用正己烷平衡净化柱，当2 mL 正己烷流过净化柱后，关闭活塞，使正己烷在柱中停留5 min，否则一次性扣2分； 3．要将洗涤样品瓶的溶液一并加在净化柱上，否则一次性扣1分； 4．当2 mL 洗脱液流过净化柱后关闭活塞，让洗脱液在柱中停留5 min，否则一次性扣1分； 5．用乙腈作为转换溶剂，否则扣1分		
三	标准多环芳烃溶液的配制	15			
1	移取溶液	10	1．移液管插入标准溶液前或调节标准溶液液面前未用滤纸擦拭管外壁，出现一次扣0.5分，最多扣2分； 2．移液时，移液管插入液面下1~2 cm，插入过深扣一次性0.5分； 3．吸空或将溶液吸入吸耳球内，一次性扣1分； 4．调节好液面后放液前管尖有气泡，一次性扣1分； 5．移液时，移液管不竖直，每次扣0.5分；锥形瓶未倾斜30~45°，每次扣0.5分；管尖未靠壁，每次扣0.5分，此项累计不超过2分； 6．溶液流完后未停靠15 s，每次扣0.5分，此项累计不超过1分		

序号	考核点	配分	评分标准	扣分	得分
2	定容操作	5	1. 加溶剂至容量瓶约 3/4 体积时没有平摇，一次性扣 0.5 分； 2. 加溶剂至近标线等待 1 min，没有等待，一次性扣 0.5 分； 3. 定容超过刻度，一次性扣 2 分； 4. 未充分摇匀、中间未开塞，一次性扣 0.5 分； 5. 定容或摇匀时持瓶方式不正确，一次性扣 0.5 分		
四	液相色谱仪的使用	30			
1	样品与流动相	5	1. 样品临用前用 0.45 μm 滤膜过滤（区别水相膜与有机相膜），或者临用前离心取上清液（10 000 rpm，20 min），否则一次性扣 1 分； 2. 缓冲溶液必须当天配制，每次使用前用 0.45 μm 的水相膜过滤，否则一次性扣 1 分； 3. 要求使用当天的超纯水，否则一次性扣 1 分； 4. 甲醇或乙腈等有机溶剂要求使用色谱纯，否则一次性扣 1 分； 5. 流动相临用前超声脱气 20 min，否则一次性扣 1 分		
2	开机过程	5	1. 首先要启动电脑，进入 Windows 后，电脑在后台自动运行 Agilent bootp Service； 2. 从上往下打开液相色谱仪各模块前左下方的电源开关，液相各模块进入自检，右上角的指示灯不同颜色闪烁几下，最后变成橘黄色（或灭掉 ALS、RID），启动完成； 3. 双击电脑桌面的 Instrument 1 联机图标，进入 LC 化学工作站（方法同运行控制界面）； 4. 调用或者编辑相应的操作方法，开机顺序不正确，扣 5 分		
3	色谱分析条件设定	5	1. 泵 a. 流量 b. 比例 c. 梯度 d. 停采集时间； 2. 自动进样器 a. 进样量 b. 优化（程序）； 3. 柱箱 a. 温度； 4. 检测器 a. 波长 b. 光谱保存； 若以上设置不正确，每项扣 2 分		
4	进样操作	5	1. 运行方法前，需进行泵和管道的冲洗，将冲洗阀逆时针旋松，设置流量 5 mL/min，冲洗 15 min，保证管道内无气泡。注意一定要将冲洗阀旋松，否则高流速会冲坏柱子。待工作站提示就绪（变绿色）、仪器基线平衡稳定后再进样，否则扣 2 分； 2. 进样不规范，扣 2 分； 3. 标准曲线 $\gamma > 0.999$，否则扣 5 分		
5	关机操作	10	1. 根据具体情况，使用水或溶剂，泵流量设为 1.0 mL/min，把系统的管道及柱子清洗干净； 2. 根据具体情况，不定时把 A、B、C、D 通道用有机溶剂冲洗干净，防止生长藻类等； 3. 把系统关闭（即把泵停下来及检测器的灯灭掉等），若有 seal wash，把其清洗的水卡住； 4. 先退出 LC 化学工作站，从下往上关掉液相色谱仪各模块前左下方的电源开关； 5. 退出电脑 Windows 系统，关掉电脑电源，关机顺序不正确，扣 10 分		

序号	考核点	配分	评分标准	扣分	得分
四	数据的记录和结果计算	15			
1	原始记录	8	1. 数据未直接填在报告单上，每出现一次扣 1 分；数据记录不正确（有效数字、单位），出现一次扣1分； 2. 数据不全、有空格、字迹不工整每出现一次扣0.5分，可累加扣分		
2	有效数字运算	7	有效数字运算不规范，每出现一次扣1分，最多扣2分。结果计算错误，扣5分		
五	文明实训	10			
1	文明操作	4	实验过程台面、地面脏乱，一次性扣4分		
2	实验结束清洗仪器、试剂物品归位	4	实验结束未先清洗仪器或试剂物品未归位就完成报告，一次性扣4分		
3	仪器损坏	2	损坏仪器，每出现一次扣2分		
	最终合计	100			

37.6 多环芳烃测定

（1）标准曲线绘制

组分	浓度/ （µg/mL）	保留时间	峰高或峰面积	标准曲线 γ
萘	0.1			
	0.5			
	1.0			
	5.0			
	10.0			
苊	0.1			
	0.5			
	1.0			
	5.0			
	10.0			
芴	0.1			
	0.5			
	1.0			
	5.0			
	10.0			
二氢苊	0.1			
	0.5			
	1.0			
	5.0			
	10.0			
菲	0.1			
	0.5			
	1.0			
	5.0			
	10.0			

组分	浓度/（μg/mL）	保留时间	峰高或峰面积	标准曲线 γ
蒽	0.1			
	0.5			
	1.0			
	5.0			
	10.0			
十氟联苯	0.1			
	0.5			
	1.0			
	5.0			
	10.0			
荧蒽	0.1			
	0.5			
	1.0			
	5.0			
	10.0			
芘	0.1			
	0.5			
	1.0			
	5.0			
	10.0			
苊萘	0.1			
	0.5			
	1.0			
	5.0			
	10.0			
苯并[a]蒽	0.1			
	0.5			
	1.0			
	5.0			
	10.0			
苯并[b]荧蒽	0.1			
	0.5			
	1.0			
	5.0			
	10.0			
苯并[k]荧蒽	0.1			
	0.5			
	1.0			
	5.0			
	10.0			

组分	浓度/ （μg/mL）	保留时间	峰高或峰面积	标准曲线 γ
苯并[a]芘	0.1			
	0.5			
	1.0			
	5.0			
	10.0			
二苯并[a,h]蒽	0.1			
	0.5			
	1.0			
	5.0			
	10.0			
苯并[ghi]芘	0.1			
	0.5			
	1.0			
	5.0			
	10.0			
茚并[1,2,3-cd]芘	0.1			
	0.5			
	1.0			
	5.0			
	10.0			

（2）样品的测定

组分	样品	峰面积或峰高	从标准曲线查得组分 质量浓度/（mg/L）	样品中组分的质量 浓度/（μg/L）
萘	空白			
	样品 1			
	平行样			
苊	空白			
	样品 1			
	平行样			
芴	空白			
	样品 1			
	平行样			
二氢苊	空白			
	样品 1			
	平行样			
菲	空白			
	样品 1			
	平行样			

组分	样品	峰面积或峰高	从标准曲线查得组分质量浓度/（mg/L）	样品中组分的质量浓度/（μg/L）
蒽	空白			
	样品 1			
	平行样			
十氟联苯	空白			
	样品 1			
	平行样			
荧蒽	空白			
	样品 1			
	平行样			
芘	空白			
	样品 1			
	平行样			
䓛	空白			
	样品 1			
	平行样			
苯并[a]蒽	空白			
	样品 1			
	平行样			
苯并[b]荧蒽	空白			
	样品 1			
	平行样			
苯并[k]荧蒽	空白			
	样品 1			
	平行样			
苯并[a]芘	空白			
	样品 1			
	平行样			
二苯并[a,h]蒽	空白			
	样品 1			
	平行样			
苯并[ghi]芘	空白			
	样品 1			
	平行样			
茚并[1,2,3-cd]芘	空白			
	样品 1			
	平行样			

分析人：　　　　　　　　　　校对人：　　　　　　　　　　审核人：

子项目 38 阴离子表面活性剂的测定——亚甲蓝分光光度法

项　目	有机化合物的监测
子项目	阴离子表面活性剂的测定——亚甲蓝分光光度法（GB 7497—87）

学习目标

能力（技能）目标

①掌握分光光度计的使用方法。

②掌握亚甲蓝分光光度测定阴离子表面活性剂的步骤。

③掌握标准曲线定量方法。

认知（知识）目标

①掌握阴离子表面活性剂基础知识。

②掌握亚甲蓝分光光度测定阴离子表面活性剂的实验原理。

③能够计算标准曲线方程及 γ 值。

其他（素质）目标

①良好的职业道德、工作态度和责任感。

②良好的计划组织能力。

③良好的团队协作精神。

④实验室安全操作。

⑤遵守环境保护规定。

能力训练任务

①样品的采集和保存。

②样品的前处理。

③标准系列的测试与绘制。

④样品的测定。

⑤数据的计算与处理。

教学资源

①教材。

②项目训练教材。

③多媒体教学设备。

④环境监测实验室。

⑤分光光度计：能在 652 nm 进行测量，配有 5 mm、10 mm、20 mm 比色皿。

⑥分液漏斗：250 mL，最好用聚四氟乙烯（PTFE）活塞。

⑦索氏抽提器：150 mL 平底烧瓶，$\Phi 35 \text{ mm} \times 160 \text{ mm}$ 抽出筒，蛇形冷凝管。

38.1 预备知识

阴离子表面活性剂是普通合成洗涤剂的主要活性成分，使用最广泛的阴离子表面活性剂是直链烷基苯磺酸钠（LAS）。本方法采用 LAS 作为标准物，其烷基碳链在 $C_{10} \sim C_{13}$，平均碳数为 12，平均分子量为 344.4。

阴离子染料亚甲蓝与阴离子表面活性剂作用，生成蓝色的盐类，统称亚甲蓝活性物质（MBAS）。该生成物可被氯仿萃取，其色度与浓度成正比，用分光光度计在波长 652 nm 处测量氯仿层的吸光度。

38.2 实训准备

准备事宜	序号	名　称	方　法
样品的采集和保存			取样和保存样品应使用清洁的玻璃瓶，并事先经甲醇清洗过。短期保存建议冷藏在 4℃ 冰箱中，如果样品需保存超过 24 h，则应采取保护措施。保存期为 4 d，加入 1%（V/V）的 40%（V/V）甲醛溶液即可，保存期长达 8 d，则需用氯仿饱和水样
实训试剂	1	氢氧化钠（NaOH）	1 mol/L
	2	硫酸（H_2SO_4）	0.5 mol/L
	3	氯仿（$CHCl_3$）	
	4	直链烷基苯磺酸钠贮备溶液	称取 0.100 g 标准物质 LAS（平均分子量 344.4），准确至 0.001 g，溶于 50 mL 水中，转移到 100 mL 容量瓶中，稀释至标线并混匀。每毫升含 1.00 mg LAS。保存于 4℃ 冰箱中。如需要，每周配置一次
	5	直链烷基苯磺酸钠标准溶液	准确吸取 10.00 mL 直链烷基苯磺酸钠贮备溶液（4），用水稀释至 1 000 mL，每毫升含 10.0 μgLAS。当天配置
	6	亚甲蓝溶液	先称取 50 g 一水磷酸二氢钠（$NaH_2PO_4 \cdot H_2O$）溶于 300 mL 水中，转移到 1 000 mL 容量瓶内，缓慢加入 6.8 mL 浓硫酸（H_2SO_4，ρ=1.84 g/mL），摇匀。另称取 30 mg 亚甲蓝（指示剂级），用 50 mL 水溶解后也移入容量瓶，用水稀释至标线，摇匀。此溶液贮存于棕色试剂瓶中
	7	洗涤液	称取 50 g 一水磷酸二氢钠（$NaH_2PO_4 \cdot H_2O$）溶于 300 mL 水中，转移到 1 000 mL 容量瓶内，缓慢加入 6.8 mL 浓硫酸（H_2SO_4，ρ=1.84 g/mL），用水稀释至标线
	8	酚酞指示剂溶液	将 1.0 g 酚酞溶于 50 mL 乙醇[C_2H_5OH，95%（V/V）]中，然后边搅拌边加入 50 mL 水，滤去形成的沉淀
	9	玻璃棉或脱脂棉	在索氏抽提器用氯仿（3）提取 4 h 后，取出干燥，保存在清洁的玻璃瓶中待用
水样的预处理			本方法目的是测定水样中的溶解态的阴离子表面活性剂。在测定前，应将水样预先经中速定性滤纸过滤以去除悬浮物。吸附在悬浮物上的表面活性剂不计在内
试份体积			为了直接分析水和废水样，应根据预计的亚甲蓝表面活性物质的浓度选用试份体积，见表 38-1：

表 38-1

预计的 MBAS 浓度/（mg/L）	试份量/mL
0.05～2.0	100
2.0～10	20
10～20	10
20～40	5

当预计的 MBAS 浓度超过 2 mg/L 时，按上表 38-1 选取试份量，用水稀释至 100 mL

38.3　分析步骤

取一组分液漏斗 10 个，分别加入 100 mL、99 mL、97 mL、95 mL、93 mL、91 mL、89 mL、87 mL、85 mL、80 mL 水，分别移入 0 mL、1.00 mL、3.00 mL、5.00 mL、7.00 mL、9.00 mL、11.00 mL、13.00 mL、15.00 mL、20.00 mL 直链烷基苯磺酸钠标准溶液（5），摇匀。

空白试验水代替水样取100 mL。

将所取水样试份移至分液漏斗。

以酚酞（8）为指示剂，逐滴加入 1 mol/L 氢氧化钠溶液（1）至水溶液呈桃红色，再滴加 0.5 mol/L 硫酸（2）到桃红色刚好消失。

加入 25 mL 亚甲蓝（6）溶液，摇匀后再移入 10 mL 氯仿（3），剧烈振摇 30 s，注意放气。过分的摇动会发生乳化，加入少量异丙醇（小于 10 mL）可消除乳化现象。加相同体积的异丙醇至所有的标准中，再慢慢旋转分液漏斗，使滞留在内壁上的氯仿液珠降落，静置分层。

将氯仿层放入预先盛有 50 mL 洗涤液（7）的第二个分液漏斗，用数滴氯仿（3）淋洗第一个分液漏斗的放液管，重复萃取 3 次，每次用 10 mL 氯仿（3）。合并所有氯仿至第二个分液漏斗中，剧烈摇动 30 s，静置分层。将氯仿层通过玻璃棉或脱脂棉，放入 50 mL 容量瓶中。再用氯仿（3）萃取洗涤液两次（每次用量 5 mL），此氯仿层也并入容量瓶中，加氯仿（3）至标线。

在 652 nm 处，以氯仿（3）为参比液，测定样品、校准溶液和空白试验的吸光度。

计算绘制标准曲线，计算水样阴离子表面活性剂的浓度

$$C = m / V$$

式中：C——水样中亚甲蓝活性物(MBAS)的浓度，mg/L；

　　　m——从校准曲线上读取的表观 LAS 质量，μg；

　　　V——试份的体积，mL。

结果以三位小数表示。

38.4　质量控制和保证

（1）玻璃器皿在使用前先用水彻底清洗，然后用 10%（m/m）的乙醇盐酸清洗，最后用水冲洗干净。

（2）如水相中蓝色变淡或消失，说明水样中亚甲蓝表面活性物（MBAS）浓度超过了预计值，以致加入的亚甲蓝全部被反应掉。应弃去试样，再取一份较少量的试样重新分析。

（3）测定含量低的饮用水及地面水可将萃取用的氯仿总量降至 25 mL。3 次萃取用量分别为 10 mL、5 mL、5 mL，再用 3～4 mL 氯仿萃取洗涤液，此时检测下限可达到 0.02 mg/L。

（4）每一批样品要做一次空白试验及一种校准溶液的完全萃取。

（5）每次测定前，振荡容量瓶中的氯仿萃取液，并以此液洗 3 次比色皿，然后将比色皿充满。

（6）应使用相同光程的比色皿。每次测定后，用氯仿清洗比色皿。

（7）在实验条件下，每 10 mm 光程长空白试验的吸光度不应超过 0.02，否则应仔细检查设备和试剂是否有污染。

（8）用亚甲蓝活性物质（MBAS）报告结果，以 LAS 计，平均分子量为 344.4。

（9）干扰及其消除。

①主要被测物以外的其他有机的硫酸盐、磺酸盐、羧酸盐、酚类以及无机的硫氰酸盐、氰酸盐、硝酸盐和氯化物等，它们或多或少的与亚甲蓝作用，生成可溶于氯仿的蓝色络合物，致使测定结果偏高。通过水溶液反洗可消除这些正干扰（有机硫酸盐、磺酸盐除外），其中氯化物和硝酸盐的干扰大部分被去除。

②经水溶液反洗仍未除去的非表面活性物引起的正干扰，可借气提萃取法将阴离子表面活性剂从水相转移到有机相而加以消除。

③一般存在于未经处理或一级处理的污水中的硫化物，它能与亚甲蓝反应，生成无色的还原物而消耗亚甲蓝试剂。可将试样调制碱性，滴加适量的过氧化氢（H_2O_2，30%），避免其干扰。

④存在季铵类化合物等阳离子物质和蛋白质时，阴离子表面活性剂将与其作用，生成稳定的络合物，而不与亚甲蓝反应，使测定结果偏低。这些阳离子类干扰物可采用阳离子交换树脂（在适当条件下）去除。

生活污水及工业废水中的一般成分，包括尿素、氨、硝酸盐，以及防腐用的甲醛和氯化汞不产生干扰。然而，并非所有天然的干扰物都能消除，因此被检物总体应确切的称为阴离子表面活性物质或亚甲蓝活性物质（MBAS）。

38.5 操作规范评分表

序号	考核点	配分	评分标准	扣分	得分
一	仪器准备	4			
1	玻璃仪器洗涤	2	1. 未用蒸馏水清洗两遍以上，扣 1 分； 2. 玻璃仪器出现挂水珠现象，扣 1 分		
2	分光光度计预热 20 min	2	1. 仪器未进行预热或预热时间不够，扣 1 分； 2. 未切断光路预热，扣 1 分		
二	标准溶液的配制	16			
1	溶液配制过程中有关的实验操作	11	1. 未进行容量瓶试漏检查，扣 0.5 分； 2. 容量瓶、比色管加蒸馏水时未沿器壁流下或产生大量气泡，扣 0.5 分； 3. 蒸馏水瓶管尖接触容器，扣 0.5 分； 4. 加水至容量瓶约 3/4 体积时没有平摇，扣 0.5 分； 5. 容量瓶、比色管加水至近标线等待 1 min，没有等待，扣 0.5 分； 6. 容量瓶、比色管逐滴加入蒸馏水至标线操作不当或定容不准确，扣 0.5 分；		

序号	考核点	配分	评分标准	扣分	得分
1	溶液配制过程中有关的实验操作	11	7. 持瓶方式不正确，扣 0.5 分； 8. 容量瓶、比色管未充分混匀或中间未开塞，扣 0.5 分； 9. 对溶液使用前没有盖塞充分摇匀的，扣 0.5 分； 10. 润洗方法不正确，扣 0.5 分； 11. 将移液管中过多的贮备液放回贮备液瓶中，扣 0.5 分； 12. 移液管管尖触底，扣 0.5 分； 13. 移液出现吸空现象，扣 1 分； 14. 移液管移取标准储备液、标准工作液、水样原液及水样稀释液前未处理管尖溶液，扣 0.5 分； 15. 移取标准贮备液、标准工作液及水样原液时未另用一烧杯调节液面，扣 0.5 分； 16. 移液管移取标准储备液、标准工作液、水样原液及水样稀释液时，调节液面前未处理管尖部，扣 0.5 分； 17. 移液管未能一次调节到刻度，扣 1 分； 18. 移液管放液不规范，扣 1 分； 19. 取完试剂后未及时盖上试剂瓶盖，扣 0.5 分		
2	标准系列的配制	4	1. 贮备液未稀释，扣 1 分； 2. 直接在贮备液或工作液中进行相关操作，扣 1 分； 3. 标准工作液未贴标签或标签内容不全（包括名称、浓度、日期、配制者），扣 1 分； 4. 每个点移取的标准溶液应从零分度开始，出现不正确项 1 次扣 0.5 分，但不超过该项总分 4 分（工作液可放回剩余溶液的烧杯中再取液，辅助试剂可在移液管吸干后在原试剂中进行相关操作）		
3	水样稀释液的配制	1	直接在水样原液中进行相关操作，扣 1 分（水样稀释液在移液管吸干后可在容量瓶中进行相关操作）		
三	分光光度计使用	15			
1	测定前的准备	2	1. 没有进行比色皿配套性选择，或选择不当，扣 1 分； 2. 不能正确在 T 挡调 "100%" 和 "0"，扣 1 分		
2	测定操作	7	1. 手触及比色皿透光面，扣 0.5 分； 2. 比色皿润洗方法不正确（须含蒸馏水洗涤、待装液润洗），扣 0.5 分； 3. 比色皿润洗操作不正确，扣 0.5 分； 4. 加入溶液高度不正确，扣 1 分； 5. 比色皿外壁溶液处理不正确，扣 1 分； 6. 比色皿盒拉杆操作不当，扣 0.5 分； 7. 重新取液测定，每出现一次扣 1 分，但不超过 4 分； 8. 不正确使用参比溶液，扣 1 分		
3	测定过程中仪器被溶液污染	2	1. 比色皿放在仪器表面，扣 1 分； 2. 比色室被洒落溶液污染，扣 0.5 分； 3. 比色室未及时清理干净，扣 0.5 分		

序号	考核点	配分	评分标准	扣分	得分
4	测定后的处理	4	1. 台面不清洁，扣 0.5 分； 2. 未取出比色皿及未洗涤，扣 1 分； 3. 没有倒尽控干比色皿，扣 0.5 分 4. 测定结束，未作使用记录登记，扣 1 分； 5. 未关闭仪器电源，扣 1 分		
四	实验数据处理	12			
1	标准曲线取点		标准曲线取点不得少于 7 点（包含试剂空白点），否则标准曲线无效		
2	正确绘制标准曲线	5	1. 标准曲线坐标选取错误或比例不合理（含曲线斜率不当），扣 1 分； 2. 测量数据及回归方程计算结果未标在曲线中，扣 1 分； 3. 缺少曲线名称、坐标、箭头、符号、单位量、回归方程及数据有效位数不对，每 1 项扣 0.5 分，但不超过 3 分		
3	试液吸光度处于要求范围内	2	水样取用量不合理致使吸光度超出要求范围或在 0 号与 1 号管测点范围内，扣 2 分		
4	原始记录	3	数据未直接填在报告单上、数据不全、有效数字位数不对、有空项，原始记录中，缺少计量单位，数据更改每项扣 0.5 分，可累计扣分，但不超过该项总分 3 分		
5	有效数字运算	2	1. 回归方程未保留小数点后四位数字，扣 0.5 分； 2. γ 未保留小数点后四位，扣 0.5 分； 3. 测量结果未保留到小数点后两位，扣 1 分		
五	文明操作	18			
1	文明操作	4	实验过程台面、地面脏乱，废液处置不当，一次性扣 4 分		
2	清洗仪器、试剂等物品归位	4	实验结束未先清洗仪器或试剂物品未归位就完成报告；一次性扣 4 分		
3	仪器损坏	6	仪器损坏，一次性扣 6 分		
4	试剂用量	4	每名学生均准备有两倍用量的试剂，若还需添加，则一次性扣 4 分		
六	测定结果	35			
1	回归方程的计算	5	没有算出或计算错误回归方程的，扣 5 分		
2	标准曲线线性	10	$\gamma \geq 0.999$，不扣分； $\gamma = 0.997 \sim 0.990$，扣 1~9 分不等； $\gamma < 0.990$，扣 10 分； γ 计算错误或未计算先扣 3 分，再按相关标准扣分，但不超过 10 分		
3	测定结果精密度	10	$|R_d| \leq 0.5\%$，不扣分； $0.5\% \sim 1.4\% \leq |R_d|$，扣 1~9 分不等； $|R_d| > 1.4\%$，扣 10 分。 精密度计算错误或未计算扣 10 分。 *水样原液未作平行样 3 份，一次性扣 10 分。（*可为负分）		

序号	考核点	配分	评分标准	扣分	得分
4	测定结果准确度	10	测定值在 保证值±0.5%内，不扣分； 保证值±0.6%～1.8%，扣 1～9 分不等； 不在保证值±1.8%内扣 10 分		
	最终合计	100			

38.6 阴离子表面活性剂的测定分析

（1）吸收池配套性检查

比色皿的校正值：A_1 __0.000__ ；A_2_____ ；A_3_____ 。

所选比色皿为：

（2）标准曲线的绘制

测量波长：_____ ；标准溶液原始浓度：_____ 。

溶液号	吸取标液体积/mL	浓度或质量（　）	A	$A_{校正}$
0				
1				
2				
3				
4				
5				
6				
7				
8				
9				
10				

回归方程：

相关系数：

（3）水质样品的测定

平行测定次数	1	2	3
吸光度，A			
空白值，A_0			
校正吸光度，$A_{校正}$			
回归方程计算所得浓度（　）			
原始试液浓度/（μg/mL）			
样品的测定结果/（mg/L）			
R_d/%			

分析人：　　　　　　　　　　　校对人：　　　　　　　　　　　审核人：

标准曲线绘制图：

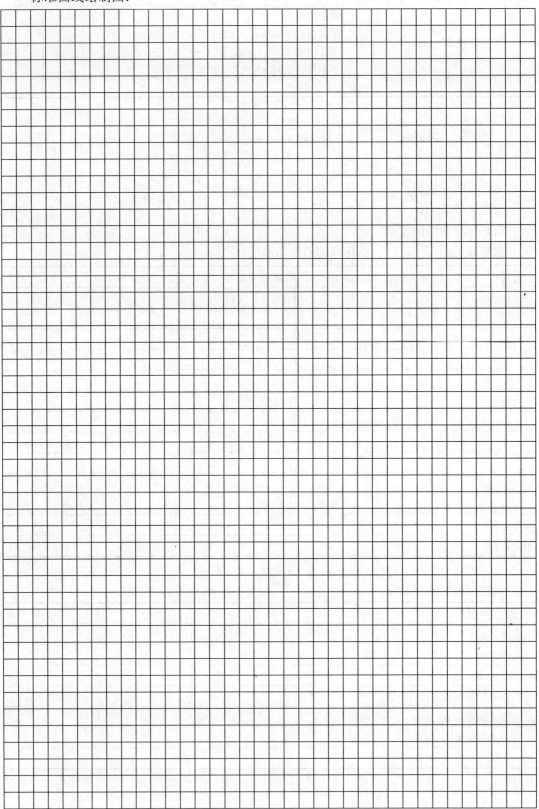

子项目 39　酚类化合物的测定——液液萃取气相色谱法

项　目	有机化合物的监测
子项目	酚类化合物的测定——液液萃取/气相色谱法（HJ 676—2013）

学习目标

能力（技能）目标

　　①掌握液液萃取的操作技能。

　　②掌握标准溶液的配制方法。

　　③学会气相色谱的上机操作。

认知（知识）目标

　　①掌握酚类化合物的基础知识。

　　②掌握液液萃取的实验原理。

　　③掌握气相色谱的组成结构。

其他（素质）目标

　　①良好的职业道德、工作态度和责任感。

　　②良好的计划组织能力。

　　③良好的团队协作精神。

　　④实验室安全操作。

　　⑤遵守环境保护规定。

能力训练任务

　　①样品的采集和保存。

　　②样品的前处理包括液液萃取。

　　③标准系列酚类化合物溶液的配制。

　　④气相色谱仪的上机操作。

　　⑤数据的计算与处理。

教学资源

　　①教材。

　　②项目训练教材。

　　③多媒体教学设备。

　　④环境监测实验室。

　　⑤样品瓶：1 000 mL，棕色硬质玻璃瓶。

　　⑥气相色谱仪：具备分流/不分流进样口，可程序升温，带氢火焰检测器（FID）。

　　⑦色谱柱：石英毛细管色谱柱，30 mm×0.32 mm，膜厚 0.25 mm，固定液为 5%苯基-95%甲基聚硅氧烷，或其他等效的色谱柱。

　　⑧采样瓶：1 L 或 2 L 具磨口塞的棕色玻璃细口瓶。

⑨分液漏斗：2 000 mL，玻璃活塞不涂润滑油。

⑩浓缩装置：旋转蒸发仪、氮吹仪、有机样品浓缩仪等性能相当的浓缩装置。

⑪天平：精度为 0.1 g。

⑫马弗炉。

⑬分液漏斗：250 mL 和 1 000 mL。

⑭微量注射器：10 mL、50 mL 和 100 mL。

39.1 预备知识

（1）酚。

酚是一种芳香族碳氢化合物的含氧衍生物。其羟基直接与苯环相连。酚类化合物被美国国家环保局列为 129 种优先控制污染物黑名单中的一种。酚类化合物是重要的化工原料或中间体，随着石油化工、塑料、合成纤维、焦化等工业的迅速发展，各种含酚废水也相应增多，由于酚的毒性涉及水生生物的生长和繁殖，污染饮用水水源，对水体造成严重污染。含酚废水在我国水污染控制中被列为重点解决的有害废水之一。

（2）液液萃取。

萃取法主要是利用难溶于水的萃取剂与废水接触，使废水中的酚类化合物在从水相转移到溶剂相中，从而达到酚类物质与水分离的目的。根据目前回收与处理含酚废水的技术水平和经济核算的结果，对于浓度高于 1 000 mg/L 的高浓度含酚废水，采取液液萃取工艺，是一种经济高效的处理方法。

（3）气相色谱（GC）。

气相色谱系统一般由气路系统、进样系统、分离系统、检测及信号记录系统、温控系统组成。其中气路系统是管路密闭的系统，流动相在系统内连续运行。要求载气稳定而纯净。气相色谱仪的分离系统是色谱柱，混合物各组分在此分离。气相色谱仪的检测器很多，常用的有热导检测器（TCD）、氢火焰离子化检测器（FID）、电子捕获检测器（ECD）、热离子化检测器（TID）和火焰光度检测器（FPD）。温控系统主要控制、测量和设定柱箱、进样系统和检测器的温度。浓缩后的酚类化合物萃取液用气象色谱毛细管色谱柱分离，氢火焰检测器检测，以色谱柱保留时间定性，外标法定量，如图 39-1 所示。

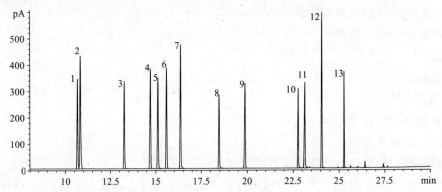

1—苯酚；2—2-氯酚；3—3-甲酚；4—2-硝基酚；5—2,4-二甲酚；6—2,4-二氯酚；7—4-氯酚；8—4-氯-3-甲酚；
9—2,4,6-三氯酚；10—2,4-二硝基酚；11—4-硝基酚；12—2-甲基-4,6-二硝基酚；13—五氯酚

图 39-1　酚类化合物的标准色谱图

39.2　实训准备

准备事宜	序号	名　称	方　法
样品的采集和保存			样品必须采集在预先洗净烘干的采样瓶中,采样前不能用水样预洗采样瓶,以防止样品的沾染或吸附。采样瓶要完全注满,不留气泡。若水中有残余氯存在,要在每升水中加入 80 mg 硫代硫酸钠除氯。
			样品采集后加入适量盐酸溶液将水样调节至 pH<2,水样应充满样品瓶并加盖密封,在 4℃ 下避光保存。若水样不能及时测定,应在 7 d 内萃取。萃取液在 4℃ 下避光保存,20 d 内完成分析
试样的制备	1	实验用水	二次蒸馏水、市售纯净水或通过纯水设备制备的无有机物水。使用前应经过空白试验检验,确认在目标化合物的保留时间区间内没有干扰色谱峰出现或其中的目标化合物浓度低于方法检出限
	2	氢氧化钠水溶液:c(NaOH)=0.2 g/mL	称取 20 g 氢氧化钠,溶于少量水,稀释至 100 mL
	3	盐酸溶液:1+3(*V/V*)	量取 125 mL 浓盐酸(1.19 g/mL),用水稀释 500 mL
	4	二氯甲烷/乙酸乙酯混合溶剂:1+1(*V/V*)	用二氯甲烷(农残级)与乙酸乙酯(农残级)按 1:1 的体积比混合
	5	二氯甲烷/正己烷混合溶剂:2+1(V/V)	用二氯甲烷(农残级)与正己烷(农残级)按 2:1 的体积比混合
	6	氯化钠	在马弗炉中 400℃ 烘烤 4 h,并冷却至室温,于干燥器中保存
	7	无水硫酸钠	在马弗炉中 400℃ 烘烤 4 h,并冷却至室温,于干燥器中保存
	8	酚类化合物标准溶液:ρ=500~2 500 mg/L	13 种目标酚类化合物的甲醇溶液,可直接购买有证标准溶液,也可用纯标准物质制备。该标准溶液于 4℃ 条件下可保存半年
	9	氮气	纯度≥99.999%
	10	氢气	纯度≥99.99%
	11	空气	须去除水分和有机物
	萃取		地表水和地下水样品的萃取:摇匀水样,量取 500 mL 倒入 1 000 mL 分液漏斗中,加入 30 g 氯化钠,振摇溶解后,加入 60 mL 二氯甲烷/乙酸乙酯混合溶剂,振摇,放出气体,再振摇萃取 5~10 min,静置 10 min 以上,至有机相与水相充分分离,收集有机相。重复萃取 1~2 次,合并有机相。有机相经无水硫酸钠脱水,并用适量二氯甲烷/乙酸乙酯混合溶剂洗涤无水硫酸钠,收集有机相萃取液
			生活污水和工业废水样品的萃取:采用氢氧化钠溶液直接将水样调节至 pH>12,加入 10 g 氯化钠,振摇溶解后,加入 40 mL 二氯甲烷/正己烷混合溶剂萃取两次,收集水相,而后再采用盐酸溶液将水相调节至 pH<2,加入 20 mL 二氯甲烷/乙酸乙酯混合溶剂萃取两次,收集合并有机相萃取液
	浓缩		将脱水干燥后的萃取液转移至浓缩瓶,用浓缩装置在 45℃ 以下浓缩至 0.5~1.0 mL,加入二氯甲烷/乙酸乙酯混合溶剂 3.0 mL,再浓缩定容至 1.0 mL 待测

39.3 分析步骤

（1）色谱条件

程序升温：50℃（保持 5 min）$\xrightarrow{6℃/min}$ 150℃ $\xrightarrow{20℃/min}$ 280℃ $\xrightarrow{30℃/min}$ 300℃（保持 2 min）；

进样口温度：250℃；

FID 检测器温度：300℃；

载气流量：1.5 mL/min；

氢气流量：40.0 mL/min；

空气流量：450.0 mL/min；

尾吹气流量：30.0 mL/min；

进样方式：不分流进样，进样 1.0 min 后吹扫，吹扫气流量 30.0 mL/min；

进样量：1.0 μL。

（2）校准曲线的绘制

取一定量酚类化合物标准溶液于二氯甲烷/乙酸乙酯混合溶剂中，制备 6 个浓度点的校准系列，各目标化合物的校准系列见表 39-1。按照步骤（1）色谱条件，分别取校准系列溶液 1.0 μL 由低浓度到高浓度依次进样分析，以峰面积（或峰高）为纵坐标，以目标化合物浓度为横坐标，绘制校准曲线。

表 39-1 标准曲线的配制
单位：mg/L

序号	化合物名称	浓度 1	浓度 2	浓度 3	浓度 4	浓度 5	浓度 6
1	苯酚	1.0	2.5	5.0	12.5	25.0	50.0
2	2-氯酚	2.0	5.0	10.0	25.0	50.0	100
3	3-甲酚	1.0	2.5	5.0	12.5	25.0	50.0
4	2-硝基酚	2.0	5.0	10.0	25.0	50.0	100
5	2,4-甲酚	1.0	2.5	5.0	12.5	25.0	50.0
6	2,4-氯酚	2.0	5.0	10.0	25.0	50.0	100
7	4-氯酚	2.0	5.0	10.0	25.0	50.0	100
8	4-氯-3-甲酚	1.0	2.5	5.0	12.5	25.0	50.0
9	2,4,6-三氯酚	2.0	5.0	10.0	25.0	50.0	100
10	2,4-二硝基酚	5.0	12.5	25.0	62.5	125	250
11	4-硝基酚	2.0	5.0	10.0	25.0	50.0	100
12	2-甲基-4,6-硝基酚	5.0	12.5	25.0	62.5	125	250
13	五氯酚	2.0	5.0	10.0	25.0	50.0	100

（3）样品的测定

取 1 μL 待测样品注入气相色谱仪中。记录色谱峰的保留时间和峰高（或峰面积）。在分析样品的同时，应做空白试验，即用蒸馏水代替水样，按与样品测定相同步骤分析，检查分析过程中是否有污染。

（4）计算样品中多环芳烃的质量浓度。

$$\rho_i = \frac{\rho_{标} \times V_1 \times 1\,000}{V_2}$$

式中：ρ_i——样品中组分 i 的质量浓度，μg/L；

$\rho_{标}$——从标准曲线中查得组分 i 的质量浓度，mg/L；

V_1——萃取液浓缩后的体积，mL；

V_2——水样体积，mL。

39.4 质量控制和保证

（1）定性分析。

样品分析前，应建立保留时间窗口 $t\pm3S$。t 为初次校准时各浓度级别标准物质的保留时间的平均值，S 为初次校准时各浓度级别标准物质的保留时间的标准偏差。当样品分析时，待测物保留时间应在保留时间窗口内。

（2）空白试验。

每 20 个样品或每批样品（少于 20 个样品/批）至少做 1 个实验室空白和全程序空白样品，空白样品中目标化合物浓度应低于方法检出限。

（3）样品加标。

每 20 个样品或每批样品应至少做 1 个空白样品加标和实际样品加标，空白样品的加标浓度为方法检出限的 3~10 倍；实际样品的加标浓度为样品浓度的 1~3 倍，如实际样品中未检出目标化合物，其加标浓度参照空白样品执行。空白样品和实际样品加标回收率应控制在 60%~130%。

（4）校准曲线。

每批样品应绘制校准曲线。校准曲线相关系数应大于等于 0.995，否则应查找原因，重新绘制校准曲线。每 20 个样品或每批样品分析 1 次曲线中间浓度点标准溶液，其测定结果与初始曲线在该点测定浓度的相对偏差应小于等于 20%，否则应查找原因，重新绘制校准曲线。

39.5 操作规范评分表

序号	考核点	配分	评分标准	扣分	得分
一	样品的采集	10			
1	玻璃仪器洗涤	2	玻璃仪器洗涤干净后内壁不应挂水珠，否则扣 1 分		
2	样品采集	4	1. 样品必须采集在预先洗净烘干的采样瓶中，否则扣 1 分； 2. 采样前不能用水样预洗采样瓶，以防止样品的沾染或吸附，否则扣 1 分； 3. 采样瓶要完全注满，不留气泡，否则扣 1 分； 4. 若水中有残余氯存在，要在每升水中加入 80 mg 硫代硫酸钠除氯，否则扣 1 分		
3	样品的保存	4	样品采集后应避光于 4℃以下冷藏，否则扣 4 分		

序号	考核点	配分	评分标准	扣分	得分
二	样品的萃取	15			
1	分液漏斗操作	10	1. 分液漏斗未试漏的，扣 1 分； 2. 分液漏斗活塞不能涂凡士林，否则一次性扣 1 分； 3. 分液漏斗拿取方法不正确，扣 1 分； 4. 振摇过程中未开启活塞排气，扣 1 分； 5. 放气时分液漏斗的上口要倾斜朝下，而下口处不要有液体，否则扣 1 分； 6. 未等静止分层就放液，扣 1 分； 7. 打开分液漏斗活塞，再打开旋塞，使下层液体从分液漏斗下端放出，待油水界面与旋塞上口相切即可关闭旋塞；把上层液体从分液漏斗上口倒出，扣 2 分； 8. 重复萃取两遍，否则扣 1 分； 9. 未将所有萃取液合并的，扣 1 分		
2	浓缩	5	将脱水干燥后的萃取液转移至浓缩瓶，用浓缩装置在 45℃以下浓缩至 0.5～1.0 mL，加入二氯甲烷/乙酸乙酯混合溶剂 3.0 mL，再浓缩定容至 1.0 mL 待测，否则扣 5 分		
三	标准酚类化合物溶液的配制	15			
1	移取溶液	10	1. 移液管插入标准溶液前或调节标准溶液液面前未用滤纸擦拭管外壁，出现一次扣 0.5 分，最多扣 2 分； 2. 移液时，移液管插入液面下 1～2 cm，插入过深，一次性扣 0.5 分； 3. 吸空或将溶液吸入吸耳球内，一次性扣 1 分； 4. 调节好液面后放液前管尖有气泡，一次性扣 1 分； 5. 移液时，移液管不竖直，每次扣 0.5 分；锥形瓶未倾斜 30～45°，每次扣 0.5 分；管尖未靠壁，每次扣 0.5 分，此项累计不超过 2 分； 6. 溶液流完后未停靠 15 s，每次扣 0.5 分，此项累计不超过 1 分		
2	定容操作	5	1. 加溶剂至容量瓶约 3/4 体积时没有平摇，一次性扣 0.5 分； 2. 加溶剂至近标线等待 1 min，没有等待，一次性扣 0.5 分； 3. 定容超过刻度，一次性扣 2 分； 4. 未充分摇匀、中间未开塞，一次性扣 0.5 分； 5. 定容或摇匀时持瓶方式不正确，一次性扣 0.5 分		
四	气相色谱仪的使用	30			
1	气路的检查与检漏	5	1. 未检查钢瓶与减压阀的连接，扣 1 分； 2. 未检查减压阀与气体管道的连接，扣 1 分； 3. 未检查气体管道与净化器的连接，扣 1 分； 4. 未检查净化器与气相色谱仪的连接，扣 1 分； 5. 未进行气路检漏，扣 1 分		

序号	考核点	配分	评分标准	扣分	得分
2	开机过程	5	1. 气体钢瓶总阀和减压阀操作不正确，扣 2 分； 2. 载气流量设置不正确，扣 1 分； 3. 先开载气，后开仪器电源，不正确扣 2 分		
3	色谱分析条件设定	5	1. 柱箱温度不正确，扣 2 分； 2. 汽化室温度不正确，扣 2 分； 3. 检测器温度不正确，扣 1 分		
4	进样操作	5	1. 微量注射器操作不规范，扣 3 分； 2. 进样不规范，扣 2 分		
5	关机操作	10	先降汽化室和检测器的温度 再关闭色谱仪电源开关 再关闭载气 关机顺序不正确，扣 10 分		
五	数据的记录和结果计算	15			
1	原始记录	8	1. 数据未直接填在报告单上，每出现一次扣 1 分；数据记录不正确（有效数字、单位），出现一次扣 1 分； 2. 数据不全、有空格、字迹不工整每出现一次扣 0.5 分，可累计扣分		
2	有效数字运算	7	有效数字运算不规范，每出现一次扣 1 分，最多扣 2 分； 结果计算错误，扣 5 分		
六	文明操作	10			
1	实验室整洁	4	实验过程台面、地面脏乱，一次性扣 4 分		
2	实验结束清洗仪器、试剂物品归位	4	实验结束未先清洗仪器或试剂物品未归位就完成报告，一次性扣 4 分		
3	仪器损坏	2	损坏仪器，每出现一次扣 2 分		
	最终合计	95			

39.6　酚类化合物的测定

（1）标准曲线绘制

原始数据记录表

组分	浓度/ （mg/L）	保留时间	峰高或峰面积	标准曲线 γ
苯酚	1.0			
	2.5			
	5.0			
	12.5			
	25.0			
	50.0			
2-氯酚	2.0			
	5.0			
	10.0			
	25.0			
	50.0			
	100			

组分	浓度/ (mg/L)	保留时间	峰高或峰面积	标准曲线γ
3-甲酚	1.0			
	2.5			
	5.0			
	12.5			
	25.0			
	50.0			
2-硝基酚	2.0			
	5.0			
	10.0			
	25.0			
	50.0			
	100			
2,4-二甲酚	1.0			
	2.5			
	5.0			
	12.5			
	25.0			
	50.0			
2,4-二氯酚	2.0			
	5.0			
	10.0			
	25.0			
	50.0			
	100			
4-氯酚	2.0			
	5.0			
	10.0			
	25.0			
	50.0			
	100			
4-氯-3-甲酚	1.0			
	2.5			
	5.0			
	12.5			
	25.0			
	50.0			
2,4,6-三氯酚	2.0			
	5.0			
	10.0			
	25.0			
	50.0			
	100			

组分	浓度/（mg/L）	保留时间	峰高或峰面积	标准曲线γ
2,4-二硝基酚	5.0			
	12.5			
	25.0			
	62.5			
	125			
	250			
4-硝基酚	2.0			
	5.0			
	10.0			
	25.0			
	50.0			
	100			
2-甲基-4,6-二硝基酚	5.0			
	12.5			
	25.0			
	62.5			
	125			
	250			
五氯酚	2.0			
	5.0			
	10.0			
	25.0			
	50.0			
	100			

（2）样品的测定：

组分	样品	峰面积或峰高	从标准曲线查得组分质量浓度/（mg/L）	样品中组分的质量浓度/（mg/L）
苯酚	全程序空白			
	运输空白			
	样品1			
	平行样			
2-氯酚	全程序空白			
	运输空白			
	样品1			
	平行样			
3-甲酚	全程序空白			
	运输空白			
	样品1			
	平行样			

组分	样品	峰面积或峰高	从标准曲线查得组分质量浓度/（mg/L）	样品中组分的质量浓度/（mg/L）
2-硝基酚	全程序空白			
	运输空白			
	样品1			
	平行样			
2,4-二甲酚	全程序空白			
	运输空白			
	样品1			
	平行样			
2,4-二氯酚	全程序空白			
	运输空白			
	样品1			
	平行样			
4-氯酚	全程序空白			
	运输空白			
	样品1			
	平行样			
4-氯-3-甲酚	全程序空白			
	运输空白			
	样品1			
	平行样			
2,4,6-三氯酚	全程序空白			
	运输空白			
	样品1			
	平行样			
2,4-二硝基酚	全程序空白			
	运输空白			
	样品1			
	平行样			
4-硝基酚	全程序空白			
	运输空白			
	样品1			
	平行样			
2-甲基-4,6-二硝基酚	全程序空白			
	运输空白			
	样品1			
	平行样			
五氯酚	全程序空白			
	运输空白			
	样品1			
	平行样			

分析人：　　　　　　　　　　校对人：　　　　　　　　　　审核人：

子项目 40　肼和甲基肼的测定——对二甲氨基苯甲酸分光光度法

项　目	有机化合物的监测
子项目	肼和甲基肼的测定——对二甲氨基苯甲酸分光光度法（HJ 674—2013）

学习目标

能力（技能）目标

①掌握分光光度计的使用方法。

②掌握对二甲氨基苯甲酸分光光度法测定肼和甲基肼的步骤。

③掌握标准曲线定量方法。

认知（知识）目标

①掌握肼和甲基肼基础知识。

②掌握对二甲氨基苯甲酸分光光度法测定肼和甲基肼的实验原理。

③能够计算标准曲线方程及 γ 值。

其他（素质）目标

①良好的职业道德、工作态度和责任感。

②良好的计划组织能力。

③良好的团队协作精神。

④实验室安全操作。

⑤遵守环境保护规定。

能力训练任务

①样品的采集和保存。

②样品的前处理。

③标准系列的测试与绘制。

④样品的测定。

⑤数据的计算与处理。

教学资源

①教材。

②项目训练教材。

③多媒体教学设备。

④环境监测实验室。

⑤分光光度计：配 1 cm、2 cm、5 cm 吸收池。

⑥50 mL 和 100 mL 具塞比色管。

⑦容量瓶：25 mL，100 mL，500 mL。

40.1　预备知识

　　肼、甲基肼、偏二甲基肼以及它们的混合物是常用的液体火箭推进剂主体燃料，与液氧、硝基氧化剂等组成双组元液体推进剂作为火箭发动机的能量工质，被广泛应用于导弹、卫星以及航天器的发射中。意外吸入甲基肼蒸气可出现流泪、喷嚏、咳嗽，以后可见眼充血、支气管痉挛、呼吸困难，继之恶心、呕吐。皮肤接触引起灼伤。慢性吸入甲基肼可致轻度高铁血红蛋白形成，可引起溶血。甲基肼易燃，高毒，具腐蚀性，可致人体灼伤。其蒸气与空气可形成爆炸性混合物，遇明火、高热极易燃烧爆炸。在空气中遇尘土、石棉、木材等疏松性物质能自燃。遇过氧化氢或硝酸等氧化剂，也能自燃。高热时其蒸气能发生爆炸。具有腐蚀性。肼是强还原剂，对眼睛有刺激作用，能引起延迟性发炎，对皮肤和黏膜也有强烈的腐蚀作用。

　　在火箭推进剂的各项作业过程中，由于跑、冒、滴、漏以及突发事故等原因，对大气、水体、土壤和植被等环境介质造成污染。因此，加强对肼、甲基肼、偏二甲基肼以及它们混合物的分析检测技术研究，适时对标准方法进行修改，对于控制环境污染，保障人员的健康和安全均具有十分重要的意义。

　　在酸性溶液条件下，肼与对二甲基苯甲醛作用，生成对二甲氨基苄连氮黄色化合物。在 458 nm 波长处测量吸光度，在一定浓度范围内其吸光度与肼的含量成正比。在酸性条件下，甲基肼与对二甲氨基苯甲醛作用，生成黄色缩合物，在 470 nm 波长处测量吸光度。在一定浓度范围内其吸光度与甲基肼的含量成正比。

40.2　实训准备

准备事宜	序号	名　称	方　法
样品的采集和保存			采样与贮存样品均使用玻璃瓶。采样后，水样立即加酸或碱至中性，在 24 h 内测定
实训试剂（甲基肼测定）	1	实验用水	新制去离子水或蒸馏水
	2	硫酸溶液：$c(H_2SO_4)=1.0$ mol/L	在 500 mL 烧杯中加入 50 mL 水，缓慢注入 27.8 mL 硫酸（$\rho=1.84$ g/mL），搅拌后转入 500 mL 容量瓶，用水稀释至标线，摇匀。转入 500 mL 试剂瓶备用
	3	硫酸溶液：$c(H_2SO_4)=0.050$ mol/L	在 1 000 mL 烧杯中加入 100 mL 水，缓慢注入 50 mL 硫酸（1.0 mol/L），搅拌后转入 1 000 mL 容量瓶，用水稀释至标线，摇匀。转入 1 000 mL 试剂瓶备用
	4	对二甲氨基苯甲醛溶液	称取对二甲氨基苯甲醛 5.0 g，加入 20 mL 硫酸溶液（1.0 mol/L），混匀后加入 100 mL 乙醇（95%以上），使其溶解
	5	氨基磺酸铵或氨基磺酸溶液：$\rho=10$ g/L	称取 1.0 g 氨基磺酸铵或氨基磺酸，溶于 100 mL 水中
	6	甲基肼标准贮备液：$\rho=10.0$ mg/mL	吸取 5～10 mL 硫酸溶液（1.0 mol/L）于 25 mL 容量瓶中。对此容量瓶进行称量，称准至 0.000 1 g。用移液器吸取 0.25～0.30 mL 甲基肼（纯度 98%以上），逐滴注入上述容量瓶中，轻轻摇动瓶子，再次称重，称准至 0.000 1 g，使加入的甲基肼量为 0.250 0 g。用硫酸溶液（1.0 mol/L）稀释至标线，或根据实际加入的甲基肼量（0.245～0.255）g 计算标准贮备液浓度

准备事宜	序号	名　称	方　法
实训试剂 （甲基肼测定）	7	甲基肼标准中间液： ρ=200 mg/L	吸取 2.0 mL 甲基肼贮备液，移入 100 mL 容量瓶中，用硫酸溶液（1.0 mol/L）稀释至标线，在 2～5℃下保存
	8	甲基肼标准使用溶液： ρ=2.00 mg/L	吸取 5.00 mL 甲基肼标准中间液，移入 500 mL 容量瓶中，用硫酸溶液（0.050 mol/L）稀释至标线，混匀。使用前当天配制
实训试剂 （肼测定）	1	实验用水	新制去离子水或蒸馏水
	2	盐酸溶液： c(HCl)= 0.12 mol/L	取 250 mL 烧杯，加入 200 mL 水，盐酸（ρ=1.19 g/mL）5.0 mL，搅拌均匀，转入 500 mL 容量瓶，用水稀释至标线，摇匀。转入 500 mL 试剂瓶备用
	3	对二甲氨基苯甲醛溶液	称取 4.0 g 对二甲氨基苯甲醛溶于 200 mL 95%乙醇和 20.0 mL 盐酸（ρ=1.19 g/mL）中，储存于棕色瓶中，避光保存
	4	氨基磺酸铵或氨基磺酸溶液：ρ=5.0 mg/mL	称取 0.50 g 氨基磺酸铵或氨基磺酸，溶于 100 mL 水中
	5	肼标准贮备溶液： ρ(N$_2$H$_4$)=100 mg/L	称取 0.328 0 g 盐酸肼或 0.406 0 g 硫酸肼于烧杯中，加入 HCl 溶液（ρ=1.19 g/mL）10.0 mL 溶解，定量移入 1 000 mL 容量瓶中，用水稀释至标线备用。也可使用有证标准样品
	6	肼标准使用液： ρ(N$_2$H$_4$)= 1.00 mg/L	吸取 10.0 mL 肼标准贮备液入 1 000 mL 容量瓶中，加入 HCl 溶液（ρ=1.19 g/mL）10.0 mL，用水稀释至标线
水样预处理		去除固体颗粒物	如水样中含有微小的固体颗粒物，可用快速滤纸过滤，弃去开始滤出的数毫升水样后，滤液待用，或离心分离
试样制备		甲基肼测定	工业废水：取 100 mL 干燥比色管，加入经预处理后的水样至 50 mL 标线附近，小心滴加至刻度，加入硫酸溶液（1.0 mol/L）5.0 mL，用水稀释至 100 mL 标线，混匀 地表水、地下水：量取适量（100～200 mL）样品入烧杯中，用硫酸（ρ=1.84 g/mL）将水样调 pH 值至 1.0 左右，混匀
		肼的测定	取 100 mL 比色管，加入水样至 50 mL 标线，加入 HCl 溶液（ρ=1.19 g/mL）1.0 mL，用水稀释至 100 mL 标线

40.3　分析步骤

（1）地表水、地下水中肼的测定

校准：取 5 支 50 mL 具塞比色管，分别加入肼标准使用液，0 mL、0.50 mL、1.00 mL、1.50 mL、2.00 mL、3.00 mL，用 HCl 溶液（0.12 mol/L）稀释至 50 mL 标线，加入 10.0 mL 对二甲氨基苯甲醛溶液，混匀，放置 20 min。用 5 cm 吸收池于 458 nm 波长处以蒸馏水为参比，测量吸光度，以肼含量为横坐标，扣除试剂空白的标准溶液吸光度为纵坐标，绘制校准曲线。用线性回归分析方法求得其斜率用于样品含量计算。

样品测定：取水样于 50 mL 干燥的具塞比色管中，小心滴加水样至 50 mL 标线。加入 10.0 mL 对二甲氨基苯甲醛溶液，混匀。20 min 后用 5 cm 吸收池于 458 nm 波长处以蒸馏水为参比，测量吸光度。

（2）高浓度肼的测定：

校准：取 5 支 50 mL 具塞比色管，分别加入肼标准使用液，0 mL、2.00 mL、4.00 mL、6.00 mL、8.00 mL、10.0 mL，用 HCl 溶液（0.12 mol/L）稀释至 25 mL 标线，加入 5.0 mL 对二甲氨基苯甲醛溶液，混匀，放置 20 min。用 1 cm 吸收池于 458 nm 波长处以蒸馏水为参比，测量吸光度，以肼含量为横坐标，扣除试剂空白的标准溶液吸光度为纵坐标，绘制校准曲线。用线性回归分析方法求得其斜率用于样品含量计算。

⬇

样品测定：取水样于 25 mL 干燥的具塞比色管中，小心滴加至 25 mL 标线（如果工业废水浓度较高，可根据需要取水样 1.0 mL、5.0 mL 或 10.0 mL，然后用 HCl 溶液（0.12 mol/L）稀释至 25 mL 标线）。加入 5.0 mL 对二甲氨基苯甲醛溶液，混匀。20 min 后用 1 cm 吸收池于 458 nm 波长处以蒸馏水为参比，测量吸光度。

（3）甲基肼的测定：

不存在亚硝酸盐时标准曲线：取一组 25 mL 的容量瓶或比色管，分别加入 0 mL，0.50 mL，1.00 mL，2.00 mL，3.00 mL，4.00 mL 甲基肼标准使用液，加入乙醇 4.5 mL，加入显色剂（对二甲氨基苯甲醛溶液）5.0 mL，用硫酸溶液（0.050 mol/L）稀释至标线，摇匀。放置 40 min 后，在分光光度计 470 nm 处，以蒸馏水为参比液，使用 2 cm 吸收池测量吸光度。其吸光度减去试剂空白液吸光度后，与相应的甲基肼含量，绘制校准曲线，用线性回归分析方法求得其斜率。

存在亚硝酸盐时标准曲线：取一组 25 mL 的容量瓶或比色管，分别加入 0 mL，0.50 mL，1.00 mL，2.00 mL，3.00 mL，4.00 mL 甲基肼标准使用液，加入 0.2 mL 氨基磺酸铵溶液（ρ=10 g/L），加入显色剂（对二甲氨基苯甲醛溶液）5.0 mL，用硫酸溶液（0.050 mol/L）稀释至标线，摇匀。放置 40 min 后，在分光光度计 470 nm 处，以蒸馏水为参比液，使用 2 cm 吸收池测量吸光度。其吸光度减去试剂空白液吸光度后，与相应的甲基肼含量，绘制校准曲线，用线性回归分析方法求得其斜率。

⬇

水样中无亚硝酸盐和其他肼类时：吸取水样 15 mL 于 25 mL 容量瓶或比色管中，加入 4.5 mL 乙醇，5.0 mL 对二甲氨基苯甲醛溶液，摇匀后用硫酸溶液（0.050 mol/L）稀释至标线。放置 40 min。于 470 nm 波长，用 2 cm 吸收池，以蒸馏水为参比液，测量溶液的吸光度，扣除试剂空白液吸光度，利用校准曲线线性回归方程斜率计算得到相应的甲基肼含量（μg）。

水中存在亚硝酸盐时：吸取水样 15 mL 于 25 mL 比色管中，加 0.2 mL 氨基磺酸铵溶液（ρ=10 g/L），其余步骤按无亚硝酸盐和其他肼类的进行。在 25 mL 定容体积中，若 NO_2 总量超过 20 μg，应同时进行两个加标回收实验，甲基肼的测定结果要用平均回收率加以校正。加标回收平行样之间的相对偏差不能超过 10%。用线性回归的方法求得其斜率用于样品的计算。

水中存在偏二甲基肼时：水样中偏二甲基肼含量高于甲基肼时，应先按偏二甲基肼测定方法（参见 GB/T 14376）测出偏二甲基肼的含量。制作偏二甲基肼校准曲线，并在曲线上查得偏二甲基肼含量相应的吸光度 A_1。按无亚硝酸盐和其他肼类的情况操作，记取吸光度 A_2。取 $A_3=A_2-A_1$，用 A_3 值在校准曲线上查得或用回归方程计算出水样中甲基肼含量。用线性回归的方法求得其斜率用于样品的计算。

（4）结果计算：

样品中肼含量ρ（mg/L）按下式计算：

$$\rho = k \times \frac{(A - A_0)}{b \times V}$$

式中：A——水样的吸光度；

　　　A_0——空白试验的吸光度；

　　　b——校准曲线的斜率；

　　　V——分析试样体积，mL；

　　　k——稀释倍数（此处 $k=2$）。

样品中甲基肼含量ρ（mg/L）按下式计算：

$$\rho = k \times \frac{(A - A_0)}{b \times V}$$

式中：A——水样的吸光度；

　　　A_0——空白试验的吸光度；

　　　b——校准曲线的斜率；

　　　V——分析试样体积，mL；

　　　k——稀释倍数（根据样品类型取值：如是地下水或地表水，试样取体积 15 mL，k 值取 1；如是工业废水，试样取体积 2～15 mL，k 值取 2）。

40.4　质量控制和保证

（1）甲基肼的测定

①水样的甲基肼含量测定应与校准曲线制作同时进行。

②实验温度合适范围 15～30℃。

③每分析一批（≤20 个）样品必须有一个全程空白。

④每分析一批（≤20 个）样品必须有一个空白加标，回收率合格指标在 90%～110% 之间。

⑤每分析一批（≤20 个）同一采样点的样品应有一个样品加标实验，以判断基体干扰。不同来源的样品应考虑加做样品加标实验。

⑥每分析一批（≤20 个）样品应有一个平行样。数量较多时，应按 10%比例选取平行样个数。平行样结果的相对偏差应小于 10%。

⑦每次制作的校准曲线回归方程的相关系数应大于 0.999。

（2）肼的测定

①可采用标准加入法与标准工作曲线法的结果进行比较来判断样品中是否存在基体干扰。两者结果相对偏差在 10%以内，其基体干扰可忽略。如果大于 10%，则可判断样品中存在基体干扰。以同样方法判断校准曲线法制作和处理样品时加入氨基磺酸铵消除干扰的效果。

②每分析一批（≤10 个）样品应有一个全程空白。

③每分析一批（≤10 个）样品必须有一个空白加标，回收率合格指标在 90%～110% 之间。

④每分析一批（≤10 个）样品应有一个平行样。数量较多时，应按 10%比例选取平行样个数。平行样结果的相对偏差应小于 10%。

⑤每次制定的校准曲线回归方程的相关系数应大于 0.999。

40.5 操作规范评分表

序号	考核点	配分	评分标准	扣分	得分
一	仪器准备	4			
1	玻璃仪器洗涤	2	1. 未用蒸馏水清洗两遍以上，扣 1 分； 2. 玻璃仪器出现挂水珠现象，扣 1 分		
2	分光光度计预热 20 min	2	1. 仪器未进行预热或预热时间不够，扣 1 分； 2. 未切断光路预热，扣 1 分		
二	标准溶液的配制	16			
1	溶液配制过程中有关的实验操作	11	1. 未进行容量瓶试漏检查，扣 0.5 分； 2. 容量瓶、比色管加蒸馏水时未沿器壁流下或产生大量气泡，扣 0.5 分； 3. 蒸馏水瓶管尖接触容器，扣 0.5 分； 4. 加水至容量瓶约 3/4 体积时没有平摇，扣 0.5 分； 5. 容量瓶、比色管加水至近标线等待 1 min，没有等待，扣 0.5 分； 6. 容量瓶、比色管逐滴加入蒸馏水至标线操作不当或定容不准确，扣 0.5 分； 7. 持瓶方式不正确，扣 0.5 分； 8. 容量瓶、比色管未充分混匀或中间未开塞，扣 0.5 分； 9. 对溶液使用前没有盖塞充分摇匀的，扣 0.5 分； 10. 润洗方法不正确，扣 0.5 分； 11. 将移液管中过多的贮备液放回贮备液瓶中，扣 0.5 分； 12. 移液管管尖触底，扣 0.5 分； 13. 移液出现吸空现象，扣 1 分； 14. 移液管移取标准储备液、标准工作液、水样原液及水样稀释液前未处理管尖溶液，扣 0.5 分； 15. 移取标准贮备液、标准工作液及水样原液时未另用一烧杯调节液面，扣 0.5 分； 16. 移液管移取标准储备液、标准工作液、水样原液及水样稀释液时，调节液面前未处理管尖部，扣 0.5 分； 17. 移液管未能一次调节到刻度，扣 1 分； 18. 移液管放液不规范，扣 1 分； 19. 取完试剂后未及时盖上试剂瓶盖，扣 0.5 分		

序号	考核点	配分	评分标准	扣分	得分
2	标准系列的配制	4	1. 贮备液未稀释,扣1分; 2. 直接在贮备液或工作液中进行相关操作,扣1分; 3. 标准工作液未贴标签或标签内容不全(包括名称、浓度、日期、配制者),扣1分; 4. 每个点移取的标准溶液应从零分度开始,出现不正确项1次扣0.5分,但不超过该项总分4分(工作液可放回剩余溶液的烧杯中再取液,辅助试剂可在移液管吸干后在原试剂中进行相关操作)		
3	水样稀释液的配制	1	直接在水样原液中进行相关操作,扣1分(水样稀释液在移液管吸干后可在容量瓶中进行相关操作)		
三	分光光度计使用	15			
1	测定前的准备	2	1. 没有进行比色皿配套性选择,或选择不当,扣1分; 2. 不能正确在T挡调"100%"和"0",扣1分		
2	测定操作	7	1. 手触及比色皿透光面,扣0.5分; 2. 比色皿润洗方法不正确(须用蒸馏水洗涤、待装液润洗),扣0.5分; 3. 比色皿润洗操作不正确,扣0.5分; 4. 加入溶液高度不正确,扣1分; 5. 比色皿外壁溶液处理不正确,扣1分; 6. 比色皿盒拉杆操作不当,扣0.5分; 7. 重新取液测定,每出现一次扣1分,但不超过4分; 8. 不正确使用参比溶液,扣1分		
3	测定过程中仪器被溶液污染	2	1. 比色皿放在仪器表面,扣1分; 2. 比色室被洒落溶液污染,扣0.5分; 3. 比色室未及时清理干净,扣0.5分		
4	测定后的处理	4	1. 台面不清洁,扣0.5分; 2. 未取出比色皿及未洗涤,扣1分; 3. 没有倒尽或控干比色皿,扣0.5分; 4. 测定结束,未做使用记录登记,扣1分; 5. 未关闭仪器电源,扣1分		
四	实验数据处理	12			
1	标准曲线取点		标准曲线取点不得少于7点(包含试剂空白点),否则标准曲线无效		
2	正确绘制标准曲线	5	1. 标准曲线坐标选取错误或比例不合理(含曲线斜率不当),扣1分; 2. 测量数据及回归方程计算结果未标在曲线中,扣1分; 3. 缺少曲线名称、坐标、箭头、符号、单位量、回归方程及数据有效位数不对,每1项扣0.5分,但不超过3分		

序号	考核点	配分	评分标准	扣分	得分
3	试液吸光度处于要求范围内	2	水样取用量不合理致使吸光度超出要求范围或在 0 号与 1 号管测点范围内，扣 2 分		
4	原始记录	3	数据未直接填在报告单上、数据不全、有效数字位数不对、有空项，原始记录中，缺少计量单位，数据更改每项扣 0.5 分，可累计扣分，但不超过该项总分 3 分		
5	有效数字运算	2	1. 回归方程未保留小数点后四位数字，扣 0.5 分； 2. γ 未保留小数点后四位，扣 0.5 分； 3. 测量结果未保留到小数点后两位，扣 1 分		
五	文明操作	18			
1	实验室整洁	4	实验过程台面、地面脏乱，废液处置不当，一次性扣 4 分		
2	清洗仪器、试剂等物品归位	4	实验结束未先清洗仪器或试剂物品未归位就完成报告；一次性扣 4 分		
3	仪器损坏	6	仪器损坏，一次性扣 6 分		
4	试剂用量	4	每名学生均准备有两倍用量的试剂，若还需添加，则一次性扣 4 分		
六	测定结果	35			
1	回归方程的计算	5	没有算出或计算错误回归方程的，扣 5 分		
2	标准曲线线性	10	$\gamma \geqslant 0.999$，不扣分； $\gamma = 0.997 \sim 0.990$，扣 1～9 分不等； $\gamma < 0.990$，扣 10 分； γ 计算错误或未计算先扣 3 分，再按相关标准扣分，但不超过 10 分		
3	测定结果精密度	10	$\lvert R_d \rvert \leqslant 0.5\%$，不扣分； $0.5\% \sim 1.4\% \leqslant \lvert R_d \rvert$，扣 1～9 分不等； $\lvert R_d \rvert > 1.4\%$，扣 10 分。 精密度计算错误或未计算扣 10 分。 * 水样原液未作平行样 3 份，一次性扣 10 分 (*可为负分)		
4	测定结果准确度	10	测定值在 保证值±0.5%内，不扣分； 保证值±0.6%～1.8%，扣 1～9 分不等； 不在保证值±1.8%内扣 10 分		
	最终合计	100			

40.6 肼和甲基肼测定分析

（1）肼标准曲线的绘制

测量波长：_____；标准溶液原始浓度：_____；

溶液号	吸取标液体积/mL	浓度或质量（ ）	A	$A_{校正}$
0				
1				
2				
3				
4				
5				
6				

回归方程：

相关系数：

（2）甲基肼标准曲线的绘制

测量波长：_____；标准溶液原始浓度：_____；

溶液号	吸取标液体积/mL	浓度或质量（ ）	A	$A_{校正}$
0				
1				
2				
3				
4				
5				
6				

回归方程：

相关系数：

（3）水质样品肼测定

平行测定次数	1	2	3
吸光度，A			
空白值，A			
校正吸光度，$A_{校正}$			
回归方程计算所得浓度（ ）			
原始试液浓度/（μg/mL）			
样品肼的测定结果/（mg/L）			
R_d/%			

（4）水质样品甲基肼的测定

平行测定次数	1	2	3
吸光度，A			
空白值，A			
校正吸光度，$A_{校正}$			
回归方程计算所得浓度（ ）			
原始试液浓度/（μg/mL）			
样品肼的测定结果/（mg/L）			
R_d/%			

分析人：　　　　　　　　　　校对人：　　　　　　　　　　审核人：

标准曲线绘制图：

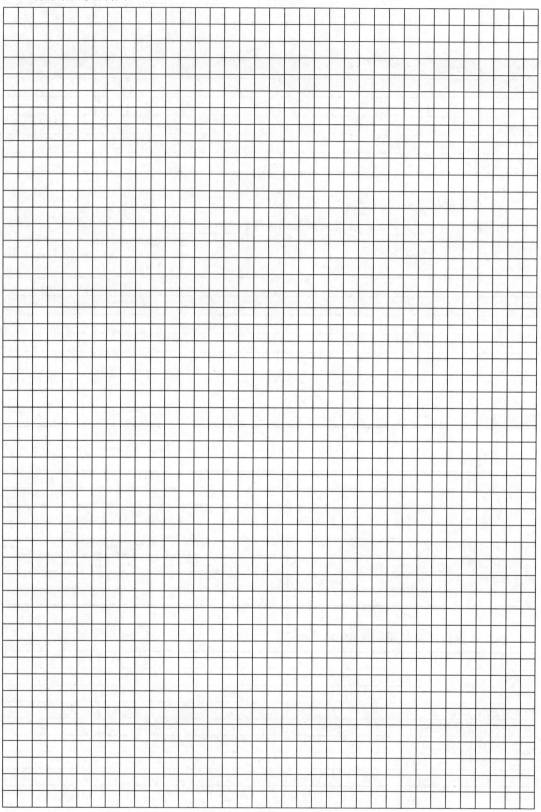

项目6

生物监测

子项目41 菌落总数的测定——平皿计数法

项　目	生物监测
子项目	菌落总数的测定——平皿计数法（GB/T 5750.12—2006）

学习目标

能力（技能）目标

　　①掌握平皿计数法测定菌落总数的技术。

　　②掌握恒温培养箱、高压灭菌锅的使用。

认知（知识）目标

　　①掌握菌落总数基础知识。

　　②掌握菌落总数测定结果的报告方法。

其他（素质）目标

　　①良好的职业道德、工作态度和责任感。

　　②良好的计划组织能力。

　　③良好的团队协作精神。

　　④实验室安全操作。

　　⑤遵守环境保护规定。

能力训练任务

　　①培养基和玻璃器具的准备。

　　②样品的测定。

　　③数据的计算与处理。

教学资源

　　①教材。

　　②项目训练教材。

　　③多媒体教学设备。

　　④微生物检测室。

　　⑤超净工作台。

⑥恒温培养箱。

⑦高压蒸汽灭菌器。

⑧放大镜或菌落计数器。

⑨pH 计或精密 pH 试纸。

⑩灭菌试管、平皿（直径 9 cm）、刻度吸管、采样瓶等。

41.1 预备知识

菌落总数测定是测定水中需氧菌、兼性厌氧菌和异养菌密度的方法。因为细菌能以单独个体、成双成对、链状、成簇等形式存在，而且没有任何单独一种培养基能满足一个水样中所有细菌的生理要求。所以，由此法所得的菌落可能要低于真正存在的活细菌的总数。

菌落总数是指水样在营养琼脂上有氧条件下 37℃培养 48 h 后，所得 1 mL 水样所含菌落的总数。此法主要作为判定饮用水、水源水等污染程度的标志。

41.2 实训准备

准备事宜	名　称	方　法
样品的采集和保存		水样采集在经灭菌的玻璃瓶内，要尽快分析，一般不宜超过 2 h，否则应 4℃保存，可保存 12 h
实训试剂	水	蒸馏水或纯水
	营养琼脂	成分：蛋白胨 10 g，牛肉膏 3 g，氯化钠 5 g，琼脂 10～20 g，蒸馏水 1 000 mL。 制法：将上述成分混合后，加热溶解，调整 pH 为 7.4～7.6，分装于玻璃容器中（如用含杂质较多的琼脂时，应先过滤），经 103.43 kPa（121℃，151 b）灭菌 20 min，储存于暗处备用

41.3 分析步骤

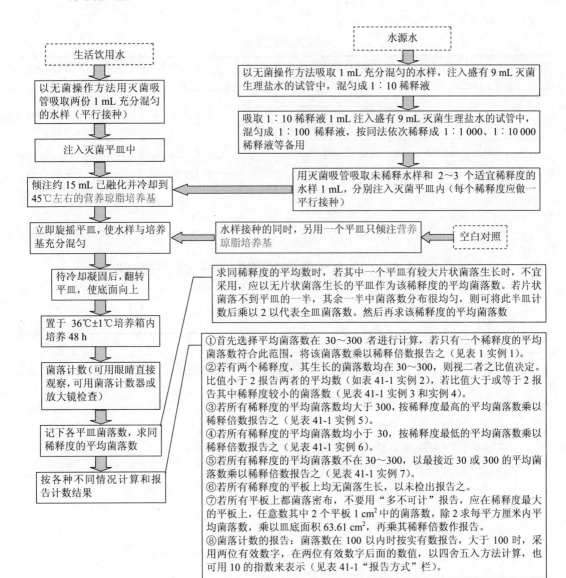

表 41-1 稀释度选择及菌落总数报告方式

实例	不同稀释度的平均菌落数			两个稀释度菌落数之比	菌落总数/(CFU/mL)	报告方式/(CFU/mL)
	10^{-1}	10^{-2}	10^{-3}			
1	1 365	164	20	—	16 400	16 000 或 $1.6×10^4$
2	2 760	295	46	1.6	37 750	38 000 或 $3.8×10^4$
3	2 890	271	60	2.2	27 100	27 000 或 $2.7×10^4$
4	150	30	8	2	1 500	1 500 或 $1.5×10^3$
5	多不可计	1 650	513	—	513 000	510 000 或 $5.1×10^5$
6	27	11	5	—	270	270 或 $2.7×10^2$
7	多不可计	305	12	—	30 500	31 000 或 $3.1×10^4$

41.4 菌落总数分析

原始数据记录表

样品编号		不同稀释度的菌落数				两个稀释度 菌落数之比	菌落总数/ （CFU/mL）
		10^0	10^{-1}	10^{-2}	10^{-3}		
	1						
	2						
	平均						
	1						
	2						
	平均						

分析人：　　　　　　　　校对人：　　　　　　　　审核人：

子项目 42　总大肠菌群的测定——多管发酵法

项　　目	微生物的监测
子项目	总大肠菌群的测定——多管发酵法[《水和废水监测分析方法》（第四版）2002 年]

学习目标

能力（技能）目标

①掌握多管发酵法测定总大肠菌群的技术。

②掌握恒温培养箱、高压蒸汽灭菌锅的使用。

③掌握显微镜的使用。

认知（知识）目标

①掌握总大肠菌群基础知识。

②掌握多管发酵法测定总大肠菌群的实验原理。

③能查表得 MPN 值，报告实验结果。

其他（素质）目标

①良好的职业道德、工作态度和责任感。

②良好的计划组织能力。

③良好的团队协作精神。

④实验室安全操作。

⑤遵守环境保护规定。

能力训练任务

①培养基和玻璃器具的准备。

②样品的测定。

③数据的计算与处理。

教学资源

①教材。

②项目训练教材。

③多媒体教学设备。

④微生物检测室。

⑤超净工作台。

⑥恒温培养箱。

⑦恒温水浴埚。

⑧高压蒸汽灭菌器。

⑨显微镜。

⑩接种环或灭菌棒。

42.1 预备知识

总大肠菌群是指那些能在 37℃ 48 h 之内发酵乳糖产酸产气的、需氧及兼性厌氧的革兰氏阴性的无芽孢杆菌。主要包括有埃希氏菌属、柠檬酸杆菌属、肠杆菌属、克雷伯氏菌属等菌属的细菌。

粪便中存在有大量的大肠菌群细菌，在水体中存活的时间和对氯的抵抗力等与肠道致病菌，如沙门氏菌、志贺氏菌等相似，因此将总大肠菌群作为水体受粪便污染的指示菌是合适的。但在某些水质条件下，大肠菌群细菌在水中能自行繁殖，这是不利之处。

总大肠菌群的检验方法中，多管发酵法可适用于各种水样（包括底泥），但操作较繁，需要时间较长；滤膜法主要适用于杂质较少的水样，操作简单快速。

多管发酵法是根据大肠菌群细菌能发酵乳糖、产酸产气以及革兰氏染色阴性、无芽孢、呈杆状等有关特性，通过三个步骤进行检验，以求得水样中的总大肠菌群数。

多管发酵法是以最可能数（简称 MPN）来表示试验结果的。实际上它是根据统计学理论，估计水体中的大肠杆菌密度和卫生质量的一种方法。如果从理论上考虑，并且进行大量的重复检定，可以发现这种估计有大于实际数字的倾向。不过只要每一稀释度试管重复数目增加，这种差异便会减少，对于细菌含量的估计值，大部分取决于那些既显阳性又显阴性的稀释度。因此在实验设计上，水样检验所要求重复的数目，要根据所要求数据的准确度而定。

42.2 实训准备

准备事宜	名 称	方 法
样品的采集和保存		水样采集在经灭菌的玻璃瓶内，要尽快分析，一般不宜超过 2 h，否则应 4℃保存，可保存 12 h
实训试剂	水	蒸馏水或纯水
	乳糖蛋白胨培养液	成分：蛋白胨 10 g，牛肉浸膏 3 g，乳糖 5 g，氯化钠 5 g，1.6%溴甲酚紫乙醇溶液 1 mL，蒸馏水 1 000 mL。 制法：将蛋白胨、牛肉浸膏、乳糖、氯化钠加热溶解于 1 000 mL 蒸馏水中，调节 pH 为 7.2～7.4，再加入 1.6%溴甲酚紫乙醇溶液 1 mL，充分混匀，分装于含有倒置的小玻璃管的试管中，于高压蒸汽灭菌器中，在 115℃灭菌 20 min，贮存于暗处备用
	三倍乳糖蛋白胨培养液	按上述配方比例三倍（除蒸馏水外），配成三倍浓缩的乳糖蛋白胨培养液，制法同上

准备事宜	名　称	方　法
实训试剂	伊红美蓝培养基	成分：蛋白胨 10 g，乳糖 10 g，磷酸氢二钾（K$_2$HPO$_4$）2.0 g，琼脂 20 g，蒸馏水 1 000 mL，2%伊红水溶液 20 mL，0.5%美蓝水溶液 13 mL。 制法： ①贮备培养基：先将琼脂加至 900 mL 蒸馏水中，加热融化，然后加入磷酸氢二钾及蛋白胨，混匀使之溶解，再以蒸馏水补足至 1 000 mL，调整 pH 为 7.2～7.4。趁热用脱脂棉或多层纱布过滤，再加入乳糖，混匀后定量分装于烧瓶内，置高压蒸汽灭菌器中，在 115℃ 灭菌 20 min。贮存于冷暗处备用。 ②平板培养基：将贮备培养基加热融化。以无菌操作，根据瓶内培养基的容量，用灭菌吸管按比例吸取一定量已灭菌的 2%伊红水溶液及 0.5%美蓝水溶液加入已融化的贮备培养基内，并充分混匀（防止产生气泡）。当混合好的培养基冷至 45℃，便立即适量倾入已灭菌的空平皿内，待其冷却凝固后，倒置冰箱内备用

42.3　分析步骤

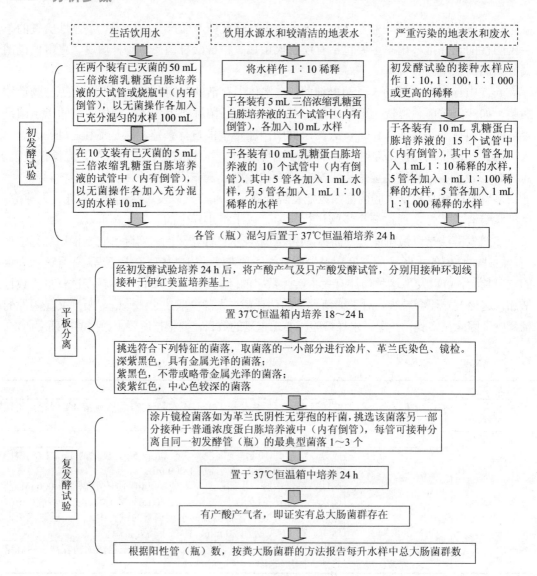

42.4 总大肠菌群分析

原始数据记录表

样品编号	接种水量/mL	初发酵时水样呈阳性数	复发酵时水样呈阳性数	MPN 值/(个/100 mL)	总大肠菌群/(个/L)	备注

分析人：　　　　　　　校对人：　　　　　　　审核人：

子项目 43　粪大肠菌群的测定——多管发酵法

项　　目	微生物的监测
子项目	粪大肠菌群的测定——多管发酵法（HJ/T 347—2007）

学习目标

能力（技能）目标

①掌握多管发酵法测定粪大肠菌群的技术。

②掌握恒温培养箱、高压蒸汽灭菌锅的使用。

认知（知识）目标

①掌握粪大肠菌群基础知识。

②掌握多管发酵法测定粪大肠菌群的实验原理。

③能查表得 MPN 值，报告实验结果。

其他（素质）目标

①良好的职业道德、工作态度和责任感。

②良好的计划组织能力。

③良好的团队协作精神。

④实验室安全操作。

⑤遵守环境保护规定。

能力训练任务

①培养基和玻璃器具的准备。

②样品的测定。

③数据的计算与处理。

教学资源

①教材。

②项目训练教材。

③多媒体教学设备。

④微生物检测室。

⑤超净工作台。

⑥恒温培养箱。

⑦恒温水浴埚。

⑧高压蒸汽灭菌器。

⑨试管。

⑩酒精灯。

⑪接种环或灭菌棒。

43.1　预备知识

粪大肠菌群是总大肠菌群中的一部分，主要来自粪便，与大肠菌群相比，粪大肠菌群在人和动物粪便中所占的比例较大，而且在自然界容易死亡。在 44.5℃温度下能生长并发酵乳糖产酸产气的大肠菌群成为粪大肠菌群。卫生学概念，又称为耐热大肠菌群，主要是大肠杆菌，但也包括克雷伯氏菌属等。用提高培养温度的方法，造成不利于来自自然环境的大肠菌群生长的条件，使培养出来的菌主要为来自粪便中的大肠菌群，从而更准确地反映出水质受粪便污染的情况。粪大肠菌群的测定可以用多管发酵法或滤膜法。

多管发酵法是以最可能数（简称 MPN）来表示试验结果的。

43.2　实训准备

准备事宜	名　称	方　法
样品的采集和保存		水样采集在经灭菌的玻璃瓶内，要尽快分析，一般不宜超过 2 h，否则应 4℃保存，可保存 12 h
实训试剂	水	新制备的去离子水
	单倍乳糖蛋白胨培养液	成分：蛋白胨 10 g，牛肉浸膏 3 g，乳糖 5 g，氯化钠 5 g，1.6%溴甲酚紫乙醇溶液 1 mL，蒸馏水 1 000 mL。 制法：将蛋白胨、牛肉浸膏、乳糖、氯化钠加热溶解于 1 000 mL 蒸馏水中，调节 pH 为 7.2～7.4，再加入 1.6%溴甲酚紫乙醇溶液 1 mL，充分混匀，分装于含有倒置的小玻璃管的试管中，于高压蒸汽灭菌器中，在 115℃灭菌 20 min，贮存于暗处备用
	三倍乳糖蛋白胨培养液	按上述配方比例三倍（除蒸馏水外），配成三倍浓缩的乳糖蛋白胨培养液，制法同上
	EC 培养液	成分：胰胨 20 g，乳糖 5 g，胆盐三号 1.5 g，磷酸氢二钾（K_2HPO_4）4 g，磷酸二氢钾（KH_2PO_4）1.5 g，氯化钠 5 g，蒸馏水 1 000 mL。 制法：将上述成分加热溶解，然后分装于含有玻璃导管的试管中。置高压蒸汽灭菌器中，115℃灭菌 20 min，灭菌后 pH 应为 6～9
	培养基的存放	在密封瓶中的脱水培养基成品要存放在大气湿度低、温度低于 30℃的暗处，存放时应避免阳光直接照射，并且要避免杂菌侵入和液体蒸发。当培养液颜色变化或体积变化明显时废弃不用

43.3 分析步骤

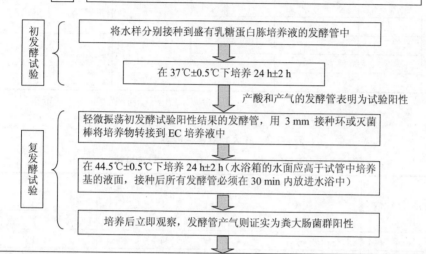

<table>
<tr><td rowspan="3">确定水样接种量</td><td>1. 将水样充分混匀，根据水样污染的程度确定水样接种量。使用的水样量可参考表 43-1。</td></tr>
<tr><td>2. 每个样品至少用三个不同的水样量接种。同一接种水样量要有五管。</td></tr>
<tr><td>3. 如接种体积为 10 mL，则试管内应装有三倍浓度乳糖蛋白胨培养液 5 mL；如接种量为 1 mL 或少于 1 mL，则接种于单倍浓度乳糖蛋白胨培养液 10 mL 中</td></tr>
</table>

初发酵试验

将水样分别接种到盛有乳糖蛋白胨培养液的发酵管中

在 37℃±0.5℃下培养 24 h±2 h

产酸和产气的发酵管表明为试验阳性

复发酵试验

轻微振荡初发酵试验阳性结果的发酵管，用 3 mm 接种环或灭菌棒将培养物转接到 EC 培养液中

在 44.5℃±0.5℃下培养 24 h±2 h（水浴箱的水面应高于试管中培养基的液面，接种后所有发酵管必须在 30 min 内放进水浴中）

培养后立即观察，发酵管产气则证实为粪大肠菌群阳性

根据不同接种量的发酵管所出现阳性结果的数目，从表 43-2 或表 43-3 中查得每升水样中的粪大肠菌群。
接种水样为 100 mL 2 份、10 mL 10 份、总量 300 mL 时，查表 2 可得每升水样中的粪大肠菌群；
接种 5 份 10 mL 水样、5 份 1 mL 水样、5 份 0.1 mL 水样时，查表 3 求得 MPN 指数，MPN 值再乘 10，即为 1L 水样中的粪大肠菌群。
如果接种的水样不是 10 mL、1 mL、0.1 mL，而是较低的或较高的三个浓度的水样量，也可查表 43-3 求得 MPN 值，再经下式计算成每 100 mL 的 MPN 值，MPN 值再乘以 10，即为 1 L 水样中的粪大肠菌群。

$$MPN值 = MPN指数 \times \frac{10（mL）}{接种量最大的一管（mL）}$$

表 43-1 接种用水量参考表

水样种类	接种量（mL）								
	100	50	10	1	0.1	10^{-2}	10^{-3}	10^{-4}	10^{-5}
井水			×	×	×	×			
河水、塘水				×	×	×			
湖水、塘水						×	×	×	
城市原污水							×	×	×

43.4 粪大肠菌群分析

原始数据记录表

样品编号	接种水量/ml	初发酵时水样呈阳性数	复发酵时水样呈阳性数	MPN 值/（个/100 mL）	粪大肠菌群/（个/L）	备注

分析人：　　　　　　　　　校对人：　　　　　　　　　审核人：

表 43-2　粪大肠群菌检数表

（接种水样 100 mL 2 份、10 mL 10 份，总量 300 mL）

10 mL 水样的阳性管数	10 mL 水样的阳性瓶数		
	0	1	2
	1 L 水样中粪大肠菌群数	1 L 水样中粪大肠菌群数	1 L 水样中粪大肠菌群数
0	<3	4	11
1	3	8	18
2	7	13	27
3	11	18	38
4	14	24	52
5	18	30	70
6	22	36	92
7	27	43	120
8	31	51	161
9	36	60	230
10	40	69	230

表 43-3　最可能数（MPN）表

（接种 5 份 10 mL 水样、5 份 1 mL 水样、5 份 0.1 mL 水样时，不同阳性及阴性情况下 100 mL 水样中细菌数的最可能数和 95%可信限值）

出现阳性份数			每 100 mL 水样中细菌数的最可能数	95%置信区间		出现阳性份数			每 100 mL 水样中细菌数的最可能数	95%置信区间	
10 mL 管	1 mL 管	0.1 mL 管		下限	上限	10 mL 管	1 mL 管	0.1 mL 管		下限	上限
0	0	0	<2			4	2	1	26	9	78
0	0	1	2	<0.5	7	4	3	0	27	9	80
0	1	0	2	<0.5	7	4	3	1	33	11	93
0	2	0	4	<0.5	11	4	4	0	34	12	93
1	0	0	2	<0.5	7	5	0	0	23	7	70

出现阳性份数			每 100 mL 水样中细菌数的最可能数	95%置信区间		出现阳性份数			每 100 mL 水样中细菌数的最可能数	95%置信区间	
10 mL 管	1 mL 管	0.1 mL 管		下限	上限	10 mL 管	1 mL 管	0.1 mL 管		下限	上限
1	0	1	4	<0.5	11	5	0	1	34	11	89
1	1	0	4	<0.5	11	5	0	2	43	15	110
1	1	1	6	<0.5	15	5	1	0	33	15	93
1	2	0	6	<0.5	15	5	1	1	46	16	120
2	0	0	5	<0.5	13	5	1	2	63	21	150
2	0	1	7	<0.5	17	5	2	0	49	17	130
2	1	0	7	1	17	5	2	1	70	23	170
2	1	1	9	2	21	5	2	2	94	28	220
2	2	0	9	2	21	5	3	0	79	25	190
2	3	0	12	3	28	5	3	1	110	31	250
3	0	0	8	1	19	5	3	2	140	37	310
3	0	1	11	2	25	5	3	3	180	44	500
3	1	0	11	2	25	5	4	0	130	35	300
3	1	1	14	4	34	5	4	1	170	43	190
3	2	0	14	4	34	5	4	2	220	57	700
3	2	1	17	5	46	5	4	3	280	90	850
3	3	0	17	5	46	5	4	4	350	120	1 000
4	0	0	13	3	31	5	5	0	240	68	750
4	0	1	17	5	46	5	5	1	350	120	1 000
4	1	0	17	5	46	5	5	2	540	180	1 400
4	1	1	21	7	63	5	5	3	920	300	3 200
4	1	2	26	9	78	5	5	4	1 600	640	5 800
4	2	0	22	7	67	5	5	5	≥2 400		

项目 7

综合项目训练

子项目 44 校园水质分析及评价

项 目	综合项目训练
子项目	校园水质分析及评价

学习目标

能力（技能）目标

①掌握区域环境水质检测的全过程。

②掌握水环境中各污染因子的具体分析方法。

③掌握用环境标准评价所监测区域的水环境质量。

认知（知识）目标

①掌握论文资料的检索方法。

②掌握区域水环境监测方案的制订。

③能够撰写监测报告。

其他（素质）目标

①良好的职业道德、工作态度和责任感。

②良好的综合分析问题与解决问题能力。

③良好的团队协作精神。

④实验室安全操作。

⑤遵守环境保护规定。

能力训练任务

①监测方案的制订。

②监测方案的实施。

③监测报告的撰写。

教学资源

①图书馆。

②水环境监测实验室。

③方案所需的分析方法中所规定的所有仪器及药剂。

44.1 实训内容

以项目小组形式完成，三人一小组。可将学校划分为教学区、实验区、宿舍区、景观区、运动区、商业区等区域，可选定区域中的全部或部分。对该区域进行监测方案的制订、监测方案的实施及撰写监测报告等。

44.2 实训步骤

步　骤	内　容	要　求
监测方案的制订	1. 现场调查和资料收集：监测区域的给排水情况；水污染源主要污染物及排污去向和排放量；周边资源现状和水资源用途；历年水质监测资料等。 2. 监测和采样点的设置：根据对监测区域的综合分析后，根据区域的划分，考虑代表性等因素，确定采样点数量。 3. 采样时间和采样频率的确定：根据水质监测规范的要求，合理安排采样时间和采样频率。 4. 监测因子的确定：通过资料收集和现场调查，综合分析，确定主要污染源和污染物。 5. 分析方法的确定：根据监测对象的性质和含量范围，选择适宜的分析方法，尽量采用国家标准分析方法。 6. 质量保证：确保质量控制和保证包含在监测过程的全部活动中。 7. 结果分析与评价：所测得的数据必须进行科学的计算和处理。根据水环境的相关标准，对水质进行分析和评价，提出改善水质的合理建议和措施	
监测方案的评议	监测方案的提交，以报告形式，通过以教师为组长的小组评议，方可进入下一步骤。否则进行修改，直至通过	
监测方案的实施	1. 向实验室提交方案所需的试验药品、试剂及仪器需求。 2. 实验管理人员采购。 3. 正式测试前的预实验。 4. 样品采集。 5. 样品分析。 6. 补充分析	要求分工合作，有序协调，统筹兼顾，独立完成。实验室合理安排分组实验
结果分析与评价	对数据进行科学处理和统计分析； 选取适宜标准，对各区域进行污染评价，并给出改善建议	
监测报告	1. 基础资料收集（包括各种调查表）。 2. 监测点位的布设（包括平面分布图）。 3. 监测因子的确定。 4. 分析方法的确定。 5. 监测结果统计。 6. 水质评价及合理化的建议（不同功能区水质数据比较，对每一项指标进行认真分析）	
实训总结	小组以 PPT 形式，向整个评议小组进行汇报。组长由实训指导老师担任。评议小组就整个过程给出评价	

44.3 成果总结

校园水质监测是一项长期的工作，经过每届学生认真翔实地实训监测，可以积累长期的具有参考价值的资料。因此，每届学生水环境监测实训完毕，都可以进行成果总结，一方面为学校改善水质提供建设性意见和建议，另一方面对学校及周边的水环境监测积累翔实的资料，具有重要的科学价值。

子项目 45　河流富营养化监测及评价

项　目	综合项目训练
子项目	河流富营养化监测及评价

学习目标

能力（技能）目标

①掌握区域环境水质检测的全过程。

②掌握河流中污染富营养化相关因子的具体分析方法。

③掌握用适当评价方法评价河流富营养化程度。

认知（知识）目标

①掌握论文资料的检索方法。

②掌握河流相关监测方案的制订。

③掌握河流各种富营养化评价方法。

④能够撰写监测报告。

其他（素质）目标

①良好的职业道德、工作态度和责任感。

②良好的综合分析问题与解决问题能力。

③良好的团队协作精神。

④实验室安全操作。

⑤遵守环境保护规定。

能力训练任务

①监测方案的制订。

②监测方案的实施。

③监测报告的撰写。

教学资源

①图书馆。

②水环境监测实验室。

③方案所需的分析方法中所规定的所有仪器及药剂。

45.1　实训内容

富营养化是指生物所需的氮、磷等营养物质大量进入湖泊、河口、海湾等缓流水体，引起藻类及其他浮游生物迅速繁殖，水体溶氧量下降，鱼类及其他生物大量死亡的现象。

大量死亡的水生生物沉积到湖底，被微生物分解，消耗大量的溶解氧，使水体溶解氧含量急剧降低，水质恶化，以致影响到鱼类的生存，大大加速了水体的富营养化过程。水体出现富营养化现象时，由于浮游生物大量繁殖，往往使水体呈现蓝色、红色、棕色、乳白色等，这种现象在江河湖泊中叫水华（水花），在海中叫赤潮。在发生赤潮的水域里，一些浮游生物爆发性繁殖，使水变成红色，因此叫"赤潮"。这些藻类有恶臭、有毒，鱼不能食用。藻类遮蔽阳光，使水底生植物因光合作用受到阻碍而死去，腐败后放出氮、磷等植物的营养物质，再供藻类利用。这样年深月久，造成恶性循环，藻类大量繁殖，水质恶化而又腥臭，水中缺氧，造成鱼类窒息死亡。

　　本项目以项目小组形式完成，三人一小组。在充分调研的基础上，选择就近河流就水体富营养化状况进行监测，完成监测方案的制订、监测方案的实施及撰写监测报告等。

45.2　实训步骤

步　骤	内　容	要　求
监测方案的制订	1．现场调查和资料收集：监测区域的水文、气候、地质和地貌资料。水体周边和沿岸的城市分布、工业布局及其排污情况。污染源主要污染物及排污口、排污量等。 2．监测和采样点的设置：根据对监测区域的综合分析后，根据区域的划分，考虑代表性、可控性、经济性、安全性等因素，确定采样点数量。 3．采样时间和采样频率的确定：根据水质监测规范的要求，合理安排采样时间和采样频率。 4．监测因子的确定：通过资料收集和现场调查，综合分析，文献查询确定评价富营养化的影响因子（透明度、总氮、总磷、DO、COD、叶绿素 A、氨氮、亚硝酸盐氮、硝酸盐氮等）。 5．分析方法的确定：根据监测对象的性质和含量范围，选择适宜的分析方法，尽量采用国家标准分析方法。 6．质量保证：确保质量控制和保证包含在监测过程的全部活动中。 7．结果分析与评价：所测得的数据必须进行科学的计算和处理。 8．在充分的文献查询基础上，从众多的富营养化评价方法中（特征法、参数法、生物指标参数法、营养状况指数法、营养评价模式、数学评价法等）选取适宜于此条河流的评价方法	
监测方案的评议	监测方案的提交，以报告形式，通过以教师为组长的小组评议，方可进入下一步骤。否则进行修改，直至通过	
监测方案的实施	1．向实验室提交方案所需的试验药品、试剂及仪器需求。 2．实验管理人员采购。 3．正式测试前的预实验。 4．样品采集。 5．样品分析。 6．补充分析	要求分工合作，有序协调，统筹兼顾，独立完成。实验室合理安排分组实验
结果分析与评价	对原始数据进行科学的处理，对数据进行统计分析； 选取适宜评价方法，并给出改善建议	

步　骤	内　容	要　求
监测报告	1．基础资料收集（包括各种调查表）。 2．监测点位的布设（包括平面分布图）。 3．监测因子的确定。 4．分析方法的确定。 5．监测结果统计。 6．介绍富营养化评价方法，以及所选取的适宜方法，最后给出评价结果	
实训总结	小组以 PPT 形式，向整个评议小组进行汇报。组长由实训指导老师担任。评议小组就整个过程给出评价	

45.3　成果总结

　　项目结束后更要注重实训成果的总结。富营养化监测及评价是一项综合项目，能充分锻炼学生的各项能力，学生能用较长时间做好此项目，通过实地调查，实验室分析，文献查找，以及众多的评价方法的比较等工作，不仅提高学生的专业能力，此项目的长期开展和积累丰富翔实的数据更为河流湖泊管理和生态保护提供依据。

附　录

表 1　地表水环境质量标准基本项目标准限值　　　　　　　单位：mg/L

序号	标准值　　分类 项目		Ⅰ 类	Ⅱ 类	Ⅲ 类	Ⅳ 类	Ⅴ 类
1	水温/℃		人为造成的环境水温变化应限制在： 周平均最大温升≤1 周平均最大温降≤2				
2	pH 值（无量纲）		6～9				
3	溶解氧	≥	饱和率90% （或 7.5）	6	5	3	2
4	高锰酸盐指数	≤	2	4	6	10	15
5	化学需氧量（COD）	≤	15	15	20	30	40
6	五日生化需氧量（BOD_5）	≤	3	3	4	6	10
7	氨氮（NH_3-N）	≤	0.15	0.5	1.0	1.5	2.0
8	总磷（以 P 计）	≤	0.02（湖、库 0.01）	0.1（湖、库 0.025）	0.2（湖、库 0.05）	0.3（湖、库 0.1）	0.4（湖、库 0.2）
9	总氮（湖、库、以 N 计）	≤	0.2	0.5	1.0	1.5	2.0
10	铜	≤	0.01	1.0	1.0	1.0	1.0
11	锌	≤	0.05	1.0	1.0	2.0	2.0
12	氟化物（以 F^- 计）	≤	1.0	1.0	1.0	1.5	1.5
13	硒	≤	0.01	0.01	0.01	0.02	0.02
14	砷	≤	0.05	0.05	0.05	0.1	0.1
15	汞	≤	0.000 05	0.000 05	0.000 1	0.001	0.001
16	镉	≤	0.001	0.005	0.005	0.005	0.01
17	铬（六价）	≤	0.01	0.05	0.05	0.05	0.1
18	铅	≤	0.01	0.01	0.05	0.05	0.1
19	氰化物	≤	0.005	0.05	0.2	0.2	0.2
20	挥发酚	≤	0.002	0.002	0.005	0.01	0.1
21	石油类	≤	0.05	0.05	0.05	0.5	1.0
22	阴离子表面活性剂	≤	0.2	0.2	0.2	0.3	0.3
23	硫化物	≤	0.05	0.1	0.05	0.5	1.0
24	粪大肠菌群（个/L）	≤	200	2 000	10 000	20 000	40 000

表2 集中式生活饮用水地表水水源地补充项目标准限值 单位：mg/L

序号	项目	标准值
1	硫酸盐（以 SO_4^{2-} 计）	250
2	氯化物（以 Cl^- 计）	250
3	硝酸盐（以 N 计）	10
4	铁	0.3
5	锰	0.1

表3 集中式生活饮用水地表水水源地特定项目标准限值 单位：mg/L

序号	项目	标准值	序号	项目	标准值
1	三氯甲烷	0.06	34	硝基氯苯[5]	0.05
2	四氯化碳	0.002	35	2,4-二硝基氯苯	0.5
3	三溴甲烷	0.1	36	2,4-二氯苯酚	0.093
4	二氯甲烷	0.02	37	2,4,6-三氯苯酚	0.2
5	1,2-二氯乙烷	0.03	38	五氯酚	0.009
6	环氧氯丙烷	0.02	39	苯胺	0.1
7	氯乙烯	0.005	40	联苯胺	0.000 2
8	1,1-二氯乙烯	0.03	41	丙烯酰胺	0.000 5
9	1,2-二氯乙烯	0.05	42	丙烯腈	0.1
10	三氯乙烯	0.07	43	邻苯二甲酸二丁酯	0.003
11	四氯乙烯	0.04	44	邻苯二甲酸二（2-乙基己基）酯	0.008
12	氯丁二烯	0.002	45	水合肼	0.01
13	六氯丁二烯	0.000 6	46	四乙基铅	0.000 1
14	苯乙烯	0.02	47	吡啶	0.2
15	甲醛	0.9	48	松节油	0.2
16	乙醛	0.05	49	苦味酸	0.5
17	丙烯醛	0.1	50	丁基黄原酸	0.005
18	三氯乙醛	0.01	51	活性氯	0.01
19	苯	0.01	52	滴滴涕	0.001
20	甲苯	0.7	53	林丹	0.002
21	乙苯	0.3	54	环氧七氯	0.000 2
22	二甲苯[1]	0.5	55	对硫磷	0.003
23	异丙苯	0.25	56	甲基对硫磷	0.002
24	氯苯	0.3	57	马拉硫磷	0.05
25	1,2-二氯苯	1.0	58	乐果	0.08
26	1,4-二氯苯	0.3	59	敌敌畏	0.05
27	三氯苯[2]	0.02	60	敌百虫	0.05
28	四氯苯[3]	0.02	61	内吸磷	0.03
29	六氯苯	0.05	62	百菌清	0.01
30	硝基苯	0.017	63	甲萘威	0.05
31	二硝基苯[4]	0.5	64	溴氰菊酯	0.02
32	2,4-二硝基甲苯	0.000 3	65	阿特拉津	0.003
33	2,4,6-三硝基甲苯	0.5	66	苯并[a]芘	2.8×10^{-6}

序号	项目	标准值	序号	项目	标准值
67	甲基汞	1.0×10^{-6}	74	硼	0.5
68	多氯联苯⑤	2.0×10^{-5}	75	锑	0.005
69	微囊藻毒素-LR	0.001	76	镍	0.02
70	黄磷	0.003	77	钡	0.7
71	钼	0.07	78	钒	0.05
72	钴	1.0	79	钛	0.1
73	铍	0.002	80	铊	0.000 1

注：①二甲苯：指对-二甲苯、间-二甲苯、邻-二甲苯。

②三氯苯：指1,2,3-三氯苯、1,2,4-三氯苯、1,3,5-三氯苯。

③四氯苯：指1,2,3,4-四氯苯、1,2,3,5-四氯苯、1,2,4,5-四氯苯。

④二硝基苯：指对-二硝基苯、间-硝基氯苯、邻-硝基氯苯。

⑤多氯联苯：指PCB-1016、PCB-1221、PCB-1232、PCB-1242、PCB-1248、PCB-1254、PCB-1260。

表4 地表水环境质量标准基本项目分析方法

序号	项目	分析方法	最低检出限/（mg/L）	方法来源
1	水温	温度计法		GB 13195—91
2	pH 值	玻璃电极法		GB 6920—86
3	溶解氧	碘量法	0.2	GB 7489—87
		电化学探头法		GB 11913—89
4	高锰酸盐指数		0.5	GB 11892—89
5	化学需氧量		10	GB 11914—89
6	五日生化需氧量		2	GB 7488—87
7	氨氮	纳氏试剂比色法	0.05	GB 7479—87
		水杨酸分光光度法	0.01	GB 7481—87
8	总磷	钼酸铵分光光度法	0.01	GB 11893—89
9	总氮	碱性过硫酸钾消解紫外分光光度法	0.05	GB 11894—89
10	铜	2,9-二甲基-1,10-菲啰啉分光光度法	0.06	GB 7473—87
		二乙基二硫代氨基甲酸钠分光光度法	0.010	GB 7474—87
		原子吸收分光光度法（螯合萃取法）	0.001	GB 7475—87
11	锌	原子吸收分光光度法	0.05	GB 7475—87
12	氟化物	氟试剂分光光度法	0.05	GB 7483—87
		离子选择电极法	0.05	GB 7484—87
		离子色谱法	0.02	HJ/T 84—2001
13	硒	2,3-二氨基萘荧光法	0.000 25	GB 11902—89
		石墨炉原子吸收分光光度法	0.003	GB/T 15505—1995
14	砷	二乙基二硫代氨基甲酸银分光光度法	0.007	GB 7485—87
		冷原子荧光法	0.000 06	1)
15	汞	冷原子吸收分光光度法	0.000 05	GB 7486—87
		冷原子荧光法	0.000 05	1)
16	镉	原子吸收分光光度法（螯合萃取法）	0.001	GB 7475—87
17	铬（六价）	二苯碳酰二肼分光光度法	0.004	GB 7467—87
18	铅	原子吸收分光光度法（螯合萃取法）	0.01	GB 7475—87
19	氰化物	异烟酸-吡唑啉酮比色法	0.004	GB 7487—87
		吡啶-巴比妥酸比色法	0.002	

序号	项目	分析方法	最低检出限/(mg/L)	方法来源
20	挥发酚	蒸馏后 4-氨基安替比林分光光度法	0.002	GB 7490—87
21	石油类	红外分光光度法	0.01	GB/T 16488—1996
22	阴离子表面活性剂	亚甲蓝分光光度法	0.05	GB 7494—87
23	硫化物	亚甲基蓝分光光度法	0.005	GB/T 16489—1996
		直接显色分光光度法	0.004	GB/T 17133—1997
24	粪大肠菌群	多管发酵法、滤膜法		1)

注：暂采用下列分析方法，待国家方法标准公布后，执行国家标准。
1)《水和废水监测分析方法（第三版）》，中国环境科学出版社，1989。

表5　集中式生活饮用水地表水水源地补充项目分析方法

序号	项目	分析方法	最低检出限/(mg/L)	方法来源
1	硫酸盐	重量法	10	GB 11899—89
		火焰原子吸收分光光度法	0.4	GB 13196—91
		铬酸钡光度法	8	1)
		离子色谱法	0.09	HJ/T 84—2001
2	氯化物	硝酸银滴定法	10	GB 11896—89
		硝酸汞滴定法	2.5	1)
		离子色谱法	0.02	HJ/T 84—2001
3	硝酸盐	酚二磺酸分光光度法	0.02	GB 7480—87
		紫外分光光度法	0.08	1)
		离子色谱法	0.08	HJ/T 84—2001
4	铁	火焰原子吸收分光光度法	0.03	GB 11911—89
		邻菲啰啉分光光度法	0.03	1)
5	锰	高碘酸甲分光光度法	0.02	GB 11906—89
		火焰原子吸收分光光度法	0.01	GB 11911—89
		甲醛肟光度法	0.01	1)

注：暂采用下列分析方法，待国家方法标准发布后，执行国家标准。
1)《水和废水监测分析方法（第三版）》，中国环境科学出版社，1989。

表6　集中式生活饮用水地表水水源地特定项目分析方法

序号	项目	分析方法	最低检出限/(mg/L)	方法来源
1	三氯甲烷	顶空气相色谱法	0.000 3	GB/T 17130—1997
		气相色谱法	0.000 6	2)
2	四氯化碳	顶空气相色谱法	0.000 05	GB/T 17130—1997
		气相色谱法	0.000 3	2)
3	三溴甲烷	顶空气相色谱法	0.001	GB/T 17130—1997
		气相色谱法	0.006	2)
4	二氯甲烷	顶空气相色谱法	0.008 7	2)
5	1,2-二氯乙烷	顶空气相色谱法	0.012 5	2)
6	环氧氯丙烷	气相色谱法	0.02	2)

序号	项目	分析方法	最低检出限/（mg/L）	方法来源
7	氯乙烯	气相色谱法	0.001	2)
8	1,1-二氯乙烯	吹出捕集气相色谱法	0.000 018	2)
9	1,2-二氯乙烯	吹出捕集气相色谱法	0.000 012	2)
10	三氯乙烯	顶空气相色谱法	0.000 5	GB/T 17130—1997
		气相色谱法	0.003	2)
11	四氯乙烯	顶空气相色谱法	0.000 2	GB/T 17130—1997
		气相色谱法	0.001 2	2)
12	氯丁二烯	顶空气相色谱法	0.002	2)
13	六氯丁二烯	气相色谱法	0.000 02	2)
14	苯乙烯	气相色谱法	0.01	2)
15	甲醛	乙酰丙酮分光光度法	0.05	GB/T 17130—1997
		4-氨基-3-联氨-5-巯基-1,2,4-三氮杂茂（AHMT）分光光度法	0.05	2)
16	乙醛	气相色谱法	0.24	2)
17	丙烯醛	气相色谱法	0.019	2)
18	三氯乙醛	气相色谱法	0.001	2)
19	苯	液上气相色谱法	0.005	GB 11890—89
		顶空气相色谱法	0.000 42	2)
20	甲苯	液上气相色谱法	0.005	GB 11890—89
		二硫化碳萃取气相色谱法	0.05	
		气相色谱法	0.01	2)
21	乙苯	液上气相色谱法	0.005	GB 11890—89
		二硫化碳萃取气相色谱法	0.05	
		气相色谱法	0.01	2)
22	二甲苯	液上气相色谱法	0.005	GB 11890—89
		二硫化碳萃取气相色谱法	0.05	
		气相色谱法	0.01	2)
23	异丙苯	顶空气相色谱法	0.003 2	2)
24	氯苯	气相色谱法	0.01	HJ/T 74—2001
25	1,2-二氯苯	气相色谱法	0.002	GB/T 17131—1997
26	1,4-二氯苯	气相色谱法	0.005	GB/T 17131—1997
27	三氯苯	气相色谱法	0.000 04	2)
28	四氯苯	气相色谱法	0.000 02	2)
29	六氯苯	气相色谱法	0.000 02	2)
30	硝基苯	气相色谱法	0.000 2	GB 13194—91
31	二硝基苯	气相色谱法	0.2	2)
32	2,4-二硝基甲苯	气相色谱法	0.000 3	GB 13194—91
33	2,4,6-三硝基甲苯	气相色谱法	0.1	2)
34	硝基氯苯	气相色谱法	0.000 2	GB 13194—91
35	2,4-二硝基氯苯	气相色谱法	0.1	2)
36	2,4-二氯苯酚	电子捕获-毛细色谱法	0.000 4	2)
37	2,4,6-三氯苯酚	电子捕获-毛细色谱法	0.000 04	2)

序号	项目	分析方法	最低检出限/（mg/L）	方法来源
38	五氯酚	气相色谱法	0.000 04	GB 8972—88
		电子捕获-毛细色谱法	0.000 024	2)
39	苯胺	气相色谱法	0.002	2)
40	联苯胺	气相色谱法	0.000 2	3)
41	丙烯酰胺	气相色谱法	0.000 15	2)
42	丙烯腈	气相色谱法	0.10	2)
43	邻苯二甲酸二丁酯	液相色谱法	0.000 1	HJ/T 72—2001
44	邻苯二甲酸二（2-乙基己基）酯	气相色谱法	0.000 4	2)
45	水合肼	对二甲氨基苯甲醛直接分光光度法	0.005	2)
46	四乙基铅	双硫腙比色法	0.000 1	2)
47	吡啶	气相色谱法	0.031	GB/T 14672—93
		巴比土酸分光光度法	0.05	2)
48	松节油	气相色谱法	0.02	2)
49	苦味酸	气相色谱法	0.001	2)
50	丁基黄原酸	铜试剂亚铜分光光度法	0.002	2)
51	活性氯	N,N-二乙基对苯二胺（PDP）分光光度法	0.01	2)
		3,3′,5,5′-四甲基联苯胺比色法	0.005	2)
52	滴滴涕	气相色谱法	0.000 2	GB 7492—87
53	林丹	气相色谱法	4×10^{-6}	GB 7492—87
54	环氧七氯	液液萃取气相色谱法	0.000 083	2)
55	对硫磷	气相色谱法	0.000 54	GB 13192—91
56	甲基对硫磷	气相色谱法	0.000 42	GB 13192—91
57	马拉硫磷	气相色谱法	0.000 64	GB 13192—91
58	乐果	气相色谱法	0.000 57	GB 13192—91
59	敌敌畏	气相色谱法	0.000 06	GB 13192—91
60	敌百虫	气相色谱法	0.000 051	GB 13192—91
61	内吸磷	气相色谱法	0.002 5	2)
62	百菌清	气相色谱法	0.000 4	2)
63	甲萘威	高效液相色谱法	0.01	2)
64	溴清菊酯	气相色谱法	0.000 2	2)
		高效液相色谱法	0.002	2)
65	阿特拉津	气相色谱法		3)
66	苯并[a]芘	乙酰化滤纸层析荧光分光光度法	4×10^{-6}	GB 11895—89
		高效液相色谱法	1×10^{-6}	GB 13198—91
67	甲基汞	气相色谱法	1×10^{-8}	GB/T 17132—1997
68	多氯联苯	气相色谱法		3)
69	微囊藻毒素-LR	高效液相色谱法	0.000 01	2)
70	黄磷	钼-锑-抗分光光度法	0.002 5	2)
71	钼	无火焰原子吸收分光光度法	0.002 31	2)
72	钴	无火焰原子吸收分光光度法	0.001 91	2)

序号	项目	分析方法	最低检出限/（mg/L）	方法来源
73	铍	铬菁 R 分光光度法	0.000 2	HJ/T 58—2000
		石墨炉原子吸收分光光度法	0.000 02	HJ/T 59—2000
		桑色素荧光分光光度法	0.000 2	2)
74	硼	姜黄素分光光度法	0.02	HJ/T 49—1999
		甲亚胺-H 分光光度法	0.2	2)
75	锑	氢化原子吸收分光光度法	0.000 25	2)
76	镍	无火焰原子吸收分光光度法	0.002 48	2)
77	钡	无火焰原子吸收分光光度法	0.006 18	2)
78	钒	钽试剂（BPHA）萃取分光光度法	0.018	GB/T 15503—1995
		无火焰原子吸收分光光度法	0.006 98	2)
79	钛	催化示波极谱法	0.000 4	2)
		水杨基荧光酮分光光度法	0.02	2)
80	铊	无火焰原子吸收分光光度法	1×10^{-6}	2)

注：暂采用下列分析方法，待国家方法发布后，执行国家标准。

1)《水和废水监测分析方法》（第三版）》，中国环境科学出版社，1989。

2)《生活饮用水卫生规范》，中华人民共和国卫生部，2001。

3)《水和废水标准检验法（第 15 版）》，中国建筑工业出版社，1985。

附录 2　污水综合排放标准（GB 8978—1996）（节选）

表 1　第一类污染物最高允许排放浓度　　　　　　　　　　单位：mg/L

序号	污染物	最高允许排放浓度
1	总汞	0.05
2	烷基汞	不得检出
3	总镉	0.1
4	总铬	1.5
5	六价铬	0.5
6	总砷	0.5
7	总铅	1.0
8	总镍	1.0
9	苯并[a]芘	0.000 03
10	总铍	0.005
11	总银	0.5
12	总 α 放射性	1 Bq/L
13	总 β 放射性	10 Bq/L

表 2　第二类污染物最高允许排放浓度

（1997 年 12 月 31 日之前建设的单位）　　　　　　　　　单位：mg/L

序号	污染物	适用范围	一级标准	二级标准	三级标准
1	pH	一切排污单位	6～9	6～9	6～9
2	色度（稀释倍数）	染料工业	50	180	—
		其他排污单位	50	80	—
3	悬浮物（SS）	采矿、选矿、选煤工业	100	300	—
		脉金选矿	100	500	—
		边远地区砂金选矿	100	800	—
		城镇二级污水处理厂	20	30	—
		其他排污单位	70	200	400
4	五日生化需氧量（BOD$_5$）	甘蔗制糖、苎麻脱胶、湿法纤维板工业	30	100	600
		甜菜制糖、酒精、味精、皮革、化纤浆粕工业	30	150	600
		城镇二级污水处理厂	20	30	—
		其他排污单位	30	60	300
5	化学需氧量（COD）	甜菜制糖、焦化、合成脂肪酸、湿法纤维板、染料、洗毛、有机磷农药工业	100	200	1 000
		味精、酒精、医药原料药、生物制药、苎麻脱胶、皮革、化纤浆粕工业	100	300	1 000
		石油化工工业（包括石油炼制）	100	150	500
		城镇二级污水处理厂	60	120	—
		其他排污单位	100	150	500

序号	污染物	适用范围	一级标准	二级标准	三级标准
6	石油类	一切排污单位	10	10	30
7	动植物油	一切排污单位	20	20	100
8	挥发酚	一切排污单位	0.5	0.5	2.0
9	总氰化合物	电影洗片（铁氰化合物）	0.5	5.0	5.0
		其他排污单位	0.5	0.5	1.0
10	硫化物	一切排污单位	1.0	1.0	2.0
11	氨氮	医药原料药、染料、石油化工工业	15	50	—
		其他排污单位	15	25	—
12	氟化物	黄磷工业	10	20	20
		低氟地区（水体含氟量<0.5 mg/L）	10	20	30
		其他排污单位	10	10	20
13	磷酸盐（以 P 计）	一切排污单位	0.5	1.0	—
14	甲醛	一切排污单位	1.0	2.0	5.0
15	苯胺类	一切排污单位	1.0	2.0	5.0
16	硝基苯类	一切排污单位	2.0	3.0	5.0
17	阴离子表面活性剂（LAS）	合成洗涤剂工业	5.0	15	20
		其他排污单位	5.0	10	20
18	总铜	一切排污单位	0.5	1.0	2.0
19	总锌	一切排污单位	2.0	5.0	5.0
20	总锰	合成脂肪酸工业	2.0	5.0	5.0
		其他排污单位	2.0	2.0	5.0
21	彩色显影剂	电影洗片	2.0	3.0	5.0
22	显影剂及氧化物总量	电影洗片	3.0	6.0	6.0
23	元素磷	一切排污单位	0.1	0.3	0.3
24	有机磷农药（以 P 计）	一切排污单位	不得检出	0.5	0.5
25	粪大肠菌群数	医院*、兽医院及医疗机构含病原体污水	500 个/L	1 000 个/L	5 000 个/L
		传染病、结核病医院污水	100 个/L	500 个/L	1 000 个/L
26	总余氯（采用氯化消毒的医院污水）	医院*、兽医院及医疗机构含病原体污水	<0.5**	>3（接触时间≥1 h）	>2（接触时间≥1 h）
		传染病、结核病医院污水	<0.5**	>6.5（接触时间≥1.5 h）	>5（接触时间≥1.5 h）

注：*指 50 个床位以上的医院；

　　**加氯消毒后须进行脱氯处理，达到本标准。

表3　部分行业最高允许排水量

（1997 年 12 月 31 日之前建设的单位）

序号	行业类别			最高允许排水量或最低允许水重复利用率
1	矿山工业	有色金属系统选矿		水重复利用率 75%
		其他矿山工业采矿、选矿、选煤等		水重复利用率 90%（选煤）
		脉金选矿	重选	16.0 m³/t（矿石）
			浮选	9.0 m³/t（矿石）
			氰化	8.0 m³/t（矿石）
			碳浆	8.0 m³/t（矿石）

序号	行业类别		最高允许排水量或 最低允许水重复利用率
2	焦化企业（煤气厂）		1.2 m³/t（焦炭）
3	有色金属冶炼及金属加工		水重复利用率80%
4	石油炼制工业（不包括直排水炼油厂） 加工深度分类： A. 燃料型炼油； B. 燃料+润滑油型炼油厂； C. 燃料+润滑油型+炼油化工型炼油厂；（包括加工高含硫原油页岩油和石油添加剂生产基地的炼油厂）		A＞500万 t，1.0 m³/t（原油） 250万～500万 t，1.2 m³/t（原油） ＜250万 t，1.5 m³/t（原油） B＞500万 t，1.5 m³/t（原油） 250万～500万 t，2.0 m³/t（原油） ＜250万 t，2.0 m³/t（原油）， C＞500万 t，2.0 m³/t（原油） 250万～500万 t，2.5 m³/t（原油） ＜250万 t，2.5 m³/t（原油）
5	合成洗涤剂工业	氯化法生产烷基苯	200.0 m³/t（烷基苯）
		裂解法生产烷基苯	70.0 m³/t（烷基苯）
		烷基苯生产合成洗涤剂	10.0 m³/t（产品）
6	合成脂肪酸工业		200.0 m³/t（产品）
7	湿法生产纤维板工业		30.0 m³/t（板）
8	制糖工业	甘蔗制糖	10.0 m³/t（甘蔗）
		甜菜制糖	4.0 m³/t（甜菜）
9	皮革工业	猪盐湿皮	60.0 m³/t（原皮）
		牛干皮	100.0 m³/t（原皮）
		羊干皮	150.0 m³/t（原皮）
10	发酵酿造工业	酒精工业（以玉米为原料）	150.0 m³/t（酒精）
		酒精工业（以薯类为原料）	100 m³/t（酒精）
		酒精工业（以糖蜜为原料）	80.0 m³/t（酒）
		味精工业	600.0 m³/t（味精）
		啤酒工业（排水量不包括麦芽水部分）	16.0 m³/t（啤酒）
11	铬盐工业		5.0 m³/t（产品）
12	硫酸工业（水洗法）		15.0 m³/t（硫酸）
13	苎麻脱胶工业		500 m³/t（原麻）或 750 m³/t（精干麻）
14	化纤浆粕		本色：150 m³/t（浆） 漂白：240 m³/t（浆）
15	黏胶纤维工业（单纯纤维）	短纤维（棉型中长纤维、毛型中长纤维）	300 m³/t（纤维）
		长纤维	800 m³/t（纤维）
16	铁路货车洗刷		5.0 m³/辆
17	电影洗片		5 m³/1 000 m（35 mm 的胶片）
18	石油沥青工业		冷却池的水循环利用率95%

表4 第二类污染物最高允许排放浓度

（1998年1月1日后建设的单位）　　　　　　单位：mg/L

序号	污染物	适用范围	一级标准	二级标准	三级标准
1	pH	一切排污单位	6～9	6～9	6～9
2	色度（稀释倍数）	一切排污单位	50	80	—
3	悬浮物（SS）	采矿、选矿、选煤工业	70	300	—
		脉金选矿	70	400	—
		边远地区砂金选矿	70	800	—
		城镇二级污水处理厂	20	30	—
		其他排污单位	70	150	400
4	五日生化需氧量（BOD$_5$）	甘蔗制糖、苎麻脱胶、湿法纤维板、染料、洗毛工业	20	60	600
		甜菜制糖、酒精、味精、皮革、化纤浆粕工业	20	100	600
		城镇二级污水处理厂	20	30	—
		其他排污单位	20	30	300
5	化学需氧量（COD）	甜菜制糖、合成脂肪酸、湿法纤维板、染料、洗毛、有机磷农药工业	100	200	1 000
		味精、酒精、医药原料药、生物制药、苎麻脱胶、皮革、化纤浆粕工业	100	300	1 000
		石油化工工业（包括石油炼制）	60	120	—
		城镇二级污水处理厂	60	120	500
		其他排污单位	100	150	500
6	石油类	一切排污单位	5	10	20
7	动植物油	一切排污单位	10	15	100
8	挥发酚	一切排污单位	0.5	0.5	2.0
9	总氰化合物	一切排污单位	0.5	0.5	1.0
10	硫化物	一切排污单位	1.0	1.0	1.0
11	氨氮	医药原料药、染料、石油化工工业	15	50	—
		其他排污单位	15	25	
12	氟化物	黄磷工业	10	15	20
		低氟地区（水体含氟量<0.5 mg/L）	10	20	30
		其他排污单位	10	10	20
13	磷酸盐（以P计）	一切排污单位	0.5	1.0	—
14	甲醛	一切排污单位	1.0	2.0	5.0
15	苯胺类	一切排污单位	1.0	2.0	5.0
16	硝基苯类	一切排污单位	2.0	3.0	5.0
17	阴离子表面活性剂（LAS）	一切排污单位	5.0	10	20
18	总铜	一切排污单位	0.5	1.0	2.0
19	总锌	一切排污单位	2.0	5.0	5.0
20	总锰	合成脂肪酸工业	2.0	5.0	5.0
		其他排污单位	2.0	2.0	5.0
21	彩色显影剂	电影洗片	1.0	2.0	3.0
22	显影剂及氧化物总量	电影洗片	3.0	3.0	6.0
23	元素磷	一切排污单位	0.1	0.1	0.3

序号	污染物	适用范围	一级标准	二级标准	三级标准
24	有机磷农药（以 P 计）	一切排污单位	不得检出	0.5	0.5
25	乐果	一切排污单位	不得检出	1.0	2.0
26	对硫磷	一切排污单位	不得检出	1.0	2.0
27	甲基对硫磷	一切排污单位	不得检出	1.0	2.0
28	马拉硫磷	一切排污单位	不得检出	5.0	10
29	五氯酚及五氯酚钠（以五氯酚计）	一切排污单位	5.0	8.0	10
30	可吸附有机卤化物（AOX）（以 Cl 计）	一切排污单位	1.0	5.0	8.0
31	三氯甲烷	一切排污单位	0.3	0.6	1.0
32	四氯化碳	一切排污单位	0.03	0.06	0.5
33	三氯乙烯	一切排污单位	0.3	0.6	1.0
34	四氯乙烯	一切排污单位	0.1	0.2	0.5
35	苯	一切排污单位	0.1	0.2	0.5
36	甲苯	一切排污单位	0.1	0.2	0.5
37	乙苯	一切排污单位	0.4	0.6	1.0
38	邻-二甲苯	一切排污单位	0.4	0.6	1.0
39	对-二甲苯	一切排污单位	0.4	0.6	1.0
40	间-二甲苯	一切排污单位	0.4	0.6	1.0
41	氯苯	一切排污单位	0.2	0.4	1.0
42	邻-二氯苯	一切排污单位	0.4	0.6	1.0
43	对-二氯苯	一切排污单位	0.4	0.6	1.0
44	对-硝基氯苯	一切排污单位	0.5	1.0	5.0
45	2,4-二硝基氯苯	一切排污单位	0.5	1.0	5.0
46	苯酚	一切排污单位	0.3	0.4	1.0
47	间-甲酚	一切排污单位	0.1	0.2	0.5
48	2,4-二氯酚	一切排污单位	0.6	0.8	1.0
49	2,4,6-三氯酚	一切排污单位	0.6	0.8	1.0
50	邻苯二甲酸二丁脂	一切排污单位	0.2	0.4	2.0
51	邻苯二甲酸二辛脂	一切排污单位	0.3	0.6	2.0
52	丙烯腈	一切排污单位	2.0	5.0	5.0
53	总硒	一切排污单位	0.1	0.2	0.5
54	粪大肠菌群数	医院*、兽医院及医疗机构含病原体污水	500 个/L	1 000 个/L	5 000 个/L
		传染病、结核病医院污水	100 个/L	500 个/L	1 000 个/L
55	总余氯（采用氯化消毒的医院污水）	医院*、兽医院及医疗机构含病原体污水	<0.5**	>3（接触时间≥1 h）	>2（接触时间≥1 h）
		传染病、结核病医院污水	<0.5**	>6.5（接触时间≥1.5 h）	>5（接触时间≥1.5 h）
56	总有机碳（TOC）	合成脂肪酸工业	20	40	—
		苎麻脱胶工业	20	60	—
		其他排污单位	20	30	—

注：其他排污单位：指除在该控制项目中所列行业以外的一切排污单位。

* 指 50 个床位以上的医院。

** 加氯消毒后须进行脱氯处理，达到本标准。

表5 部分行业最高允许排水量

（1998年1月1日后建设的单位）

序号	行业类别			最高允许排水量或最低允许排水重复利用率	
1	矿山工业	有色金属系统选矿		水重复利用率75%	
		其他矿山工业采矿、选矿、选煤等		水重复利用率90%（选煤）	
		脉金选矿	重选	16.0 m^3/t（矿石）	
			浮选	9.0 m^3/t（矿石）	
			氰化	8.0 m^3/t（矿石）	
			碳浆	8.0 m^3/t（矿石）	
2	焦化企业（煤气厂）			1.2 m^3/t（焦炭）	
3	有色金属冶炼及金属加工			水重复利用率80%	
4	石油炼制工业（不包括直排水炼油厂） 加工深度分类： A．燃料型炼油厂 B．燃料＋润滑油型炼油厂 C．燃料＋润滑油型＋炼油化工型炼油厂（包括加工高含硫原油页岩油和石油添加剂生产基地的炼油厂）		A	>500万t，1.0 m^3/t（原油） 250万～500万t，1.2 m^3/t（原油） <250万t，1.5 m^3/t（原油）	
			B	>500万t，1.5 m^3/t（原油） 250万～500万t，2.0 m^3/t（原油） <250万t，2.0 m^3/t（原油）	
			C	>500万t，2.0 m^3/t（原油） 250万～500万t，2.5 m^3/t（原油） <250万t，2.5 m^3/t（原油）	
5	合成洗涤剂工业	氯化法生产烷基苯		200.0 m^3/t（烷基苯）	
		裂解法生产烷基苯		70.0 m^3/t（烷基苯）	
		烷基苯生产合成洗涤剂		10.0 m^3/t（产品）	
6	合成脂肪酸工业			200.0 m^3/t（产品）	
7	湿法生产纤维板工业			30.0 m^3/t（板）	
8	制糖工业	甘蔗制糖		10.0 m^3/t	
		甜菜制糖		4.0 m^3/t	
9	皮革工业	猪盐湿皮		60.0 m^3/t	
		牛干皮		100.0 m^3/t	
		羊干皮		150.0 m^3/t	
10	发酵、酿造工业	酒精工业	以玉米为原料	100.0 m^3/t	
			以薯类为原料	80.0 m^3/t	
			以糖蜜为原料	70.0 m^3/t	
		味精工业		600.0 m^3/t	
		啤酒行业 （排水量不包括麦芽水部分）		16.0 m^3/t	
11	铬盐工业			5.0 m^3/t（产品）	
12	硫酸工业（水洗法）			15.0 m^3/t（硫酸）	
13	苎麻脱胶工业			500 m^3/t（原麻） 750 m^3/t（精干麻）	
14	黏胶纤维工业 单纯纤维	短纤维 （棉型中长纤维、毛型中长纤维）		300.0 m^3/t（纤维）	
		长纤维		800.0 m^3/t（纤维）	

序号	行业类别		最高允许排水量或最低允许排水重复利用率
15	化纤浆粕		本色：150 m³/t（浆）；漂白：240 m³/t（浆）
16	制药工业医药原料药	青霉素	4 700 m³/t（氯霉素）
		链霉素	1 450 m³/t（链霉素）
		土霉素	1 300 m³/t（土霉素）
		四环素	1 900 m³/t（四环素）
		洁霉素	9 200 m³/t（洁霉素）
		金霉素	3 000 m³/t（金霉素）
		庆大霉素	20 400 m³/t（庆大霉素）
		维生素 C	1 200 m³/t（维生素 C）
		氯霉素	2 700 m³/t（氯霉素）
		新诺明	2 000 m³/t（新诺明）
		维生素 B1	3 400 m³/t（维生素 B1）
		安乃近	180 m³/t（安乃近）
		非那西汀	750 m³/t（非那西汀）
		呋喃唑酮	2 400 m³/t（呋喃唑酮）
		咖啡因	1 200 m³/t（咖啡因）
17	有机磷农药工业	乐果**	700 m³/t（产品）
		甲基对硫磷（水相法）**	300 m³/t（产品）
		对硫磷（P2S5 法）**	500 m³/t（产品）
		对硫磷（PSCl₃ 法）**	550 m³/t（产品）
		敌敌畏（敌百虫碱解法）	200 m³/t（产品）
		敌百虫	40 m³/t（产品）（不包括三氯乙醛生产废水）
		马拉硫磷	700 m³/t（产品）
18	除草剂工业	除草醚	5 m³/t（产品）
		五氯酚钠	2 m³/t（产品）
		五氯酚	4 m³/t（产品）
		二甲四氯	14 m³/t（产品）
		2,4-D	4 m³/t（产品）
		丁草胺	4.5 m³/t（产品）
		绿麦隆（以 Fe 粉还原）	2 m³/t（产品）
		绿麦隆（以 Na₂S 还原）	3 m³/t（产品）
19	火力发电工业		3.5 m³（MW·h）
20	铁路货车洗刷		5.0 m³/辆
21	电影洗片		5 m³/1 000 m（35 mm 胶片）
22	石油沥青工业		冷却池的水循环利用率 95%

注：* 产品按 100%浓度计。

　　** 不包括 P_2S_5、$PSCl_3$、PCl_3 原料生产废水。

附录3 水环境监测实验室安全技术导则（SL/Z 390—2007）（节选）

1 总则

1.0.1 为防止发生职业性疾病、人身伤害、火灾、车船事故及其他造成国家或集体财产损失的事故，保护水环境监测工作者的健康及国家财产安全，制定本标准。

1.0.2 本标准适用于水环境监测实验室内与野外作业的安全保障。

1.0.3 下列标准中的条款通过本标准的引用而成为本标准的条款。

《常用危险化学品的分类及标志》（GB 13690）

《化学品安全标签编写规定》（GB 15258）

《常用化学危险品贮存通则》（GB 15603）

《瓶装压缩气体分类》（GB 16163）

《呼吸防护用品的选择、使用与维护》（GB/T 18664）

《职业健康安全管理体系规范》（GB/T 28001）

1.0.4 水环境监测工作的安全保障除应符合本标准外，尚应符合国家现行有关标准的规定。

2 安全组织和管理

2.1 安全组织管理体系

2.1.1 水环境监测部门应建立并保持安全组织管理体系，管理体系的建立可参照GB/T 280010。

2.1.2 除机构负责人和实验室负责人以外，每个实验室应设安全员，负责实验室的各项安全保障工作。

2.2 安全规章制度、安全方针

2.2.1 水环境监测部门应根据具体情况制定和完善各项安全规章制度，实验室工作条件规章制度进行修改或再版工作环境发生变化时，应及时对安全规章制度进行修改或再版。

2.2.2 安全方针应清楚阐明实验室安全总目标和改进实验室安全绩效的承诺。

2.2.3 应定期对水环境监测相关场所进行安全检查，安全检查内容可按附录A执行。

2.2.4 可通过召开安全会议、张贴安全宣传画、发放与安全主题相关的文字资料和影视资料等方式推动安全工作的开展。

2.3 人员职责

2.3.1 机构负责人应承担以下职责：

1. 贯彻上级安全管理规定。

2. 为实施、控制和改进水质监测安全管理提供必要的资源。

3. 制定相关的安全规章制度，确保所有危险环境得到有效控制。

4. 定期对安全组织管理体系进行评审或检查，以确保体系的持续适宜性、充分性和有效性。

2.3.2　实验室负责人应承担以下职责：

1．执行上级安全管理规定，监督检定有关的各项活动。

2．对排除危险提供建议和技术帮助。

3．向工作人员宣传有关水环境监测的安全管理规定及处置措施。

4．向上级有关部门汇报工作事故。

5．负责所有实验室工作人员相应的安全知识培训。

2.3.3　安全员应承担以下职责：

1．执行上级安全管理规定，检查实验室与上级安全管理规定的一致性。

2．协助实验室负责人监督执行相关的安全规章制度。

3．负责标明所有危险工作场所的警示标志。

4．听取实验室工作人员对安全问题的意见和建议，收集有关实验室安全问题的所有信息。

5．报告与工作有关的安全危险信息，参与工作人员安全培训。

2.3.4　工作人员应承担以下职责：

1．实验室工作人员应了解所从事工作的相关安全与卫生标准规定，遵守各项安全规章制度。

2．保证按照工作程序完成承担的任务。

3．按规定正确使用个人防护用品和安全设备。

4．采取合理方法，消除或减少工作场所的不安全因素。

5．向上级或安全员反映有关安全方面的问题、意见或建议。

6．参加安全技术培训，掌握所从事工作的相关安全与卫生防护知识。

2.4　人员权利

2.4.1　单位应每年组织实验室工作人员进行有关的身体检查。

2.4.2　因工作中不安全因素造成伤害或疾病的人员，应获得相应的检查、治疗和赔偿。

2.5　安全培训

2.5.1　员工安全培训应达到以下目标：

1．能充分意识到安全管理的重要性。

2．识别工作活动中存在的或潜在的危害及偏离规定的安全规程的潜在后果。

3．获得实验室健康及安全的知识。

4．能应用安全知识于实践。

2.5.2　实验室安全培训应包括以下内容：

1．相关的法律法规和技术标准。

2．实验室安全规章制度。

3．关于化学品分类、加贴标签以及安全使用的常识。

4．危险源的识别及排除。

5．运行程序偏离规定的严重后果。

6．个人防护用品及安全设施的选择、保养和使用。

7．废弃物处理、火情处理以及紧急情况和急救措施的培训及必要时的再培训。

2.6　安全记录

2.6.1　水环境监测工作过程中，应建立和保存安全记录。

2.6.2　安全记录可遵循以下规定：

　　1．报告记录应字迹清楚，标识明确，并可追溯相关的事故。

　　2．记录应包含发生的原因及预防该类事故再次发生应采取的措施。

　　3．记录的保存和管理应便于查阅，避免损坏、变质或遗失。

　　4．应规定保存期限。

2.6.3　安全事故报告和处理方式应按国家有关政策法规执行。

2.7　记录的安全保密

2.7.1　水环境监测部门按其职责范围，对已完成的监测与质量活动，应按照规定的记录格式认真记录，并应定期整理和收集。

2.7.2　记录经整理后，应及时交档案管理人员存档，并应认真履行交接手续；保存的记录如超过保存期，应按规定的程序进行销毁处理。

2.7.3　记录应存放在指定场所，存放记录的场所应干燥整洁，具有防盗、防火设施，室内应严禁吸烟或存放易燃易爆物品；外来人员未经许可不应进入。

2.7.4　本部门员工因工作需要借阅、复制记录的应经实验室负责人批准。

2.7.5　外单位人员不宜借阅和复制记录，确因需要应经实验室负责人批准。

2.7.6　借阅、复制记录应办理登记手续，借阅人不应泄密和转移借阅，不应在记录上涂改、划线等，阅后应及时交还保管人员。

2.7.7　借阅人员未经许可不应复制、摘抄或将记录带离指定场所；不应查阅审批以外的其他无关记录。

2.7.8　电子记录的安全保密应符合以下规定：

　　1．本部门计算机和自动化设备应只允许内部指定人员进行操作。

　　2．机主或自动化设备责任人对数据安全、保密应负有责任非授权人员不应上机操作。

　　3．每次开机和使用移动存储介质前均应进行一次计算机病毒的查杀。

　　4．未安装防火墙的上网计算机，不应存储重要数据。

　　5．按文件类别分别建立目录和子目录，并应对重要数据进行加密管理。

　　6．计算机管理员应定期检查和备份电子记录。

3　实验室安全

3.1　一般规定

3.1.1　一旦发生安全事故，当事人或责任部门应及时采取相应措施，并应向实验室负责人进行汇报。

3.1.2　实验室无人工作时，除恒温实验室、培养箱和冰箱等需要连续供电的仪器设备外，应切断电、水、气源，关好门窗，确保安全。

3.1.3　实验室应保持门窗的锁、插销完好，重点部位应有防火、防盗、防爆、防破坏的基本设施和措施。

3.1.4　应加强实验室用水设施的日常维护和管理，应定期检查输水管路和排水管路，发现问题应及时处理，以减少耗损，杜绝隐患。

3.1.5 实验室应保持清洁整齐，实验结束后应及时打扫实验区卫生。

3.1.6 应定期进行实验室安全检查，安全检查内容可参见附录 A 表 A.1。

3.2 压缩气体

3.2.1 实验室常用压缩气体的基本特性及分类应符合 GB 16163 的有关要求。

3.2.2 气瓶的存放可遵循下列要求：

　　1. 气瓶应贮存在专用气瓶间或气瓶柜中。

　　2. 气瓶应贮存在阴凉通风处，远离热源、火种，防止日光曝晒，气瓶周围不应堆放任何可燃物品。

　　3. 气瓶在使用过程中应竖直摆放并加以固定。

　　4. 氧气瓶、可燃性气体气瓶与明火的距离一般应大于 10 m；在采取可靠的防护措施后，距离可适当缩短。

　　5. 应定期对气瓶间进行安全检查，安全检查内容可参照附录 A 表 A.2。

3.2.3 气瓶的使用宜遵循下列要求：

　　1. 气瓶入库验收应检查包装，确保无明显外伤、无漏气现象，严禁使用超过使用期限的气瓶。

　　2. 气瓶应定期进行检验，如在使用过程中发现有严重腐蚀、损坏或对其安全可靠性有怀疑时，应提前进行检验。

　　3. 气瓶内气体不应全部用尽，气瓶内宜留有余压，其中，惰性气体气瓶内剩余 0.05 MPa 以上压力的气体；可燃性气体气瓶内剩余 0.2 MPa 以上压力的气体；氢气气瓶内剩余 2.0 MPa 以上压力的气体。

　　4. 气瓶应按类别正确选用减压器，安装时螺扣应旋紧，防止泄漏；开、关减压器和开关阀时，动作应缓慢；使用时应先旋动开关阀，后开减压器；用完，应先关闭开关阀，放尽余气后，再关减压器；不应只关减压器，不关开关阀。

　　5. 对于装氧化性气体的气瓶，其阀门、调节器或软管不应沾染油脂。

　　6. 在使用氢气的地方，严禁烟火、严防泄漏，用后应及时关闭总阀。

　　7. 氢气瓶和氧气瓶不应同存一处。

3.2.4 搬运气瓶可遵循下列要求：

　　1. 搬运气瓶时，可用特制的担架或小推车，也可用手平抬或垂直转动。但不应用手执开关阀移动。

　　2. 应轻装轻卸，严禁碰撞、抛掷或横倒在地上滚动。

　　3. 搬运时应防止气瓶安全帽跌落。

　　4. 搬运氧气瓶时，工作服和装卸工具不应沾有油污。

3.3 仪器设备

3.3.1 涉及操作安全的仪器设备，应建立安全操作规程，操作人员应严格遵守。

3.3.2 安装新仪器设备之前应详读说明书，应确保新设备的电压、电流、环境等符合有关安全规定。

3.3.3 仪器设备使用时应满足以下安全要求：

　　1. 应安装符合规格的地线。

　　2. 必要时应安装电源滤波器，以消除各种仪器运转引入的高频电流。

3. 不应使用情况不明的电源。

4. 实验完毕后，应对仪器的安全状态进行检查。

5. 应建立仪器设备档案，包括仪器管理记录、维护记录和事故记录。

3.4 玻璃器皿

3.4.1 使用及储存玻璃器皿时应加倍小心。

3.4.2 液体加热时应使用耐热的玻璃器皿。

3.4.3 玻璃器皿的使用及处理应符合以下安全要求：

1. 在搬动大容量玻璃瓶时，应使用手推车或特制的设备运载。

2. 开启紧闭的玻璃瓶塞时，应先将玻璃瓶放在水槽或托盘内，然后轻敲瓶塞或在瓶颈处稍微加热，以开启瓶塞。

3. 截断玻璃管或玻璃棒时，应先用布块保护手部之后方可进行。

4. 锋利的玻璃截口处应以火烧熔，使其圆滑。

5. 玻璃管插入木塞或橡胶塞时，不应将管口指向掌心。

6. 如玻璃管紧塞在木塞内，不应强行拉拔，而应切开木塞取出。

3.4.4 破裂的玻璃器皿的处理方法宜符合下列要求：

1. 不应使用有裂痕或边缘破损的玻璃器皿。

2. 宜使用钳子夹起并丢弃玻璃碎片。

3. 玻璃碎片宜弃置于指定的金属容器或胶箱中。

4 化学品安全

4.1 分类及标志

4.1.1 化学品包括各类化学单质、化合物和混合物。水环境监测实验室新购入的化学品应按 GB 13690 的规定进行危险性分类。

4.1.2 常用化学危险品危险特性和类别标志分为主标志 16 种和副标志 11 种。当一种化学危险品具有一种以上的危险性时，应用主标志表示主要危险性类别，并用副标志来表示重要的其他的危险性类别。具体分类及图形可参见 GB 13690。

4.2 使用

4.2.1 化学品的使用应符合以下规定：

1. 应保证新购入化学品的标签内容符合 GB 15258 的规定。

2. 实验室化学品和配制好的溶液，应贴有标签标明其主要信息。

3. 分装或使用完化学品后应立即将容器盖盖紧，防止倾覆、挥发、散落、吸潮等。

4. 无标签、过期、变质等化学品或溶液，一经发现应按废品处理。

4.2.2 使用化学品的实验室工作人员，应熟悉各种化学品的接触途径和安全防范知识，应能正确使用各种个人安全防护用品和实验设施，并应采用以下防护措施：

1. 工作时应穿工作服并佩戴防护手套，防止化学品通过皮肤进入体内，工作完毕应立即洗手。

2. 如遇有小伤口时，应妥善包扎并佩戴手套后方能工作；伤口较大时，应停止工作。

3. 实验中煮沸、烘干、蒸发等均应在通风橱中进行操作以防止化学品由呼吸系统进入体内。

4.2.3 可燃/易燃品的存放与使用应符合以下规定:

1．存放可燃性物质的容器或橱柜应远离起火源，或置于专为存放可燃性物质的房间内。

2．自燃物品应在惰性环境中使用和存放。

3．工作区内应装备合适的灭火装置或喷水消防系统。

4.2.4 腐蚀品的存放与使用应符合以下规定:

1．存放或处理腐蚀性物质用的容器或仪器应具备抗腐蚀性。

2．使用腐蚀性物质时，应正确使用防护眼罩、橡胶手套、面罩、橡胶围裙、橡胶鞋等。

3．当用水稀释浓硫酸时，应缓慢地将浓硫酸倒入水中，并加以搅拌，不应向浓硫酸中加水。

4．经常使用腐蚀性物质处应备有常用急救药品及喷淋水龙头。

5．腐蚀性物质误入眼内或接触皮肤，应立即用凉水冲洗 15 min，并进行医治。

4.2.5 氧化剂的使用应符合以下规定:

1．使用氧化剂时，实验区内不应有引发强烈氧化反应的其他物质存在。

2．使用反应比较剧烈或有可能引发爆炸的强氧化剂时，应使用安全罩或采取其他措施进行隔离操作。

4.2.6 可形成过氧化物的物质使用应符合以下规定:

1．熟悉可能存在过氧化物的化学品，并应按相应的操作规程谨慎使用。

2．使用前应核查化学试剂的有效使用日期，不应使用超过推荐使用日期的化学试剂。

3．不应使用瓶盖周围有明显固态颗粒的试剂。

4．使用和存储大量可形成过氧化物的物质时，应定期进行化学试验以检查试剂是否形成过氧化物。

4.2.7 光敏性物质应置于棕色瓶中，存放在阴凉、暗处或置于可减少光穿透的其他容器中。

4.2.8 不稳定物质的使用应符合以下规定:

1．应熟悉不稳定物质使用的操作规程，使用中应避免发生撞击。

2．当怀疑或发现不稳定物质异常时，应立即采取隔离措施。

3．使用前应检查容器上标明的收到及开封日期，不应使用超过推荐使用日期的试剂。

4．一旦发生爆炸，应首先设法隔离爆炸源。

4.2.9 致冷剂的使用与防护应符合以下规定:

1．仪器设备应保持清洁，特别是工作中使用液态氧时。

2．应严格控制气体或流体的混合比，防止形成可燃性或爆炸性物质。

3．盛装致冷剂的容器或系统应有缓冲压力装置。

4．盛装致冷剂的容器或系统应有足够的强度，确保其承受相当低的温度而不脆裂。

5．工作中应采取以下防护措施:

1）应佩戴有边罩的安全罩或面罩。

2）当使用的制冷剂可能溢出或喷溅时，应使用可盖住整个面部的保护罩、不渗透的围裙或罩衣、橡胶裤及高帮鞋等防护设施。

3）操作时不应戴手表、戒指及其他首饰。

4）使用的防护手套应不漏气且足够宽松，以便在致冷剂喷溅时能迅速脱下。

4.2.10　放射性物质的使用与防护应符合以下规定：

1. 应建立放射性物质使用安全操作规程，使用人员上岗前应经专业培训、持证上岗。

2. 应采取相应的安全防护措施和配备防护器具。

3. 应建立放射性物质使用记录，记录内容应包括使用人员、使用时间与数量等。使用范围、用量、操作运转情况、产生废弃物的种类。

4. 在操作时，应利用各种夹具，增大接触距离，减少被辐射量。

5. 在操作中，应减少被辐射的时间，不得在有放射性物质（特别是β、γ体）附近长时间停留。

6. 使用过的器具、防护用品、废弃物和放射性物质的试剂等应存放在专门指定的位置，不应随意堆放和处置。

4.2.11　发生汞溅落时，可参照如下方式进行处理：

1. 打碎压力计、温度计及极谱分析操作不慎，将金属汞洒落时，可将真空捕集管套在玻璃滴管上，以拾取洒落的汞滴，不应使用吸尘器。

2. 洒落的小汞滴可采用以下化学物质之一进行处理：

1）多硫化钠水溶液。

2）硫粉。

3）金属银的化合物。

4.3　贮存

4.3.1　化学品应集中贮存，存放场所应按照国家有关安全规定设置相应的通风、防潮、遮光、防火、防盗等设施。

4.3.2　化学品存放应做到分类科学、定橱定位、加贴橱标。

4.3.3　化学品应指定专人保管，建立入、出库台账。

4.3.4　剧毒物品和放射性物品应分别存放在保险柜或有号码锁的铁皮柜内，双人双锁共同管理。领用应经主管领导批准，未用完的剧毒品和放射性物品应及时收回，出、入库的数量应准确记录。

4.3.5　购买化学品以能满足实验室需要的最小量为原则，实验台或工作间内摆放的化学品应保持最少量。

4.3.6　常用化学危险品出、入库及贮存应按 GB 15603 的要求执行。

4.3.7　贮存区应定期进行安全检查，检查内容可参见附录 A 表 A.3。

4.4　搬运

4.4.1　搬运化学品应轻拿轻放，防止撞击、摩擦、碰撞、震动，避免坠地或溅射。

4.4.2　搬运化学品前应将容器或包装袋密封，以防搬运过程中发生倾覆、泄漏等。

4.4.3　人工搬运时一次只应搬运适当重量的物品，大件或大量物品应使用小车搬运，但要注意适当的堆放高度，并应有防散落、倾覆措施。

4.4.4　购买和运输易燃、易爆、剧毒、放射性等危险品应严格执行公安机关及有关部门的安全规定。

4.5　废弃物处理

4.5.1　实验过程中产生的废气、废液、固体废弃物称为实验室"三废"，实验废弃物应依其性质进行分类收集和处理。

4.5.2 废气的处理可按以下方法进行：

1　实验室废气可通过装有废气处理的排风设备处理后排出室外。

2　如遇偶然废气泄漏时，应加大排风设备的排风量，并应立即打开实验室门窗。

4.5.3 废液的贮存和处理应符合以下要求：

1. 废液应使用密闭式容器收集贮存，不应使用玻璃器具、烧杯、长颈瓶等长期存放废物。

2. 贮存容器不应与废液发生化学反应，一般为高密度聚乙烯桶（HDPE 桶）用于无机类废液贮存；不锈钢桶、搪瓷桶和玻璃容器用于有机废液贮存。

3. 不应将互为禁忌的化学物质混装于同一废物回收容器内，废液可按以下类别分开存放：

1）有机废液（卤素类）。

2）有机废液（非卤素类）。

3）汞、氰、砷类废液。

4）无机酸及一般无机盐类废液。

5）碱类及一般无机盐类废液。

6）重金属类废液。

4. 贮存容器上应注明废弃物种类，并应附有《实验室废弃物倾倒记录表》，登录废弃物主要成分、数量和处理情况等信息。

5. 废液应适当处理，pH 值在 6.5～8.5 之间，且不存在可燃、腐蚀、有毒和放射性等危害时，可排入下水道。

4.5.4 实验中出现的固体废弃物不应随便置放；可释放有毒气体或可自燃的固体废弃物不应丢进废物箱内或排进下水管道中；碎玻璃和锐利固体废弃物不应丢进废纸篓内，宜收集于特殊废品箱内集中处理。

4.5.5 放射性废物应单独收集存放，不应混于一般实验室废弃物中。

4.5.6 生物检验样本、培养基以及所使用的玻璃器皿均应经高压灭菌或煮沸消毒后再清理或清洗。

4.5.7 报废及过期化学品可使用原盛装容器暂存。

4.5.8 贮存容器如发生严重生锈、损坏或泄漏等情况时，应立即更换。

4.5.9 毒害性废物在实验室的存放期不宜超过半年。

4.5.10 实验室应制定详细的废弃物转移程序，并应将废弃物移交至经环境保护行政主管部门认可、持有危险废物经营许可证的单位统一处理。

4.6　控制措施

4.6.1 存在下列情况之一，应采取控制措施：

1. 工作人员使用危险化学品。

2. 工作人员接触暴露量超过造成危害的限制值。

3. 有新化学物质生成或操作程序有变化。

4. 可能影响工作人员身体健康的其他情况。

4.6.2 实验室应采取以下控制措施，减少工作人员接触危险化学品：

1．应采取定期轮班轮岗等措施，减少工作人员接触危险化学品的时间。

2．应采用通风橱或安全通风口等工程控制措施，移走或降低工作环境中有害物质的浓度。

3．应采取个人防护措施，配备如手套和实验服等，避免工作人员直接接触有害物质。

4．应采用代用品措施，用危害小的化学品代替危害大的化学品。

5．应改变处理手段和处理方式措施，降低工作中的接触危害程度。

6．应采用屏蔽及污染监控设备等措施，控制和监控特定情况下的接触污染状况。

5 安全防护设施

5.1 一般规定

5.1.1 为避免实验室工作人员直接接触危险化学品，实验室应合理配置实验室安全设施和个人防护用品，专人保管，定期检修，使之保持完好状态。

5.1.2 实验室安全设施主要应包括通风设施、冲洗眼部设施、防喷溅工具箱、安全挡板和灭火设施等。

5.1.3 个人防护用品主要应包括眼睛和面部的防护用具，手和足部的防护用品，以及具有防御化学腐蚀和放射性性能的防护工作服。

5.1.4 实验室应配备急救医药箱，以及供划伤、擦伤和烧伤的包扎药物。

5.1.5 实验室工作人员应熟悉各种化学品的接触途径，并应正确使用各种安全防护设施和设备以及个人防护用品。

5.1.6 在处理或使用化学物品后，应清洗手部，避免不必要的危害或伤害。

5.1.7 严格遵守操作规程，不应出现直接闻危险化学品以及用嘴吸移液管等操作。

5.2 安全设施

5.2.1 通风设施的使用与维护应符合以下规定：

1．水环境监测实验室应正确配备通风系统和通风橱等设施，有效地控制或消除实验过程中产生的有毒有害气体、高温、余湿等。通风系统应满足实验环境要求，具有足够的通、排风量和风速。

2．通风橱的使用应符合以下安全规定：

1）使用前，应检查通风系统是否处于正常运转状态。

2）置于通风橱中的实验器具距外壁的距离不应小于 15 cm，以保证容器不致磕碰通风橱吊窗；通风橱周围放置大型器具时，距基座的距离应大于 5 cm，以保证周围空气的通畅。

3）通风橱内台面上不应长期大量存放化学品。

4）通风橱内有可燃性气体或液体时，应禁止放置起火源。

5）煮沸液体或使用活性化学物质时，应放下吊窗遮挡泼溅物以保障安全。

6）不应将头伸入通风橱中操作。

7）不使用通风橱时，通风橱吊窗应处于关闭状态。

8）应使用适当的气流量测试仪（计）定期检查通风橱的排风效果，最小气流量不应小于 0.5 m/s。如果气流量不能满足要求，应立即进行检测或通知厂家进行维修。

5.2.2 冲洗眼部设施使用与维护应符合以下规定：

1．冲洗眼部设施应安放在实验室内工作人员使用方便且显著的位置。

2．冲洗眼部设施应能提供持续供应 15 min 以上的水量。

3．使用时，冲洗压力不应过大，冲洗距离应离眼球 3～5 mm，且不应直接冲洗在角膜上。

4．应定期检查和疏通冲洗眼部设施，冲洗眼部设施应每周清洗一次，每次清洗时间不应少于 5 min。

5.2.3　防喷溅工具箱应符合以下规定：

1．实验室中使用危险品应配备防喷溅工具箱，并应置于方便取用处。

2．防喷溅工具箱中主要应包括以下物品：

1）防喷溅护目镜。

2）防化学物质的手套。

3）塑料袋。

4）多化学物质吸附剂。

5）铲子。

5.2.4　安全挡板的配备与使用应符合以下规定：

1．每个实验室应配备一块以上的安全挡板。

2．在使用蒸馏、加压和真空等装置时，应使用安全挡板遮挡，防止发生意外时飞溅伤人。

3．安全挡板应保持清洁，若有损坏应立即更换。

5.3　个人防护措施

5.3.1　使用眼部防护用品时，应注意以下事项：

1．应根据接触的化学品和工作环境，正确选用眼部防护用品，或眼部防护结合呼吸防护用品使用。

2．在从事可能溅入人眼的实验、搬运或倾倒腐蚀性物质（如酸、碱等）和毒性液体时应佩戴防泼溅眼镜。

3．佩戴隐形眼镜的操作者，应佩戴有校正透镜的安全护目镜。

4．使用产生紫外线辐射的设备工作时，应佩戴可过滤紫外线的眼罩。

5.3.2　面部防护应注意以下事项：

1．使用危险化学品，特别是有爆炸或高能化学反应的危险化学品时，应佩戴面罩对整个脸部进行保护。

2．在从事存在爆炸或颗粒溅射危险的工作时，应对颈部进行保护。

3．在有害蒸气浓度较高、微细分散粉尘存在的环境下工作时，应佩戴局部呼吸保护装置。

4．如果职业接触限值超过允许接触限值，或吸入物有危害，应根据 GB/T 18664 推荐的程序使用合适类型的呼吸防护用品。

5.3.3　手部防护宜注意以下事项：

1．使用腐蚀性或有毒化学药品时，应针对物质的种类选择使用合适的防护手套。

2．如果实验过程中可能产生泼溅物，为防止伤害皮肤，应使用橡胶或塑料制手套。

3．如果实验操作可能造成皮肤机械损伤，宜使用皮革制或毛纺织的劳保手套。

4．防护手套的使用宜注意以下事项：

1）应查阅厂家说明书，以获得关于防护手套老化、渗漏及渗透时间的信息。

2）所有类型的防护手套均为可渗透的，应根据所接触物质的强度、浓度以及手套材料、厚度和渗透时间正确选用防护手套。

3）脱去手套之前，宜反复进行冲洗，并注意在空气中自然晾干。

4）一经褪色或出现其他破损迹象时应及时更换。

5.3.4 皮肤及身体的保护应注意以下事项：

1．实验全过程应穿实验服。

2．工作中使用伤害性或腐蚀性化学品时，不应穿露脚面的鞋和短裤等。

3．接触强酸及酸性气体、有机物质、强氧化剂、致癌物质及诱变剂时，应使用特定的不渗透的橡胶手套、围裙、水靴及连裤工作服等保护设施以防止伤害皮肤。

4．沾染化学药品的实验服或工作服不应带回家中并与家庭衣物共同清洗。

5.4 急救

5.4.1 发生割伤时，应立即用双氧水、生理盐水或75%酒精冲洗伤口，待仔细检查确认没有异物后方可用止血粉、消炎粉等药物处理伤口。

5.4.2 发生休克时，应使患者平卧，抬起双脚，解开衣扣，注意保温；如果呼吸微弱或停止时，可施行人工呼吸或输氧，同时应联系急救车迅速送医院治疗。

5.4.3 烧伤和灼伤可按以下方法进行急救：

1．一度症状为皮肤红痛、浮肿。应立即用大量清水洗净烧伤处，然后涂抹烧伤药物。

2．二度症状为起水泡。应立即用无菌绷带缠好，并马上就医。

3．三度症状为坏疽，皮肤呈现棕色或黑色，有时呈白色应立即用无菌绷带缠好，并马上就医。

4．常见的化学烧伤和急救法见下表。

常见的化学烧伤和急救法

化学名称	急救法
碱类（钾、钠等）	先用大量清水冲洗，后用2%醋酸冲洗
酸类（三强酸）	先用大量清水冲洗，后用2%小苏打液冲洗
氢氟酸	同酸类处理后，再涂抹甘油：氧化镁（2：1）制的糊剂；也可用冷的饱和硫酸镁溶液冲洗、包好
磷	用2%硫酸铜湿敷
溴	用浓氨水，松节油，酒精（1：1：1）的混合液冲洗
苯酚	用20%酒精，1 mol/L 氯化铁（4：1）的混合液冲洗

5.4.4 急性化学中毒可进行如下抢救：

1．吸入化学品后，应立即将中毒人员转移到空气新鲜处；如呼吸停止，应进行人工呼吸，尽快就医。

2．误食化学品后，应立即漱口、催吐，并尽快就医。

3．可使用鸡蛋、牛奶等解毒剂，中和或改变毒物的化学成分，从而减轻毒物对人体的损害作用。

5.4.5 发生剧毒性、可燃性或不确定性物质喷溅以及喷溅物多于1 L时，应立即采取处置措施和实施救助。

1．处置措施应遵循以下原则：

1）应尽快撤走喷溅处的人员，并应提醒附近人员注意喷溅物。

2）应迅速移走所在场所的起火源，并应切断工作仪器的电源。

3）应打开通风设备，并应加大排风量。

4）当事故的危害和影响范围有可能扩大时，应撤离该区域的所有人员。

2．受伤人员救助宜采用以下急救方法：

1）应将受伤人员从喷溅区转移至通风处。

2）出血处应用冷水冲洗至少 15 min，对一些能和水发生反应的物质，应先用棉花或纸吸除后，再用清水冲洗。

3）不宜使用润肤霜、乳液等类似物品。

4）若喷溅物进入眼睛，应立即带领受伤人员至冲洗眼部设施处，揭开眼睑，冲洗眼睛不宜少于 15 min。若持续疼痛或有畏光现象，应到医院检查角膜受损情况。

6 用电安全

6.1 一般规定

6.1.1 电气设施如开关、插座插头及接线板等应使用合格产品。

6.1.2 应经常对电器设备、线路进行检查，发现老化、破损、绝缘不良等不安全情况，应及时维修。

6.1.3 所有固定的仪器设备均应接地。

6.1.4 烘箱、电炉、马弗炉、搅拌器、电加热器、电力驱动冷却水系统等不应无人值守过夜工作。使用电炉等明火加热器时，使用人员不应远离工作现场。

6.1.5 同一个插座不宜同时使用多台仪器设备。

6.1.6 需要对墙电进行维修、改造时，应由有专业资质的人员进行操作。

6.1.7 不应用手或导电物（如铁丝、钉子、别针等金属制品）去接触、探试电源插座内部；不应用潮湿的手、湿布触摸和擦拭带电工作的电器设备。

6.1.8 发现有人触电时应设法及时切断电源，或者用干燥的木棍等物将触电者与带电的电器分开，不应用手直接救人。

6.1.9 电线走火时，应立即切断电源，不应直接泼水灭火。

6.1.10 应确保手电筒或应急灯的开关触点灵敏可用。

6.2 短路和过载保护

6.2.1 实验设备和线路的安装应符合消防规定，不应随意加大保险丝，不应存在过载电路。

6.2.2 应选择适合所用电器类型的保护装置，如保险丝和电路开关等。

6.2.3 当插座处于潮湿位置时，应使用 0.2 mA 的地面漏电断流器。

6.3 延接电线

6.3.1 应选择合适规格的延长线和绝缘方式，使用过程中不应发烫或有异味产生。

6.3.2 延长线上有连接多孔插座时，应使用具保险丝安全装置或过载保护装置的产品。

6.3.3 使用延长线时，应注意不可将其捆绑。

6.3.4 长距离接设电线宜使用高频电线。

6.3.5 延接电线不可用作永久性线路。

6.4 断电

6.4.1 为防止突发的断电，应在实验室放置便携式手电筒或其他应急灯。

6.4.2 发生断电时，应立即启动应急灯，并应采取以下防范措施：

1．应封紧盛装易挥发性物质的容器盖子。

2．应降下通风橱的窗格。

3．应关闭所有断电前正在运行的仪器设备。

4．应关闭实验室的火源、水龙头、电闸。

5．应保护或隔离正在进行的反应（如电热板上沸腾的液体、蒸馏）。

6．因断电被迫中止的实验，应切断一切可能产生安全事故的隐患。

7．应从实验室外部锁好门。

7 消防安全

7.1 一般规定

7.1.1 各单位应配置消防器材和设施，设置消防安全标志，定期组织检验、维修，确保消防设施和器材完好。

7.1.2 消防器材和设施应配有专人维护和管理，任何人不应损坏和擅自挪用消防器材和设施；不应埋压和圈占室外消火栓；不应占用防火间距、堵塞消防通道。

7.1.3 过道、走廊和楼梯等安全出口应保持畅通，不应堆放任何材料和杂物堵塞安全出口。

7.1.4 实验室内不应吸烟。

7.1.5 各单位应开展职工消防知识普及教育，印发消防知识学习材料。

7.1.6 职工应掌握以下消防知识：

1．应能识别火灾危险性、熟悉预防措施和正确运用扑救方法。

2．应能正确使用消防器材，具有扑灭初期火灾的能力以及紧急情况下的撤离与报警。

7.2 烟感探头

7.2.1 实验室、化学药品间等工作场所均应安装烟感探头。烟感探头的使用与维护应符合以下规定：

1．应安装于工作场所天花板上的合适位置。

2．应按照制造商说明书，定期检查感应效果。

3．应保持清洁，并定期更换电池。

7.2.2 下列设备或作业环境正上方，不应直接安装烟感探头：

1．火焰原子吸收分光光度计、电感耦合等离子体光谱（质谱）仪。

2．酸浴或酸浸透作业环境。

3．产生粉尘和颗粒的作业环境。

4．其他可产生腐蚀性蒸气或湿气、粉尘等直接腐蚀和阻塞检测器的作业环境。

7.3 灭火器

7.3.1 办公室、实验室、药品库、车辆、船只及任何使用可燃液体或者火源的场所都应配备相应类型的灭火器材。

7.3.2 灭火器应置于方便取用处，并标记清晰。

7.3.3 置于室外或船/车中的灭火器，应注意防雨和避免失效；置于低温环境中的灭火器，应选择合适的种类。

7.3.4 灭火器种类的选择应与可能发生的起火类型相适应,实验室常见的着火类型、常用的灭火器种类和灭火方法,见下表。

实验室常见的着火类型及灭火方法

类型	起火物质	灭火方法	禁用灭火方法
A	普通的物质如木材、布等	水或含水的泡沫液	—
B	可燃性液体	泡沫灭火器、化学干粉灭火器	—
C	以上物质有电源接触时	化学干粉、二氧化碳、四氯化碳	水、泡沫
D	可燃性金属物质	干冰、干的盐(钠或钾)、干的石墨(锂)	水、泡沫、二氧化碳

7.3.5 使用灭火器应注意以下事项:

1. 使用前应迅速查清起火部位、着火物质及其来源,及时准确地切断电源及各种热源。

2. 应对火焰底部进行扫动喷射。

3. 在室外使用时,应注意站在上风向喷射,并随着射程缩短,应逐渐接近燃烧区,以提高灭火效率。

4. 若使用灭火器无法扑灭火焰,应立即呼叫消防部门。

5. 离开现场前,应保证火焰已全部扑灭。

7.4 其他灭火设施

7.4.1 每个实验室至少应备有一张灭火毯,并置于容易取用的地方。

7.4.2 每个实验室应备有防火沙,用以扑灭由金属(钠、锌粉、镁等)及磷所引起的小火。沙桶内应置一个铲子,以供取用防火沙。

7.4.3 化学品特别是易燃易爆品存放区应安装消防水龙头,消防水龙头位置距使用或存放处不宜过远和存有障碍物。

7.4.4 消防水龙头应定期检查和疏通。

7.5 应急方案

7.5.1 紧急情况发生时,实验室工作人员应熟知实验室内水、电、气的阀门和灭火设备的位置以及安全出口位置。

7.5.2 实验室发生火灾时,工作人员应采取以下灭火措施和疏散方法:

1. 电器或气瓶爆炸引起火灾时,应立即切断电源、气源开关,并迅速移走周围的可燃物品,不应使用水和泡沫灭火器。

2. 应设法隔绝火源周围的空气,降低温度至低于可燃物的着火点。

3. 如果工作人员身上着火,不应奔跑,应设法脱掉衣服或卧地打滚,将身上火苗压灭;就近用水或灭火器,直接喷向身上灭火。

4. 根据火势的大小采取有效措施及时扑灭火焰。火势较小时,可用湿抹布等灭火;火势较大时,则应根据燃烧物的性质,使用不同方法和灭火器灭火。

5. 当火势难以自行控制时,应立即拨通火警"119"报警,同时组织人员尽快撤离现场。

6. 工作人员应按照疏散指示灯和安全出口灯指示的方向进行疏散;当安全指示灯方

向和火灾方向相同时，应向相反方向疏散。

8 野外采样及测量安全

8.0.1 每次外出采样前，应收集目的地的天气情报，了解样品采集水域的情况，并应分析可能发生的危险。

8.0.2 野外作业应有两人以上同时进行。

8.0.3 野外作业时，应注意有无自然危险或人为危险，如有毒化学物质、有害植物、危险动物、昆虫及踩绊危险等；必要时，应采取有效措施避免吸入有毒气体，防止通过口腔和皮肤吸收有毒物质和病原微生物。

8.0.4 用酸或碱保存水样时，应戴上手套和保护镜，穿上实验服。酸碱保存剂在运输期间应妥善贮存，防止溢出；当发现有溢出时，应立即用大量的水冲洗稀释或用化学物质中和。

8.0.5 在大面积水体上采样、测量时，应穿救生衣作业。

8.0.6 河流涉水作业时，作业前应用探深杆对水深进行探测，水深和水下地形不明时不应涉水作业。

8.0.7 在冰层覆盖的水体上作业前，应预先检查薄冰层的位置和范围，做好标识；行走和作业时应有专人进行监视工作，防止作业人员发生危险。

8.0.8 在桥上采样和测量时，应在人行道上作业；因作业干扰交通时，应提前与地方交通部门协商并应在桥上设置"有人作业"的显示标志；在通航河流的桥上作业时，应注意来往航行船只。

8.0.9 使用缆道采样时，应全面检查梯子、平台、通道及护栏等处，检查电缆、拉索、铰钉、缆车和塔台等有无过度磨损、破坏或其他损坏情况，可参见附表 A.4。

8.0.10 船上作业出航前应预先检查船只和设备，船只安全检查内容可按附表 A.5 执行。上艇人员应加强安全意识，工作艇航行、作业过程中，应严格遵守"内河避碰规则"及有关安全航行的规章制度。

8.0.11 驾驶水质移动监测车进行野外作业，出车前应对车辆进行安全检查，机动车辆常规安全检查内容可参见附表 A.6。

8.0.12 应定期对水文站和水质自动监测站进行安全检查，安全检查内容可参见附表 A.7。

8.0.13 对监测船、移动监测车、水质自动监测站中的水、电、气、火、分析仪器、化学药品以及个人安全防护等方面安全检查的具体内容可参照实验室安全检查内容进行。

附录 A 安全检查表

表 A.1 实验室安全检查表

常规检查
（1）全体人员是否接受过实验室安全、卫生培训？ （2）实验室是否存放食物和饮料？ （3）走廊及过道是否清洁整齐？ （4）实验室工作环境中的有害物质浓度是否超过允许接触限值？ （5）通风橱或其他通风、排风设施排放有害物质是否及时？通风是否充足？

有关电
（1）电器、插座、电线、电缆有无接头松动、磨损或绽裂？
（2）是否有延接电线？
（3）有无防止超负荷和短路的装置？
（4）是否正确接地？

消防
（1）放置的灭火器种类和数量是否与该场所最可能发生的起火类型相适应？
（2）灭火器是否置于方便取用处？标记是否清楚？是否可用？
（3）是否安装洒水灭火系统？
（4）是否安装烟感探头？
（5）过道、楼梯或走廊是否被放置物品占用？

个人防护用品
（1）按要求应佩戴防护用品的场所是否配备了面罩、防护眼镜、手套和防护服等？是否可用？
（2）在毒害性物质环境下工作时，有无适当的保护措施？

医疗和急救
（1）使用腐蚀品的地方是否配备喷淋器和洗眼器？有无正常维修计划确保其正常工作？
（2）毒害性物品使用场所，是否备有一定数量的应急解毒药物？

化学废物
（1）存放毒害性废物的容器是否贴有标注标签，并有封口盖？
（2）盛装毒害性废物的容器标签是否完整清楚？
（3）毒害性废物存放期是否超过规定期限？

表 A.2　气瓶间安全检查表

（1）贮存压缩气体时，是否按其种类分门别类？
（2）气瓶使用过程中是否竖直摆放并加以固定？
（3）是否靠近热源放置？有无明火？
（4）夏季是否有曝晒？
（5）压缩气体有无泄漏？

表 A.3　化学品贮存区安全检查表

常规检查
（1）化学品，特别是危险化学品是否依其禁忌性贴签分类存放？
（2）可燃液体贮存区是否张贴"禁止吸烟"标识？贮存容器是否合适？通风是否良好？
（3）通风系统是否进行了定期检查？
（4）过道是否堆放杂物？
（5）放置的灭火器是否合适？
（6）是否安装烟感探头和应急水龙头？是否可用？
（7）是否提供面罩、防护眼镜、手套和防护服等个人防护用品？
（8）是否有近期出入库清单？

化学药品的存放及处理
（1）有无破损容器存在？
（2）所有盛装化学药品的容器是否带有标签？
（3）可形成过氧化物的试剂是否注明收到和开封日期？
（4）可形成过氧化物的试剂，超过保质期后是否进行测试或丢弃不用？
（5）可燃品是否远离热源、火源、明火焰存放？
（6）腐蚀性药品存放位置是否离地过高？
（7）可燃、易燃液体存放总量有无超过规定限值？
（8）是否存在可燃性气体？
（9）是否存在毒性气体？

附录 4　水环境监测原始记录表

_____水环境监测中心野外采样原始记录表

施测号数：　　　　　　　　　　　　　　　　　　　　　共　页第　页

水系：		河名：		采样断面：			测站编码：							
采样日期：　　年　月　日				采样方法：船只采样			采样工具：横式与竖式采样器							
天气情况：		风力：		风向：		气温：　　℃	水位：　　　m		流量：　　　m³/s					

采样时间	垂线位置/m	垂线水深/m	测点编号	水温/℃	样 品 编 号 及 加 保 存 剂										现场测定项目
					硫酸	硝酸	氢氧化钠	碱性碘化钾硫酸锰	未加保存剂 水样编号					
									SS	BOD₅	常规类	细菌类	石油类	有机类	
水域状况现场描述															

采样人：　　　　　送样人：　　　　　收样人：　　　　　收样时间：　　年　月　日

_____水环境监测中心现场检测原始记录表

施测号数： 河名： 样品来源： 样品类型： 现场检测日期： 年 月 日

现场检测项目	分析方法	仪器名称	型号	仪器编号	测定范围	分度值

断面名称	测点编号	采样日期	现场检测结果				

备　注		气温/℃	
		天气状况	

检测： 月 日　　　　　　　　校核： 月 日　　　　　　　　审核： 月 日

_____水环境监测中心样品交接单

送样单位		通信地址		送样人	
联系电话		送样日期		邮政编码	
采样地点		采样日期		样品总量	

序号	样品编号	样品类型	样品状态	盛样容器	检测项目	样品数量	备注

收样人：　　　　　年 月 日

_____水环境监测中心检测任务通知单

委托单位			送样时间		年 月 日	
样品类别			采样地点			
检测标准						
序号	检 测 项 目		样品编号	样品数量	完成时间	接收人/日期
质控要求	1．空白试验 2．平行试验 3．加标回收试验 4．质控样品					
备　注						

任务签发人：　　　　　　年 月 日

_____水环境监测中心分析溶液配制原始记录表

配制日期	溶液名称	基本单元	测定项目	拟配溶液		原始试剂			实际体积/mL	实际浓度/（ ）	配制者	校核者	审核者
				浓度/（ ）	体积/mL	名称	试剂等级	用量/（ ）					
备　注													

_____水环境监测中心标准溶液标定原始记录表

标定日期	溶液名称	使用基准溶液（或试剂）						溶液用量/mL			标定误差/（mL或%）	标定浓度/（ ）	标定者	校核者	审核者
		配制日期	名称	浓度/（ ）	用量/（mL 或 g）			b_1	b_2	b					
					a_1	a_2	a								
备注															

_____水环境监测中心分析原始记录表

（pH 值、电导率、氧化还原电位）

施测号数：　　河名：　　样品来源：　　样品类型：　　分析日期：　年　月　日

项　　目	分析方法	仪器名称	型　号	仪器编号	测定范围	分度值
pH 值						
电导率						
氧化还原电位						

样品序号	测点编号	采样日期	pH 值	电　位　值					
				电导率/（μS/cm）			氧化还原电位/mV		
				水温/℃	实测值	结果	水温/℃	实测值	结果
备注							室　温/℃		
							相对湿度/%		

分析计算：　　月　日　　　　　　校核：　　月　日　　　　　　审核：　　月　日

＿＿＿＿＿＿水环境监测中心容量法分析原始记录表

施测号数：　　　　河名：　　　　样品来源：　　　　样品类型：　　　　分析日期：　　年　月　日

分析项目：		分析方法：			采样日期：		滴定管规格：		
标准溶液名称：		浓度：			标定日期：		滴定管颜色：		
指示剂：		计算公式：							

样品序号	测点编号	取样体积/mL	用量/mL						含量/(mg/L)	相对偏差/回收率/%
			始点	终点	V	$\bar{V}$	V_0	$\bar{V}-V_0$		
备　注								室　　温/℃		
								相对湿度/%		

分析计算：　　月　日　　　　　　　校核：　　月　日　　　　　　　审核：　　月　日

＿＿＿＿＿＿水环境监测中心重量法分析原始记录表

施测号数：　　　　河名：　　　　样品来源：　　　　样品类型：　　　　分析日期：　　年　月　日

| 分析项目： | | | | 分析方法： | | | | |
| 天平型号： | | | 编号： | 计算公式： | | | | |

称量瓶号	样品序号	测点编号	采样日期	取样体积/mL	重　量/g				测量结果/(mg/L)
					W_2	W_1	W	$\bar{W}$	
备　注							室　　温/℃		
							相对湿度/%		

分析计算：　　月　日　　　　　　　校核：　　月　日　　　　　　　审核：　　月　日

_____水环境监测中心五日生化需氧量分析原始记录表

施测号数：　　　河名：　　　样品序号：　　　样品来源：　　　样品类型：

采样日期：　　年　月　日　　　　　　　　　　　　分析日期：　　年　月　日

分析项目：五日生化需氧量	分析方法	滴定管规格：	滴定管颜色：	检出限：

标液名称：	第一天标定日期：	标液浓度：
	第五天标定日期：	标液浓度：

指示剂：淀粉指示剂　　　计算公式：

测点编号	稀释倍数	取样体积/mL	标准溶液用量/mL						BOD_5/(mg/L)	相对偏差/%
			第一天用量			第五天用量				
			V	V_0	V_1	V	V_0	V_5		
稀释液										

备注		室　温/℃	
		相对湿度/%	

分析计算：　　月　日　　　　　校核：　　月　日　　　　　审核：　　月　日

_____水环境监测中心五日生化需氧量分析原始记录表

施测号数：　　　河名：　　　样品来源：　　　样品类型：

采样日期：　　年　月　日　　　　　　　　　　　　分析日期：　　年　月　日

分析项目：五日生化需氧量	分析方法：	检出限：
仪器名称：	仪器编号：	

计算公式：

样品序号	测点编号	稀释倍数	溶解氧/（mg/L）		BOD_5/(mg/L)	相对偏差/%
			培养前（D_0）	培养五日后（D_5）		
备注					室　温/℃	
					相对湿度/%	

分析计算：　　月　日　　　　　校核：　　月　日　　　　　审核：　　月　日

<u> </u>水环境监测中心标准曲线分析原始记录表

分析日期： 年 月 日

分析项目：				分析方法：				标准曲线号：			
仪器名称：				仪器编号：				选用波长/nm：		比色皿规格/mm：	
标准溶液名称：				标准溶液浓度：		mg/L	配制日期：			定容体积： mL	
编 号	0	1	2	3	4	5	6	7	8	9	
标准溶液体积/ mL											
标准系列浓度/ （mg/L）											
E_1											
E_2											
E											
$E-E_0$											
直线方程（$Y=a+bX$）：											
相关系数 $r=$				$a=$			$b=$			$t=$	
备 注								室 温/℃			
								相对湿度/%			

分析计算： 月 日 校核： 月 日 审核： 月 日

<u> </u>水环境监测中心分光光度法分析原始记录表

施测号数： 河名： 样品来源： 样品类型： 分析日期： 年 月 日

分析项目：			分析方法：			检出限： mg/L			
标准溶液名称：			浓度： mg/L			配制日期：			
仪器型号、名称：			编号：			选用波长/nm：			
比色皿规格/mm：			标准曲线号：			计算公式：			
样品序号	测点编号	采样日期	取样体积/ mL	吸 光 度					含量/ （mg/L）	相对偏差/ 回收率/ %
				E_1	E_2	E	E_0	$E-E_0$		
备 注							室 温/℃			
							相对湿度/%			

分析计算： 月 日 校核： 月 日 审核： 月 日

_____水环境监测中心紫外法标准曲线分析原始记录表

分析时间：　　　年　　月　　日

分析项目：			分析方法：			标准曲线号：				
仪器名称：			仪器编号：			选用波长/nm：			比色皿规格/mm：	
标准溶液名称：			标准溶液浓度：　　mg/L			配制日期：			定容体积：　　mL	
编　号	0	1	2	3	4	5	6	7	8	9
标准溶液体积/mL										
标准系列浓度/（mg/L）										
E_1（220 nm）										
E_2（275 nm）										
E（E_1-2E_2）										
$E-E_0$										
直线方程（$Y=a+bX$）：										
相关系数 $r=$			$a=$			$b=$			$t=$	
备注							室　温/℃			
							相对湿度/%			

分析计算：　　月　日　　　　校核：　　月　日　　　　审核：　　月　日

_____水环境监测中心紫外分光光度法分析原始记录表

施测号数：　　河名：　　样品来源：　　样品类型：　　分析日期：　　年　月　日

分析项目：			分析方法：			检出限：　　mg/L		
标准溶液名称：			浓度：　　mg/L			配制日期：		
仪器型号、名称：			编号：			选用波长/nm：		
比色皿规格/mm：		标准曲线号：		计算公式：				

样品序号	测点编号	采样日期	取样体积/mL	吸　光　度					含量/（mg/L）	相对偏差/回收率/%
				E_1/nm	E_2/nm	E_1-2E_2	E_0	(E_1-2E_2)$-E_0$		
备　注							室　温/℃			
							相对湿度/%			

分析计算：　　月　日　　　　校核：　　月　日　　　　审核：　　月　日

_____水环境监测中心离子选择电极法标准曲线分析原始记录表

分析日期：　　　年　月　日

分析项目：		分析方法：				标准曲线编号：				
仪器名称：		仪器编号：				仪器分辨率：　mV		检出限：　mg/L		
标准溶液名称：		标准溶液浓度：　mg/L				配制日期：　月　日		定容体积：　mL		
编号	0	1	2	3	4	5	6	7	8	9
标准溶液体积/mL										
标准系列含量/（mg/L）										
$\log C_{F^-}$										
E_1/mV										
E_2/mV										
$\overline{E}$/mV										
直线方程（$y=bx+a$）　　$y=$										
$r=$			$b=$			$a=$		$t=$			
备　注								室温/℃			
								湿度/%			

分析计算：　　月　日　　　　　校核：　　月　日　　　　　审核：　　月　日

_____水环境监测中心离子选择电极法分析原始记录表

施测号数：　河名：　　样品来源：　　样品类型：　　分析日期：　　年　月　日

分析项目：		分析方法：		检出限：　mg/L	
标准溶液名称：		浓度：　mg/L		配制日期：　月　日	
仪器型号名称：		编号：		仪器分辨率：　mV	
定容体积 V_1：　mL	标准曲线号：		计算公式：$C=10\log C_{F^-}\times\dfrac{V_1}{V_2}$　mg/L		

样品序号	测点编号	采样日期	取样体积 V_2/mL	样品电位测定值/mV			含量计算		含量/（mg/L）	相对偏差/回收率/%
				E_1	E_2	$\overline{E}$	$\log C_{F^-}$	$10\log C_{F^-}$		
备　注	$\log C_{F^-}=(\overline{E}-a)/b$						室　温/℃			
							相对湿度/%			

分析计算：　　月　日　　　　　校核：　　月　日　　　　　审核：　　月　日

_____水环境监测中心细菌类分析原始记录表

施测号数：　　　河名：　　　样品来源：　　　样品类型：　　　分析日期：　年　月　日

分析项目：			分析方法：		培养温度：		检出限：		
培养基：				配制日期：		培养时间：			

样品序号	测点编号	采样日期	接种日期	稀释倍数/接种量/mL			观察日期	菌量/个

备　注		室　温/℃	
		相对湿度/%	

分析计算：　　月　日　　　　　校核：　　月　日　　　　　审核：　　月　日

_____水环境监测中心原子吸收法分析原始记录表

施测号数：　　　河名：　　　样品来源：　　　样品类型：　　　分析日期：　年　月　日

分析项目：		分析方法：		检出限：　　mg/L	
标准溶液名称：		浓度：　　mg/L		配制日期：	
仪器型号：		编号：		选用波长/nm：	
高压/V：	灯电流/mA：		空气流量/（L/min）：	乙炔流量/（L/min）：	
狭缝宽度/nm：	标准曲线号：		计算公式：		

样品序号	测点编号	采样日期	取样体积/mL	吸　光　度					含量/（mg/L）	相对偏差/回收率/%
				E_1	E_2	E	E_0	$E-E_0$		

备　注		室　温/℃	
		相对湿度/%	

分析计算：　　月　日　　　　　校核：　　月　日　　　　　审核：　　月　日

<u>　　　　　　　　</u>水环境监测中心流动注射法分析原始记录表

施测号数：　　　河名：　　　样品来源：　　　样品类型：　　　分析日期：　　年　月　日

分析项目：		分析方法；		检出限：　　mg/L	
标准溶液名称：		浓度：　　mg/L		配制日期：　月　日	
仪器型号名称：		编号：		选用波长/nm：	
比色皿规格/mm：		标准曲线号：		测量方式：	

样品序号	测点编号	采样日期	仪器读数/（mg/L）	含量/（mg/L）	相对偏差/回收率/%

备　注		室　温/℃	
		相对湿度/%	

分析计算：　　月　日　　　　　校核：　　月　日　　　　　审核：　　月　日

<u>　　　　　　　　</u>水环境监测中心原子荧光法分析原始记录表

施测号数：　　　河名：　　　样品来源：　　　样品类型：　　　分析日期：　　年　月　日

分析项目	砷	分析方法		标准曲线号	
	汞				
仪器型号、名称：			编号：	计算公式：	

分析项目	标准溶液名称	配制日期	选用波长/nm	浓度/（μg/L）	检出限/（mg/L）
砷					
汞					

样品序号	断面名称	测点编号	采样日期	取样体积/mL	分　析　结　果	
					砷/（mg/L）	汞/（mg/L）
		相对平均偏差/%				
		回收率/%				

备　注		室温/℃	
		相对湿度/%	

分析计算：　　月　日　　　　　校核：　　月　日　　　　　审核：　　月　日

<u>　　　　　　　　</u>水环境监测中心离子色谱分析原始记录表

施测号数：　　　河名：　　　　样品来源：　　　　样品类型：　　　分析日期：　　年　月　日

分析项目：		分析方法：			标准曲线号：		
淋洗液	名　称						
	浓　度						
	流　速						

仪器型号、名称：			编号：		定量环规格：		
分析项目	标准溶液名称		配制日期		浓度/（mg/L）		检出限/（mg/L）
氟化物							
氯化物							
亚硝酸盐氮							
硝酸盐氮							
硫酸盐							

样品序号	断面名称	测点编号	采样日期	分　析　结　果				
				氟化物/（mg/L）	氯化物/（mg/L）	亚硝酸盐氮/（mg/L）	硝酸盐氮/（mg/L）	硫酸盐/（mg/L）
	相对平均偏差/%							
	回收率/%							

备　注			室温/℃	
			相对湿度/%	

分析计算：　　　月　日　　　　　校核：　　　月　日　　　　　审核：　　　月　日

水环境监测中心气相色谱标准曲线法分析原始记录表

分析项目:　　　　分析方法:　　　　标准曲线号:　　　　仪器名称:　　　　仪器编号:　　　　分析时间:　年　月　日

检测器:　　色谱柱:　　柱前压/MPa:　　进气口温度/℃:　　柱箱温度/℃:　　检测器温度/℃:

载气流量/(mL/min):　　氢气流量/(mL/min):　　空气流量/(mL/min):　　进样方式:　　分流比:

标准溶液名称:　　　　mg/L　　配制日期:　　进样体积/μL:　　载气名称:

编　号	0	1	2	3	4	5	6	7	8	9
标准系列浓度/(mg/L)										
峰面积 A_1（或峰高 h_1）										
峰面积 A_2（或峰高 h_2）										
$\bar{A}$（或 $\bar{h}$）										

直线方程（$Y=a+bX$）: $a=$　　$b=$　　$t=$

相关系数 $r=$

室温/℃

相对湿度/%

备注

分析计算:　　　月　日　　校核:　　　月　日　　审核:　　　月　日

水环境监测中心气相色谱法分析分析原始记录表（标准曲线法）

施测号数：																
分析项目：		样品来源：			河名：				样品类型：		分析日期：　年　月　日					
检测器：	色谱柱：		柱前压/MPa：		分析方法：				柱箱温度/℃：		仪器编号：检测器温度/℃：					
载气名称：		载气流量/（mL/min）：		氢气流量/（mL/min）：		空气流量/（mL/min）：			进样方式：							
进样体积/μL：		分流比：		采样日期：		进样口温度/℃：		取样体积/mL：		样品浓缩定容体积/mL：						
项目名称：		（物质 1）		（物质 2）		（物质 3）		（物质 4）		（物质 5）		（物质 6）		（物质 7）		（物质 8）
检出限																
标准曲线号																
计算公式																
样品序号	测点编号	峰面积或峰高	含量/（mg/L）	峰面积或峰高	含量/（mg/L）	峰面积或峰高	含量/（mg/L）	峰面积或峰高	含量/（mg/L）	峰面积或峰高	含量/（mg/L）	峰面积或峰高	含量/（mg/L）	峰面积或峰高	含量/（mg/L）	峰面积或峰高	含量/（mg/L）
相对平均偏差/%																
回收率/%																
备注											室温/℃		相对湿度/%			

分析计算：		校核：　　月　日		审核：　　月　日

水环境监测中心气相色谱法分析原始记录表（外标法）

施测号数：

分析项目：　　　河名：　　　样品来源：　　　样品类型：　　　分析日期：　年　月　日

检测器：　　　分析方法：　　　仪器型号、名称：　　　仪器编号：

载气名称：　　　色谱柱：　　　柱前压/MPa：　　　进样口温度/℃：　　　柱箱温度/℃：　　　检测器温度/℃：

进样体积/μL：　　　载气流量/（mL/min）：　　　氢气流量/（mL/min）：　　　空气流量/（mL/min）：　　　进样方式：

外标标准溶液名称：　　　分流比：　　　浓度/（mg/L）：　　　采样日期：　　　配制日期：　　　取样体积/mL：　　　样品浓缩定容体积/mL：　　　计算公式：C＝

样品序号	测点编号	（物质1）		（物质2）		（物质3）		（物质4）		（物质5）		（物质6）		（物质7）		（外标）	
		峰面积或峰高	含量/（mg/L）	峰面积或峰高	含量/（mg/L）	峰面积或峰高	含量/（mg/L）	峰面积或峰高	含量/（mg/L）	峰面积或峰高	含量/（mg/L）	峰面积或峰高	含量/（mg/L）	峰面积或峰高	含量/（mg/L）	峰面积或峰高	含量/（mg/L）
相对平均偏差/%																	
回收率/%																	

备注：　　　室　温/℃：　　　相对湿度/%：

分析计算：　　　　年　月　日　　　校核：　　　年　月　日　　　审核：　　　年　月　日

参 考 文 献

[1]　崔树军. 环境监测[M]. 北京：中国环境科学出版社，2008.

[2]　黄忠臣. 水环境分析实验与技术[M]. 北京：中国水利水电出版社，2012.

[3]　李基明，陈求稳. 水环境监测指标体系与断面布设优化[M]. 北京：中国环境出版社，2013.

[4]　李倦生，王怀宇. 环境监测实训[M]. 北京：高等教育出版社，2009.

[5]　刘敬勇. 环境监测实验[M]. 广州：华南理工大学出版社，2012.

[6]　雒文生，李怀恩. 水环境保护[M]. 北京：中国水利水电出版社，2009.

[7]　石碧清. 环境监测技能训练与考核教程[M]. 北京：中国环境科学出版社，2011.

[8]　水环境监测实验室安全技术导则[M]. 北京：中国水利水电出版社，2008

[9]　孙成. 环境监测实验（第二版）[M]. 北京：科学出版社，2012.

[10]　王英健，杨永红. 环境监测[M]. 北京：化学工业出版社，2007.

[11]　肖长来，梁秀娟. 水环境监测与评价[M]. 北京：清华大学出版社，2008.

[12]　薛惠锋，程晓冰，乔长录，等. 水资源与水环境系统工程[M]. 北京：国防工业出版社，2008.

[13]　姚运先. 水环境监测[M]. 北京：化学工业出版社，2012.